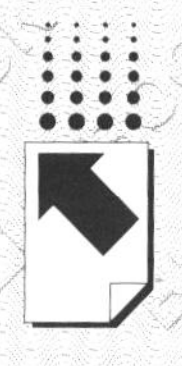

广视角 · 全方位 · 多品种

权威 · 前沿 · 原创

皮书系列为

“十二五”国家重点图书出版规划项目

低碳发展蓝皮书

中国低碳发展报告（2014）

ANNUAL REVIEW OF LOW-CARBON DEVELOPMENT IN CHINA (2014)

清华大学气候政策研究中心
主　编／齐　晔

社会科学文献出版社
SOCIAL SCIENCES ACADEMIC PRESS (CHINA)

图书在版编目(CIP)数据

中国低碳发展报告. 2014/齐晔主编. —北京：社会科学文献出版社，2014. 3
（低碳发展蓝皮书）
ISBN 978 - 7 - 5097 - 5711 - 6

Ⅰ. ①中… Ⅱ. ①齐… Ⅲ. ①二氧化碳 - 排气 - 研究报告 - 中国 - 2014 Ⅳ. ①X511 ②F120

中国版本图书馆 CIP 数据核字（2014）第 035368 号

低碳发展蓝皮书
中国低碳发展报告（2014）

主　　编 / 齐　晔

出 版 人 / 谢寿光
出 版 者 / 社会科学文献出版社
地　　址 / 北京市西城区北三环中路甲 29 号院 3 号楼华龙大厦
邮政编码 / 100029

责任部门 / 经济与管理出版中心（010）59367226　　责任编辑 / 蔡莎莎 等
电子信箱 / caijingbu@ ssap. cn　　责任校对 / 王洪强
项目统筹 / 恽　薇　王莉莉　　责任印制 / 岳　阳
经　　销 / 社会科学文献出版社市场营销中心（010）59367081　59367089
读者服务 / 读者服务中心（010）59367028

印　　装 / 北京画中画印刷有限公司
开　　本 / 787mm × 1092mm　1/16　　印　　张 / 24. 5
版　　次 / 2014 年 3 月第 1 版　　字　　数 / 392 千字
印　　次 / 2014 年 3 月第 1 次印刷
书　　号 / ISBN 978 - 7 - 5097 - 5711 - 6
定　　价 / 89. 00 元

编写单位说明

- 本书是在《中国低碳发展报告》编委会的指导下，由清华大学气候政策研究中心研究编写。清华大学气候政策研究中心是清华大学跨院系研究机构，中心研究内容集中在气候变化与低碳发展相关政策的制定、实施和效果评估，目的是为决策者提供技术支撑和决策参考。

- 感谢清华大学、国家发改委能源研究所、国家发改委应对气候变化司、国家应对气候变化战略研究和合作中心对本研究的支持、指导和帮助。

低碳发展蓝皮书编辑委员会

研究编写组及评审专家

研究编写组

主　编　齐　晔

副主编　董文娟

成　员　（按照姓氏拼音排序）

蔡　琴　柴莹辉　董文娟　龚梦洁　胡　姗
江　亿　李惠民　刘希雅　孟延春　倪维斗
齐　晔　宋祺佼　唐孝炎　王静贻　王宇飞
张丹玮　张焕波　张友浪　赵小凡　朱梦曳

特约评审专家

（按照姓氏拼音排序）

戴彦德　李俊峰　欧训民　温　华　张希良
庄贵阳

附：报告执笔分工

B.1　中国低碳发展孕育变革：齐晔

B.2　雾霾治理与低碳发展：龚梦洁、李惠民

B.3　新型城镇化与低碳发展：王宇飞、宋祺佼、刘希雅

B.4　页岩气开发利用在低碳发展中的作用：朱梦曳

B.5　能效投融资：董文娟、赵小凡、张丹玮

B.6　可再生能源投融资：董文娟、张友浪

B.7　政府在光伏企业融资中的作用：董文娟、柴莹辉

B.8　工业企业对节能政策的响应：赵小凡、王宇飞

B.9　北京 $PM_{2.5}$ 与冬季采暖热源的关系及治理措施：江亿、唐孝炎、倪维斗、王静贻、胡姗

B.10　横琴新区低碳发展规划原理与框架：蔡琴、孟延春、张焕波、李惠民、齐晔

B.11　低碳发展指标：李惠民

主要作者简介

何建坤 清华大学教授、清华大学低碳经济研究院院长。曾担任清华大学副校长、常务副校长、校务委员会副主任、低碳能源实验室主任，并曾兼任清华大学经济管理学院院长。现兼任国家气候变化专家委员会副主任，中国能源研究会副理事长，中国可持续发展研究会副理事长，中国工业节能与清洁生产协会副会长，北京能源协会会长、北京市气候变化专家委员会主任等职。主要学术研究领域为能源系统工程、应对全球气候变化战略与政策。

江　亿 中国工程院院士，清华大学建筑学院副院长、建筑技术科学系系主任、建筑节能研究中心主任、博士生导师，兼任北京市政府顾问团顾问、全国暖通空调委员会副主任、全国建筑物理委员会委员、建设部智能建筑专家委员会委员，美国采暖、制冷与空调工程师学会会员，《暖通空调》杂志编委，英国通风学报编委。中国人工环境工程学科的倡导者之一。

唐孝炎 中国工程院院士，北京大学环境科学系教授，并担任联合国环境规划署臭氧层损耗环境影响评估组共同主席、北京市人民政府科学顾问等。自1972年起开创了我国大气环境化学领域的系统研究和教学工作。在大气环境的重要领域臭氧、光化学烟雾、酸雨，以及气溶胶化学等方面进行了全面的研究，是我国大气环境化学领域的学术带头人。

倪维斗 中国工程院院士，动力机械工程专家，中国能源学会会长。曾任清华大学副校长、校务委员会副主任、上海杉达学院校长，现任北京市科协副主席、中国环境与发展国际合作委员会委员、能源战略与技术工作组中方组长，是我国热力涡轮机系统和热动力系统建模、仿真、控制、故障诊断方面的专家。

齐　晔　清华大学公共管理学院教授，清华大学气候政策研究中心主任，国务院学位委员会学科评审委员，美国纽约州立大学环境科学与森林学院（SUNY-ESF）及 Syracuse 大学博士。教育部与李嘉诚基金会“长江学者”特聘教授，清华大学“百人计划”特聘教授。曾执教于美国加州大学伯克利分校、北京师范大学。

龚梦洁　清华大学公共管理学院博士研究生，研究方向为资源环境管理与政策、环境治理等。

李惠民　北京建筑大学讲师，北京师范大学工学博士，清华大学公共管理学院博士后，主要研究方向为气候变化政策。近年来主要参与博士后科学基金、国家自然科学基金、科技部科技支撑计划等研究项目。在国内外学术期刊上发表论文 20 篇。

王宇飞　理学博士，毕业于中国科学院生态环境研究中心，环境经济与环境管理专业，现于清华大学公共管理学院、清华大学气候政策研究中心从事博士后研究。研究方向包括工业节能减排政策、大气污染治理政策模拟、低碳城镇化发展政策。2011～2012 年在德国乌帕塔儿气候、环境、能源研究所访问。参与中国低碳发展宏观战略课题研究，发表学术论文十余篇。

宋祺佼　清华大学公共管理学院在读博士，参与中国低碳发展宏观战略课题研究，主要研究方向为低碳发展、生态城市和气候变化政策等。

刘希雅　清华大学公共管理学院硕士研究生，主要研究方向为低碳城镇化、能源政策。

朱梦曳　北京外国语大学国际商学院管理学与英语语言文学双学士，美国匹兹堡大学公共与国际事务研究生院公共管理硕士，清华大学气候政策研究中心分析师。主要研究方向为公共政策与能源及资源环境政策。

董文娟　清华大学气候政策研究中心高级分析师，主要研究领域为低碳投融资、能源政策、低碳技术，是《中国低碳发展报告》的主要作者之一。

张友浪　南开大学周恩来政府管理学院行政管理系硕士研究生，主要研究方向为公共政策与思想库等领域。

张丹玮　麻省理工大学硕士研究生，主要研究方向为节能政策、能源环境经济理论。

柴莹辉　《中国经营报》记者、资深编辑，清华大学公共管理学院在读公共管理硕士。

赵小凡　美国斯坦福大学环境工程系学士，管理科学与工程专业理学硕士，2010～2011 年获得美国加州大学伯克利分校最高等奖学金 Berkeley Fellowship，在该校农业与资源经济系攻读博士研究生课程。曾任世界资源研究所可持续能源研究员，清华大学气候政策研究中心分析师，现为清华大学公共管理学院博士研究生。研究方向为中国的环境与节能政策。曾以第一作者身份在英文 SSCI 学术期刊上发表论文两篇。

王静贻　清华大学博士研究生，主要研究领域为建筑节能、北方集中供暖节能减排。

胡　姗　清华大学研究助理，2013 年清华大学硕士毕业，主要研究领域为建筑节能国情及政策。

蔡　琴　清华大学美术学院讲师、清华大学艺术与科学研究中心助理研究员，主要研究方向为低碳城市、可持续设计、智慧城市与可持续发展。

孟延春　清华大学公共管理学院副教授，21 世纪发展研究院副教授，主要研究领域为城市管理与城市治理研究、城市规划与建设研究、区域规划与发展研究、非营利组织和公共部门战略与营销研究。

张焕波 中国国际经济交流中心研究部副研究员，从事国际经济和宏观经济的理论研究与政策咨询工作，主要研究方向为汇率、贸易投资、转变经济发展方式、城市低碳发展。

摘　要

本书由总报告和分报告组成。分报告共分为四篇：第一篇为低碳发展热点篇，分析了当前低碳发展面临的三个热点问题，重点关注这些领域正在发生的变革及不确定性，包括雾霾治理的减碳效应、新型城镇化的低碳转型、页岩气发展的减碳贡献。第二篇为资金篇，延续往年对能效和可再生能源投融资的研究，重点关注资金的投入和使用效果、由政府投资带动社会投资的能效投资模式面临的困境，以及政府发挥了重要作用的光伏企业融资模式的不可持续性。第三篇为案例篇，对节能、雾霾治理和城镇化领域内低碳政策的选择与执行进行实证研究。第四篇更新了低碳指标及相关数据。

热点篇

雾霾治理、新型城镇化与页岩气发展是2013年中国公共政策领域三个突出的热点，三者均与低碳发展有着密不可分的联系，并且有可能对中国低碳发展产生巨大而深远的影响。

近两年来，以雾霾天气为表征的大气污染危机在全国大部分地区频频爆发，雾霾治理成为当前我国政府高度重视、民众密切关注的热点问题，除了其本身具有的政治、社会、环境保护等多方面的重大意义外，对我国低碳发展也产生了值得关注的协同效应。从政策执行的角度来讲，雾霾治理作为外部刺激，给我国能源消费总量控制带来了重大政策机遇，成为我国低碳发展进程中的重要转折点和全新驱动力。以煤炭消费总量控制为抓手的能源消费总量控制政策及分解方案率先在京津冀、长三角、珠三角等重点区域得到响应与实施，针对大气污染防治的目标责任制得以建立，并实行严格责任追究，从而倒逼地方政府严格控制煤炭消费、优化调整能源结构。另外，大气污染防治与节能减碳形成协同效应，仅京津冀地区因煤炭消费总量控制就已形成1.22亿吨的二氧化碳减排能力。从治理措施的技术路径选择来看，煤制天然气项目建设目前

正在我国如火如荼地开展，虽然对大气污染物削减有着明显的效果，却存在巨大的资源环境负外部性和高碳风险，会造成“区域治霾、全国增碳”的治理困境，急需高度重视和谨慎对待。

改革开放以来的34年是中国城镇化加速发展的阶段，城镇化率大约每年上升1个百分点。与此同时，能源相关的碳排放每年上升6%。城镇化率每提高1个百分点，全国碳排放就会增加2.16亿吨，而人均碳排放也会上升0.04吨。特别是2002年以来，碳排放随城镇化率升高呈高速度直线上升，城镇化率每增加1个百分点，碳排放增加4.14亿吨。如果按照常规的工业化和城镇化道路走下去，其结果必然是一个惊人的高碳化过程。这是中国和世界、经济和环境都无法承受的。因此，中国的新型城镇化必须走绿色、循环和低碳发展的道路。低碳试点城市是我国当前在低碳城镇化发展方面所做的尝试。低碳试点的选取具有很强的代表性，涉及不同地区、城市规模、经济水平和不同的发展类型。低碳试点具有示范性和先进性，试点城市单位GDP的CO_2强度年下降幅度基本上都优于其他同类地区，其低碳化的尝试如果获得成功将可能为其他城市和地区实现低碳发展做出表率。

21世纪初美国实现了页岩气大规模商业化开采，使美国能源自给率大幅提高，能源结构趋于低碳化。美国2012年比2006年减少的碳排放中，约1/5来自页岩气的贡献。美国的成功经验也使页岩气受到了全球持续而广泛的关注。本书根据中国工程院提出的我国页岩气2015年产量达到20亿立方米、2020年达到200亿立方米、2030年达到1000亿立方米的情景，计算页岩气对我国碳减排的贡献。其计算结果为：页岩气对2010～2020年碳减排的贡献为1.8%，对2020～2030年碳减排的贡献为6.5%。此外，我国页岩气开发还有很大的不确定性，页岩气气藏条件差，主要区块水资源缺乏，仍未掌握核心技术，这使得我国在2030年以前难以复制美国的页岩气革命。若按照美国页岩气的发展规律，我国页岩气产量的重大突破将出现在2030～2040年，届时页岩气对我国碳减排的贡献将显著提升，有望在20%左右。

资金篇

2011年中国在能效领域的投资约为4162亿元（644亿美元），为当年世界上在该领域投资最多的国家。能效融资仍缺乏多样化的市场融资手段，财政资金占总融资额的30.3%，企业自筹资金占49.7%，其余渠道资金仅占20%。能效投资仍严重依赖政府补贴，2011 年能效领域财政资金投入达 1262 亿元。从投入领域来看，在消费领域的投资（家电下乡、家电以旧换新、节能产品惠民工程）占中央财政在能效领域投资的73%，这些政策在2008 年前后推出，以刺激内需和帮助国内制造业免受世界性经济危机冲击为目的，但并非可持续的消费侧节能政策。2011 年能效投资全社会平均杠杆比（定义为财政资金与社会资金的比值）为1:2.3，财政资金的杠杆撬动效应较“十一五”时期（1:4.23）已显著减弱。总的来看，能效投资领域严重依赖政府补贴，节能成本显著上升，财政资金的杠杆撬动效应逐渐变小，能效投资现有的投资模式难以有效地带动社会投资。

根据彭博新能源财经数据，2012 年中国在可再生能源领域投资为 638 亿美元，2013 年下降至 613 亿美元，自 2009 年以来中国已连续五年领先全球该领域内融资。我们计算 2011 年中国在可再生能源领域的投资为 661 亿美元。与能效融资相比，可再生能源融资拥有多样化的市场渠道，财政资金与企业自筹资金分别占总投资的5.1%和17.2%，银行贷款、股市、债券等市场化融资渠道资金占77.7%。可再生能源投资主要集中于发电领域，占可再生能源总投资额的89.9%，沼气利用、太阳能热利用和地热利用占总投资额的10.1%。从财政补贴资金来看，2011 年可再生能源领域财政资金为 248 亿元，为能效领域财政补贴资金的1/5。2011 年中国可再生能源投资共新增了 3479 万吨标准煤的能源供应能力，新增 9428 万吨 CO_2 的减排能力。中国可再生能源能够建立起市场化的投融资机制，得益于基于市场机制的上网电价制度。

在光伏企业的融资中，政府发挥了重要的作用。地方政府在光伏企业的融资活动中，扮演了多种角色：地方政府是光伏企业创业时期的风险投资者，是光伏企业资金困难时期重要的借款方，是光伏企业创立时期和财务困境时期的董事会董事；在光伏企业创业时期，地方政府在资源分配方面向光伏企业倾斜，通过提供土地价格和电价等优惠，有效地降低了光伏企业的生产成本；此外，地方政府还在企业上市融资、争取银行贷款的过程中发挥了协调者的作用。中央政府的作用则主要体现在 2009 ~2010 年，促进以国家开发银行为首的国有商业银行向光伏制造业发放了大量的贷款。地方政府通过参与和支持光伏企业的融资活动，发展了基于大量资金支持的快速产能扩张模式，将该行业在短短10年间打造为具有国际先进水平的产业，短期来看这种发展模式非常高效。但是，该行业由于严重产能过剩迅速陷入困境，长期来看这种发展模式值得反思。

案例篇

本书选取了节能、雾霾治理、城镇化领域内的典型案例进行实证研究。在节能领域，分析案例工业企业对节能政策的响应；在雾霾治理技术选择方面，选取北京市政府采取热电联产“煤改气”措施分析其对大气污染治理的效果；在城镇化领域，阐述了珠海横琴新区低碳规划的思路和框架。

工业企业是我国的耗能大户和节能主体。“十二五”期间，工业节能主体从大型“千家企业”扩大到能耗水平相对较低的中小型“万家企业”，由于“万家企业”数量众多、较为分散、资源消耗量及污染排放相对较少，实施节能降耗措施及环境监管的难度和成本显著提高。针对中小型企业节能管理基础薄弱的现状，“十二五”期间各级政府通过能源管理中心、能源管理师、能源管理体系等政策工具帮助企业提高节能管理水平。目前，万家企业已初步建立起以基础数据收集、技术支持系统与管理制度建设为核心的节能管理体系。随着既有技术节能空间逐步收窄、成本上升，淘汰落后产能潜力不断缩小，工业企业在“十二五”时期面临更加严峻的节能技术与资金方面的挑战。然而，目前工业节能政策的重心主要放在提高企业的节能管理水平上，缺乏适当的政策工具应对企业面临的节能技术与资金方面的挑战。未来的节能政策制定必须及时做出调整，鼓励和扶持前沿节能技术的研发和推广，加强经济激励类政策在推动企业节能中的作用，探索更多的市场化融资途径。

雾霾治理中的技术路径选择将对该地区的低碳发展产生长期的影响，本书选取了由江亿、倪维斗和唐孝炎三位院士领衔的研究，分析北京市热电联产“煤改气”（使用大型燃气热电联产全面替代大型燃煤热电联产）措施的治理效果。在文章中首先研究了$PM_{2.5}$的形成机制与造成严重灰霾的关键因素，再比较冬季采暖各种热源造成的污染物排放量，通过定量的计算比较使用燃气热电联产和燃煤热电联产两种方式供热对$PM_{2.5}$形成的贡献。研究结果表明：减少NOx排放量是治理$PM_{2.5}$的关键，而热电联产“煤改气”措施并不能显著降低 NOx 排放量，反而会大幅增加天然气用量，造成用气矛盾，因此，不宜作为治理大气污染的有效措施大范围推广。

《横琴新区低碳发展规划（2010～2020）》是通过低碳发展思路引导城镇化的有益尝试。2012 年横琴新区与清华大学气候政策研究中心共同启动《横琴新区低碳发展规划（2010～2020）》（以下简称《规划》）的编制工作，在充分解读和评价横琴已有各类规划的愿景和实现路径的基础上，借鉴国内外低碳发展经验，从产业、能源、建筑、交通、生态等方面全方位构建具有综合性、系统性、可对接的横琴低碳发展体系。《规划》明确提出横琴低碳发展目标，即单位 GDP 能耗和单位 GDP 二氧化碳排放量进入国内最低行列。《规划》构筑以“六大支柱和三大重点”为核心的横琴新区低碳城市品牌建设，六大支柱体系即：高效、清洁的低碳能源体系；科技、创意的低碳产业体系；低耗、宜居的低碳建筑体系；智慧、畅达的低碳交通体系；无废、再生的城市矿藏体系；汇碳、和谐的城市生态体系。三大重点产业即低碳产业创新园区建设、低碳博览会展中心建设和低碳金融交易中心建设。依据《规划》，横琴新区将全面打造“宜居、宜业、宜学、宜商、宜游”的低碳城市品牌，为可持续发展奠定基础。

Abstract

This annual review consists of four parts. Part I looks at the changes and uncertainties embedded in three hot topics in low-carbon development, namely the carbon reduction effects of smog control, the transition towards a new, low-carbon model of urbanization, and carbon reduction potential of shale gas development. Part II adheres to the tradition of the annual review of low-carbon development in China and analyzes energy efficiency and renewable financing, with a focus on the fields of investment and their respective effects, the predicament of the energy efficiency investment model where government investment drives social investment, and the unsustainability of the government-oriented financing model of the solar photovoltaic manufacturing industry. Part III includes three case studies, all of which being empirical studies on policy choice and implementation in the fields of energy conservation, smog control, and urbanization. The last part of the book updates low-carbon indicators and other relevant statistics.

Part Ⅰ: Hot Topics

Smog control, new urbanization and shale gas development are three hot topics in the public policy area in China. All three topics are closely associated with low-carbon development and likely to exert significant and far-reaching influence on low-carbon development in China.

In the past two years, frequent outbreaks of air pollution crises characterized by fog and smog in most parts of the country have aroused increasing attention from the Chinese government and the public. Not only is smog control crucial in a political, social and environmental-protection sense, but it also generates co-benefits for low-carbon development in China. From the perspective of policy implementation, smog control acts as an external stimulus and creates an important "policy window" for curbing total energy consumption. As a result, smog control has become an important turning point and a brand-new driver of low-carbon development in China. The total energy consumption control policy and disaggregation plan center on coal consumption control, and are first implemented in Beijing-Tianjin-Hebei, the Yangtze River Delta, and the Pearl River Delta. The target responsibility system (TRS) on air pollution prevention and control have been established, and the accountability scheme is strictly enforced to push local governments to rigorously control coal consumption and optimize and adjust the energy structure. In addition, air pollution prevention and control have generated co-benefits in energy conservation and carbon reduction. For instance, the Beijing-Tianjin-Hebei region alone has created an emissions reduction capacity of 122 Mt CO_2. Coal-to-gas projects have emerged as a particularly popular technological path of smog control measures and are growing fast in scale. Even though coal-to-gas projects have clear pollution abatement effects, they run huge risks of negative resource and environmental externality, and high carbon emissions. Coal-to-gas projects, therefore, are likely to create the dilemma of "smog control on a regional scale, increasing carbon emissions on a national scale", which deserves attention and caution from policy makers.

The 34 years since the Reform and Opening-Up Policy began have witnessed the acceleration of urbanization in China, where the urbanization rate has been in creasing at the rate of 1% each year. Meanwhile, energy consumption-related carbon emissions has increased by 6% each year. For each 1% increase in urbanization rate, the national carbon emissions has grewn by 216Mt, and emissions per capita risen by 0.04t. Since 2002, carbon emissions have been rising particularly fast as the urbanization rate has increased rapidly. For each 1% increase in urbanization rate, carbon emissions increased by 414 Mt. If China follows the typical industrialization and urbanization paths, then urbanization in China is destined to be a highly carbon-intensive process, which would be unbearable for the economy and the environment both in China and beyond. China thus must chart its own course of green, circular and low-carbon urbanization. Low-carbon pilot cities represent China's efforts to take actions on low-carbon urbanization. Low-carbon pilot cities cover a range of regions, scales, levels of economic performance and development patterns. So far, the pilot cities have achieved a greater decrease in carbon intensity than comparable cities in the same category. If the program proves successful, the pilot cities would serve as examples in low-carbon development for other cities and regions in China.

At the beginning of the 21st century, the United States achieved large-scale commercialized development of shale gas, which significantly improved energy independence of the country and lowered the carbon intensity of its energy structure.

Thirty-three percent of carbon reduction in the United States in 2012 relative to 2006 level was contributed by shale gas use. The success of shale gas in the United States has attracted continuous attention worldwide. This annual review calculates the potential contribution of shale gas to carbon reduction in China based on the scenario proposed by the Chinese Academy of Engineering: shale gas production in China reaching 2 billion m^3 in 2015, 20 billion m^3 in 2020, and 100 billion m^3 in 2030. Our results show that shale gas would account for 1.8% of carbon reduction in China in the 2010 - 2020 period and 6.5% in the 2020 - 2030 period. However, due to the poor reserve conditions and the scarcity of water resources in major gas fields, and given that China has not yet grasped the core technologies in gas exploration, the future of shale gas development in China is still full of uncertainties. We conclude that China is unlikely to replicate the shale gas revolution in the United States before 2030. In reference to the experience of shale gas development in the United States, production of shale gas is likely to see a significant breakthrough in the 2030 - 2040 period when shale gas could contribute up to 20% of carbon reduction in China.

Part Ⅱ: Financing

In 2011 the Chinese government invested approximately RMB 416.2 billion (USD 64.4 billion) in the area of energy efficiency improvement, the largest amount among all countries in that year. However, energy efficiency financing is still lacking in diversified market-based financing channels. Government funding accounted for 30.3% of total energy efficiency investment, Corporate funding for 49.7%, and funds from other channels for 20% of the total. The data above illustrate that energy efficiency investment was still heavily dependent on government subsidies. In 2011, fiscal funds invested in energy efficiency amounted to RMB 126.2 billion. In terms of the fields of investment, investment in consumption (e.g., "household appliances going to the countryside project", "swapping old household appliances for new ones project" and the "energy-saving products discount program") accounted for 73% of government spending in energy efficiency. These policies were first implemented around 2008 with the intention of stimulating domestic demands and saving domestic manufacturers from the global economic crisis. Yet these policies do not serve as sustainable energy conservation policies from the consumption side. In 2011, the average leverage ratio of energy efficiency financing for the whole society (defined as the ratio of fiscal funds to social capital) is 1∶2. 3. The leveraging effects of fiscal spending have significantly weakened compared to the 11th Five-Year Plan period when the leverage ratio was 1∶4. 23. Overall, investment in energy efficiency heavily depends on government subsidies. Additionally, the cost of energy saving has significantly increased. As the leveraging effects of the fiscal spending have gradually weakened, the current energy efficiency investment model has proved ineffective for attracting social investment.

According to Bloomberg New Energy Finance data, China's investment in renewable energy totaled USD 63. 8 billion in 2012 and fell to USD 61. 3 billion in 2013. Since 2009, China has been the global leader in renewable financing for five consecutive years. Our calculation shows that China invested USD 66. 1 billion in renewable energy in 2011. Compared to energy efficiency financing, the renewable energy financing market is characterized by much more diversified financial channels. Fiscal funding and corporate funding accounted for 5. 1% and 17. 2 % of total renewable investment, respectively. Other channels, including bank loans, stocks and bonds, made up 77. 7% of the total investment. Renewable energy investments are mainly used to support power generation, accounting for 89. 9% of the total investment renewable energy. Biogas, solar thermal energy, and geothermal energy accounted for the rest of investment in renewable energy. With respect to fiscal subsidies, fiscal spending in renewable energy sector totaled RMB 24. 8 billion in 2011, which was approximately 20% of the fiscal spending in the energy efficiency field. In 2011, due to the large amounts of investment in renewable energy, energy supply capacity in China increased by 347. 9 million tce, equivalent to carbon reduction of 94. 28 Mt CO_2. The major reason for the establishment of market-based financing mechanisms for renewable energy in China is the feed-in tariff system based on market mechanisms.

The Chinese government has played a key role in financing the photovoltaic manufacturing industry. Local governments in particular played a variety of roles in the financing activities in the photovoltaic sector: as venture capitalists during the start-up period of the photovoltaic enterprises, as creditors when the enterprises are in urgent need for capital, as members of board for the enterprises when they are first founded and when they encounter financial difficulties. In the start-up period of photovoltaic enterprises, the local government allocated more resources to these enterprises and lowered their production cost through preferential land prices and electricity prices. Local governments also became coordinators that helped enterprises secure capital from the stock market or bank loans. The central government's role was most pronounced in 2009 and 2010 when it urged domestic commercial banks, led by the National Development Bank, to issue loans to the photovoltaic industry. Due to the participation of governments in financing activities, the production capacities of the photovoltaic industry expanded exceptionally fast. It only took 10 years to turn the Chinese photovoltaic industry into a world-class industry. Even though this model of development characterized by fast expansion of production capacity based on government financial support seems efficient in the short term, the industry has been quickly crippled by its excess production capacity, which renders this model of development problematic in the long run.

Part Ⅲ: Case Studies

This annual review includes three empirical case studies in the fields of energy conservation, smog control, and urbanization. In the field of energy conservation, we analyze the response of industrial enterprises to China's energy conservation policies. In the field of smog control, we analyze the effect of adopting "coal to gas" cogeneration technology on air pollution reduction in Beijing. In the field of urbanization, we present the line of thought and framework for low-carbon city planning of the Hengqin New Area in Zhuhai city, Guangdong province.

Industrial enterprises are major energy consumers and main energy conserving entities. During the 12th Five-Year Plan period, the main entities of industrial energy conservation shifted from large "Top 1000 Enterprises" to the "Top 10000 Enterprises", which are of smaller scale and much lower energy consumption. However, since there are so many of them, which are dispersed with each having relatively low resource consumption and pollution emissions, the costs and difficulties in enforcing energy conservation policies and environmental regulations for the Top 10000 enterprises are significant. In order to improve the energy efficiency management capacity of medium and small enterprises (SMEs), governments at all levels have implemented a variety of programs directed at enterprises, such as establishing energy management centers, employing energy managers, and creating energy management systems. Currently, nearly all Top 10000 enterprises have established their own energy conservation management system based on the data collection system, the technical support system and the management system. Industrial enterprises are confronted with more severe challenges on energy-saving technologies and financing due to the limited potential for energy conservation of existing technologies, the increasing costs of energy conservation, and the shrinking energy conservation potential from the elimination of backward production capacity. However, industrial energy conservation policies mainly focus on improving enterprise's energy efficiency management. There has been an absence of policy tools for coping with challenges facing industrial enterprises in terms of energy-saving technologies and the difficulties in financing energy efficiency projects. Energy conservation policies must be adjusted to address these new challenges. It is necessary to encourage and support research and development and deployment of cutting-edge energy-saving technologies, strengthen economic incentive policies, and explore more market-based financing approaches.

The choice of technological path in smog control will have long-term impacts on regional low-carbon development. In this year's annual review, we have included a research report by three members of the Chinese Academy of Engineering: Dr. Jiang Yi, Dr. Ni Weidou and Dr. Tang Xiaoxian. This report analyzes the effect of adopting "coal to gas" cogeneration technology on air pollution control in Beijing (replacing large-scale coal-fired cogeneration with large-scale natural-gas-fired cogeneration). This report first studies the formation mechanisms of $PM_{2.5}$ and the key causes of severe dust-haze. It also compares the amounts of pollutant emissions generated by different energy sources used in winter heating. Two different heating methods, gas-fired cogeneration and coal-fired cogeneration, are compared to identify their respective contributions to $PM_{2.5}$ through rigorous calculations. This study shows that NO_x reduction is the key to reducing $PM_{2.5}$. "Coal to gas" cogeneration, however, fails to significantly reduce NO_x emission, and it would in fact substantially boost natural gas consumption. Therefore, it is not appropriate to promote "coal to gas" cogeneration widely in China as an effective approach to treat air pollution.

The Low-Carbon Development Plan for Hengqin New Area (2010 - 2020) is a fruitful trial in guiding the urbanization process with low-carbon concepts. Hengqin New Area and the Climate Policy Institute of Tsinghua University jointly launched *The Low-Carbon Development Plan for Hengqin New Area (2010 - 2020)* project in 2012. On the basis of comprehensive analysis and evaluation of existing planning of

Hengqin, this project drew from domestic and international low-carbon development experiences and established comprehensive, systematic and joint Hengqin low-carbon development system integrating industry, energy, architecture, transportation and ecology. This plan explicitly proposes the low-carbon development goal for Hengqin: both energy consumption per unit GDP and carbon emissions per unit energy consumption falling into the lowest level in China. This plan constructs "six pillars and three keys" as the core of Hengqin low-carbon city brand building. The "six pillars" refer to an efficient, clean low-carbon energy system, a high-tech, innovative low-carbon industry system, a livable, low-carbon architecture system with lower energy consumption, a smart and accessible low-carbon transportation system, a zero-waste renewable city mining system, and a harmonious urban ecological system with carbon sink. The "three keys" refer to the construction of a low-carbon industrial innovation park, a low-carbon exhibition center, and a low-carbon financial trade center. According to this plan, Hengqin New Area will strive to become a low-carbon and sustainable city suitable for living, working, studying, doing business and tourism.

序

全球应对气候变化国际合作行动面临新的转折。2012 年底多哈气候大会在落实《京都议定书》第二承诺期的同时，结束巴厘路线图“双轨”谈判进程，开启德班平台“单轨”谈判。2013 年底华沙气候大会又要求所有缔约方 2015 年第一季度之前通报各自国内准备实现的减排贡献。2014 年将召开联合国气候变化领导人峰会，以促进 2015 年最终就 2020 年后适用于所有国家的加强减排力度的国际制度框架达成协议，同时也将促进各国 2020 年前加强减排力度的行动安排。IPCC 最新评估报告进一步强化了当前气候变化主要由人类活动引起的科学结论，提出了实现控制温升 2℃ 目标全球碳排放到 2020 年左右需达峰值，2030 年比 2010 年下降 15% ~40% 。按照目前的趋势，2030 年将比 2010 年增加约 30% 。全球应对气候变化面临日益紧迫的形势。

国内经济社会发展也受到日益强化的资源和环境制约，中共十八大开启了加强生态文明建设，推动能源生产和消费革命的新局面。三中全会又进一步对全面深化改革进行了部署，将加快生态文明制度建设，健全自然资源资产产权制度和用途管理制度，划定生态保护红线，实行资源有偿使用制度和生态补偿制度，这将充分发挥资源节约和环境保护与减排 CO_2 的协同效应，有力地促进我国经济发展方式向绿色低碳转型。2013 年 1 月京津冀地区长时间严重雾霾天气，更加引起政府和社会公众对环境问题的高度关注。雾霾的成因和 $PM_{2.5}$ 的来源尽管比较复杂，但该地区煤炭消费和汽车尾气排放无疑是首要原因。因此，当前沿海地区开始控制煤炭消费总量和机动车数量，这既是改善大气质量的重要举措，同时也将促进 CO_2 减排，向低碳发展转型。东部沿海大部分地区有望在 2015 年前后煤炭消费量陆续达到峰值并开始下降，这将促使东部地区 CO_2 排放在 2020 年之前即有可能在全国率先达到峰值，为全国 CO_2 排放达到峰值奠定基础。

在全球应对气候变化低碳发展的潮流下，世界范围内能源体系正在发生重大变革，大国的能源战略也出现新的动向。其一是更加注重节能和提高能效。20 世纪 70 年代初石油危机后，发达国家把节能视为与煤炭、石油、天然气和核能并列的“第五大能源”，当前又进一步把节能放在比开发更为优先的地位，将其视为“第一大能源”。近年来，主要发达国家能源消费量均已趋于稳定或呈下降趋势，而其经济仍有缓慢增长。《联合国气候变化框架公约》中附件Ⅱ国家在 2005 ~ 2011 年，GDP 增长了 5.3%，而其能源消费量却下降了 6.6%，实现了经济增长与能源消费增长的完全脱钩。主要发达国家均制定了工业、交通、建筑领域的节能和能效目标，如欧盟已制定了到 2020 年节能 20% 的目标。其二是加速发展新能源和可再生能源，促进能源结构的低碳化。全球风能、太阳能、生物质能和地热能等非水可再生能源供应量 2012 年比 2007 年翻了一番，年均增速达 19%，远高于全球能源总消费量 2.0% 的增速。2012 年与 2007 年相比，OECD 国家能源总消费量减少 4.1%，煤炭和石油消费量分别减少 12.5% 和 9.0%，天然气和可再生能源则分别增长 2.8% 和 92%。欧盟制定了可再生能源比重从 2005 年的 8.5% 增长到 2020 年 20%、2030 年约 30% 的目标。英、法、德等欧盟主要成员国都制定了 2050 年电力 80% 以上来自可再生能源的发展目标，可再生能源技术和产业将面临快速发展的新局面。其三是常规和非常规天然气开发和利用的快速增长。在化石能源中，天然气是比煤炭、石油更为清洁、高效和低碳的能源，产生单位热量的 CO_2 排放比煤炭低 40% 以上，用天然气替代煤炭也是促进能源结构低碳化的重要选择。特别是美国在页岩气开发技术方面取得突破，2012 年与 2007 年比较，天然气产量增长 24.9%，在一次能源消费中的比重也由 25% 升到 30%，相应煤炭消费量下降 23.6%，煤炭在一次能源消费中比重也由 24.3% 下降到 19.8%，单位能耗的 CO_2 排放强度下降 11.2%，能源消费总量下降 6.9%，而 CO_2 排放总量下降 11.2%。一方面，页岩气技术的突破使美国得以制定 $450gCO_2/kWh$ 的新建电站排放标准，使得燃煤电站不仅不会再新建，而且已有电站也将逐渐被天然气和可再生能源所取代，从而对美国实现 2020 年比 2005 年减排 17% 的目标发挥重要作用。另一方面，美国页岩气产量快速增加使美国石油进口量下降，2012 年比 2007 年下降 35.2%，对美国实施能源独立政策、保障能源供给安全将发挥重要作用。

当前世界范围内已出现由以化石能源为支撑的高碳能源体系逐步向以新能源和可再生能源为主体的新型低碳能源体系过渡的重大变革趋向，并将引发新的经济技术的重大变革。我国必须实施创新驱动战略，努力实现以低碳为特征的新型工业化和城市化道路，实现发展转型，才能从根本上在全球低碳发展竞争中占据优势，在国际谈判中占据主动和引导地位。

推进能源体系变革，我国比发达国家面临更为艰巨的任务。发达国家能源总需求量已趋于饱和，发展新能源和可再生能源主要是替代原有化石能源，使能源结构得以迅速优化，CO_2 排放呈现下降趋势。我国工业化和城市化进程不断加快，能源总需求量将持续增加，未来二三十年内能源需求量仍将比 2010 年增长一倍左右，其后才有可能趋于饱和。在当前新能源和可再生能源基数较小的情况下，尽管发展迅速，但仍不能满足新增长的能源需求，化石能源消费仍会持续增长，能源结构的改善也会相对缓慢，而 CO_2 排放仍会持续增长。只有当非化石能源新增供应量能够满足新增能源需求量时，CO_2 排放才能达到峰值并开始下降。我国只有加大能源变革的力度，才能使 CO_2 排放峰值时间尽可能地早于能源消费峰值时间，从而实现低碳转型的跨越式发展。

我国当前煤炭等化石能源消费较快增长的趋势，已使国内资源保障和环境污染的承受力几近极限。2012 年煤炭产量达 36.5 亿吨，超过科学产能供应能力将近一倍，造成了越来越严重的采空区土地塌陷、地下水资源破坏、大气和土壤污染等生态环境问题。当前我国煤炭消费量已占世界的 45%，2005 ~ 2012 年新增煤炭消费量占世界增量的 66%，2012 年煤炭净进口 2.7 亿吨，我国成为世界上最大的煤炭进口国。2012 年石油进口比例达 58%，超过美国石油净进口 48% 的比例，天然气进口比例也达 29.5%，2005 ~ 2012 年新增石油消费占世界的增量的 63%，能源安全保障面临新的挑战。我国 2012 年能源消费量占世界的 20.3%，而 GDP 总量只占世界的 11.5%，节约能源、提高单位能源消费的产出效益仍有较大空间。因此，需要确立积极的 CO_2 减排目标和 CO_2 排放峰值目标，作为控制化石能源消费、促进新能源和可再生能源发展、调整产业结构、提高能源利用产出效益的综合目标和关键抓手，形成促进经济发展方式转型的“倒逼”机制，这样不仅可有效降低 SO_2、NO_X、$PM_{2.5}$ 等常规污染物的排放，从根本上减少环境污染的来源，缓解国内资源紧缺和环境污染的严峻局面，而且将有力地推动应对气候变化战略的实施。

我国当前已进入工业化中后期，钢铁、水泥、焦炭、炼铝等高耗能产品的产量在2020年前后即将陆续达到峰值，并开始呈下降趋势，产业结构调整将会加速，有利于促进单位GDP能源强度较大幅度地下降。我国当前工业部门能耗占全国总能耗的70%，2020~2025年工业部门的终端能源消费和CO_2排放将达到峰值，并开始下降，从而为全国CO_2排放总量达到峰值创造条件。届时城镇化速度已趋缓，随着城镇化的完善，交通领域和建筑领域的能源消费虽仍会有缓慢增长，但相关研究表明，在城镇化过程中加强统筹规划和政策引导，同时在建筑领域通过提高能效、发展分布式可再生能源，在交通领域通过提高燃油经济性、发展电动汽车及生物燃料等措施，到2030年左右建筑和交通领域的CO_2排放增长将放缓并逐渐趋于稳定，新能源和可再生能源供应量的增加可基本满足其对能源需求的增长。因此，到2030年前后，我国工业化和城镇化快速发展阶段基本完成，GDP增速放缓，大规模基础设施建设基本完成，经济发展可趋于内涵式增长。在当前和今后采取大力度低碳发展政策和措施的情景下，全国CO_2排放有可能达到峰值，峰值排放量有可能控制在110亿吨CO_2左右。2010~2030年CO_2排放将增长约50%，1990~2010年CO_2排放则增长了210%。未来向低碳发展转型面临艰巨任务。当前制定积极、紧迫、经努力可实现的CO_2排放峰值目标，有利于加速经济发展方式的转变，推动能源体系变革，适应全球应对气候变化合作行动的进程。

实现积极紧迫的CO_2减排目标和峰值目标，走低碳发展路径，既需要有强有力的政策导向和实施机制，也需要企业、公众等全社会的自觉参与和行动。当前要结合生态文明制度建设，在划定生态保护红线和实行资源有偿使用和生态补偿制度的过程中，突出减排CO_2的协同效应和对低碳发展的政策导向。要进一步加强各级政府节能减排目标责任制，“十三五”期间在继续实施单位GDP能源强度和CO_2强度下降约束性目标同时，应进一步实施CO_2排放总量和煤炭消费总量控制目标。在积极推进CO_2排放配额交易试点的基础上，进一步推进全国统一的碳交易市场的建设，以市场化手段推进CO_2减排目标的实现。当前要进一步完善促进低碳发展的财税金融等政策体系，改革和完善能源产品价格形成机制以及资源、环境税费制度。加强能源市场机制改革，建立公正、公平的市场秩序。城镇化进程中要避免沿袭发达国家城市建设的高碳基础设施和高碳奢侈性消费的传统发展模式，要努力构建低碳型的城市布局、基础设施、生活方式和消费导向，引导社会公众消费观念和消费方式的转变。城镇化进程中要统筹东部和中西部地区的产业布局，东部地区资源密集型产业向西部地区转移要伴随产业的技术升级和资源的高效与循环利用，中西部地区要探索和实现比东部地区更为绿色低碳的工业化和城市化路径。城镇化进程中要统筹城乡基础设施建设的低碳化布局，新农村社区建设要重视节能环保，要尽量为农村提供优质能源服务。当前全国 42 个低碳发展试点城市在指导思想和措施、CO_2 减排目标以及试点以来 GDP 的 CO_2 强度年下降幅度方面，基本上都优于其他同类地区，发展观念和发展模式的转变是其关键因素。

本书就当前低碳发展面临的热点问题，如雾霾治理的协同效应、全球能源变革及美国页岩气革命、节能和新能源融资、低碳城市建设试点以及企业节能减排行动案例等，进行了较为翔实的资料总结和系统分析，以期与社会各界交流探讨，共同推进我国低碳发展和应对气候变化战略的实施。

2014 年 2 月 6 日

目录

BⅢ 资金篇

BⅣ 案例篇

B V 指标篇

B VI 附录

皮书数据库阅读使用指南

CONTENTS

B III Financing

BIV Case Studies

B V Indicators

B VI Appendices

前　言

——倡人类命运共同体意识 促全球绿色低碳化转型

2013 年，是新一届政府正式执政的第一年。低碳发展有哪些亮点？应对气候变化有什么期待？发展方式转型有哪些进展？我们认为，最大的亮点在于对国家和人类命运的意识以及解决问题的具体行动。这种意识和行动为全球应对气候变化带来新的希望和期待，为中国经济发展方式转型带来实实在在的进展。

新一届政府在国家和国际事务中清晰明确地倡导一种“命运共同体意识”。中共十八大报告提出，“我们主张，在国际关系中弘扬平等互信、包容互鉴、合作共赢的精神，共同维护国际公平正义”，并进一步说明，“合作共赢，就是要倡导人类命运共同体意识，在追求本国利益时兼顾他国合理关切，在谋求本国发展中促进各国共同发展，建立更加平等均衡的新型全球发展伙伴关系，同舟共济，权责共担，增进人类共同利益”。以“人类命运共同体意识”诠释的合作共赢，是中国政府提出的维护国际关系的三项基本原则之一，更是三项原则的关键所在。

2012 年 12 月 5 日习近平作为新一届领导核心在人民大会堂同在华工作的外国专家代表座谈。习近平说：“我们的事业是同世界各国合作共赢的事业。国际社会日益成为一个你中有我、我中有你的命运共同体。”

在过去一年多的时间里，国家领导人和外交部门在多个场合反复重申“命运共同体”这一概念。可以说，“命运共同体意识”已经成为本届政府处理周边和全球事务的核心理念。这一理念继承并发扬了中华文化中“天下为怀”的精神，又是在现今全球经济社会发展和人类生存环境面临深刻危机情况下一个新型大国主动担当的体现。

2013 年元旦，中国国家元首向全球致辞。习近平说：“宇宙浩瀚，星汉灿烂。70 多亿人共同生活在我们这个星球上，应该守望相助、同舟共济、共同发展。”这是中国领导人以个人化的方式向世界传递“人类命运共同体”的理念。他还说，“中国人民追寻实现中华民族伟大复兴的中国梦，也祝愿各国人民能够实现自己的梦想。我真诚希望，世界各国人民在实现各自梦想的过程中相互理解、相互帮助，努力把我们赖以生存的地球建设成为共同的美好家园”，这也正是倡导“人类命运共同体意识”的目的所在。

人类命运共同体本身并不是崭新的概念，命运共同体意识也并非中国独有。但一个政党和政府将其作为重要的执政理念，具体地运用到一个大国的国际、国内事务的实践中，的确具有典范意义和价值。事实上，这一意识不仅是现代环境意识的启蒙，也是现代意识本身的重要组成部分。人们常常把阿波罗登月传回的地球照片，作为人类首次站在地球之外反观地球而被感动的物证。的确，从几十万公里之外，遥望浩瀚宇宙中这颗海水环绕脆弱无比孤寂无边的蔚蓝色的“小小寰球”，难免生出对人类这一唯一家园的感叹，对许多人而言，人类命运共同体意识也因此油然而生。宇宙飞船一般的地球家园和地球生命共同体意识直接促成了地球日的创设和现代环境运动的开始。

正是在半个世纪以前，人类开始了遨游探索太空的时代，开始以极大的热情关注并担忧我们生存的地球。1965 年，美国常驻联合国的史蒂文森（Adlai Stevenson）大使在一次著名的演讲中，将地球比成一只脆弱的宇宙飞船，而船舱里的所有乘客组成一个命运共同体，呵护、关爱并维持这个共同体是每个人的责任。环境运动领导人、学者、政治家、外交家等纷纷响应这种崭新的地球和人类命运共同体意识——这是在世界各国阵营林立、相互提防的冷战时代。而当时在全球提倡这一意识的美国驻联合国的代表，早已被如今消极应对全球环境责任的新人们换掉了几茬，人类命运共同体意识似乎已成为尘封的往事。

今天，中国领导人和中国政府主张的“平等互信、包容互鉴、合作共赢的精神”，不仅是各国共同维护国际公平正义所急需，其人类命运共同体意识更是应对全球经济、社会和环境挑战所必需的。中国政府一方面在国际事务中主张“人类命运共同体意识”；另一方面，在国内事务中提出，以生态文明建设引领经济建设、政治建设、社会建设和文化建设的“五位一体”的新概念。

事实上，生态文明思想应用于全球事务之中，与人类命运共同体概念紧密相通。在全球应对气候变化的思想和行动中，缺乏的正是人类命运共同体意识。何建坤教授认为，在以往的关于气候变化的国际谈判中，人们把精力集中在减排和适应责任的分担上，思维的前提是把气候变化当成一个纯粹的消极因素。而事实上，气候变化的广泛性和严重性迫使人类必须积极合作，共同应对。在此过程中，可以产生对经济、社会和文化发展具有促进作用的机会。国际谈判与合作应该主动从“责任分担”转向“机会共享”。人类命运共同体意识是这一转变的前提。

在具体的低碳发展政策和行动中，新一届政府显著提高了要求。把中央十七届五中全会提出的“合理控制能源消费总量”改为“控制能源消费总量”，从而不留任何讨价还价空间；把“十二五”规划纲要提出的“推动能源生产和利用方式变革”改变为“推动能源生产和消费革命”。这不仅凸显了控制能源消费总量的迫切性，同时也把能源生产和消费问题提升到前所未有的高度。2013年，快速出台“大气污染防治行动计划”，有力地提高低碳发展和污染防治间协同效益。2013年底召开了中央城镇化工作会议，有效地降低了地方政府和相关企业对大规模、高速度土地城镇化的期望，避免高碳发展的锁定效应。

本书延续了往年对低碳发展政策、行动和效果的评估与分析，对促进能效提高和可再生能源投融资继续给予关注。此外，我们把目光投放在2013年低碳发展的热点问题上，如雾霾治理、低碳城镇化、非常规天然气等问题，并做出分析，组成了热点篇。资金篇在以往基础上，集中分析了近年来节能投融资的绩效，表明资金投入和使用是在此期间能效提高的关键因素；通过对光伏发电企业的案例研究，继续深入探讨可再生能源的投融资模式。案例篇包括三个不同类型的案例，一是“千家企业”案例，关注大型企业如何响应政府节能政策，在企业管理和投资行动上做出反应；二是城市案例，重点分析北京市在应对雾霾挑战中政策选择的科学依据，是由江亿、倪维斗和唐孝炎三位院士领衔的研究，为北京市乃至全国的绿色低碳发展建言献策；三是新区发展案例，呈现了广东省珠海市横琴新区低碳规划的思路和框架。全部研究采用实证分析的途径，所用资料来源于现有研究、政府文献以及实地调研。

本书是清华大学气候政策研究中心第四次发布年度研究报告。自 2010 年以来，国内外政府和学术机构专家学者、研究人员在广泛引用报告内容和数据之际，也提出了许多十分宝贵的建议，在此我们深表感谢！

本年度报告的选题在何建坤教授和报告编写委员会的指导下确定；研究和编写大纲由编委会及相关专家讨论形成，报告的初稿、修订稿和终稿得到了编委会和特约审稿专家的多次审阅和修正。在研究和本书编写过程中得到了许多单位和专家的支持和帮助，虽然难以一一列出，但在此一并致以衷心感谢！

社会科学文献出版社对报告的撰写和出版长期给予极大的支持和帮助。将报告列为业界备受尊重的“皮书系列”，予以重点推广，使研究团队深受鼓舞。在此特别感谢谢寿光社长和恽薇主任的指导和支持。

自 2013 年起，清华大学气候政策研究中心独立于总部设在旧金山的国际气候政策中心（Climate Policy Initiative，CPI），继续从事气候变化与低碳发展政策研究，研究重点在于政策绩效评估和有效性分析，目的是为决策者提供技术支撑和决策参考。在此，我们对学校和同行在研究过程中给予的各种帮助表示衷心的感谢。

2014 年 2 月 8 日

B I 总报告

General Report

中国低碳发展孕育变革

一 “十二五”：低碳发展艰难前行

2013 年是“十二五”的中点，在此时间点上，有必要对中国低碳发展在本五年规划中的成就做一个简要的回顾与展望。

与常规的“先回顾后展望”的做法不同，我们首先做一个展望，看一看未来两年中国在节能减碳方面的情形。之所以如此，是因为 2014 年 1 月，国家能源局刚刚发布的《关于印发 2014 年能源工作指导意见的通知》，提供了十分重要的官方数据和信息。虽然以通知的形式发布，但是，冠以“国能规划〔2014〕38 号”文件发布，并在国家能源局官网上的“能源规划”中出现，足见这其实就是 2014 年国家能源工作规划的基本内容，其权威性毋庸置疑。

从这份工作规划来看，“十二五”后期，节能和可再生能源发展形势严峻，能否完成五年规划目标尚存变数。

该工作规划一开始就明确了 2014 年能源工作的主要目标，包括能源效率、能源结构、能源生产和能源消费四个方面。2014 年的能效目标为“单位 GDP

能耗0.71吨标准煤/万元，比2010年下降12%”。由此可知，确定这一目标的基点是2010年单位GDP能耗0.81吨标准煤/万元，而GDP以2010年不变价计算。而“十二五”节能规划的能源强度目标为2015年底“单位GDP能耗0.68吨标准煤/万元（2010年价格）”。按照国家能源局规划，到2014年末，实现“十二五”能源强度目标的3/4（12%/16%）。要保证实现全部16%的节能目标，就需要2015年在上年基础上，能源强度进一步下降4.2%，比五年平均多出0.8个百分点。该通知中的“重点任务”部分提出，“2014年，单位GDP能耗比2013年下降3.9%左右”。因此，从国家能源局的工作规划可见，未来两年，需要以比前三年平均高出一个百分点以上的速度降低能源强度，方可实现“十二五”规划提出的节能目标。由于在现阶段中国的能源强度与碳排放强度紧密挂钩，以上的情形同样适用于碳排放强度的分析。依据国家能源局的数据，可以得出结论：要实现“十二五”节能目标任务十分艰巨。

国家能源局的这一担忧，在此前5个月国家发改委给各个省、自治区、直辖市和国务院各相关机构的另外一份通知中也表露无遗（见《国家发展改革委关于加大工作力度确保实现2013年节能减排目标任务的通知》，发改环资〔2013〕1585号）。国家发改委通知指出，由于在前两年“节能减排目标完成进度滞后，要实现‘十二五’目标任务，后三年年均单位国内生产总值能耗需降低3.84%，比前两年平均降幅高1.03个百分点”。通知要求，“各地区、各部门要把思想和行动统一到中央的精神上来，切实增强全局意识、危机意识和责任意识，树立绿色、循环、低碳发展理念，以节能减排倒逼产业转型和发展方式加快转变，下更大决心，用更大气力，采取更加有力的政策措施，确保2013年全国单位国内生产总值能耗下降3.7%以上”。

国家能源局与国家发改委所用数据当出自同一来源。所引用的数据中，除了前面提到的2010年能源强度基点值（0.81吨标准煤/万元），2011年和2012年能源强度下降率分别为2.01%和3.6%。对照这两份文件中所用的数据，可以反推，国家能源局工作规划数据隐含的2013年全国单位GDP能耗下降率约为3.4%。如果是这样，说明在国家能源局制定其工作规划时，有了比国家发改委8月发文时更新的数据。新的数据表明，节能形势比几个月前更加严峻，因此，今后两年的工作更为艰巨。当然，3.4%与最近媒体报出的数据

有所不同，《21世纪经济报道》记者王尔德于2014年1月14日引述一位参加全国能源经济会议的地方能源局官员透露的情况，“根据目前的初步统计，2013年，全国万元GDP能耗水平为0.737吨标准煤，比2012年下降3.7%，完成了年初预定的3.7%的年度目标”。实际数据可能介于3.4%与3.7%之间。

2013年，也是实现五年计划节能降碳目标的攻坚年。上一个五年计划，与之可比的是2008年，当年能源强度比前一年下降了5%以上，是“十一五”期间降幅最大的一年。截至2008年底，累计实现节能目标的60%，按计划完成节能进度。2013年官方数据尚未公布，但就其上半年来看，能源强度下降了3.4%。结合国家能源局最近发布的《关于印发2014年能源工作指导意见的通知》透露的信息来看，2013年全年能源强度下降幅度应不会超过3.4%太多。总体上看，就节能进度而言，2013年是相对平均的一年。过去的一年，似乎风平浪静。“十一五”期间，总理作为国务院节能减排领导小组的组长主持了多次国务院常务会议布置节能减排工作。但是，在“十二五”期间，既没有召开高层级的专门会议，也没有以国务院的名义发出专门的指令。就目前来看，2013年能源强度比2010年下降了9.25%，基本上按照进度完成“十二五”规定的16%的节能目标。

如果这一估计可靠的话，在接下来的两年中，节能形势如何呢？要实现“十二五”能源强度下降16%的节能目标，意味着2014年和2015年平均每年能源强度下降率不少于3.8%。也就是说，节能力度要明显高于“十二五”的前三年。出现这种情形的可能性如何？这个问题的答案取决于四个因素。一是经济增速；二是节能政策；三是政策实施；四是资金投入（齐晔，2012）。本报告中，我们对这四个因素进行分析，认为今后两年节能降碳的挑战虽然不像“十一五”的后两年那样艰巨，但是，不确定性仍然很大。主要因素是城镇化和产业转移。此外，煤制气规模和速度也可能成为影响能源消耗总量和能源结构的重要不确定性来源。即便如此，本报告认为“十二五”期间，中国的低碳发展中酝酿并孕育了对未来影响深远的重要变革。这些积极的变革包括但不限于主动下调经济增速、新型城镇化以及雾霾治理带来的有利于煤炭总量控制政策实施的政治环境。

二 主动下调经济增速有利于低碳转型

从过去30多年的实践中可以发现，能源强度目标能否实现受经济增速的影响很大。那么，能源强度和经济增长之间到底存在什么关系？能源强度或碳强度是一个相对的指标，是一个国家或地区能源消耗总量与经济总产出之比。这一指标的计算取决于分子和分母两个部分。作为分母的经济总产出用国内或地区生产总值（GDP）代表。就纯粹的算术而言，在分子不变的情形下，经济增长，GDP增加，分母变大，则能源强度下降。也就是说，经济增长可以导致能源强度下降。但在现实中，作为“分子”的能源消耗总量往往随着经济增长而变化。历史和现实中的多数情形是，经济增长与能源利用关系十分密切。近现代世界经济增长有赖于能源，特别是化石能源的利用。工业化国家的漫长历史表明，经济增长往往与能源消耗的增长同步。当然，近年来，一些发达国家，在经济全球化的大背景下，由于制造业的转移和外包，服务业规模和比重的上升，逐渐出现了经济增长与能源消耗“脱钩”的现象，即经济产出继续提高，但能源消耗增速减缓、停滞甚至下降。目前，这毕竟是少数发达国家和地区的特殊情形。世界上多数国家，特别是中国这类新兴经济体，经济增长与能源消耗增长同向甚至同步。例如，2013年电力消费仍基本与经济增长同步。也就是说，在经济增长的同时，能源消耗也在增加。经济增速高时，能源消耗的增速也相对较高。只有当经济增速超过能源消耗速度时，能源强度才能下降。“十二五”计划中的节能目标为能源强度下降16%，平均每年下降率为3.43%。要实现这一目标，要求GDP增速要比能源消耗增速高出3.43%。这就需要或者控制能源消耗，或者通过发展低能耗产业提高经济产出。而过去十多年中，以固定资产投资、房地产开发，以及高耗能工业品制造、出口为重点的经济发展恰恰不能满足以上条件。由于中国目前总体上仍处在工业化和城市化中期，经济构成中，仍然以工业为基本构成，服务业比重低。全球产业分工的结果是中国作为“世界工厂”的局面短期内难以改变。这意味着大规模高耗能工业的长期存在，并限制经济增长与能源消耗脱钩。在全球化的经济格局中，结构优化通常是一个缓慢的过程，它不再是一个国家可以通过自身政策调整而能够轻易实现的，而是要根据全球经济的大势和国内

的基本情况，因势利导，奋发有为，锲而不舍地努力才有可能成功。这可以帮助我们理解在目前大规模、高速度工业化和城镇化过程中，减少能耗和碳排放难以奏效的根本原因。

在全球产业分工和国内产业结构相对固化的大背景下，相对较低的经济增速有助于产业结构向轻型化和低碳化的方向调整，从而有助于节能目标的实现。2013 年，中国经济增速为 7.7%，虽高于“十二五”确定的增速目标，但也是过去 14 年中最低的年增速。此前，2012 年 GDP 增速为 7.8%，2011 年为 9.2%。从增长和就业角度来看，许多经济学家担心增速下滑会导致就业和金融问题的激化。但从环境保护和经济增长质量的角度看，经济增速的下降实际上为保证节能目标、转变发展方式创造了条件（齐晔，2013）。这倒不是一个简单的数字问题。在目前的经济结构和技术水平下，经济增长主要靠投资和出口拉动，在消费方面房地产业仍是大头。这三项的共同特征在于对高耗能工业的拉动。这种增长导致能源消耗上升，能源强度下降缓慢，甚至可能上升。因此，在经济发展方式、产业结构和技术水平难以改变的形式下，增速下降是经济低碳化的契机。

经济学家从经济增速、通货膨胀、国际收支和就业情况方面分析，认为 2013 年中国经济表现得比较平稳，这有利于经济结构调整，有利于经济增长方式转变。刘煜松从五个方面描述了 2013 年经济“稳中有进”的基本趋势：一是就业形势良好，全国基本处于充分就业状态。2013 年城镇新增就业 1310 万人，比 2012 年多增 44 万人。二是物价平稳。2013 年居民消费价格指数上涨 2.6%，工业生产者出厂价格指数下降 1.9%，工业生产者购进价格指数下降 2%。三是国际收支更为平衡。外汇储备增加了 5097 亿美元，增长了 15.4%，经常账户盈余处于国际公认的合理区间。四是居民收入平稳增长。城镇居民人均可支配收入为 26955 元，扣除价格因素，实际增长 7%。农村居民人均现金收入为 8896 元，扣除价格因素，实际增长 9.3%。五是工业企业利润平稳增长。2013 年 1～11 月，全国规模以上工业企业实现利润总额 53338 亿元，比上年同期增长 13.2%（李小佳，2014）。这样判断，2013 年的经济发展为“十二五”后两年健康转型打下了良好的基础。

相关机构（包括世界银行、国际货币基金组织）就 2014 年 GDP 增速做出预测，结果大体上与 2013 年相当。展望“十二五”后两年，经济增长速度将大体保持平稳或稍缓，出现大幅波动的因素不明显。

经济增速减缓首先是全球经济大势使然，也是政府政策作用的结果。在“十二五”规划中，中央政府主动下调了经济增长的目标，设 GDP 年增长率为 7%，为改革开放以来最低目标。尽管如此，各地方政府并没有及时跟进，各地“十二五”目标不仅远高于中央政府，而且不少市、县定下了五年翻番的目标。中共十八大明确了生态文明引领下的“五位一体”的建设目标，进一步强调了转方式、调结构的重要性和紧迫性。习近平主席要求，再不能以 GDP 论英雄。在 2013 年 5 月 24 日的讲话中，习近平强调，要正确处理好经济发展同生态环境保护的关系，牢固树立保护生态环境就是保护生产力、改善生态环境就是发展生产力的理念，更加自觉地推动绿色发展、循环发展、低碳发展，决不以牺牲环境为代价去换取一时的经济增长。习近平指出，只有实行最严格的制度、最严密的法治，才能为生态文明建设提供可靠保障。最重要的是要完善经济社会发展考核评价体系，把资源消耗、环境损害、生态效益等体现生态文明建设状况的指标纳入经济社会发展评价体系，使之成为推进生态文明建设的重要导向和约束。要建立责任追究制度，对那些不顾生态环境盲目决策、造成严重后果的人，必须追究其责任，而且应该终身追究。在新的政治经济背景下，2013 年，首次出现多个地方政府主动调低经济增速目标的现象，2014 年主动调低经济增速目标成为各省、自治区、直辖市的主流。截至 2014 年 1 月 26 日，已有 28 个省、区、市公布了 2014 年 GDP 增长目标，其中 21 个省、区、市调低了增速，6 个省份维持不变，只有广东省上调了目标。2013 年可能成为中国经济发展和转型的转折点，地方政府从追求经济增长速度真正转向追求增长的质量。我们认为，这种经济发展的基本态势有利于节能减碳目标的实现，同时也为能源消费总量控制创造了重要条件。

然而，出现高速经济增长而不利于节能减碳的可能性依然存在，主要来自两个方面：一是产业从东部向中西地区转移；二是新型城镇化战略在地方执行中的异化。

从地区之间经济发展水平差异来看，东、中、西部的梯度导致的各地经济增长的张力直接驱动着工业，特别是高耗能工业，向中西部地区的转移，对节能目标的实现构成了严峻挑战。总体而言，中国经济和技术水平呈现东高西低的梯次分布（见图 1－1）。同时，东部的能源强度也较中西部地区低（Qi et al.，2013）。然而，能源分布则相反，大部分能源基地分布在中部和西部地区。从能源与经济活动的有效耦合角度看，工业产业，特别是高耗能产业向中、西部地区转移有其内在的合理性。当这种合理性与东、中、西部地区差异压力造成的地方增长的冲动相结合时，有可能形成一股强大的、难以抑制的经济增长力量。在中西部地区较高的能源强度和相对较低的能效技术与管理水平的现实下，产业向西部地区转移在拉高当地经济增速的同时，也推高了全国能源消耗，不利于全国节能目标的实现。

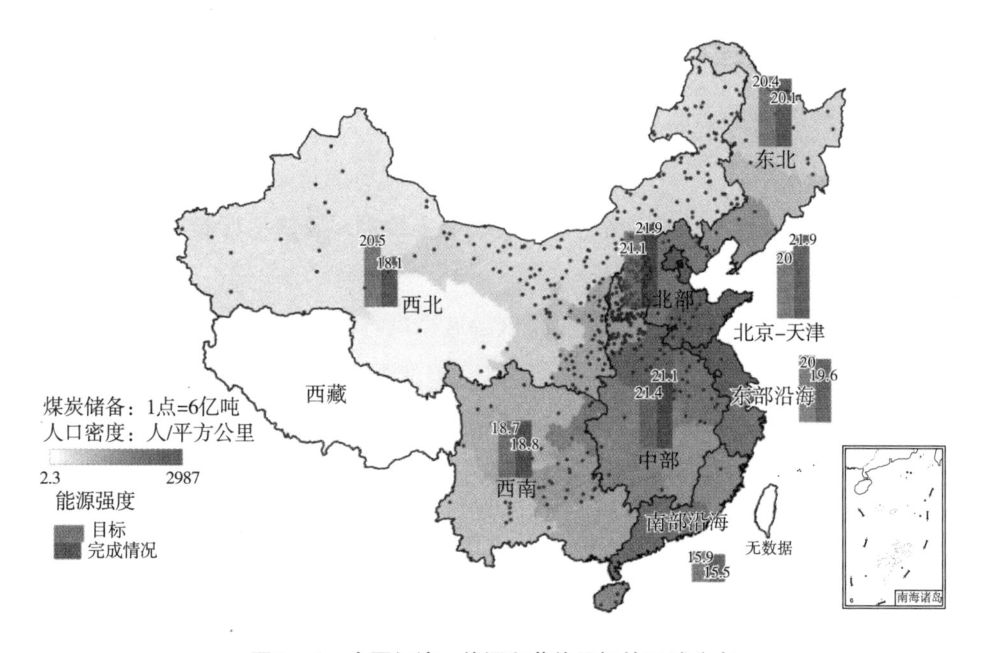

图 1－1　中国经济、能源和节能目标的区域分布

资料来源：Qi Ye，Huimin Li and Tong Wu，“Interpreting China's Carbon Flows”，Proceedings of the National Academy of Sciences，2013。

值得关注的一个问题是，由于东西部地区能源强度水平差异和节能目标不同而可能导致的“碳泄漏”。为了说明这一现象，可以假设一个高耗能工业项目从东部某省转出，落户中西部某省。当东部技术水平相对较高的项目转移到中西部地区时，不仅能够促进接受地的经济增长，也会相应提高当地的技术水平，从而降低其能耗强度，有利于接受地节能目标的实现。与此同时，高耗能工业从东部转出有助于转出地实现节能目标。这样一出一入的产业空间转移，可以帮助两地同时降低能源强度。然而，从全国来看，能源消耗总量并没有下降。这使得即使是实现各地方目标，也可能导致全国目标难以实现，构成一种典型的"碳泄漏"现象，其具体分析见2013年发表在《美国国家科学院院刊》上的文章（Qi et al.，2013）。目前实施的以能源强度计算的相对节能目标似乎难以解决产业转移过程中的"碳泄漏"问题，随着能源消费总量控制政策的逐步完善以及全国范围碳市场的建立，这一现象将被大大缓解。

三　新型城镇化有望促进低碳发展

（一）城镇化发展中的高碳问题

在所有与低碳发展关系密切的各种不确定性中，城镇化可能是最根本也是潜在影响最大的因素。

尽管作为人口、产业和文化聚集区的城市已有几千年的历史，早在上千年前中国就曾经出现过大范围的城镇化阶段，但就全世界而言，真正大规模的城镇化与工业化密不可分（刘易斯·芒福德，2005）。改革开放以来，中国的经济社会发展始终伴随着大规模、高速度的城镇化。城镇化既是经济社会发展的结果，又是经济社会进一步发展的引擎。城镇化率从1978年的17.92%上升为2012年的52.27%。城镇人口从1978年的1.7亿，增加到今天的大约7.1亿，35年增长了3倍多。在这一过程中，人均能源消耗和碳排放增加3.6倍以上。

近现代的城镇化随着工业化而发展。与工业化一样，城镇化也是建立在化石能源基础之上的。因此，与城镇化过程相伴而生的是生产和生活的能耗和碳排放不断增加的过程，是一个典型的高碳化过程。在工业化时期，经济发展水平与人均能源消耗呈现密切的正相关关系。后工业化时代，现代服务业、知识教育、文娱等非物质产业取代制造业为主的第二产业成为主导产业，资源能源消耗趋于平缓甚至缓慢下降。此时，城镇化率超过70%，达到峰值并且趋于稳定或出现极为缓慢的增长。根据典型国家的工业化历程，城镇化率达到峰值、随后趋于平缓甚至缓慢下降的转折点与工业化的转折点大致相同，都发生在人均 GDP 达到 13000 国际元左右（2000 年国际元）。由于碳排放主要取决于能源消耗与能源结构，而多数国家在工业化过程中的能源结构都是以碳基能源为主，因此，经济发展水平与碳排放之间的关系及其与能源资源消耗量之间的关系基本一致。世界主要发达国家和发展中国家的历史都印证了工业化、城镇化率与碳排放率之间的关系。如图 1－2 所示，20 世纪 60 年代以后，除了英国的城镇化表现出明显的低碳化外，其他国家在城镇化过程中均呈现了高碳化趋势，具体表现为人均碳排放不断上升。随着城市化水平的提高，全球发达国家和发展中国家的人均排放量均不断增加。尽管人均碳排放存在较大的国别差异，但其变化趋势一致。无论是发达国家还是发展中国家，其经济发展和城镇化发展都伴随着碳排放的不断升高。就全世界范围来看，城市占土地总量的 1%，容纳了地球上 50% 的人口，创造了世界上大多数的财富，消耗了全球 3/4的能源，排放了全球 80% 的二氧化碳。本质上，城市是土地高集约化、经济高生产率、碳排放高集中的系统。近现代的城市作为经济体系，在生产上优化的是土地的生产率、劳动的生产率和资本的生产率，但牺牲了自然资源和能源的生产潜力；在消费上是鼓励以消费拉动生产；在环境上是以外部环境为代价，优化内部环境。

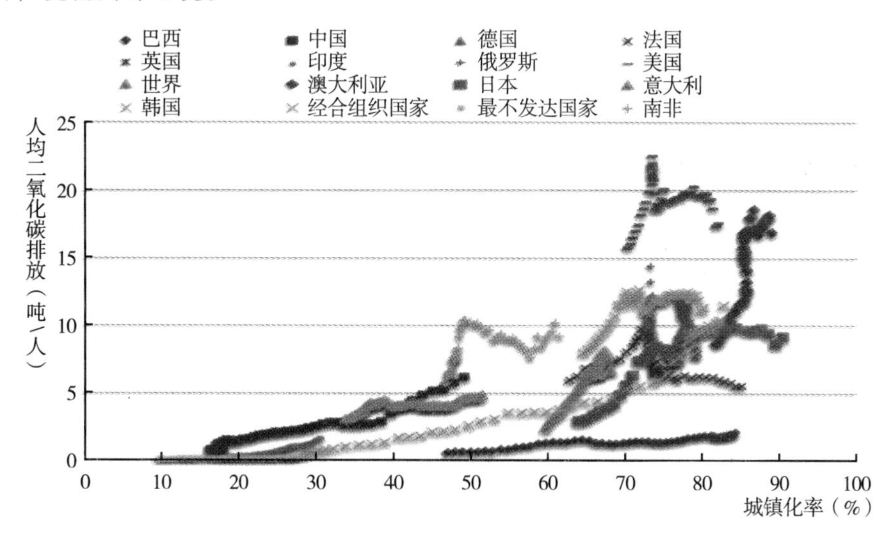

图 1－2　1961～2010 年世界主要国家和地区人均碳排放和城镇化率的关系

资料来源：世界银行数据库，数据年份为 1961～2010 年。

目前，中国的城镇化正处在高速发展的中期。今后10~20年中，中国的城镇化仍将以较高的速度和较大的规模进行。这场世界范围内史无前例的城镇化运动不但深刻地改变着中国的经济和社会，而且对全国的资源和环境提出更高的要求和挑战，甚至可能对全球的经济和环境产生深远的影响。改革开放以来的34年是中国城镇化加速发展的阶段，大约每年上升1个百分点。与此同时，能源相关的碳排放每年上升6%。城镇化率每提高1个百分点，全国碳排放就会增加2.16亿吨，而人均碳排放也会增加0.04吨。特别是2002年以来，碳排放随城镇化率升高呈现高速度直线上升，城镇化率每增加1个百分点，碳排放增加4.14亿吨（相关系数高达0.995）。这是一个十分严峻的现象：如果按照常规的工业化和城镇化道路走下去，其结果必然是一个惊人的高碳化过程。这是中国和世界、经济和环境都无法承受的。因此，中国的新型城镇化没有其他选择，必须走出一条绿色、循环和低碳发展的道路。

像世界各国一样，中国城镇化的首要驱动力是经济效率，特别是土地、劳动力和资本的生产力。由于城市的信息发达、劳动力集聚、要素匹配方便、产业分工细致、融资条件优越等多重优势，在城市进行工业和服务业生产具有较高的经济效率，因此，无论对投资人还是劳动力，都具有乡村无法企及的吸引力。此外，年轻人对城市文明的向往、对城市生活方式的追求造就了城市劳动力的充分供应以及对城市住房和基础设施的需求。在中国长期存在的城乡二元结构下的就业机会和社会福利体系中，城市的吸引力更是其他多数国家无法比拟的。这种经济和社会条件的巨大差异构成了中国城镇化速度发展的硬性需求。

与其他国家城镇化不同的是，尽管中国城镇人口增长本身就很快，但城镇用地的增长速度远高于人口的增速，从而导致全国在快速城镇化过程中，城镇人口密度呈现下降趋势而不是上升（见图1-3）。人口密度间接地反映了土地集约化程度。土地集约化程度表明土地资源利用率需要提高和土地生产潜力尚待挖掘，从一个侧面反映出中国城镇化的空间扩张性和资源浪费性。

城镇化过程中的高碳排放除了带来基础设施建设、居民消费以及土地利用方式的变化外，短命建筑、大拆大建、重复建设、形象工程等加重了城镇化过程中的高耗能、高碳排放。此外，由长官意志造成的城市规划频繁变化也是城镇化过程中严重资源浪费的突出表现。

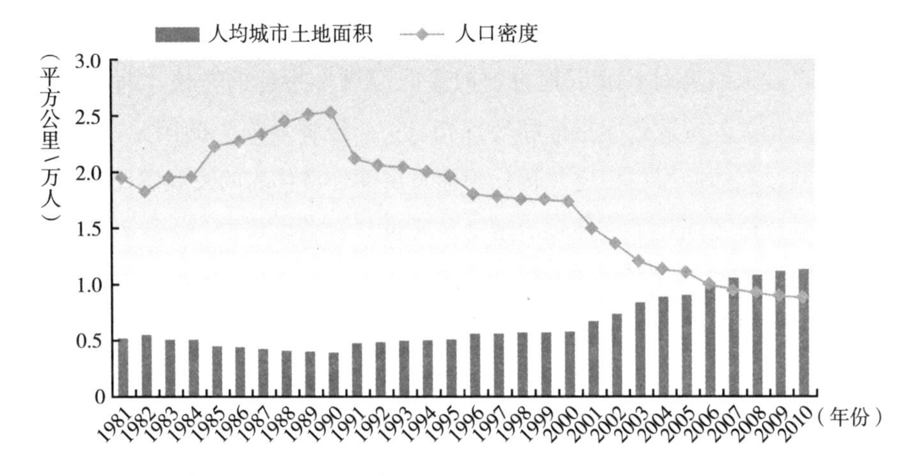

图 1－3　1981～2010 年人均城市土地面积和人口密度情况

资料来源：《中国城乡建设统计年鉴 2011》，城市统计面积以建成区面积为基准。2006 年以后的城市总人口为城区人口加上城市暂住人口，此前没有城市暂住人口的统计，其余年份城市总人口为城区人口。

中国城镇化的一大特色表现为：除经济和社会驱动力之外，地方政府在推动大规模、高速度城镇化过程中发挥了积极、有力的推波助澜的作用。现有政治、行政体制和财政税收体制极大地促进了城镇化的规模和速度，并成为大量资源和能源浪费的重要原因。

（二）地方政府推动大规模、高速度城镇化的体制原因

扩张式城市化的根源在于城市政府面临两方面的压力：一是“经济强国”的国家战略对地方发展的要求形成了城市政府追求 GDP 增长的政治激励；二是“分税制”背景下城市政府的预算内财政压力和对预算外财政收入的追求。城市扩张既能够促进 GDP 快速增长，又能为城市政府有效地增加财政收入。

过去几十年中，以 GDP 增长为中心的政治激励机制，促使城市政府在管理城市发展时不得不关注经济指标。地方发展的 GDP 导向与我国改革开放以来“以经济建设为中心”“经济强国”的国家战略目标是紧密相连的。现有的行政体制可以通过目标责任制有效地将这一目标转化为行动和成果。在单一制的政府体制中，地方政府行使的权力来自中央政府的授权，地方官员由上级政府选拔任免，直接对上级政府而非本地选民负责。上级政府选拔任用地方官员

的依据则是自上而下进行的干部政绩考核。在经济发展优先的国家战略下，这种政绩考核就浓缩为对 GDP、地方财政税收等硬性指标的考核，而忽略了与可持续发展相关的资源效率指标和环保指标。“经济强国”的国家发展战略，通过单一制政府体制层层传递并转化为地方层面经济优先的发展思路，并经由官员政绩考核体系强化了这种政治激励。通过“经营城市”“经营土地”来获得经济发展成为城市政府的基本行为模式。

造成城市扩张的另一体制因素与城市政府的财政压力密切相关。我国于 1994 年实行“分税制”改革，调整了中央 - 地方的财权分配，中央政府的财政收入占全国预算内财政收入的比重不断上升。地方政府（包括省级及其下级政府）的预算内财政收入占全部预算内财政收入的比例则由 1993 年的 78% 下降为 1994 年的 44%，并在此后维持在 50% 左右的水平。但是，“分税制”改革未能对各级政府的事权划分做出相应的调整。相反，在预算内财政向中央集中的同时，中央政府仍然通过事权下放将更多的住房、教育、环保、社保、基础设施建设等公共服务职能转移给城市政府，从而增加了城市政府的财政负担。地方政府的预算内财政支出占全部政府预算内财政支出的比例相对稳定地维持在 70%，造成了地方政府巨大的财政收支缺口。城市人口的快速增长也对交通、住房、治安、供水、环保等城市基础设施和条件提出了越来越高的要求，进一步增加了城市政府的财政压力。

近年来，城市政府的资金短缺已经成为一个普遍现象。尤其是在欠发达城市，地方财政收入严重不足，许多城市的财政严重依赖转移支付，形成较大的财政压力。其结果是促使城市政府广开财源，在土地开发上做文章，在“经营城市”理念下以城市土地换取财政上的收益，即人们常说的“土地财政”。而持续的预算外财政只能依靠一轮接一轮地售出土地，满足对财政收入的追求，直接结果就是城市在空间上的不断扩张。

政府在管理城市发展时拥有巨大的资源配置权，特别是对土地和空间资源的配置权。这种权力来自法律的明文规定，来自我国土地二元产权制度和单一制政府体制下形成的土地管理的委托 - 代理关系，还来自在“市管县”体制下形成的城市对农村的行政领导关系。

我国实行的是城市土地国有和农村土地集体所有的二元产权制度。根据我

国宪法（2004 年 3 月 14 日修订）第十条规定："城市的土地属于国家所有……农村和城市郊区的土地，除由法律规定属于国家所有的以外，属于集体所有。"《土地管理法》（2004 年 8 月 28 日修订）也强调了城市土地归国家所有，并规定由国务院代表国家和人民行使国有土地的管理权。但事实上，我国采取的是"国家所有、分权管理"的城市土地管理制度。在分权化背景下，土地管理、配置、出让和收益分配等处置权都被下放给了城市政府，甚至是县级政府。换言之，城市政府作为国家权力的代理人行使着城市国有土地的实际管理权。

从土地所有权角度来看，城市化（或更确切地说，城市扩张）过程就是农村集体所有土地国有化的过程。然而，这种土地所有权变更的典型形式是通过行政手段，由城市政府从农村集体（村集体、或乡集体）手中征得。宪法规定，城市政府作为国家权力代理人，"为了公共利益的需要，可以依照法律规定对土地实行征收或者征用并给予补偿"。由于我国实行"市管县"体制，城市政府是辖区内乡、村政府的上级行政机构。其结果是，城市政府一方面代表国家行使宪法和土地法所赋予的法定权利；另一方面，以上级政府的身份以行政手段从农民手中获取土地，并进行规划和处置。在这一过程中，征收或征用的价格也是由政府立法确定，作为下级的土地原所有人（村集体或乡集体）基本上没有讨价还价的余地。

由此可见，在城乡土地和空间资源的配置和管理上，城市政府拥有巨大的自由裁量权。但是，目前我国尚未形成对这种资源配置权力的有效制约机制。不仅在法律上没有明确规定城市政府在土地征用中应受到哪些约束，而且缺乏完善的对违反公众利益的规划和建设行为的司法监督机制。在行政体制中，中央和省级政府对城市政府管理土地的行为缺乏有效的监管和制约。从各地的纠纷、上访及其处理来看，公众和舆论的监督作用也是有限的。可以说，制约机制不健全，就难以保证对土地和空间资源过度利用和浪费的控制。土地是城市的载体，城市是附着在土地上的结构。土地资源浪费势必导致能源、水、材料等其他资源以及人力资源的浪费，从而造成城市发展的效率低下和不可持续。可见，缺乏有效的权力制约机制是目前我国城市公共治理中的重要体制问题。只有解决这些体制问题，才能减缓政府盲目扩张的冲动。

（三）低碳城市试点

低碳试点城市是近年来我国在低碳城镇化发展方面进行的尝试。现有的低碳试点城市的单位 GDP 能耗和人均碳排放的总体水平并不低。“十一五”期间在全国低碳试点城市中将近一半的低碳试点城市的单位 GDP 能耗高于全国平均水平，36 个低碳试点城市中有 31 个城市的人均碳排放高于全国平均水平。然而，试点城市的节能碳减排目标较高，措施也更加有利，其低碳化的尝试如果获得成功将可能为其他城市和地区实现低碳发展做出表率。特别是一些条件较好的地区，应充分发挥自身优势，确定高目标、执行高标准，打造全国甚至世界领先的低碳发展示范区。本报告特别收录了广东横琴新区低碳发展规划的基本思路和框架，以突出其先进性。

值得关注的是，城镇化在今后的 20 年中是驱动中国能源消耗和碳排放的最重要的因素，是锁定中国未来能源利用和碳排放模式的最根本的方面；同时，也是中国低碳发展潜力最大、影响最大、政策最能发挥效力的关键领域。由于目前地方政府大规模债务的存在以及发展模式和政绩考核模式尚未发生根本性改变，城镇化发展能否走出一条绿色低碳的道路尚属未知，这也是中国低碳发展中最大的不确定性之所在。

四　雾霾治理推动煤炭消费总量控制

2013 年，我国在低碳发展方面没有颁布重大新政策，但在政策执行上取得了显著进展，主要体现在煤炭消费总量控制政策的落实上。中国的节能减碳政策经常受到西方攻击的一点在于：节能目标设定为能源强度，而不是能源消费总量。现实中，出现了能源强度不断下降但能源消费总量持续上升的“剪刀差”趋势。能源强度这一相对节能目标的设定的确有其无奈之处，在中国工业化和城镇化的现阶段，不要说控制，就是预测能源消费总量都是一件十分困难的事。2000 年，国家发改委在其《2020 年中国能源需求展望》（以下简称《展望》）这一研究课题中第一次对我国的能源消费总量目标做出预测。2004 年该《展望》发布，提出我国能源发展的理想目标是争

取2020年的一次能源消费预期目标为24亿吨标准煤，最多不超过31亿吨标准煤。这一目标的依据在于“一番保两番”的发展原则，即从2000年到2020年以能源消费翻一番支持经济总量翻两番。然而，24亿吨标准煤这一理想目标刚刚提出不久就被超越。

2007年，国家发改委发布的《能源发展“十一五”规划》中制定的2010年能源消费总量控制目标为27亿吨标准煤左右。然而，2007年当年我国能源消费总量就已经超过27亿吨标准煤，2010年则突破31亿吨标准煤（《展望》中2020年的最高控制目标），能源消费增长速度远超预期。

2010年10月，中央十七届五中全会提出“合理控制能源消费总量”。2011年3月全国人大审议通过的“十二五”规划纲要又进一步明确了“加快制定能源发展规划，明确总量控制目标和分解落实机制”。仅仅一年之后，中共十八大进一步要求“控制能源消费总量”，并且把“十二五”规划纲要提出的“推动能源生产和利用方式变革”改变为“推动能源生产和消费革命”。这不仅凸显了控制能源消费总量的迫切性，同时也把能源生产和消费问题提升到了前所未有的高度。

能源消费总量预期目标不断被超越的现实一方面说明确定能源消费目标本身并不容易；另一方面，也表明在经济高速发展的背景下，能源消费总量控制的政策难以落实。

政策之所以难以落实，与地方政府的态度和实际困难有关。能源强度目标尽管十分苛刻，但并没有束缚地方政府在经济增长上的作为。然而，能源消费总量一旦限定，无论是地方政府还是企业立即会陷入“巧妇难为无米之炊”的境地。因此，地方政府难以接受能源消费总量的设定。从具体困难来看，既然在全国层面能源消费总量难以确定，在地方层面便也有类似的困难，而将这一指标下放到各市县就更加困难。在这种背景下，能源消费总量控制目标始终难以分解落实。

然而，2013年初开始于北京并迅速扩展到整个东部地区，严重时遍及全国的雾霾灾害的爆发，引起了全国乃至全球的广泛关注和担忧，并得到了中央政府高度重视。在短短数月之内，一个单纯的环境问题快速演变为社会关注的焦点，并进一步成为从中央到地方各级政府高度重视的政治问题。问题性质的演变，问题流和政治流的交汇，为新政策的制定和已有政策的执行创造了前所未有的条件。在这样的背景下，国家“大气污染防治行动计划”迅速出台，煤炭消费总量控制政策及其分配方案率先在大气污染最为严重的京津冀、长三角和珠三角地区得以响应并实施。按照国家能源局的安排，2014 年，京、津、冀、鲁分别削减原煤消费 300 万吨、200 万吨、800 万吨和 400 万吨，合计 1700 万吨。对比此前能源消费总量控制的困难局面，如今实实在在的总量下降，的确是一个里程碑式的进展。

京津冀地区是我国大气污染防治目标最严、治理要求最高的区域。北京市、天津市和河北省在 $PM_{2.5}$ 防控方面也拿出了前所未有的决心（见表 1-1）。在 2012 年环保部发布《重点区域大气污染防治“十二五”规划》（以下简称《规划》）后，以北京市和天津市为代表的京津冀地区第一轮大气污染防治计划纷纷出台。在《规划》中，环保部给北京市、天津市下达的 2015 年 $PM_{2.5}$ 年均浓度控制目标分别是比 2010 年下降 15%、6%，然而在各自的大气污染防治方案中计划年限均有所延长，控制目标更为严格。以天津市为例，其 2012～2020 年治理措施中 2015 年 $PM_{2.5}$ 年均浓度将比 2010 年水平下降 7%，比环保部下达的目标高 1 个百分点。北京市则在远期目标上降幅明显，2020 年 $PM_{2.5}$ 年均浓度将达到 50 微克/立方米，比 2010 年的水平下降 30%。

京津冀地区第二轮大气污染防治计划则是《大气污染防治行动计划》（以下简称《计划》）的任务分解与实施细则。根据《计划》的要求，京津冀地区再一次收严了 $PM_{2.5}$ 年均浓度的目标。以天津市为例，2017 年 $PM_{2.5}$ 年均浓度将比 2012 年下降 25%，这一目标已经超出其早期制定的 2020 年下降 15% 的目标。

为实现强化的大气污染污染控制目标就必须控制煤炭消费。按照国家大气污染防治的要求，京津冀地区是我国煤炭消费总量控制最严格的地区。在京津冀地区两轮大气污染防治计划的制订过程中，煤炭消费总量控制目标也经历了多次调整（见表 1-1）。

表 1-1 京津冀地区煤炭消费总量控制目标

能源消费控制目标		北京	天津	河北
2010 年	煤炭消费(万吨)	2635	4807	27465
2012 年	煤炭消费(万吨)	2300	5200	38900
2015 年	煤炭消费(万吨)	2000;力争 1500① 800↓(比 2012 年)②	增量<1500③ (比 2010 年)	
2017 年	煤炭消费(万吨)	1300↓②④ (比 2012 年)	1000↓④ (比 2012 年)	4000↓④⑤ (比 2012 年)
2020 年	煤炭消费(万吨)	1000①	6300③	
	燃煤比重	<10%①	<40%③	

资料来源：①《北京市 2012~2020 年大气污染治理措施》；②《北京市 2013~2017 年清洁空气行动计划重点任务分解》；③《天津市 2012~2020 年大气污染治理措施》；④《京津冀及周边地区落实大气污染防治行动计划实施细则》；⑤《河北省大气污染防治行动计划实施方案》。

以河北省为例，2012 年河北省煤炭消费总量比 2006 年增长了 76%，占京津冀地区煤炭消费总量的 83.4%。因此，河北省成为京津冀地区煤炭消费控制的重点。近十年来，河北省煤炭消费量占其能源消费总量的比重一直在 90% 左右。作为京津冀区域大气联防联控的重点省份，河北省煤炭消费总量控制目标经历了与中央政府的多次博弈。以区域大气污染防治为目标的煤炭消费总量控制政策在强度上明显高于之前单纯的能源消费控制试点政策，地方政府必须拿出“真枪实弹”推进能源消费革命。然而，由于河北省现有的经济结构高度依赖煤炭消费，短时间内难以彻底调整，因此，在与中央多次商讨煤炭总量控制目标的过程中，河北省依然表现出保守和为难的态度。与“大刀阔斧”的山东省相比较，河北省在今后很长一段时间内将继续维持以煤炭为主导的能源结构，山东省则采取了“外电入鲁”的替代方案以减少煤炭消费。

在大气污染防治目标的要求下，2017 年京津冀地区将比 2012 年共计削减煤炭消费量 6300 万吨，将减排 CO_2 约 1.22 亿吨。其中，北京市减排 CO_2 2516 万吨，天津市减排 CO_2 1936 万吨，河北省减排 CO_2 7743 万吨。与之前的节能规划相比，大气污染防治规划目标下的 CO_2 排放量有了明显的减少。以北京市为例，按照原有节能规划中的煤炭消费控制目标计算，2015 年北京市由于

煤炭消耗而造成的 CO_2 排放量为 3817.5 万吨，在大气污染防治的新要求下，这一排放量将进一步减少 967.9 万吨。此外，2013 年后大气污染防治目标的调整也将促使 CO_2 减排的进程大大提前。按照新规划的要求，北京市将提前三年完成 2020 年的控制目标，天津市 2017 年的 CO_2 排放也远低于其 2020 年的排放值。

显然，污染防治已经有效地推动了能源消费总量控制政策在全国大气污染严重的地区，也是经济较为发达的地区的执行。在此基础上，能源消费总量控制政策有望在全国各地推广。这一案例表明：在污染防治与节能减碳之间，绿色发展与低碳发展之间，解决国内问题与应对全球挑战之间具有密切的协同关系。

在雾霾防治的诸多措施中，除了减少能源消费之外，优化能源结构成为关键途径。在可再生能源供应不足的今天，以气代煤（天然气取代煤炭）成为首选。2013 年 6 月 14 日，国务院发布“大气污染防治十条措施”，要求加快调整能源结构，加大天然气、煤制甲烷等清洁能源供应。2013 年 9 月 10 日，国务院发布《大气污染防治行动计划》，要求制定煤制天然气发展规划，在满足最严格的环保要求和保障水资源供应的前提下，加快煤制天然气产业化和规模化步伐。在这些要求指导下，2013 年 9 月 17 日出台的《京津冀及周边地区落实大气污染防治行动计划实施细则》明确提出：加大天然气、液化石油气、煤制天然气、太阳能等清洁能源的供应和推广力度，逐步提高城市清洁能源使用比重。一时间，东部省份的天然气需求陡增。由于常规天然气供不应求，“煤制气”这一以往被抑制的煤化工产业顺势上扬，呈现“一鸣惊人”的发展态势，产业发展甚至呈现大规模突破的“井喷”状态。虽然国家能源局发布的《天然气发展“十二五”规划》确定到 2015 年煤制天然气总供应能力达到 150 亿～180 亿立方米，但截至 2013 年 9 月，国家发改委共计审批煤制天然气项目 19 个，年产能达 771 亿立方米（见表 1－2），远远超过《天然气发展“十二五”规划》中“150 亿～180 亿立方米”的规划要求。其中，2013 年以后审批的项目产能高达 620 亿立方米，占总产能的 80% 以上。我国煤制天然气产业正进入史无前例的超速发展阶段。

表 1-2　国家发改委已审批的煤制天然气项目（截至 2013 年 9 月）

公司	地点	供应能力(亿立方米/年)	状态
2011 年前		151	
大唐	内蒙古赤峰	40	已建成
大唐	辽宁阜新	40	已核准
汇能	内蒙古鄂尔多斯	16	已核准
庆华	新疆伊犁	55	已核准
2013 年 3 月		320	
中海油、同煤	山西大同	40	已审批
新蒙	内蒙古鄂尔多斯	40	已审批
国电	内蒙古兴安盟	40	已审批
中电投	新疆伊犁	60	已审批
新汶矿业	新疆伊犁	20	已审批
中海油	内蒙古鄂尔多斯	40	已审批
北控	内蒙古鄂尔多斯	40	已审批
河北建投	内蒙古鄂尔多斯	40	已审批
2013 年 9 月 22 日		300	
中石化	新疆准东	80	已审批
华能	新疆准东	40	已审批
龙宇	新疆准东	40	已审批
苏新	新疆准东	40	已审批
广汇	新疆准东	40	已审批
中煤	新疆准东	40	已审批
浙能	新疆准东	20	已审批
总　计		771	

2014 年初，在全国能源工作会议上，国家发展改革委副主任、国家能源局局长吴新雄披露，初步规划到 2020 年煤制气达 500 亿立方米以上，占国产天然气的 12.5%（原金，2014）。显然，这一理性规划已滞后于当前煤制天然气迅猛发展的现实。

令人担忧的是，从全生命周期的角度来看，煤制天然气涉及更高的碳排放和环境成本。如果用煤制天然气进行发电，则其全生命周期的温室气体排放将比燃煤电厂高出 20%。此外，煤制天然气的生产过程是资源密集型的，每生产 1 立方米的天然气将消耗 6 升水和 3 公斤原料煤（冯亮杰，2011）。我们假定北京市使用煤制天然气全部替代煤炭进行发电，利用 Jaramillo（2007）等学者的研究结果，计算得出了北京市、内蒙古区域因40亿立方米煤制天然气的生产和消费造成的煤炭消费、大气污染物排放以及温室气体排放的变化。从煤炭消费来看，北京市每年引进40亿立方米的煤制天然气可减少约894万吨的煤炭消费，而内蒙古因为每年生产40亿立方米的煤制天然气将会增加煤炭消费约1203万吨，占内蒙古2012年煤炭消费总量的3.3%。从而，北京、内蒙古两地的煤炭消费每年将会净增加309万吨。此外，北京地区因为使用煤制天然气替代煤炭而减少了约738万吨的CO_2排放，由于煤制天然气的温室气体排放主要集中在生产环节，因此，从全生命周期的角度计算，北京、内蒙古两地总计将会净增加约377万吨的CO_2排放，接近每年全国新增森林碳汇总量。

据不完全统计，截至2013年10月，我国建成、在建或拟建的煤制天然气项目共61个，年总产能达到2693亿立方米。根据测算，目前国家发改委已经审批的煤制天然气项目（771亿立方米）生产将每年消耗煤炭约2.3亿吨，占2011年全国煤炭消费总量的6.8%，如果用这部分煤制天然气替代煤炭，则其增加的温室气体排放将占2010年全国温室气体排放量的1%～2%，从而影响“十二五”节能减碳目标的实现。把各地建成、在建或拟建的所有煤制天然气项目，即已审批和待审批的项目（2693亿立方米）加总，那么每年约消耗8.1亿吨煤炭，接近2011年全国煤炭消费总量的1/4，而用这部分煤制天然气替代煤炭所增加的温室气体排放将占2010年全国温室气体排放量的3%～6%。

综上所述，尽管煤制天然气对大气污染防治有正面作用，但是从煤炭消费、温室气体排放和水资源消耗的角度来说，煤制天然气的生产与消费是一种变相的资源消耗和环境污染转嫁。此外，对天然气替代煤炭发电到底是否真正减少雾霾，科学界的认识尚未统一。本书特别收录了由江亿、倪维斗和唐孝炎三位院士领衔的一项研究报告。由于氮氧化物被认为是产生雾霾的元凶，该研究比较了高技术水平的燃煤发电与天然气发电产生氮氧化物的水平，发现后者每发一度电所排放的氮氧化物反而高于前者。如果这项结果成立，那么试图通过“以气代煤”发电治理雾霾的构想可能难以奏效，反而会增加煤炭和水资源消耗以及CO_2排放，这将成为影响低碳发展的一大不确定因素。因此，必须对通过发展煤制天然气治理雾霾的途径给予高度重视，慎重决策。

五 能源消费结构优化有赖能源消费总量控制

如果说由于雾霾治理的要求促进了能源消费总量控制的有效实施，能源结构调整的出路却仍在探索中。“十二五”规划明确提出能源结构目标为非化石能源占一次能源消费从2010年的8.6%上升到2015年的11.4%，这个看起来并不显眼的目标由于能源消费总量的上升，实施起来十分艰难。像能源强度指标一样，能源结构调整遇到的也是一个“分子－分母”难题。要提升非化石能源在一次能源消耗中的比例，除了发展“分子项”的非化石能源外，还需要“分母项”的一次能源消费总量保持相对稳定。这后一项条件在目前尚难以满足。2011年，非化石能源的比重不升反降为8%，其主要原因就在于能源消费总量上升过快。可见，实现“十二五”能源结构目标同样与能源消费总量密切相关。2012年和2013年进展顺利分别提高到9.1%和9.8%。三年完成任务不足43%，余下的部分要在两年中完成。[①] 在经济增速相对稳定，能源消费总量控制压力增大，以及非化石能源项目投资充分保障的条件下，完成“十二五”既定目标仍有希望。

非化石能源发展主要靠核电和可再生能源。2014年，新核准水电装机2000万千瓦，新增风电装机1800万千瓦，新增光伏发电装机1000万千瓦（其中分布式占60%），新增核电装机864万千瓦。按照规划，这些项目的顺利实施将使非化石能源比重从目前的9.8%提高到2014年底的10.7%，为完成“十二五”11.4%的目标打下基础。

2012年全球可再生能源和燃料融资（不包括大水电）总额为2440亿美元，比2011年的融资额下降了12%。根据彭博新能源财经的数据，2013年，全球可再生能源融资额进一步下降12%，其中以欧美下降最为显著。欧洲暴跌41%，从2012年的978亿美元下滑至578亿美元。美国下滑8.7%，从530亿美元跌至484亿美元。我们的计算结果表明，2011年中国可再生能源融

① 在2013年的《中国能源统计年鉴》中，2012年非化石能源占比为9.4%。本书指标篇中以此为准。

资额为748亿美元（不包含研发）。按照彭博新能源财经的估计，中国的投资在2012年为638亿美元，到2013年下滑3.9%跌至613亿美元，是十年多以来首次削减，但在全球可再生能源投资中的比重反而有所提高。自2009年以来，中国已连续五年领先于全球在该领域的融资。如果保持这一投资水平，中国实现非化石能源占比11.4%的目标是有希望的。

在能源结构调整中，非常规天然气发展成为近年来热门的话题。之所以如此，在很大程度上是受了美国所谓“页岩气革命”的刺激。21世纪初美国实现了页岩气大规模商业化开采。尤其是在2006年之后，页岩气成为美国能源的重要支柱。页岩气推动了美国能源结构优化，对美国低碳发展做出了重要贡献。2006~2012年，美国的碳减排中约1/5来自页岩气的贡献，美国的成功经验也使页岩气受到了全球持续而广泛的关注。许多国家将其看成能源战略的重要组成部分。我国页岩气开采潜力巨大。作为重要的清洁能源，页岩气能否肩负我国的减碳重任？能否复制美国的成功经验？我们按照中国工程院提出的2015年产量达到20亿立方米、2020年达到200亿立方米、2030年达到1000亿立方米的数据分析了页岩气对我国碳减排的贡献，认为到2020年页岩气对碳减排的贡献可达1.8%，2020~2030年则达到6.5%。借鉴美国页岩气的发展经验来看，我国页岩气产量的重大突破有可能出现在2030~2040年。届时页岩气对我国碳减排的贡献将有显著提升，达到20%左右。

六　结语

“十二五”规划时间过半，站在这个时点上观察三年来低碳发展的状况，我们发现这个时期的特殊意义在于酝酿并孕育着十分重要的变革。

无论是低碳发展还是经济的转方式、调结构，最重要的变化在于经济增速的下调。固然，经济放缓有其自身原因和国际背景，但更重要的是，2010年以来先是从中央后是在地方各级政府逐步取得共识下调经济增速。这种变化传达出十分重要的信号，那就是中国经济发展方式及其驱动机制开始发生根本性的变革。从一味追逐经济增速转向追求增长质量、可持续性和民生。在这样的形势下，能耗和碳排放才真正有可能从相对量下降转为绝对量下降。

2013 年中央新型城镇化工作会议的召开标志着全国城镇化向健康方向转型。这次会议的精神和方针政策，有效地遏制了原来以大规模、高速度为特征，以拉动经济发展指标为宗旨，以缓解地方财政压力为考量的粗放式的土地城镇化的趋势，取而代之的是更为理性的，追求集约、智慧、绿色和低碳发展的城镇化。鉴于城镇化在现阶段能源消耗和碳排放中的重要性，城镇化的转型对中国的低碳发展将会产生深远的影响。当然，由于经济惯性和制度惯性，这一转变过程中仍存在大量不确定性，能否保证实现未来的低碳发展，仍不明朗，需要给予高度重视。

可喜的是，全国范围内治理雾霾有效地促进了煤炭消费总量控制，对国家能源生产和消费革命正发挥着积极的推动作用，这也从一个特定的角度印证了绿色发展与低碳发展的协同效应。可以预见，未来的政策和行动上将会产生更多的协调和共赢。

能源消费总量控制对推进实现非化石能源占比目标发挥着关键作用。在此背景下，包括核能、水电、风能和太阳能的快速发展才能真正体现出其作用和优势。

与实现五年规划目标的进展相比，这些根本性的变化更为重要，也更加值得决策者和研究者重视。

参考文献

1. Jaramillo P. , Griffin W. M. , Matthews H. S. , “Comparative life-cycle air emissions of coal, domestic natural gas, LNG, and SNG for electricity generation”, Environmental Science & Technology, 2007。
2. Qi Ye, Huimin Li and Tong Wu, “ Interpreting China’s Carbon Flows”, Proceedings of the National Academy of Sciences (PNAS), 2013。
3. 北京市人民政府:《北京市 2012 ~ 2020 年大气污染治理措施》, http: //www.bjeit.gov.cn/zwgk/tzgg/201205/t20120503_ 24113.htm, 2012 - 05 - 03。
4. 住房和城乡建设部、国家能源局:《京津冀及周边地区落实大气污染防治行动计划实施细则》, http: //www.zhb.gov.cn/gkml/hbb/bwj/201309/t20130918 _ 260414.htm, 2013 - 09 - 17。

5. 国家发改委:《能源发展“十一五”规划》, http://www.ce.cn/cysc/ny/hgny/200704/11/t20070411_11007528.shtml, 2007-04-11。

6. 国家发改委:《2020年中国能源需求展望》, http://wenku.baidu.com/link?url=dIowcpMNDAa_GuPSu7clmUXFhL_RaFvnpcRzkzzyvYvq_B7xgm7zlQYL2_sSSWcMCCJ4-ETjDtcippX8IKP3MjtdcLYE79ISjMbr4TCopzy, 2007。

7. 国务院:《大气污染防治行动计划》, http://db.cnmn.net.cn/NewsShow.aspx?id=276481&page=1, 2013-09-12。

8. 河北省人民政府:《河北省大气污染防治行动计划实施方案》, http://news.bjx.com.cn/html/20130912/459301-6.shtml, 2013-09-06。

9. 李小佳:《2014年中国经济将积累“后劲”》, http://news.hexun.com/2014-01-29/161848835.html, 2014-01-29。

10. 刘易斯·芒福德:《城市发展史》, 宋俊岭等译, 中国建筑工业出版社, 2005。

11. 齐晔:《中国低碳发展报告(2011~2012)》, 社会科学文献出版社, 2012。

12. 齐晔:《中国低碳发展报告(2013)》, 社会科学文献出版社, 2013。

13. 全国人民代表大会常务委员会:《土地管理法》, http://www.law-lib.com/law/law_view.asp?id=86442, 2004-08-28。

14. 人民网-环保频道:《北京市2013~2017年清洁空气行动计划重点任务分解》, http://env.people.com.cn/n/2013/0902/c1010-22777571.html, 2013-09-02。

15. 天津市人民政府办公厅:《天津市2012~2020年大气污染治理措施》, http://www.tj.gov.cn/zwgk/wjgz/szfbgtwj/201208/t20120810_180065.htm, 2012-07-26。

16. 原金:《天然气对外依存度超三成, 能源局发力非常规油气》, http://energy.people.com.cn/BIG5/n/2014/0121/c71661-24180280.html, 2014-01-21。

17. 中华人民共和国住房和城乡建设部:《中国城乡建设统计年鉴2011》, 中国计划出版社, 2011。

BⅡ 热点篇

Hot Topics

B.2 雾霾治理与低碳发展

摘　要：

近两年来，以雾霾天气为表征的大气污染危机在全国大部分地区频频爆发，严重影响了人民群众的生产生活和生命健康。雾霾治理作为当前我国政府高度重视、民众密切关注的热点问题，除了其本身具有的政治、社会、环境保护等多方面的重大意义外，对我国低碳发展同样产生深远影响。

从政策执行的角度来讲，雾霾治理作为外部力量，迅速推动了能源消费总量控制的政策议程和执行力度，改变了我国能源消费总量控制长期存在的政策执行阻滞的局面。以煤炭消费总量控制为抓手的能源消费总量控制政策及分解方案率先在京津冀、长三角、珠三角等重点区域得到响应与实施。与此同时，针对大气污染防治的目标责任制得以建立，并严格地追究责任，从而倒逼地方政府严格控制煤炭消费、优化调整能源结构。另外，大气污染防治与节能减碳形成协同效应，仅京津冀地区因煤炭消费总量控制就已形成1.22亿吨的二氧化碳减排能力。雾

霾治理成为我国低碳发展进程中的重要契机和全新驱动。

从治理措施的角度来讲，控制煤炭消费作为雾霾治理的重点，具有显著的低碳效应。然而，在具体执行层面，并非所有的控煤措施都能达到低碳的效果。以目前在全国范围内如火如荼地开展的煤制天然气项目建设为例，煤制天然气作为煤炭消费的替代品，一方面未必能够有效地降低 NO_X 等大气污染物排放；另一方面还存在巨大的资源环境负外部性和高碳风险，从而造成“区域治霾、全国增碳”的治理困境，急需高度重视和谨慎对待。

关键词：

雾霾治理　能源消费总量控制　煤制天然气

一　雾霾治理政策的低碳效应
——以能源消费总量控制为例

控制能源消费总量一直是我国低碳发展进程中的难题。“十一五”期间，我国政府通过自上而下地开展节能减排工作，持续有效地降低能源消费强度，但能源消费总量一直保持稳定增长，二者之间形成了不断增大的“剪刀差”趋势（见图 2－1），并且这一趋势将长期持续。“十二五”以来，国家节能政策继续强化，能源控制目标从单纯地控制能源消费强度转向能源消费强度和能源消费总量双控制，实现从能源消费相对量控制到绝对量控制的转变。然而，从地方实践上来看，尽管国家一再提出总量控制的目标，但目标分解与实施方案却迟迟没有明确，政策执行存在困难。

能源消费与经济增长密切相关，在目前的技术和管理水平下，对能源消费总量的控制无疑是对地方经济发展的极大约束。因此，中央政府作为政策制定者与地方政府作为政策执行者在总量控制目标的分解落实上存在矛盾，政策执行缺乏内在的动力。然而，以雾霾天气为表征的大气污染危机，作为强大的外部力量，帮助打破了能源消费总量控制政策实施不力的僵局。2012 年以来，

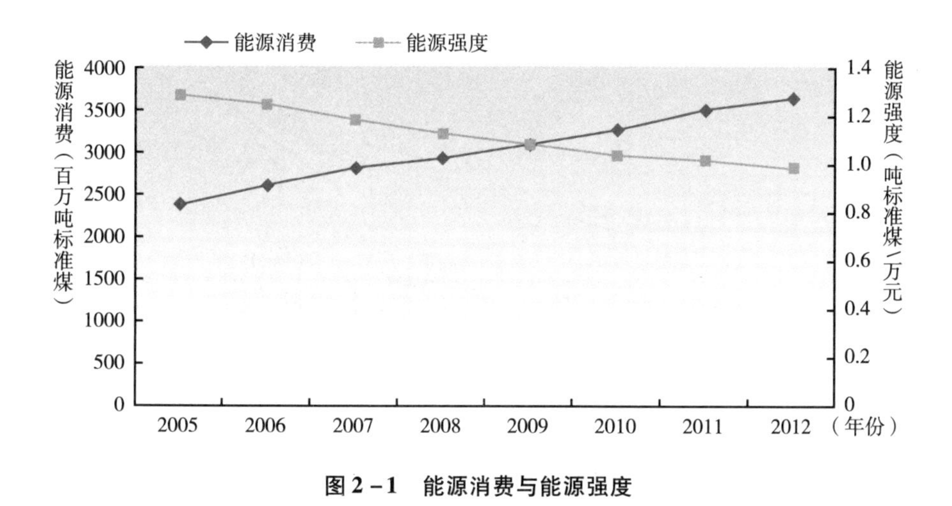

图 2-1　能源消费与能源强度

从中央到地方，大气污染防治政策纷纷出台，大气环境保护这样一个环境和健康问题迅速演变为一个“事关人民群众根本利益，事关经济持续健康发展，事关全面建成小康社会，事关实现中华民族伟大复兴中国梦”的政治问题。鉴于大气污染与煤炭消费的直接关系，煤炭消费总量控制成为新一轮大气污染防治政策的实施重点，京津冀、长三角、珠三角等重点区域明确了总量控制目标与实施方案，成为能源消费总量控制的示范区和主战场。与此同时，大气污染防治目标责任制的确立为能源消费总量控制政策提供了有效的执行机制。基于此，以雾霾治理为核心内容的大气污染防治给我国能源消费总量控制带来了重大政策机遇，成为我国低碳发展进程中的重要驱动力。

（一）能源消费总量控制政策执行困境

1. 能源消费总量目标不断被突破

改革开放以来，我国能源消费一直保持快速增长的态势，尤其是在 2000 年以后，能源消费增速达到此前二十年平均增速的 2 倍（见图 2-2）。有鉴于此，从 2000 年开始，能源消费总量控制被逐渐提上政策议程。此后，能源消费总量目标多次经历了“确定-突破-调整”的循环过程。

2000 年，国家发改委在其《2020 年中国能源需求展望》（以下简称《展望》）这一研究中第一次对我国的能源消费总量目标做出预测。2004 年《展

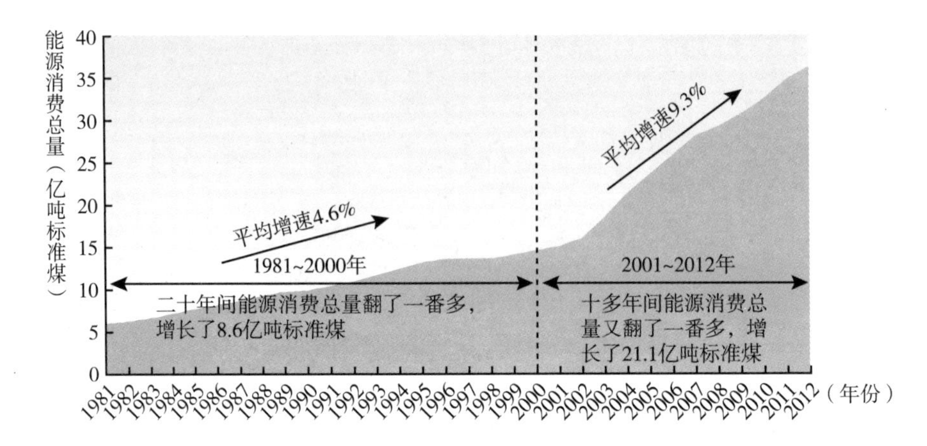

图 2－2　能源消费增长状况（1981～2012 年）

资料来源：1981～2012 年《中国统计年鉴》。

望》发布，指出我国能源发展的理想目标是争取使 2020 年的一次能源需求少于 24 亿吨标准煤，最多不超过 31 亿吨标准煤。这一目标的依据在于“一番保两番”的发展宗旨，即从 2000 年到 2020 年以能源消费翻一番支持经济总量翻两番。然而，2006 年这一理想目标就已经被突破。虽然这一目标并非控制性目标，但其迅速被突破的事实表明了我国能源消费增长速度远远超过预期。

2007 年，国家发改委发布的《能源发展“十一五”规划》中指出 2010 年能源消费总量控制目标为 27 亿吨标准煤左右。然而，2007 年当年我国能源消费总量就已经超过 27 亿吨标准煤，2010 年则突破 31 亿吨标准煤（《展望》中 2020 年的最高控制目标），能源消费增长并未得到有效控制。

国家发改委在《能源发展“十二五”规划》中明确指出 2015 年的能源消费总量控制目标为 40 亿吨标准煤。按照目前能源消费的增长速度，这一目标即将再一次被突破。

在过去的十多年中，能源消费总量的预期与经济发展的现实多次冲突，而总量控制目标由于能源消费的增加而被迫上调。能源消费总量政策在执行上面临巨大困难。

2. 能源消费总量控制政策执行阻滞

从政策执行层面来说，《能源发展“十一五”规划》虽然提出了能源消费总量控制的总目标，但对目标如何落实这一重要问题规划中未做规定。“十二五”开局之时，中央政府强调开展能源消费总量控制，提升可持续发展能力。《国民经济和社会发展第十二个五年规划纲要》中提出要“合理控制能源消费总量”和“强化节能减排目标责任考核”。中共十八大报告提出要“推动能源生产和消费革命，控制能源消耗总量”。作为能源消费控制的重要政策，《“十二五”节能减排综合性工作方案》中明确指出了“要合理控制能源消费总量，建立能源消费总量控制目标分解落实机制，制定实施方案，把总量控制目标分解落实到地方政府，实行目标责任管理，加大考核和监督力度”等具体要求，进一步阐明了地方政府对能源消费总量控制的责任。2013 年 1 月，《能源发展“十二五”规划》中提出，实施能源消费强度与消费总量双控制，同时要求地方各级人民政府和国务院有关部门负责组织落实。从表述上看，能源消费总量控制政策日趋成熟，目标明确，然而，目标分解与相应的实施方案却迟迟未见发布，全国能源消费总量控制工作进展缓慢。

通过调研我们发现，《控制能源消费总量工作方案》于 2013 年 4 月已经下发到各地发改委，与《节能减排综合性工作方案》不同的是，这项工作方案并不是由国务院印发，而是由国家发改委、国家能源局以内部文件形式直接下发到各地（浙江省发展和改革委员会，2013），且并没有对外公开。这项工作方案于 2010 年由国家能源局牵头制定并于 2011 年下发到地方征求意见（王尔德，2011），但由于地方与中央在能源消费总量控制目标上难以达成一致，总量目标在自上而下的分解过程中一直不断地调整（王秀强，2012）。目标之所以难以落实，与地方政府的态度和实际困难有关。节能目标尽管十分苛刻，但并没有束缚地方政府在经济增长上的作为。然而，能源总量一旦限定，无论是地方政府还是企业立即会陷入“巧妇难为无米之炊”的境地。因此，地方政府难以接受能源总量的设定，通过种种途径进行讨价还价，从而造成政策执行阻滞。

将这项工作方案中最终分解到各地的目标与部分省、自治区、直辖市在“十二五”初期提出的 2015 年能源消费总量控制目标相对比，可以看出，国家分配的控制目标普遍比各省、自治区、直辖市在此之前所制定的目标更加严格（见表 2－1），地方政府在完成国家下达的目标时将面临严峻挑战。

此外，与节能政策相比，能源消费总量控制政策的执行机制亦有所欠缺。能源消费总量控制工作由国家发改委统筹安排，地方发改委代表地方人民政府具体负责。“十一五”以来，以节能减排为抓手，发改委系统的工作重心主要放在控制能源强度的削减上。在此基础上，“十二五”时期的能源消费总量控制工作高度依附于已有的节能政策体系和组织架构。然而，与节能政策实施所不同的是，能源消费总量控制目标并非为约束性指标，真正意义上的目标责任制难以构建；同时，目标分解与执行在地方层面仍然存在障碍，因此政策执行遭遇困难（见表2－2）。

表2－1　各地“十二五”能源消费总量控制目标

单位：亿吨标准煤

省份	2015年能源消费总量控制目标	
	本省份制定①	国家分配②
北京市	0.90	—
上海市	1.40	—
江苏省	3.36	2.51
广东省	3.59	2.63
浙江省	2.18	1.65
吉林省	1.23	—
福建省	1.40	—
湖南省	2.01	—
河南省	2.90	2.21

注：“—”表示未能获得该数据。

资料来源：①根据各省份政策文件整理，其中包括《北京市“十二五”时期能源发展建设规划》；《上海市能源发展“十二五”规划》；《江苏省“十二五”能源发展规划》；《广东省能源发展“十二五”规划》；浙江省能源监察总队：《国家能源局刊发我省合理控制能源消费总量工作方案》，http://www.zjesc.gov.cn/BriefingShow.asp?CId=262&Id=859；《吉林省能源发展和能源保障体系建设“十二五”规划》；《福建省“十二五”能源发展专项规划》；《湖南省合理控制能源消费总量工作方案（征求意见稿）》；《河南省“十二五”合理控制能源消费总量工作方案（试行）》。②浙江省发展和改革委员会：《国家发改委印发了能源总量控制方案》，http://www.zjdpc.gov.cn/art/2013/4/22/art_403_528032.html。

表2－2　能源强度控制与能源消费控制

	控制能源强度	控制能源消费
主要政策	节能政策	能源消费总量控制政策
政策发布机构	国务院	国家发改委、国家能源局
全国性目标	有（单位GDP能耗）	有（总量）
目标性质	约束性	预期性
负责机构	国家发改委＋地方政府	国家发改委＋地方政府
目标分解	有	有
执行方案	有	有
目标责任制	有	无
政策执行	好	阻滞

资料来源：清华大学气候政策研究中心根据政策文本整理。

（二）雾霾治理推进煤炭消费总量控制政策的执行

随着我国重工业化和城市化的不断发展，能源消费和机动车保有量的快速增长所排放的大量二氧化硫、氮氧化物与挥发性有机物导致细颗粒物（$PM_{2.5}$）、臭氧、酸雨等二次污染呈加剧态势，复合型大气污染问题日益突出。$PM_{2.5}$是指空气动力学直径小于2.5微米的悬浮颗粒，也被称为细颗粒物。对大城市而言，细颗粒物产生的主要来源是日常发电、工业生产、汽车尾气排放等过程中经过燃烧而排放的残留物（朱先磊等，2005），大多含有重金属等有毒物质，而且不易被人体排出（Nel，2005）。同时，空气中$PM_{2.5}$的大量存在导致空气浑浊、能见度降低，从而造成雾霾天气，严重影响人民健康。2011年以来，尤其是2013年1月以来，以雾霾天气为表征的大气污染危机将大气污染问题从局部地区的环境质量问题逐步演变成为影响公共卫生与社会稳定的政治问题，打开了我国新一轮大气污染防治的“政策之窗”，成为我国环境与能源政策变革的重要里程碑。

1. 雾霾治理政策制定过程

雾霾治理政策是应对大气环境危机的决策产物，具有一定的偶然性，但对其政策过程的深入分析，可以更好地理解雾霾危机将大气污染问题从局部地区的环境质量问题逐步演变成为影响公共卫生与社会稳定的政治问题的全过程，从而理解雾霾危机所带来的环境与能源政策前所未有的重大变革。因此，本文借鉴金通的“三源流”理论（萨巴蒂尔，2004），从问题流、政策流和政治流三个方面解构雾霾治理政策过程。①

早在20世纪末，在$PM_{2.5}$进入政府和公众视野之前，专家学者就已经展开了对$PM_{2.5}$的科学研究。这一时段国内的$PM_{2.5}$研究是在美国、加拿大、欧洲等发达国家将大气颗粒物污染研究重点从PM_{10}转向$PM_{2.5}$，并从单纯的物理、化学过程转到物理、化学过程和毒理作用的关系上这一大背景下开展的。由于国

① 金通指出，政策过程系统是由“问题流”“政策流”“政治流”三条溪流组成，当三条溪流形成并融合时，“政策之窗”打开，即问题被提上议程，政策变化发生。问题流指社会问题转化成为引起决策者注意的政策问题；政策流指政府官员、专家学者等形成的政策共同体提出的政策议案、备选方案等；政治流则包括政党的意识形态、国民情绪等。

内针对 $PM_{2.5}$ 的研究刚刚起步，缺乏独立的研究能力和相应的资金支持，因此，国内专家学者只能开展个别地点、短期的监测，其间的学术研究也都是在与国外研究机构的合作中进行的。

21 世纪初，珠三角、上海等经济发达地区出现复合型大气污染问题，$PM_{2.5}$ 作为重要污染物，成为大气环境专家学者的主要研究对象之一。$PM_{2.5}$ 的学术研究工作从单纯地跟随国外研究动态转向以实际问题为导向的研究路径。庄国顺、张远航等大气环境专家在北京、上海、广州等地长期观测 $PM_{2.5}$ 的污染特征和形成机制。$PM_{2.5}$ 的研究方向不仅局限于大气环境科学领域，还涉及公共卫生、疾病防控、气象科学等多个领域。

2008 年北京奥运会作为一个大气污染防治的重要契机，对 $PM_{2.5}$ 的监测和研究工作起到前所未有的积极作用，成为政府部门加入 $PM_{2.5}$ 技术研究队伍的里程碑。$PM_{2.5}$ 虽然没有被环保部门直接升格为日常监测污染因子，但其作为奥运期间影响空气质量和运动员竞技状态的重要的污染物之一，是北京市及其他奥运协办城市重点关注的污染控制对象。2006 年以来，北京市环保局开始 $PM_{2.5}$ 的研究性监测工作，2007 年底，南京、上海、广州、深圳、天津、重庆、苏州、宁波、深圳 9 个城市成为全国 $PM_{2.5}$ 监测工作首批试点城市。与此同时，国务院于 2006 年 11 月批准成立了“北京 2008 年奥运会空气质量保障工作协调小组”。由国家环保总局和北京市牵头，会同天津市、河北省、山西省、内蒙古自治区、山东省政府以及解放军总后勤部营房部、北京奥组委共同研究制定并组织实施《第 29 届奥运会北京空气质量保障措施》。以雾霾为主要污染特征的区域大气污染联防联控机制首次通过国家层面得以建立，并取得了良好效果。

环境保护部于 2008 年下达了《环境空气质量标准》（GB 3095－1996）修订项目。在其 2010 年公布的《环境空气质量标准（征求意见稿）》编制说明中指出，2008 年修订该标准是基于以下考虑：“现行环境空气质量标准在新形势下的环境空气质量评价与管理中存在一些不能满足国家环境空气质量管理工作需求的情况；同时，现行标准制定时所参考的国际上相关环境空气质量基准已有新的成果，我国环境监测分析方法技术也有新的发展，而且近年来很多国家也都修订了其环境空气质量标准。”

2009 年 9～12 月，环境保护部就修订《环境空气质量标准》（GB 3095－

1996）的有关问题在官方网站上征集意见，并以环办函〔2009〕956号文件的形式向中国科学院、中国工程院等共计193家单位、部门征集意见，其主要意见包括增设$PM_{2.5}$这一污染物项目（并不包括增加$PM_{2.5}$浓度限值）。

在此后的回函收集中（环境保护部，2010），环保部共收到44份意见函，占征求意见单位的23%。其中，回函有意见的单位有34家，针对增设$PM_{2.5}$这一项有意见的单位有29家（见表2－3）。其中，中国科学院、上海市环境保护局、南京市环境保护局和四川省环境保护厅等23家单位一致建议增加$PM_{2.5}$污染物项目，北京市环境保护局、南宁市环境保护局等4家单位建议有条件地增加$PM_{2.5}$污染物项目，陕西省环保厅和南开大学两家单位以“没必要增加$PM_{2.5}$”和“时机不成熟”为由不建议增加，建议“增加”的单位比例为93.1%。同时，中国环境监测总站的“意见函”中写道：“近年监测实践表明，中国大城市中$PM_{2.5}$已占PM_{10}的60%左右，有必要增加$PM_{2.5}$的标准，另外在检测技术方面，国内已基本具备推广$PM_{2.5}$自动监测技术的条件。”

表2－3　修订《环境空气质量标准》公开征集意见函汇总

意见函份数	44
环保部直属机构及地方环保局	42
高校及其他科研院所	2
其中:有意见	34
其中:对增设$PM_{2.5}$有意见	29
其中:建议增加	23
有条件增加	4
不建议增加	2

2010年6～10月，环境保护部科技标准司三次召开专家会议，并两次专门召开《环境空气质量标准》（GB 3095－1996）修订讨论会，邀请环保部下属的监测或研究机构参会提供意见。在10月9日的第三次讨论会上，中国环境科学研究院、中国环境监测总站、环境保护部环境标准研究所、北京市劳动保护科学研究所、沈阳市环境监测中心等单位参会，会议认为当前国家制定实施$PM_{2.5}$环境空气质量标准时机不成熟，但同意发布$PM_{2.5}$等污染物环境空气质量参考限值，地方省级政府可参考其制定地方环境空气质量标准。

2010 年 11 月 18 日，国家环境保护部就修订后的《环境空气质量标准》向社会公开征求意见，其中并未增设 $PM_{2.5}$污染物项目。

这一阶段可以被视为雾霾治理政策过程中处于酝酿状态的政策流，即由政府行政机构、专家学者等组成的政策共同体为政策提出备选方案，但由于问题流和政治流的缺失，“政策之窗”显然未能打开。这一阶段的特征表现为以下几个方面：一是政府（环保部门）对 $PM_{2.5}$的监测与数据收集具有针对重大赛事的应急性质，目的是响应国际社会压力，兑现政府承诺，监测信息不作为公共物品提供给社会，而是政府部门内部使用。二是 $PM_{2.5}$的知识集中掌握在学者手中，政府与学者、学者与公众之间未能形成良好的沟通机制。三是政策过程中社会参与严重缺乏，学者、媒体与公众未形成合力，无法推动政策议程（见图 2－3）。

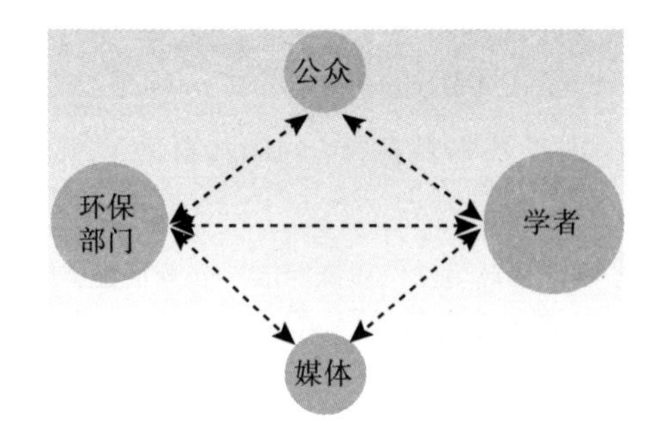

图 2－3　政策过程中利益相关方的互动关系（第一阶段）

注：虚线表示弱联系，圆圈大小表示所掌握的信息量的多少。

2011 年 10 月，包括京、沪在内的多地持续出现雾霾天气，严重影响了居民的日常生活，引发了网民对空气质量问题造成健康风险的担忧，$PM_{2.5}$由此进入公众视野。$PM_{2.5}$污染问题引起广泛关注和讨论源自新兴社会媒体——微博上社会名人发布的“美国驻北京大使馆与北京市环保局的空气质量监测结果差异显著”话题。10 月 22 日当天，北京市朝阳区美国大使馆定时播报“北京空气质量指数”显示北京空气质量属于“有毒害”级别，北京市环保局发布的污染指数是“轻度污染”，后者严重背离居民真实感受。由此，我国官方大气环境质量监测中缺少 $PM_{2.5}$等污染物的监测指标这一问题迅速被暴露，中美监测北京空气质量数据不同、空气质量监测结果失真、$PM_{2.5}$的危害等问题引发网友热议，大量媒体对此问题进行跟踪报道，专家、学者与政府官员对$PM_{2.5}$的健康危害、防治措施等进行科学普及，$PM_{2.5}$成为热点社会问题，同时也引起决策者的关注。

2012 年，$PM_{2.5}$污染危机越发突出。京津冀、长三角、珠三角和成渝地区大部分城市的雾霾天气天数占全年总天数的 1/3～2/3。2012 年 5 月至 2013 年 2 月，北京市 $PM_{2.5}$月平均浓度超过世界卫生组织 24 小时平均浓度限值 1～3 倍，是同时期纽约市 $PM_{2.5}$月平均浓度的 6～9 倍（见图 2－4）。影响范围最大、污染最严重的雾霾危机发生在 2013 年 1 月，其影响范围涉及华北平原、黄淮、江淮、江汉、江南、华南北部等地区，受影响面积约占国土面积的1/4，受影响人口约 6 亿人。在开展监测的 74 个城市中，部分点位的小时最大值达到 900 微克/立方米，是我国 $PM_{2.5}$日均浓度限值的 12 倍。

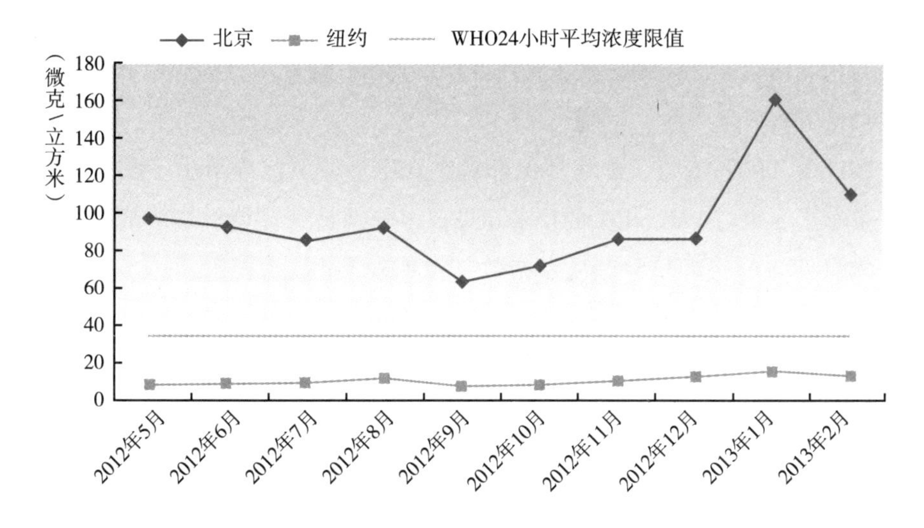

图 2－4　北京市 $PM_{2.5}$月平均浓度

资料来源：《中国空气日报》，http：//chinaairdaily. com/PM25/。

研究表明，长时间暴露在高浓度 $PM_{2.5}$的大气环境中，人类因罹患呼吸系统、心脏系统和循环系统疾病而导致死亡的风险显著上升（Pope，2002）。2010 年全球疾病负担评估报告指出，以 $PM_{2.5}$污染为主的室外空气污染已成为我国第四大致死因素，占 2010 年全部死亡人数的 14.9%（IHME，2013）。通过专家学者和网络媒体对 $PM_{2.5}$知识的广泛宣传，雾霾天气导致的健康风险引发了广大城市居民的担忧与不满，政府大气污染治理的社会舆论压力与日俱增。

雾霾危机持续爆发，人民健康和社会安定受到严重威胁，以微博为主要平台，以公众、专家学者、媒体人为主要参与群体所形成的社会力量促使$PM_{2.5}$污染问题成为决策者所关注的政策议题。作为响应，环保部于2011～2012年陆续出台多项技术性政策，包括《环境空气质量标准》《环境空气质量指数（AQI）日报技术规定》《环境空气质量标准第一阶段监测实施方案》，并明确了$PM_{2.5}$监测全国时间表和浓度限值，为大气污染防治工作的全面开展奠定基础。

2011年11月15日，国务院总理温家宝在中国环境与发展国际合作委员会年会上指出，在高速发展的过程中，环境污染日益成为我们的突出问题。减少污染，既要加强治理，加快推进经济结构调整，又要切实加强环境法制建设，还要努力改进监测手段，提高监测水平。我们要重视完善环境监测标准，逐步与国际接轨，使监测结果与人民群众对青山、绿水、蓝天、白云的切实感受更加接近。

2011年11月16日，国家环保部对空气质量监测标准给出了实质性的回应，发布了3个与$PM_{2.5}$相关的征求意见稿，分别是《环境空气质量标准（二次征求意见稿）》《环境空气质量指数（AQI）日报技术规定（三次征求意见稿）》《“十二五”城市环境综合整治定量考核指标及其实施细则（征求意见稿）》。

《环境空气质量标准（二次征求意见稿）》将各方争议的$PM_{2.5}$、臭氧（8小时浓度）纳入常规空气质量评价，并收紧了PM_{10}、氮氧化物等标准限值，这也是我国首次制定$PM_{2.5}$标准。与现行标准相比，《环境空气质量标准（二次征求意见稿）》主要在三个方面有所突破：一是调整了环境空气质量功能区分类方案，将三类区（特定工业区）并入二类区（居住区、商业交通居民混合区、文化区、工业区和农村地区）。二是完善污染物项目及监测规范，增设了颗粒物（$PM_{2.5}$）浓度限值、臭氧8小时平均浓度限值，收紧了颗粒物（PM_{10}）、二氧化氮（NO_2）浓度限值。三是提高了对数据统计的有效性规定。

与此同时，国家环保部公开了与二次征求意见稿配合使用的《环境空气质量指数（AQI）日报技术规定（三次征求意见稿）》，增加了臭氧、一氧化

碳和 $PM_{2.5}$ 三项环境质量指数评价因子，调整了空气质量指数类别的表述方式和日报周期，并在日报的基础上增加了空气质量的实时发布要求，为公众提供及时、准确的空气质量信息和健康提示，满足公众和社会的需要。与环境空气污染指数（API）相比，AQI 在以下四个方面有所改进：一是将 API 改 AQI，与国际通行的名称一致。二是评价因子增加了臭氧、CO 和 $PM_{2.5}$，以更好地表征环境空气质量状况，反映我国当前复合型大气污染形势。三是调整了指数分级分类表述方式，与对应级别空气状况对人体健康影响的描述更匹配。四是完善空气质量指数发布方式，将日报周期从原来的前一日 12 时到当日 12 时修改为 0 点到 24 点，并规定实时发布 SO_2、NO_2、PM_{10}、CO、$PM_{2.5}$、臭氧小时浓度和臭氧的 8 小时浓度。

然而，$PM_{2.5}$ 监测并没有真正地被纳入对政府环境保护工作的硬性考核中。16 日当天环保部新发布的《"十二五"城市环境综合整治定量考核指标及其实施细则（征求意见稿）》中指出，开展 $PM_{2.5}$ 监测仅为定性考核，且是"加分项"，也就是"测了能加分，不测也不扣分，更不一票否决"。

值得注意的是，本次《环境空气质量标准》征求意见稿的修订过程与 2008 年相比发生了一些显著的变化，主要表现在修订历时、修订目的、决策人员构成、决策层级等多个方面（见表 2－4）。国家环保部在 2010 年 11 月 18 日发布《环境空气质量标准（征求意见稿）》之后，充分收集来自社会各界的意见反馈，并开始该标准的二次修订工作。从 2012 年 5 月修订工作正式开始，到 11 月 16 日二次征求意见稿对外发布，真正用于标准修订的时间仅仅半年。2011 年 5～11 月，环保部科技标准司召开 5 次专家讨论会，专家组成包括大气环境科学领域的院士、知名专家、部分地方环境保护（局）和部内有关司局人员。在 2011 年 6 月，环境保护部监测司和科技司在北京市组织召开全国环境监测系统环境空气质量标准研讨会。2011 年 8 月，环境保护部常务会议听取《环境空气质量标准》修订工作情况汇报。此外，本次修订基于这样一个事实：国家有关政策也要求加强 $PM_{2.5}$ 污染防治，有关方面要求在标准中增加 $PM_{2.5}$ 项目的呼声很高（环境保护部，2011）。最终，$PM_{2.5}$ 出现在《环境空气质量标准（二次征求意见稿）》的常规监测指标中。

表 2-4 《环境空气质量标准》两次修订比较

	第一次修订	第二次修订
历　时	2008 年 5 月 ~2010 年 11 月 18 日 两年半时间	2011 年 5 月 ~2011 年 11 月 半年时间
修订必要性	基本相同,第二次修订时增加"京津冀、长江三角洲、珠江三角洲等区域 $PM_{2.5}$ 和 O_3 污染加重,灰霾现象频繁发生,能见度降低……环境空气质量评价结果与人民群众主观感受不一致"	
外部情况	国外制定 $PM_{2.5}$ 标准,"应该考虑是否制定我国的 $PM_{2.5}$ 环境空气质量标准"	污染问题突出,国家政策、有关方面要求,"一些区域迫切需要开展 $PM_{2.5}$ 环境空气质量评价与管理工作"
专家组成	几乎全部来自环保系统内部	院士、专家、环保系统人员
决策层级	科技标准司	科技标准司、监测司牵头,环保部常务会议审定

2011 年 12 月 21 日，国家环保部部长周生贤在全国环境工作会议上公布了 $PM_{2.5}$ 的监测时间表，实行“四步走”战略（见图 2-5），指出 2016 年是新标准在全国实施的关门期限，届时全国各地都要按照该标准监测和评价环境空气质量状况，并向社会发布结果。同时，会上发布的《国家环境保护“十二五”规划》指出，“十二五”期间要在京津冀、长三角和珠三角等区域开展臭氧、$PM_{2.5}$ 等污染物监测。到 2015 年，这些区域的复合型大气污染得到控制，所有城市空气环境质量达到或好于国家二级标准，酸雨、灰霾和光化学烟雾污染明显减少。

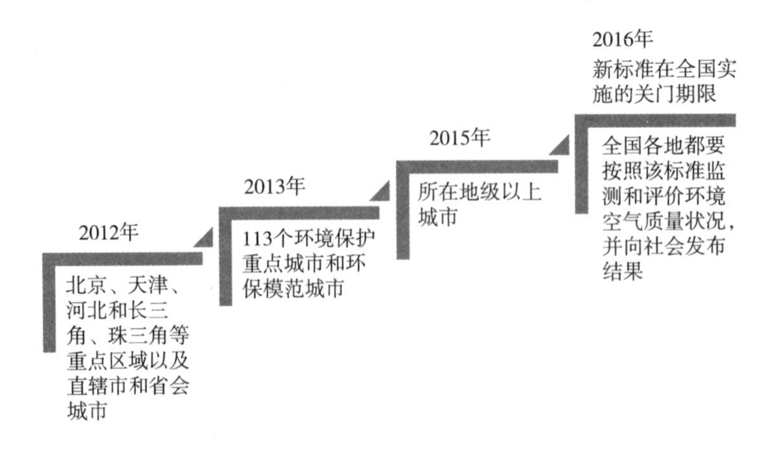

图 2-5 $PM_{2.5}$ 监测“四步走”战略

2012年2月29日，国务院总理温家宝主持召开国务院常务会议，同意发布新修订的《环境空气质量标准》，部署加强大气污染综合防治重点工作。同时，《环境空气质量指数（AQI）日报技术规定（试行）》发布。新标准将$PM_{2.5}$的年平均和24小时平均浓度限值分别定为0.035毫克/立方米和0.075毫克/立方米，采用了世界卫生组织（WHO）过渡期第一阶段的目标值（见表2-5）。

表2-5　$PM_{2.5}$浓度限值国际比较

国家/地区/组织	年平均(微克/立方米)	日平均(微克/立方米)	备注
WHO准则值	10	25	2005年发布
WHO过渡期目标-1	35	75	
WHO过渡期目标-2	25	50	
WHO过渡期目标-3	15	37.5	
澳大利亚	8	25	2003年发布,非强制标准
美国	15 15	65 35	1997年生效 2006年12月17日生效
日本	15	35	2009年9月9日发布
欧盟	25	无	2008年《关于欧洲空气质量及更加清洁的空气指令》规定,2015年1月1日强制标准生效
中国台湾	15	35	2012年3月《空气质量标准修正草案(征求意见稿)》
中国香港	35	75	2009年《环境空气质量标准(草案)》
中国内地	35	75	2012年《环境空气质量标准》

资料来源：清华大学气候政策研究中心根据网络数据整理。

此后，《空气质量新标准第一阶段监测实施方案》出台。截至2012年底，我国74个城市共建成$PM_{2.5}$监测点位496个，主要集中在京津冀、长三角和珠三角地区（见图2-6）。2012年10月，环保部发布《重点区域大气污染防治"十二五"规划》，标志着我国区域性大气污染防治的全新开端。

衡量政治流形成的两个重要因素是政党的意识形态和国民情绪。中共十八大报告中明确指出，把生态文明建设放在突出地位，融入经济建设、政治建

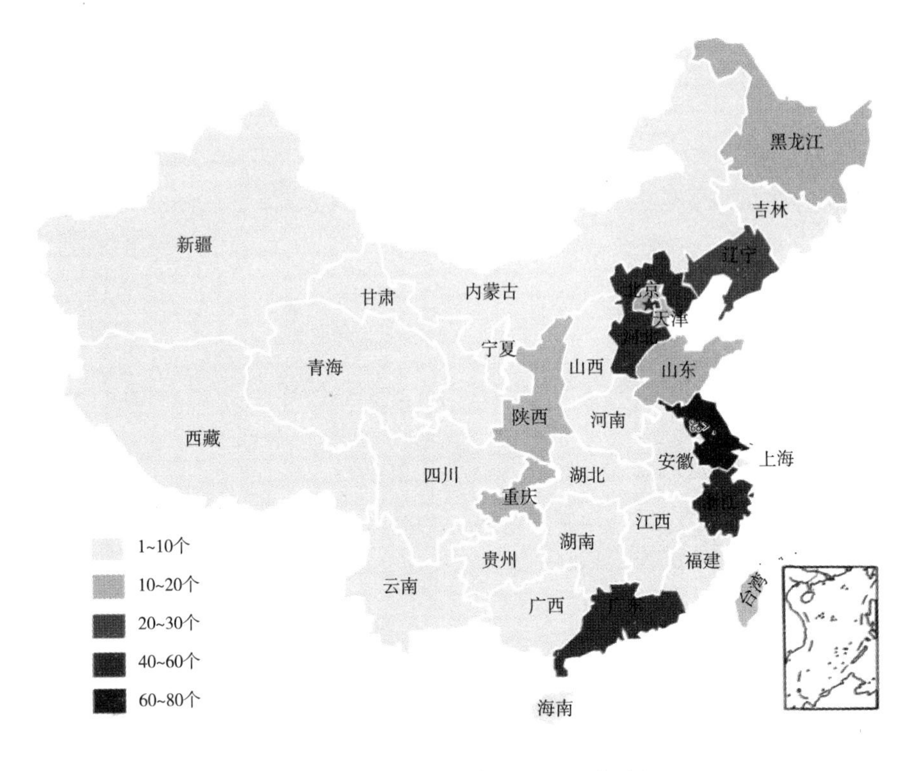

图 2-6 $PM_{2.5}$监测点位（2012 年底）

资料来源：根据《空气质量新标准第一阶段监测实施方案》整理。

设、文化建设、社会建设各方面和全过程，努力建设美丽中国，实现中华民族永续发展。而建设生态文明、实现美丽中国的着力点在于推进绿色发展、循环发展、低碳发展。显然，当前频繁发生的大气污染问题有悖于这一要求。

2011 年雾霾危机爆发以来，党和国家领导人多次在重要场合发表讲话，强调雾霾治理的重要性和必要性。温家宝总理曾多次强调要“采取切实的防治污染措施，促进生产方式和生活方式的转变，下决心解决好关系群众切身利益的大气、水、土壤等突出环境污染问题，改善环境质量，维护人民健康，用实际行动让人民看到希望”（中央政府门户网站，2013）。李克强总理主张$PM_{2.5}$监测信息公开，指出要直面雾霾天气，政府“应公开透明、及时并如实向公众公开 $PM_{2.5}$的数据”（新华网，2013）。高层领导的强力推动促使 $PM_{2.5}$污染问题实现从社会问题到政策问题再到政治问题的跃迁，并且将该问题以政治任务的形式迅速传达至各级地方政府。以广东省为例，2012 年广东省环保工作会议上，时任省委书记汪洋在 23 页的讲话中，4 次提到了 $PM_{2.5}$问题，要求广东省抓紧做好增加 $PM_{2.5}$监测指标的准备，在珠三角率先将 $PM_{2.5}$纳入空气质量评价体系，逐步实行与国际接轨的空气质量标准体系（新华网，2011）。此外，$PM_{2.5}$从一般监测指标到政绩考核指标的转变也使得其政治任务的性质更加明显。2012 年北京市政府发布的《关于贯彻落实国务院加强环境保护重点工作文件的意见》中明确提出今后所有有关环境质量的指标，如污染物总量控制、$PM_{2.5}$环境质量改善情况等，都将作为各级政府领导的考核指标，决定仕途升迁。

与此同时，雾霾危机产生了前所未有的公众响应。本文以“$PM_{2.5}$为关键词的新浪微博数”“$PM_{2.5}$Google 搜索量”“$PM_{2.5}$防护口罩淘宝销售量”三项指标衡量公众对雾霾危机的响应情况，如图 2－7 所示，2013 年 1 月最严重的雾霾危机爆发时，这三项指标均达到峰值。2013 年 1 月以后全国两会上对 $PM_{2.5}$污染问题的高度关注从另一个侧面反映了在国民情绪影响下雾霾治理所表现出的政治紧迫性。在两会中 23 个省份涉及与雾霾相关的议案、提案或讨论，内容涵盖大气污染防治的各个层面；同时，《关于加强我国大气污染治理的提案》成为政协会议的第三号提案，大气污染防治被提到从未有过的政治高度。

这一阶段是政策过程中问题流、政策流、政治流充分形成并相互融合的政策关键期。与上一阶段相比，这一阶段的主要特征是：由雾霾危机、信息冲突等问题构成的触发机制引发了政治流和政策流的相继形成，且问题流推动政治流并最终对政策流产生作用。具体表现为以下几个方面：一是由于第三方的信息披露，政府被社会力量推动，启动政策过程。二是政府与社会力量间的信息沟通增强，体制内政策共同体与体制外政策共同体的互动关系推动政策制定。三是第三方的信息披露导致社会公众、媒体、学者间原本封锁的信息渠道被打通，体制外政策共同体借由新兴社会媒体（微博）这一高覆盖度平台形成，与传统媒体形成合力，以公众议程触发政策议程（见图 2－8）。

政策过程理论认为，当问题流、政策流、政治流“三条溪流”完全形成并且有效融合时，“政策之窗”打开，政策发生变革。在雾霾治理政策过程

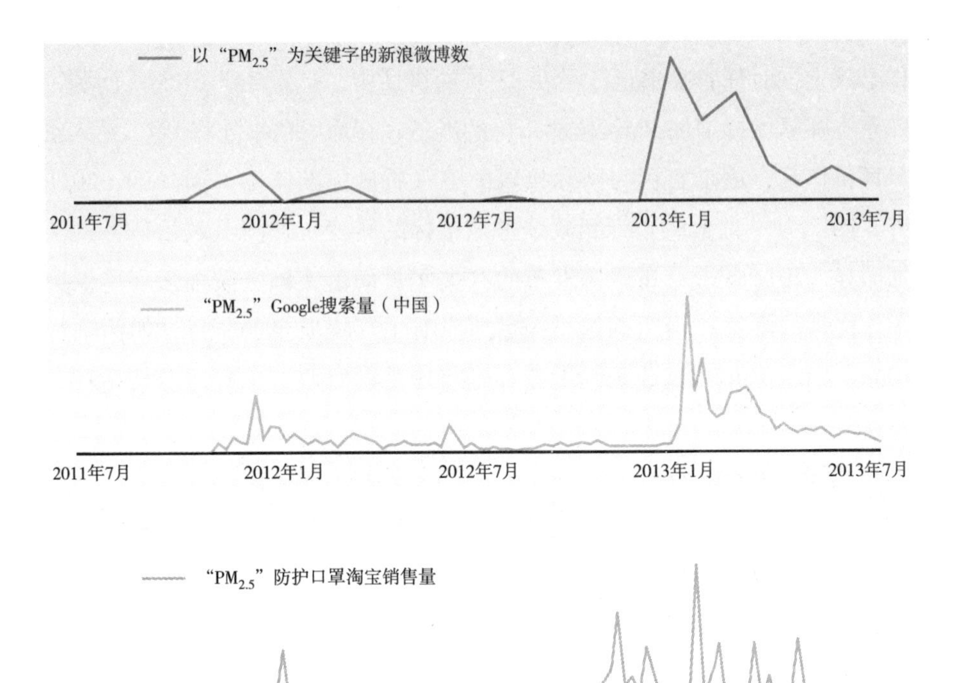

图2-7　$PM_{2.5}$危机的公众响应

资料来源：清华大学气候政策研究中心根据网络数据整理。

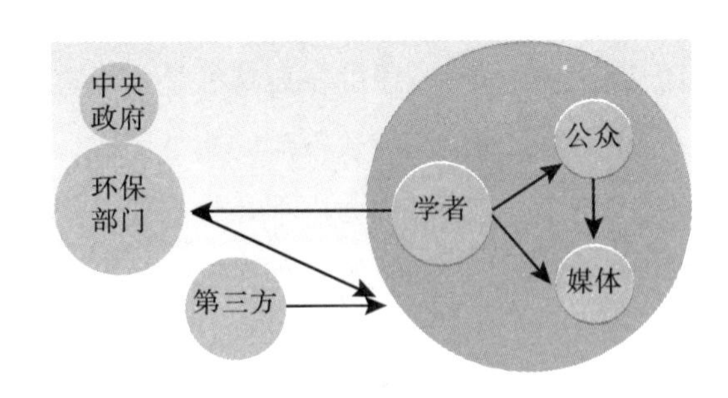

图2-8　政策过程中利益相关方的互动关系（第二阶段）

注：实线表示强联系，圆圈大小表示所掌握的信息量的多少。

中，2013年1月作为雾霾危机最严重、国民情绪最不稳定、政治紧迫感最强烈的时期，见证了"三条溪流"的汇聚（见图2-9）。此后，中央政府和环境

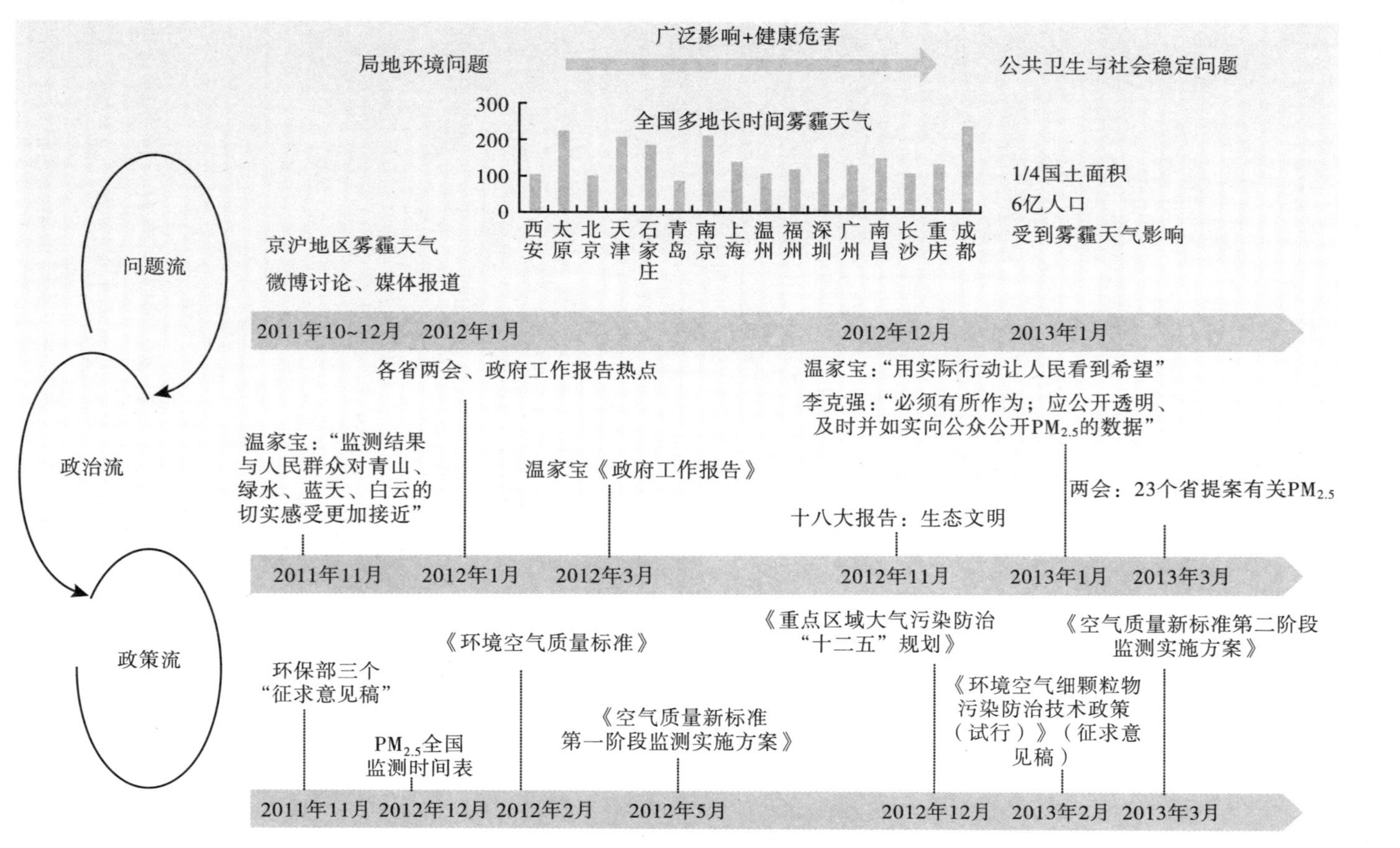

图 2-9　$PM_{2.5}$治理政策过程"三源流"

资料来源：清华大学气候政策研究中心整理。

保护行政主管部门进入重大政策变革期，相继出台了多项大气污染防治政策。北京、广东、山东、四川、浙江、河北等省份迅速响应，纷纷制定本省份大气污染治理方案或规划（见表2－6）。

表2－6　大气污染防治政策汇总

中央/地方	出台时间	政策文件名称
国务院	2013年6月14日	大气污染防治十条措施（国务院常务会议）
	2013年9月12日	大气污染防治行动计划（国发〔2013〕37号）
环保部	2013年9月17日	京津冀及周边地区落实大气污染防治行动计划实施细则（环发〔2013〕104号）
北　京	2013年2月7日	关于分解实施北京市2013年清洁空气行动计划任务的通知（京政办发〔2013〕9号）
	2013年9月4日	北京市2013～2017年清洁空气行动计划重点任务分解（京政办发〔2013〕49号）
河　北	2013年9月6日	河北省大气污染防治行动计划实施方案
广　东	2013年3月21日	广东省珠江三角洲地区大气污染防治"十二五"规划2013年度实施方案（粤环〔2013〕23号）
	2013年2月8日	广东省珠江三角洲清洁空气行动计划——第二阶段（2013～2015年）空气质量持续改善实施方案（粤环〔2013〕14号）
山　东	2013年7月17日	山东省大气污染防治规划（鲁政发〔2013〕12号）
	2013年7月17日	山东省2013～2020年大气污染防治规划一期（2013～2015年）行动计划（鲁政发〔2013〕12号）
浙　江	2013年5月17日	浙江省大气污染防治2013年实施方案（浙生态办发〔2013〕1号）
江　苏	2013年6月9日	江苏省大气颗粒物污染防治管理办法（江苏省人民政府令〔第91号〕）
四　川	2013年7月1日	《重点区域大气污染防治"十二五"规划》四川省实施方案

资料来源：清华大学气候政策研究中心根据网络和文本资料整理。

至此，雾霾治理迎来前所未有的政策机遇期。2013年6月，国务院总理李克强主持召开国务院常务会议，部署大气污染防治十条措施（见专栏一）。会议指出，治理好大气污染是一项复杂的系统工程，需要付出长期艰苦不懈的努力。2013年9月，国务院颁布《大气污染防治行动计划》，标志着我国新一轮大气污染防治序幕正式拉开。据估计，这项史上最严格的行动计划需投入1.7万亿元（新华网，2013），相当于“十二五”期间环境保护总投入的一半（国务院，2011）。

专栏一　大气污染防治“国十条”

2013年6月14日，国务院总理李克强主持召开国务院常务会议，部署大气污染防治十条措施。会议指出，大气污染防治既是重大民生问题，也是经济升级的重要抓手。我国日益突出的区域性复合型大气污染问题是长期积累形成的。治理好大气污染是一项复杂的系统工程，需要付出长期艰苦不懈的努力。当前必须突出重点、分类指导、多管齐下、科学施策，把调整优化结构、强化创新驱动和保护环境生态结合起来，用硬措施完成硬任务，确保防治工作早见成效，促进改善民生，培育新的经济增长点。

会议确定了防治工作十条措施：

一是减少污染物排放。全面整治燃煤小锅炉，加快重点行业脱硫脱硝除尘改造。整治城市扬尘。提升燃油品质，按限期淘汰黄标车。

二是严控高耗能、高污染行业新增产能，提前一年完成钢铁、水泥、电解铝、平板玻璃等重点行业“十二五”落后产能淘汰任务。

三是大力推行清洁生产，重点行业主要大气污染物排放强度到2017年底下降30%以上。大力发展公共交通。

四是加快调整能源结构，加大天然气、煤制甲烷等清洁能源供应。

五是强化节能环保指标约束，对未通过能评、环评的项目，不得批准开工建设，不得提供土地，不得提供贷款支持，不得供电供水。

六是推行激励与约束并举的节能减排新机制，加大排污费征收力度。加大对大气污染防治的信贷支持。加强国际合作，大力培育环保、新能源产业。

七是用法律、标准“倒逼”产业转型升级。制定、修订重点行业排放标准，建议修订大气污染防治法等法律。强制公开重污染行业企业环境信息。公布重点城市空气质量排名。加大违法行为处罚力度。

八是建立环渤海包括京津冀、长三角、珠三角等区域联防联控机制，加强人口密集地区和重点大城市$PM_{2.5}$治理，构建对各省（区、市）的大气环境整治目标责任考核体系。

九是将重污染天气纳入地方政府突发事件应急管理，根据污染等级及时采取重污染企业限产限排、机动车限行等措施。

十是树立全社会“同呼吸、共奋斗”的行为准则，地方政府对当地空气质量负总责，落实企业治污主体责任，国务院有关部门协调联动，倡导节约、绿色消费方式和生活习惯，动员全民参与环境保护和监督。

资料来源：人民网，2013，http：//politics. people. com. cn/n/2013/0615/c1001 –21848148. html。

2. 煤炭消费总量控制政策执行的推动力

雾霾治理不仅拉开了大气污染防治的序幕，同时也推动了煤炭消费总量控制政策的执行。鉴于煤炭消费和大气污染的直接关系，国家对环境空气质量更为严格的要求对我国能源消费结构调整形成倒逼机制，煤炭消费总量控制不仅是能源政策的组成部分，更是大气污染防治目标得以实现的重要保障。

煤炭消费是我国能源消费的主要组成部分，能源消费总量控制的核心在于煤炭消费总量控制。近十年来，我国煤炭消费总量一直处于高速增长的态势，其占能源消费总量的比重也维持在70%左右。因此，我们认为，对煤炭消费总量控制政策的推进很大程度上亦是对我国能源消费总量控制政策落到实处的有力驱动。

以大气污染防治为目的的煤炭消费总量控制政策始于区域大气污染联防联控工作的开展。2010年5月，《国务院办公厅关于推进大气污染联防联控工作改善区域空气质量的指导意见》中指出，要严格控制燃煤污染排放，严格控制重点区域内燃煤项目建设，开展区域煤炭消费总量控制试点工作。在该《意见》的指导下，北京市、天津市分别在其2012～2020年大气污染治理措施中明确了煤炭消费总量控制的目标。为应对以$PM_{2.5}$为主要污染物的区域性复合型大气污染问题，《重点区域大气污染防治“十二五”规划》中指出，要研究制定煤炭消费总量中长期控制目标，严格控制区域煤炭消费总量，并探索在京津冀、长三角、珠三角区域与山东城市群积极开展煤炭消费总量控制试点。此后，河北、山东、广东、浙江等大气联防联控重点区域所辖省份相继制

定了本省煤炭消费总量控制目标。2013 年 9 月国务院颁布的《大气污染防治行动计划》明确要求，到 2017 年，煤炭占能源消费总量的比重降低到 65% 以下。京津冀、长三角、珠三角等区域力争实现煤炭消费总量负增长。在此之后，环保部发布的《京津冀及周边地区落实大气污染防治行动计划实施细则》中明确规定：到 2017 年年底，北京市净削减原煤 1300 万吨，天津市净削减 1000 万吨，河北省净削减 4000 万吨，山东省净削减 2000 万吨。

与部分省市“十二五”初期制定的煤炭消费总量控制目标相比，大气污染防治背景下的控制目标相对更为严格（见表 2－7）。可见，由于煤炭消费对经济发展起到的重要作用，在能源消费总量控制这一政策执行过程中起到表率作用的省市在目标制定上是留有余地的。大气污染防治政策中对空气质量更为严格的要求倒逼地方政府挤出了在煤炭消费上留下的“水分”（见专栏二），有力地推动了煤炭消费总量控制的进程。

表 2－7　大气污染防治背景下的煤炭消费总量控制目标

省、市、地区	煤炭消费总量控制目标	与“十二五”初期目标相比
北　京	2015 年比 2012 年总量减少 800 万吨； 2017 年比 2012 年总量减少 1300 万吨	持平 更加严格
天　津	2015 年增量控制在 1500 万吨以内； 2017 年比 2012 年总量减少 1000 万吨	持平 更加严格
河　北	2017 年比 2012 年总量减少 4000 万吨	新增
山　东	2015 年总量开始下降； 2017 年比 2012 年减少 2000 万吨	更加严格
珠三角	2015 年总量控制在 1.6 亿吨以内	新增
浙　江	2013 年总量控制在 1.5 亿吨以内	新增

资料来源：清华大学气候政策研究中心根据政策文本整理。

专栏二　地方煤炭消费总量控制的“水分”

山东省是我国能源消耗与环境污染问题最为突出的地区之一。2011 年，山东省煤炭消费高达 3.8 亿吨，约占全国的 1/10，世界的 1/20。无论从单位面积还是单位工业增加值来计算，山东省煤炭消费强度均远高于广东、浙江、江苏等发达省份（见表 2－8）。与此同时，主要污染物（包括二氧化硫和氮氧化物）和重点行业挥发性有机物排放量均居全国第一。结构性污染问题相当突出，火电、钢铁、建材、化工和石油炼化五大行业创造的工业增加值不足30%，污染物排放量却占90%左右。鉴于如此严峻的能源形势，2011年11月，山东省在其《“十二五”节能减排综合性工作实施方案》中确定了“十二五”期间全省新增煤炭消费量控制在8200万吨以内的目标，并且要求到2015年非化石能源占一次能源消费的比重达到4.5%。

表2-8　四省份煤炭消费强度比较（2011年）

单位：吨

	每平方公里煤炭消费强度	万元工业增加值煤炭消耗强度
山东	2433	1.96
广东	903	0.75
浙江	1367	1.34
江苏	2288	1.09

资料来源：根据《山东省2013～2020年大气污染防治规划》整理。

2013年8月，在《山东省2013～2020年大气污染防治规划》中，煤炭消费总量控制目标被调整为：到2015年底实现煤炭消费总量“不增反降”的历史性转折；到2017年底，煤炭消费总量力争比2012年减少2000万吨。与2011年的目标相比，山东省需要多出近1亿吨煤炭的削减量，相当于山东省煤炭年消耗量的1/4。

除了目标的调整之外，大气污染防治政策为煤炭消费总量控制政策的实施起到了重要的推动作用。在此之前一直由发改委负责，以节能减排为实施措施的能源消费总量控制政策在大气污染防治的新背景下，其执行机制发生了根本性的变化。以重点区域煤炭消费总量控制为抓手，国务院明确了重点区域的目标分解与执行方案，并建立了针对大气污染防治的目标责任制，实行严格责任追究，大气污染防治的“政治性”得以体现。因此，大气污染防治背景下的煤炭消费总量控制政策打破了常规行政体制所遇到的政策执行瓶颈，有力地扭转了传统能源消费总量控制政策执行的阻滞局面（见表2-9）。

表 2－9　能源消费控制政策执行的变化

	控制能源消费	控制能源消费
主要政策	能源消费总量控制政策	大气污染防治行动计划： 煤炭消费总量控制政策
政策发布机构	国家能源局、发改委	国务院
全国性目标	有	有
目标性质	预期性	约束性
负责机构	发改委＋地方政府	国务院＋环保部＋地方政府
目标分解	有	有(重点区域)
执行方案	有	有
目标责任制	无	有
政策执行	阻滞	启动

（三）雾霾治理政策的减碳效果——以京津冀地区为例

综观当前中央与地方的大气污染防治计划，雾霾治理的重点在于以下四个方面，即煤炭消费总量控制、淘汰落后产能、工业污染治理和绿色交通建设。这四项重点措施既是解决大气污染问题的重要途径，同时也是城市低碳发展的必要手段（见图 2－10）。基于此，本研究选取煤炭消费总量控制这项治理措施，并聚焦在大气污染防治重点区域之一——京津冀地区，评估其雾霾治理所带来的碳减排效果。

图 2－10　大气污染防治与城市低碳发展的协同效应

1. 大气污染防治重点区域：京津冀地区

京津冀地区涵盖北京市、天津市和河北省全境所有城市，是环渤海地区和东北亚的核心重要区域。2012 年京津冀地区以占全国 2.3% 的土地面积和 8.0% 的人口，创造出占全国 11.0% 的地区生产总值（见表 2－10）。然而，该地区经济增长严重依赖能源尤其是煤炭的大量消耗。2012 年京津冀地区煤炭消费总量达到 4.63 亿吨，比 2006 年增长 64%，占我国煤炭消费总量的 13.2%。由于天然气使用比重在能源消费中不断提高，北京市煤炭消费从 2006 年开始持续下降（2012 年煤炭消费占北京市能源消费总量的比重仅为 22.6%[①]）。天津市、河北省的煤炭消费一直保持增长的趋势，后者的涨幅更为明显（见图 2－11）。

表 2－10　2012 年京津冀地区社会经济状况

	人口(万人)	土地面积(平方公里)	GDP(亿元)
北京	2069.30	16411	17879.40
天津	1413.15	11917	12885.18
河北	7288.00	187693	26575.01
京津冀地区	10770.45	216021	57339.59
京津冀地区占全国比例(%)	8.0	2.3	11.0

资料来源：根据统计年鉴整理。

快速增长的煤炭消费是导致大气污染的重要原因（韩明霞等，2006）。《2013 年上半年 74 城市空气质量状况报告》显示（中国环境监测总站，2013），京津冀地区是我国大气污染最为严重、空气质量达标率最低的区域。该地区空气质量平均达标天数比例为 31.0%，低于 74 个城市平均值 24 个百分点，重度污染以上天数比例为 26.2%，高于 74 个城市平均值 15.2 个百分点。全国污染最严重的前十名城市有 7 个在京津冀地区，分别是邢台、石家庄、邯郸、保定、唐山、衡水、廊坊。以北京市、天津市和石家庄市为例，2013 年上半年北京市、天津市空气不达标的天数比例约为 2/3，而石家庄市则

① 根据北京统计年鉴数据计算，其中对原煤消耗进行标准量折算。

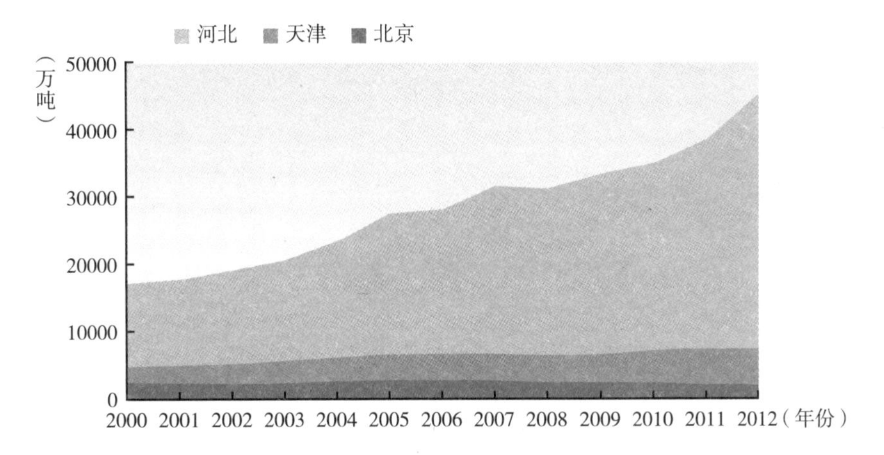

图 2－11　京津冀地区煤炭消费情况

资料来源：根据统计年鉴数据整理。

高达 90%，远远超出 74 个城市的平均水平（见图 2－12）。其中，$PM_{2.5}$为京津冀地区的主要大气污染物，其浓度平均超标 2.3 倍，部分城市甚至超标 4～5 倍（见图2－13），大气污染防治所面临的严峻形势不言自明。

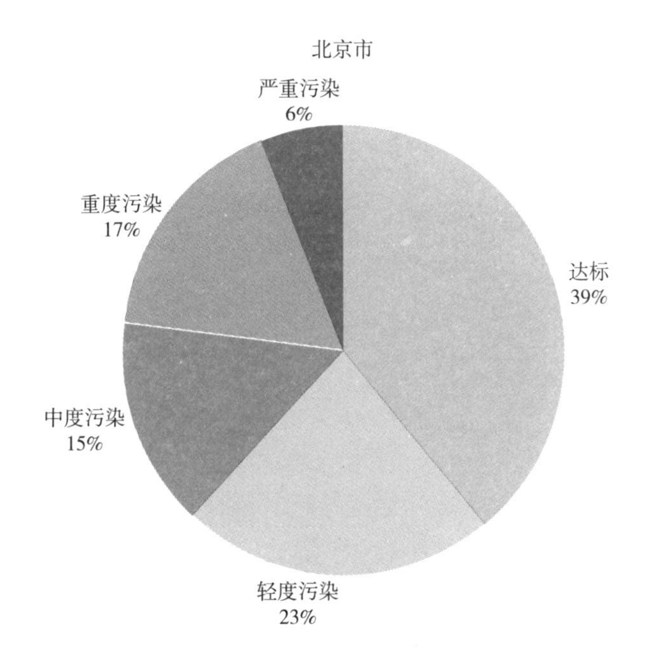

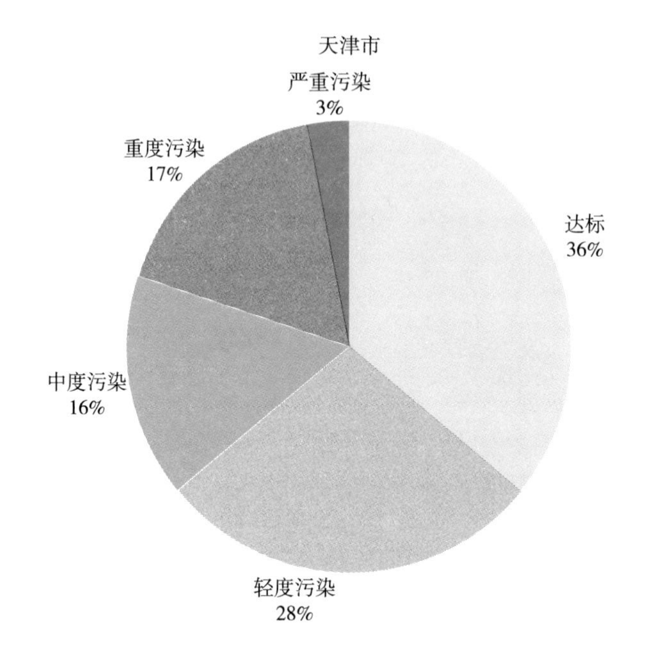
天津市
严重污染
3%
重度污染
17%
达标
36%
中度污染
16%
轻度污染
28%

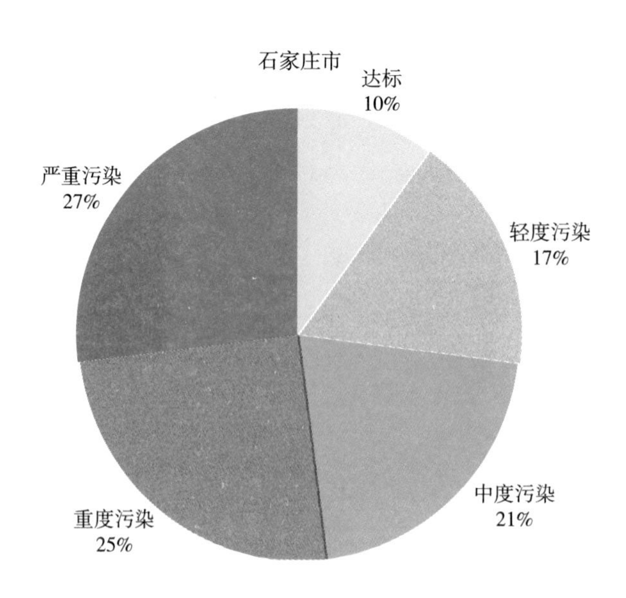
石家庄市
达标
10%
严重污染
27%
轻度污染
17%
中度污染
21%
重度污染
25%

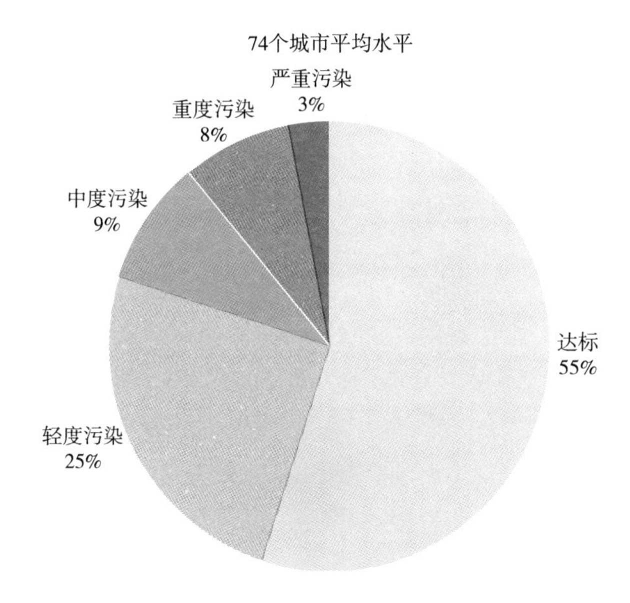

图 2－12　2013 年上半年京津冀地区空气质量状况

资料来源：中国环境监测总站。

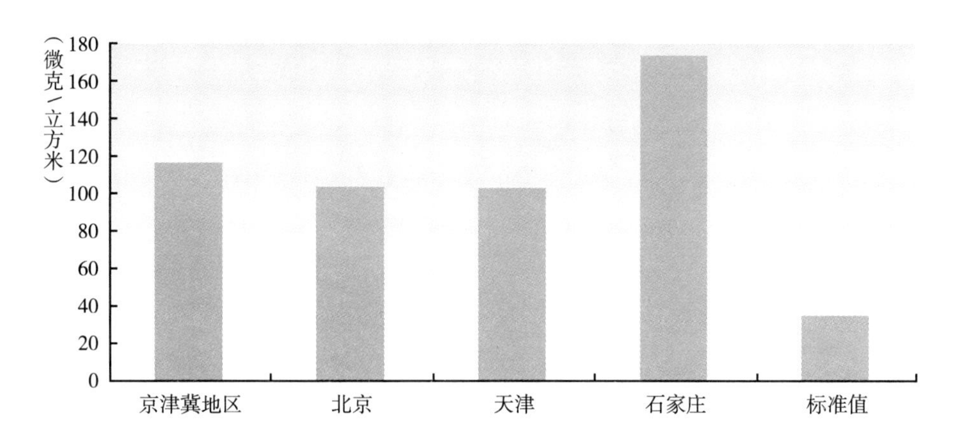

图 2－13　2013 年上半年京津冀地区 $PM_{2.5}$ 浓度平均值

资料来源：中国环境监测总站。

京津冀地区是我国大气污染防治目标最严、治理要求最高的区域。北京市、天津市和河北省在 $PM_{2.5}$ 防控方面也下了前所未有的决心（见表 2－11）。在 2012 年环保部发布《重点区域大气污染防治“十二五”规划》（以下简称《规划》）后，以北京市和天津市为代表的京津冀地区第一轮大气污染防治计划纷纷出台。在《规划》中，环保部给北京市、天津市下达的2015年$PM_{2.5}$年均浓度控制目标分别比2010年下降15%、6%，然而在其各自的大气污染防治方案中计划年限均有所延长，控制目标更为严格。以天津市为例，其2012~2020年治理措施中2015年$PM_{2.5}$年均浓度将比2010年水平下降7%，高于环保部下达的目标1个百分点。北京市则在远期目标上降幅明显，2020年$PM_{2.5}$年均浓度将达到$50\mu g/m^3$，比2010年水平下降近30%。

京津冀地区第二轮大气污染防治计划则是《大气污染防治行动计划》（以下简称《计划》）的任务分解与实施细则。根据《计划》要求，京津冀地区再一次收严了$PM_{2.5}$年均浓度的目标。以天津市为例，2017年$PM_{2.5}$年均浓度将比2012年下降25%，这一目标已经超出其早期制定的2020年下降15%的目标。

表2-11　京津冀地区$PM_{2.5}$控制目标

$PM_{2.5}$控制目标		北京	天津	河北	政策文件
2010年	年均浓度($\mu g/m^3$)	70	55		①重点区域大气污染防治"十二五"规划；②北京市2012~2020年大气污染治理措施；③天津市2012~2020年大气污染治理措施；④河北省大气污染防治行动计划实施方案；⑤京津冀周边地区落实大气污染防治行动计划实施细则
2015年	年均浓度比2010年下降	15%① 15%②	6%① 7%③	6%①	
	年均浓度($\mu g/m^3$)	60②	51③		
2017年	年均浓度比2012年下降	25%⑤	25%⑤	25%④⑤	
2020年	年均浓度比2010年下降	30%②	15%③		
	年均浓度($\mu g/m^3$)	50②	47③		

2. 京津冀地区煤炭消费总量控制带来的碳减排效果

鉴于$PM_{2.5}$污染与煤炭消费的直接关系（郝新东等，2013），控制$PM_{2.5}$污染就必须控制煤炭消费。按照国家大气污染防治的要求，京津冀地区是我国煤炭消费总量控制最严格的地区。在京津冀地区两轮大气污染防治计划的制订过程中，煤炭消费总量控制目标也经历了多次调整（见表2-12）。

以河北省为例，2012年河北省煤炭消费总量比2006年增长了76%，占到京津冀地区煤炭消费总量的83.4%。因此，河北省成为京津冀地区煤炭消费控制的重点。近十年来，河北省煤炭消费量占其能源消费总量的比重一直在90%左右（见图2-14）。作为京津冀区域大气联防联控的重点省份，河北省

表 2－12　京津冀地区煤炭消费总量控制目标

能源消费控制目标		北京	天津	河北
2010 年	煤炭消费(万吨)	2635	4807	27465
2012 年	煤炭消费(万吨)	2300	5200	38900
2015 年	煤炭消费(万吨)	2000;力争 1500① 800↓(比 2012 年)②	增量<1500③ (比 2010 年)	
2017 年	煤炭消费(万吨)	1300↓②,④ (比 2012 年)	1000↓④ (比 2012 年)	4000↓④,⑤ (比 2012 年)
2020 年	煤炭消费(万吨)	1000①	6300③	
	燃煤比重	<10%①	<40%③	

资料来源：①《北京市 2012～2020 年大气污染治理措施》；②《北京市 2013～2017 年清洁空气行动计划重点任务分解》；③《天津市 2012～2020 年大气污染治理措施》；④《京津冀及周边地区落实大气污染防治行动计划实施细则》；⑤《河北省大气污染防治行动计划实施方案》。

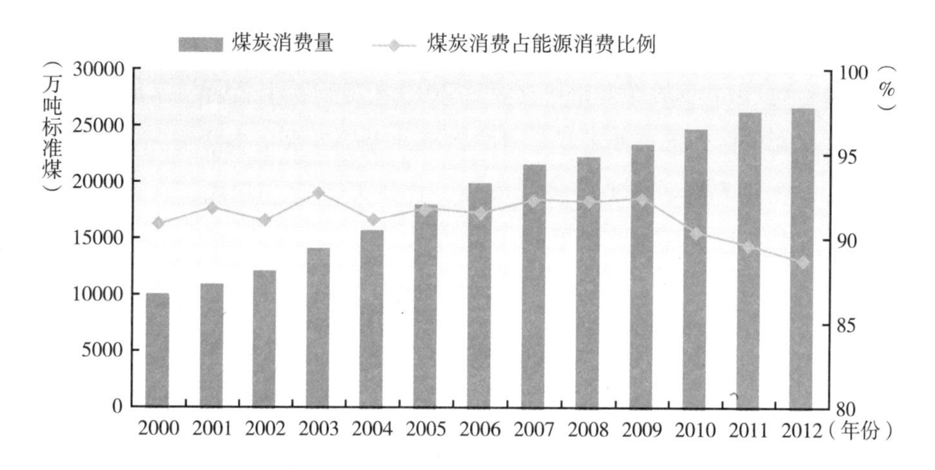

图 2－14　河北省煤炭消费情况

资料来源：《河北经济年鉴》(2001～2013)。

煤炭消费总量控制目标经历了与中央政府的多次博弈（见专栏三）。以区域大气污染防治为目标的煤炭消费总量控制政策在强度上明显高于之前单纯的能源消费控制试点政策，地方政府必须拿出“真枪实弹”推进能源消费革命。然而，由于河北省现有的经济结构高度依赖煤炭消费，短时间内难以彻底调整，因此在与中央多次商讨煤炭总量控制目标的过程中，河北省依然表现出保守和为难的态度。与“大刀阔斧”的山东省相比（见专栏二），河北省在今后很长一段时间内将继续维持以煤炭为主导的能源结构，而山东省则采取“外电入鲁”的替代方案以减少煤炭消费。在雾霾治理的政治高压下，河北省最终选择从钢铁产业下手，大幅削减产能以控制煤炭消费，显现出其壮士断腕的决心（见专栏四）。

专栏三　河北与中央的煤炭总量控制目标博弈

2011 年，国家拟在地方尝试煤炭消费总量控制。河北省作为大气污染较重的省份之一，已初步拟定其控制目标：到 2015 年，河北省煤炭消费总量增幅控制在 15% 以内。以 2010 年河北省 2.75 亿吨的煤炭消费量（原煤）计算，2015 年，煤炭消费将不超过 3.16 亿吨。但这一目标提出后，并没有任何具体政策跟进落实。

2013 年 3 月以前，环保部就大气污染防治计划草案向河北省征求意见，提出河北省到 2017 年底煤炭消费总量比 2010 年净削减 1 亿吨（原煤）。为此，河北省政府专门向环保部发函提出考虑到河北经济发展的实际情况，恳请将净削减煤炭消费量调整为 2500 万吨标准煤，折合 3500 万吨原煤，也就是将 2017 年的煤炭消费量控制目标定在 3.15 亿吨左右。

2013 年 9 月，河北省出台的《河北省大气污染防治行动计划实施方案》中，河北省确定的煤炭消费控制目标是：到 2017 年，该省煤炭消费量比 2012 年净减少 4000 万吨。以 2012 年河北省 3.89 亿吨的煤炭消费量计算，这一方案中的 2017 年控制目标设定在 3.49 亿吨左右（见图 2 – 15）。

专栏四　河北省壮士断腕淘汰钢铁产能

“世界钢铁看中国，中国钢铁看河北。”对中国钢铁行业来说，河北省具有举足轻重的地位。据不完全统计，2012 年河北省拥有具有炼铁炼钢能力的钢厂共计 93 家，总产能 2.51 亿，占全国总产能的 1/4 左右（钢企网，2013）。从产量上看，河北省钢铁产量约占全国钢铁产量的 1/4，排名全国第一。在河北省内，钢铁行业在工业领域同样占有重要地位，其工业总产值占全省规模以上工业总产值的 30% ~50%。然而，钢铁行业作为河北省六大高耗能行业之首的行业，其能源消耗量占到规模以上工业综合能源消

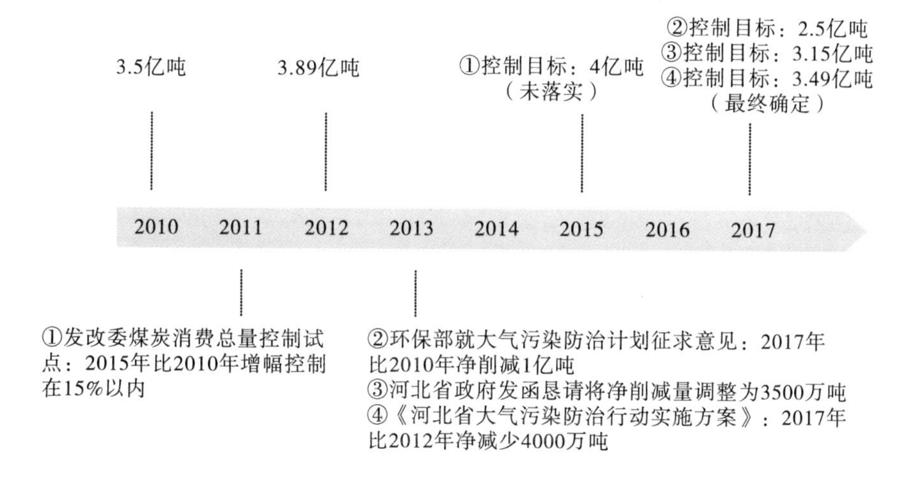

图 2-15　河北省煤炭消费总量控制目标变化过程

注：①②③④依据时间顺序排列；煤炭消费量均已折合为原煤。

资料来源：根据网络报道整理，http：//www.21cbh.com/HTML/2011-11-4/yMMDY5XzM3NzAyMA.html；http：//www.21cbh.com/HTML/2013-7-11/0MNjUxXzcyMDg0Mw.html。

费量的40%~50%。"十一五"期间，河北省共淘汰炼铁产能4892万吨，占到全国的41.8%；淘汰炼钢产能3496万吨，占到全国的44.8%（中国行业研究网，2013）。在全国钢铁产能严重过剩的情况下，河北省是全国钢铁困局的一个缩影。

雾霾治理成为河北省加快产业结构调整的新契机，而钢铁行业成为重中之重。《河北省环境治理攻坚行动方案》和《河北省大气污染防治行动计划实施方案》明确规定，到2017年底全省钢铁产能削减6000万吨，到2020年再削减2600万吨。

据计算，在大气污染防治目标的要求下，2017年京津冀地区将比2012年共计削减煤炭消费量6300万吨，将减排 CO_2 约1.22亿吨。其中，北京市减排 CO_2 2516万吨，天津市减排 CO_2 1936万吨，河北省减排 CO_2 7743万吨。与之前的节能规划相比，大气污染防治规划目标下的 CO_2 排放量有了明显的减少（见表2-13a）。以北京市为例，按照原有节能规划中的煤炭消费控制目标计算，2015年北京市煤炭消耗造成的 CO_2 排放量为3871.5万吨，而在大气污染防治的新要求下，这一排放量将进一步减少967.9万吨。此外，2013年后大气污染防治目标的调整也将促使CO_2减排的进程大大提前（见表2－13b）。按照新规划的要求，北京市将提前三年完成2020年的控制目标，而天津市2017年的CO_2排放值已经远低于其2020年的排放值。

表2－13a　煤炭消耗造成的CO_2排放量预测（节能规划与大气污染防治规划）

单位：年，万吨

	时间	原有节能规划CO_2排放量	大气污染防治规划CO_2排放量	CO_2排放量减少
北京市	2015	3871.5	2903.6	967.9↓
天津市	2015	<12195.2		
	2017		8130.2	
河北省	2015	—		
	2017		67557.8	

表2－13b　煤炭消耗造成的CO_2排放量预测（2013年新规划出台前后）

单位：年，万吨

	时间	2013年前规划CO_2排放量	2013年新规划CO_2排放量
北京市	2015	3871.5	2903.6
	2017		1935.8
	2020	1935.8	
天津市	2015	<12195.2	
	2017		8130.2
	2020	12195.2	

（四）雾霾治理成为低碳发展的新驱动力

如上所述，雾霾治理对我国低碳发展产生正外部性，同时也带来治理机制上的重大变革。由于雾霾治理具有政治性和社会性的双重特征，本研究将从政府和公众两个方面，从压力与动力两个维度阐述其对低碳发展的全新驱动效应。

1. 以空气质量目标责任制考核倒逼地方政府碳减排

在中国，目标责任制发挥了政府在经济和社会管理中的强大优势，成为别具特色的自上而下确保目标完成的政策执行机制。目标责任制明确了地方政府作为政策执行主体的责任，强化了政府对既有政策的执行，调动了各级政府的能动性，提高目标事务在各项决策因素中的优先级。

我国低碳发展进程中，节能政策的执行高度依附目标责任制。目标责任制作为中国节能政策执行的基本制度，在节能目标完成过程中发挥了根本性作用。然而，节能政策只关注能源强度的控制，对能源消费总量则未能起到调控作用，因此不能完全对地方政府减碳行为构成压力。在大气污染防治背景下，由于空气质量与能源消费有直接关系，对空气质量的考核将倒逼地方政府从源头上控制能源消费，减少碳排放。为此，国务院建立了与节能政策执行相类似的目标责任制（见图2－16），将重点区域细颗粒物、非重点地区可吸入颗粒物作为约束性指标，通过与各省（区、市）人民政府签订大气污染防治目标责任书，将改善空气质量的各项任务逐级分解（见图2－17a和图2－17b），制定分时间段的考核和评估方法，并将考核结果纳入到领导干部综合考核体系中，以政治压力约束地方政府行为。同时，实行严格的责任追究制度，对因工作不力、履职缺位等导致未能有效应对重污染天气的，以及干预、伪造监测数据和没有完成年度目标任务的，监察机关要依法依纪追究有关单位和人员的责任。

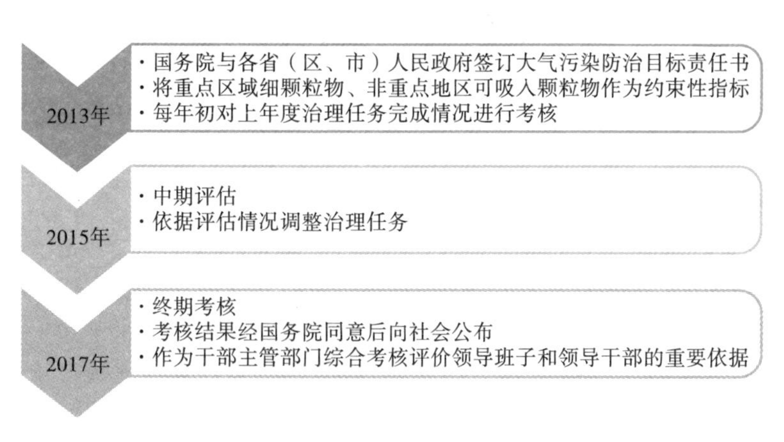

图2－16　大气污染防治目标责任制考核示意

空气质量目标责任制考核为大气污染防治目标的实现提供制度保障，同时也对地方政府低碳发展形成倒逼机制。这种倒逼机制被目标责任制赋予了浓厚的政治色彩，高度匹配当前我国政府以官员问责与激励为主要手段的政治激励体系（见专栏五）。责任的严格追究迫使政府领导人或企业领导人最大限度地将上级施加的压力转化为自身的低碳治理动力。

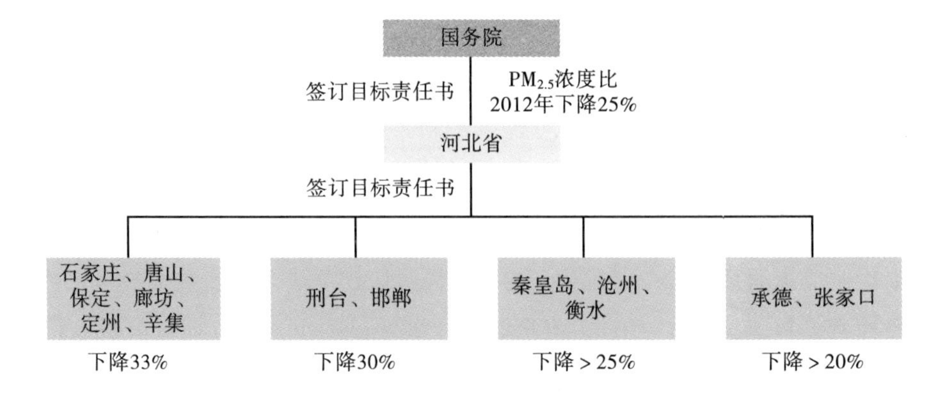

图 2-17a　国务院-省-市的空气质量目标责任制

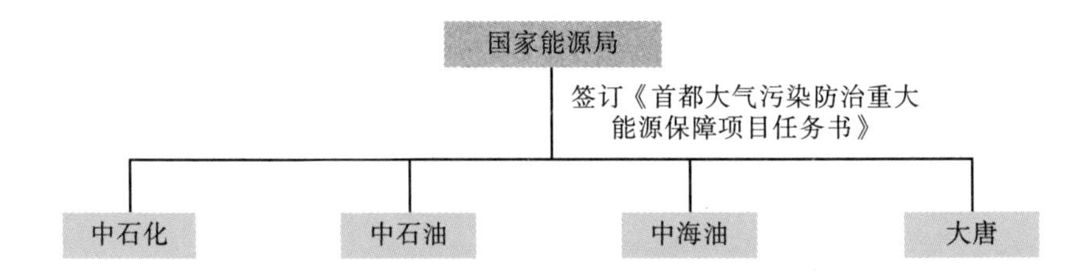

图 2-17b　能源主管部门-能源企业的目标责任制

专栏五　北京市、河北省领导的军令状

2014 年 1 月 18 日，北京市市长王安顺在出席北京市人代会朝阳区代表团审议时表示，自己曾带着壮士断腕的决心和国务院签订了大气污染防治的“生死状”，被领导要求治不好“提头来见”；随后，在 1 月 19 日的河北两会上，河北省省长张庆伟也立下军令状：钢铁、水泥、玻璃，新增一吨产能，党政同责，就地免职，必须执行。

资料来源：新华网，2014，http：//www.sd.xinhuanet.com/news/2014-01/22/c_119050767.htm；http：//news.xinhuanet.com/yzyd/energy/20140121/c_119057970.htm。

2. 以公众参与推动低碳治理，克服政府失灵

在我国目前的低碳治理进程中，政府失灵现象时有发生。从治理动力来看，首先对中国的地方政府官员，以 GDP 为核心的绩效考核指标更能在短期内实现且考核成本更低，而以公众对政府服务满意度为核心的官员考核体系尚未建立，当“低碳治理”与“经济增长”发生矛盾时，政府更偏向于“经济增长”先行；其次，分税制改革后，地方政府拥有更少的财权却承担更多的事权，为了增加地方财政收入，政府会较多地干预微观经济活动，放松对利税来源较高的企业或项目的能源消耗量或 CO_2 排放量的约束；再次，由于减碳行动产生的环境改善具有区间溢出效应，在“为增长而竞争”的格局下，各地方政府在减碳行动中也存在“搭便车”的动机；最后，政府对 CO_2 排放量的规制为被规制的产业集团提供了“寻租”机会，同时也为政府官员提供了“抽租”机会，减碳的管制措施面临被俘获的危险（李郁芳等，2007）。从管制方式来看，中国对于碳减排主要采取“命令—控制”型管制方式，实行“中央—地方—重点企业”的目标责任制（宋德勇等，2009），尽管有效，但政策的执行成本和监督成本十分高昂。

社会公众参与是克服政府失灵的有效措施。公众是推进碳减排活动的核心驱动力。没有公众的积极参与，应对气候危机的任务是难以实现的（Mulugetta et al.，2010）。2010 年的中国公众环保指数显示（新浪环保，2010），73.2% 的公众认为相对于经济发展，环境保护更为重要，86.8% 的公众意识到中国当前环境问题的紧迫性。这表明中国公众的整体环保意识已初步形成。

在雾霾治理中，前所未有的公众参与有力地推动了政策进程，对地方政府低碳治理行为起到了有效的监督作用。2011 年以后，以 Google 搜索量为衡量指标，公众对“$PM_{2.5}$”的关注度明显高于“气候变化”（见图 2－18），一定

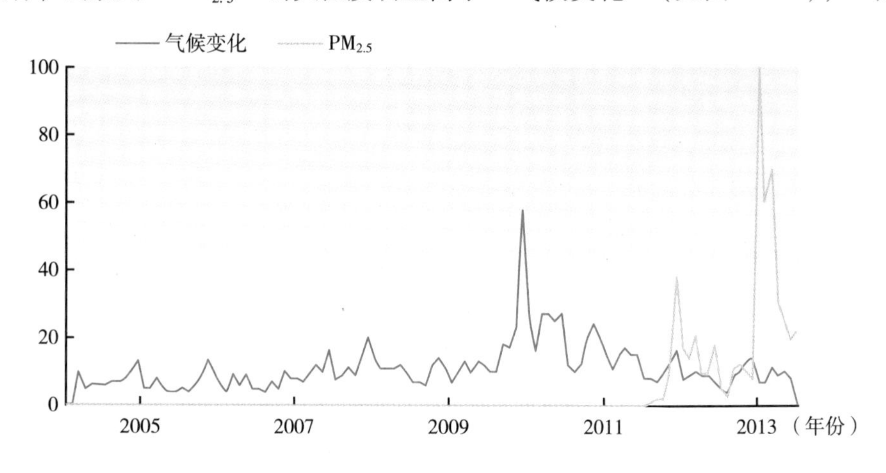

图 2－18　公众关注度比较（Google 搜索量）

资料来源：根据 Google 数据整理。

程度上反映了公众注意力向热点事件的转移，从而间接构成地方政府低碳治理的强大动力。而这种转移同时标志着我国低碳治理从国际压力驱动向国内压力驱动的转变。

二　雾霾治理措施的高碳风险

——以煤制天然气替代煤炭为例

煤炭消费总量控制作为区域雾霾治理的关键政策，具有显著的低碳效应。然而，在具体执行层面，并非所有的控煤措施都将达到低碳的效果。以目前在全国范围内如火如荼的煤制天然气项目建设为例，煤制天然气作为煤炭消费的替代品，在雾霾治理引发的“煤改气”热潮中拔得头筹，其产业发展甚至呈现大规模蔓延式的“井喷”状态。

煤制天然气，是指用化工合成的方法，将煤气化处理得到含甲烷95%的替代天然气。在国内煤炭库存积压、价格下跌和天然气供求扩大、价格上涨的市场环境下，在重点区域雾霾治理和煤炭产业转型升级的政策导向下，煤制天然气项目成为众多能源企业和地方政府投资建设的热点项目。然而，在巨大的经济利益和值得期待的治霾效果的背后，煤制天然气项目存在的巨大资源环境负外部性和高碳风险需要谨慎对待。

（一）超速发展的煤制天然气产业

煤制天然气是新型煤化工的重要内容。在雾霾大规模爆发之前，中央政府对煤化工、煤制天然气产业一直保持限制发展规模和收紧审批权限的态度。

1. 中央政府对煤制天然气发展的谨慎态度

2009年，国务院下发《国务院批转发展改革委等部门关于抑制部分行业产能过剩和重复建设引导产业健康发展若干意见的通知》，指出了一些煤炭资源产地片面追求经济发展速度，不顾生态环境、水资源承载能力和现代煤化工工艺技术仍处于示范阶段的现实，不注重能源转化效率和全生命周期能效评价，盲目发展煤化工等问题，指出要稳步开展现代煤化工示范工程建设，今后三年原则上不再安排新的现代煤化工试点项目。

近年来，国内天然气需求快速增长，激发了各地投资建设煤制天然气的热情。2010年6月，国家发展改革委在《关于规范煤制天然气产业发展有关事项的通知》中明确指出，在国家出台明确的产业政策之前，煤制天然气及配套项目由国家发展改革委统一核准。地方政府不得擅自核准或备案煤制天然气项目。显然，中央政府上收煤制天然气项目的核准权力，表现出其在产业政策还未明朗化的时期遏制各地盲目建设煤制天然气项目、片面追求经济利益这一行为的决心。另外，此通知还强调煤制天然气产业是一个复杂的系统工程，必须在国家能源规划指导下统筹考虑、合理布局。

2011年2月，国家发展改革委针对一些地区仍然盲目规划、违规建设、无序发展煤化工等问题，发布《国家发展改革委关于规范煤化工产业有序发展的通知》。其中将煤化工产业盲目发展存在的问题总结为四个方面，分别是加大产业风险、加剧煤炭供需矛盾、增加节能减排工作难度、引发区域水资源供需平衡。并且指出要依法依规把好土地、节能、环保、信贷、产业政策和项目审批关，坚决遏制煤化工盲目发展的势头。

因此在2011年之前，国家发展改革委仅核准了大唐内蒙古赤峰、大唐辽宁阜新、汇能鄂尔多斯、庆华新疆伊犁等4个煤制天然气项目，年产能共计151亿立方米。这也符合《天然气发展“十二五”规划》中到2015年煤制天然气总供应能力达到150亿~180亿立方米的规划要求。

2. 雾霾治理为煤制天然气产业“松绑”

2012年起我国多地出现了持续性雾霾天气，严重影响人民生产生活和身体健康。2013年1月，雾霾危机升级，约1/4的国土面积、6亿人民受到雾霾天气影响，中央政府高度重视，雾霾治理成为刻不容缓的政治任务。由此，新一轮的大气污染防治行动拉开序幕。重点区域煤炭消费总量控制和能源结构调整成为防治措施的关键。与此同时，全国天然气供应缺口呈扩大趋势。2013年冬季这一缺口达220亿立方米，而上年同期，天然气缺口仅为40亿立方米左右（人民网，2013）。天然气供应暂时的缺口与中国能源结构仍将长期以煤为主的现实，导致原本备受争议的煤制天然气一跃成为当前的主推产业。

因此，在大气污染防治硬性约束与天然气供需失衡压力的同时作用下，此前一直处于被遏制状态的煤制天然气作为替代能源重新被提上产业化与规模化发展的日程（见专栏六）。截止到2013年9月，国家发展改革委共计审批煤制天然气项目19个，年产能达771亿立方米（见表2-14），远远超过《天然气发展“十二五”规划》中“150亿~180亿立方米”的规划要求。其中，2013年以后审批的项目产能高达620亿立方米，占总产能的80%以上。我国煤制天然气产业正进入史无前例的超速发展阶段。

专栏六　中央政府为煤制天然气产业“松绑”

加快调整能源结构，加大天然气、煤制甲烷等清洁能源供应。——2013年6月14日国务院《大气污染防治十条措施》

制定煤制天然气发展规划，在满足最严格的环保要求和保障水资源供应的前提下，加快煤制天然气产业化和规模化步伐。——2013年9月10日《大气污染防治行动计划》

加大天然气、液化石油气、煤制天然气、太阳能等清洁能源的供应和推广力度，逐步提高城市清洁能源使用比重。——2013年9月17日《京津冀及周边地区落实大气污染防治行动计划实施细则》

资料来源：清华大学气候政策研究中心根据政府文件整理。

表2-14　国家发展改革委已审批的煤制天然气项目（截至2013年9月）

公司	地点	能力(亿立方米/年)	状态
2011年前		151	
大唐	内蒙古赤峰	40	已建成
大唐	辽宁阜新	40	已核准
汇能	内蒙古鄂尔多斯	16	已核准
庆华	新疆伊犁	55	已核准
2013年3月		320	
中海油、同煤	山西大同	40	已审批
新蒙	内蒙古鄂尔多斯	40	已审批
国电	内蒙古兴安盟	40	已审批
中电投	新疆伊犁	60	已审批①
新汶矿业	新疆伊犁	20	已审批①
中海油	内蒙古鄂尔多斯	40	已审批②
北控	内蒙古鄂尔多斯	40	已审批②
河北建投	内蒙古鄂尔多斯	40	已审批②

续表

公司	地点	能力(亿立方米/年)	状态
2013 年 9 月 22 日		300③	
中石化	新疆准东	80	已审批
华能	新疆准东	40	已审批
龙宇	新疆准东	40	已审批
苏新	新疆准东	40	已审批
广汇	新疆准东	40	已审批
中煤	新疆准东	40	已审批
浙能	新疆准东	20	已审批
总　计		771	

资料来源：①《关于同意内蒙古准格尔旗煤炭清洁高效综合利用示范项目开展前期工作的复函》（发改办能源〔2013〕664 号）。

②《关于同意新疆伊犁煤制天然气示范项目开展前期工作的复函》（发改办能源〔2013〕665 号）。

③《关于同意新疆准东煤制天然气示范项目开展前期工作的复函》（发改办能源〔2013〕2309 号）。

其他数据根据网络公开资料整理。

2014 年我国能源工作会议上，国家发展改革委副主任、国家能源局局长吴新雄披露，初步规划到 2020 年煤制气达到 500 亿立方米以上，占到国产天然气的 12.5%（中国新闻网，2014）。显然，这一规划相对理性，但滞后于当前煤制天然气迅猛发展的现实。

（二）区域雾霾治理的碳泄漏风险

在重点区域煤炭消费总量控制的硬性要求下，京津冀、长三角、珠三角等地区能源结构调整势在必行。天然气供应作为煤炭消费的替代品，成为重点区域改善能源结构、治理大气污染的关键措施。目前国内煤炭价格下跌、天然气供不应求这一普遍存在的现实为煤炭资源产区的煤制天然气产业发展提供了机遇。大气污染防治的硬性目标也促使京津冀等重点区域成为煤制天然气的需求方。若仅从消费端来讲，煤制天然气与常规天然气无异，一般意义上认为其燃烧产生的 SO_2、NO_X 等大气污染物和温室气体排放远低于煤炭。江亿等（2014）的最新研究表明，NO_X 是造成雾霾天气的“元凶”，而热电联产“煤改气”这一技术路径并不能显著降低 NO_X 排放，因此并不能达到预期的治理效果。同时，从整个生命周期来考虑，煤制天然气项目替代煤炭将造成更多的煤炭资源消耗和温室气体排放。以发电为例（见表2－15），用煤制天然气替代煤炭每发一度电将多消耗115克标准煤，同时增加温室气体排放196.3克（二氧化碳当量）。

表2－15　发电端煤炭、煤制天然气全生命周期资源消耗、大气污染物与温室气体排放比较

	煤炭消耗（kgce/kWh）	温室气体排放（gCO_2e/kWh）	SO_2 排放（g/kWh）	NO_X 排放（g/kWh）
煤炭	0.332	966.2	11.48	4.09
煤制天然气	0.447	1162.4	1.75	3.64
煤制天然气替代煤炭带来的增量	0.115	196.2	－9.73	－0.45

注：1. 本研究采用的煤炭、煤制天然气的发电效率分别为37%和50%，煤制天然气的能量转化效率为55%；2. 全生命周期煤炭和天然气的温室气体采用Li Xin（2013）的排放系数，SO_2、NO_X 采用Paulina Jaramillo（2007）的排放系数；3. 煤炭、煤制天然气的热值分别采用20934kJ/m^3 和34612kJ/m^3。

以北京市为例，北控集团与内蒙古呼和浩特市政府签订的《绿色能源进京——煤制天然气项目合作框架协议》中明确提出，每年内蒙古地区将输送40亿立方米煤制天然气入京。这40亿立方米的煤制天然气每年将替代北京市约894万吨的煤炭消费，相当于北京市2012年煤炭消费总量的40%。如果从北京市目前燃气热电联产的现实来看，煤制天然气作为天然气的一种，其燃烧产生的 SO_X 远远低于燃煤热电联产，NO_X 和 CO_2 排放也得到有效控制（见图2－19）。

然而，如上文所述，仅从消费端来分析煤制天然气的资源与环境影响是片面的。从全生命周期的角度来看，煤制天然气具有更高的碳排放和环境成本。此外，煤制天然气的生产过程是资源密集型的，每生产一立方米的天然气将消耗6升水和3千克原料煤（冯亮杰，2011）。我们假定北京市使用煤制天然气全部替代煤炭进行发电，利用Jaramillo（2007）等学者的研究结果，计算得出北京市、内蒙古及北京－内蒙古两地因40亿立方米煤制天然气的生产和消费所造成的煤炭消费、大气污染物排放以及温室气体排放的变化。

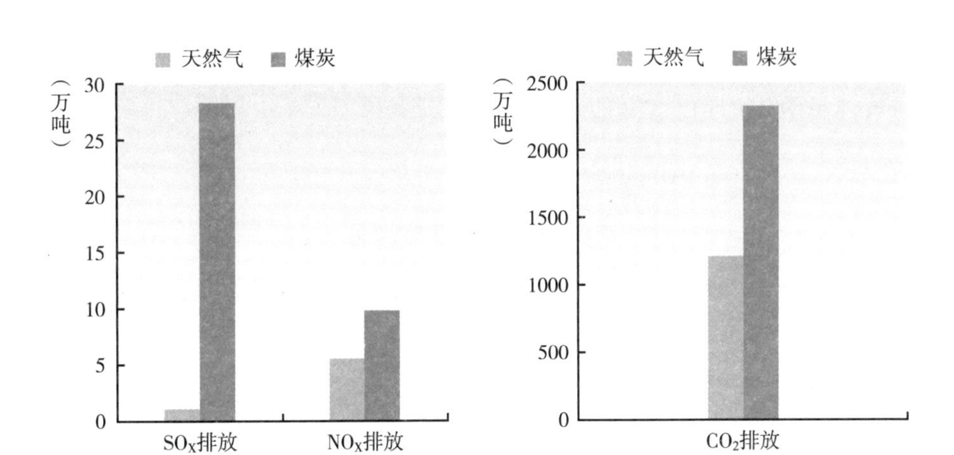

图 2－19　北京市煤制天然气替代煤炭排放的大气污染物与温室气体

首先，从煤炭消费来看，北京市每年引进 40 亿立方米的煤制天然气可减少约 894 万吨的煤炭消费，而内蒙古因为每年生产 40 亿立方米的煤制天然气将会增加煤炭消费约 1203 万吨，占内蒙古 2012 年煤炭消费总量的 3.3%。从而，北京－内蒙古两地的煤炭消费每年将会净增加约 309 万吨（见图 2－20）。换言之，北京市煤炭消费的下降是以内蒙古更多的煤炭消耗为代价的。

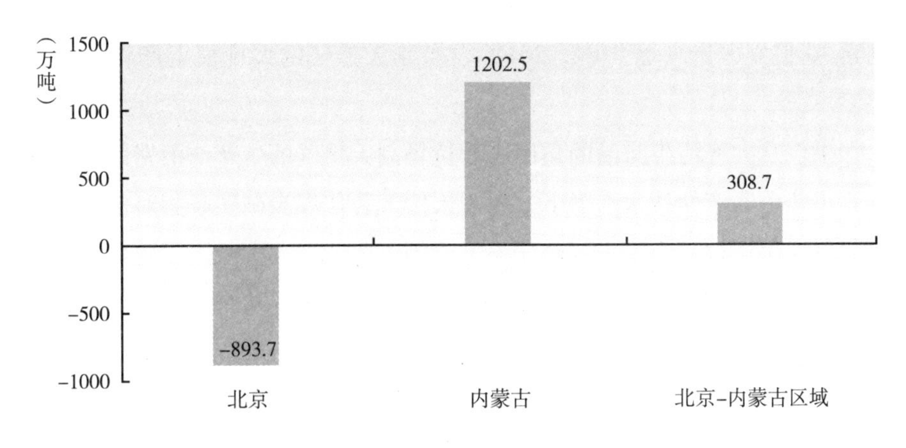

图 2－20　北京－内蒙古两地的煤炭消耗增量

其次，尽管北京市因为使用煤制天然气替代煤炭而减少了约 738 万吨的温室气体排放，而煤制天然气的温室气体排放主要集中在生产环节，因此，从全生命周期的角度计算，北京－内蒙古两地总计将会净增加约377万吨的温室气体排放（见图2－21）。

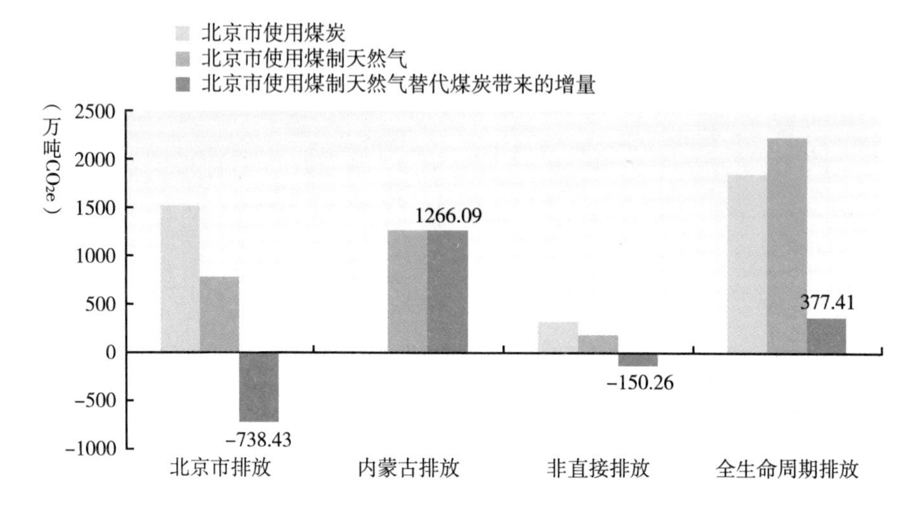

图2－21　北京－内蒙古两地的温室气体排放增量

从资源消耗的角度来看，内蒙古因每年生产40亿立方米天然气将增加水资源消耗约2400万吨，占2012年该地生活用水总量的2.3%，相当于约66万内蒙古城市居民一年的生活用水量。然而，2011年内蒙古自治区水资源总缺口已达10亿立方米（新华网，2011），煤制天然气的大规模生产将加剧这一趋势。

如果仅从大气污染防治的角度来看待煤制天然气的生产与消费的话，在目前北京市热电联产的技术水平下，煤制天然气替代煤炭确实是相对清洁的。煤制天然气在生产过程中由于其高压、气化等工艺特征大大减少了硫化物和氮氧化物的排放，而其燃烧过程更是比煤炭燃烧清洁，因此从全生命周期分析，其大气污染物的排放将大幅度降低。硫化物、氮氧化物所形成的硫酸盐和硝酸盐是大气中$PM_{2.5}$的主要组成部分，占其质量浓度的52%～57%（绿色和平，2013）。因此，煤制天然气替代煤炭确实可以达到有效降低大气中$PM_{2.5}$浓度的效果。由图2－22a和图2－22b可知，煤制天然气对硫化物的削减效果尤其明显，每年北京－内蒙古两地总计最多将减少约18.7万吨二氧化硫和8700吨氮氧化物排放。

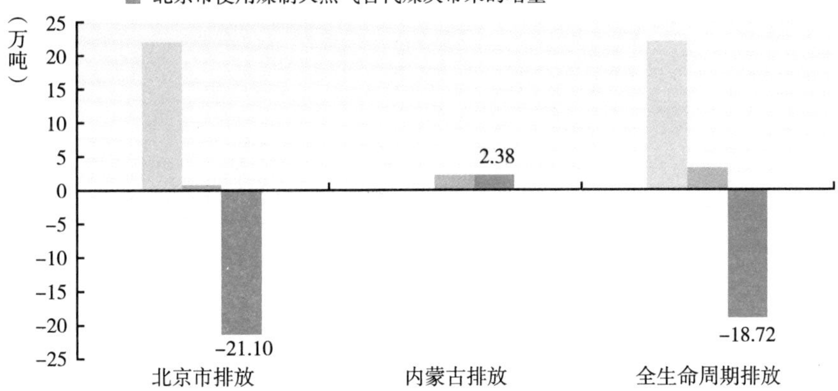

图 2-22a　北京-内蒙古两地的 SO_2 最大减排量

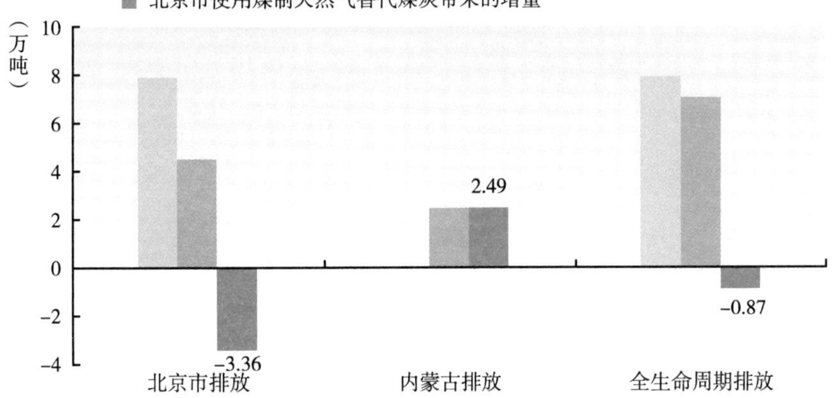

图 2-22b　北京-内蒙古两地的 NO_X 最大减排量

然而，江亿等（2014）基于上海外高桥案例的研究结果显示，在采用高效清洁燃煤技术的情况下，燃煤热电联产所排放的 NO_X 远低于燃气热电联产的排放（详见本书案例篇）。因此，即使在忽略煤制天然气的资源环境负外部性的情况下，以煤制天然气替代煤炭进行发电也并不一定能达到治理雾霾的预期效果。

（三）煤制天然气项目“井喷”的代价

1. 煤制天然气的相对优势

煤制天然气是缓解煤炭困局和有利可图的能源项目。从生产成本分析，首先，国内煤炭价格的大幅下跌以及天然气需求量和价格的迅速增长为煤制天然气提供了前所未有的发展机遇；另外，在国内天然气供给速度远远跟不上消费速度的背景下，煤制天然气的经济优势虽然不及国内天然气，但远高于进口天然气，这也激发了能源企业连同地方政府上马煤制天然气项目的热情。

目前西气东输一线天然气主要由塔里木气田供给，供气价格为 0.522 元/立方米。陕京一、二线主要由长庆气田供给，供气价格为 0.681 元/立方米（刘志光，2010）。在保证项目基本内部收益率的情况下，煤制天然气的销售价格更高，因此难以与西气东输一线和陕京线国产天然气竞争。

国内天然气的生产步伐滞后于消费步伐，近年来消费量已以国内生产量两倍的速度增长。2012 年，我国天然气进口依赖达到了 27%，而进口依赖还将不断扩大。2013 年 1 月，中国进口管道天然气平均价格约为 2.64 元/立方米，环比和同比分别增长 5% 和 6%；LNG 平均进口价格约为 2.75 元/立方米，环比增长 8%。与以上两类进口天然气相比，国内煤制天然气存在明显的竞争优势（见表 2－16）。

表 2－16　煤制天然气项目成本

项目	煤制天然气成本（元/m^3）	煤炭价格（元/吨）	其他
庆华－伊犁	1.2	120	新疆维吾尔自治区补贴 0.2 元/m^3
汇能－鄂尔多斯	1.059	300	
	1.59	170	
大唐－阜新	1.059	170	
中石化－准东	1.3～1.5	135	

资料来源：清华大学气候政策研究中心根据网络公开资料整理。

2. 项目“井喷”造成的高碳风险

在政策利好、有利可图的形势下，尽管早在 2011 年国家发改委已经向各地阐明盲目无序发展煤化工产业的重大危害，全国多地尤其是新疆、内蒙古等煤炭资源主产区的煤制天然气项目建设仍呈现“井喷”状态。据不完全统计，截止到2013年10月，我国建成、在建或拟建的煤制天然气项目共61个，年总产能达到2693亿立方米（见图2－23）。

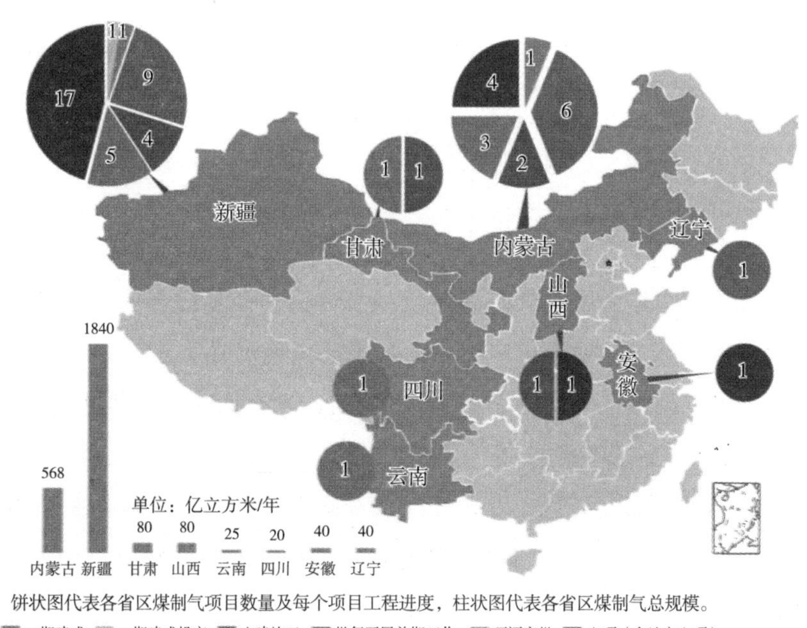

图2－23　煤制天然气项目全国分布图（截至2013年10月）

资料来源：根据《南方周末》杂志公开信息整理。

如上文所述，煤制天然气项目具有巨大的碳排放能力和环境负外部性。根据测算，目前国家发改委已经审批的煤制天然气项目（771亿立方米）将每年消耗煤炭约2.3亿吨，占2011年全国煤炭消费总量的6.8%，如果用煤制天然气替代煤炭的话，所增加的温室气体排放将占2010年全国温室气体排放量的1%～2%。而把各地建成、在建或拟建的所有煤制天然气项目，即已审批和待审批的项目（2693亿立方米）加总，那么每年约消耗8.1亿吨煤炭，接近2011年全国煤炭消费总量的1/4，而用这部分煤制天然气替代煤炭所增加的温室气体排放将占2010年全国温室气体排放量的3%～6%（见表2－17）。

表 2 - 17　全国煤制天然气项目煤炭消耗与温室气体排放

全国煤制天然气项目		已审批	已审批 + 待审批
煤制天然气年产量($10^8 m^3$)		771	2693
生产端年耗煤量($10^8 t$)		2.3	8.1
占 2011 年全国煤炭消耗量的比例(%)		6.8	23.6
发电端	煤制天然气替代煤炭增加的煤炭消耗($10^8 t$)	0.6	2.1
	煤制天然气替代煤炭增加的温室气体排放量($10^4 tCO_2$)	7275	25409
	占 2010 年全国温室气体排放量的比例(%)	1	3
产品终端	煤制天然气替代煤炭增加的温室气体排放量($10^4 tCO_2$)	16585	57929
	占 2010 年全国温室气体排放量的比例(%)	2	6

注：温室气体的排放系数见表 2 - 15。

新疆和内蒙古作为国内煤制天然气项目规模与产量排名前两位的主要产区，将为煤制天然气的生产付出高昂的资源环境代价（见表 2 - 18），而前者更为严重。对于新疆地区，国家发改委已审批的 435 亿立方米煤制天然气项目每年将消耗约 1.31 亿吨煤炭，已经超过了 2011 年该地煤炭消耗总量的 34%。与此同时，这些项目每年约 2.6 亿吨的水资源消耗将占到该地区整个 2012 年生活用水总量的 22%，进一步加剧该地区长期面临的缺水状况。如果计算建成、在建与拟建项目，新疆和内蒙古地区都将面临更加严峻的煤炭资源与水资源压力，尤其是新疆地区仅这一类项目就已经占到其 2012 年生活用水总量的 92%，且煤炭开采量将增大近 5 倍，势必会造成对区域生态环境的严重破坏。

表 2 - 18　内蒙古、新疆地区煤制天然气项目煤炭资源与水资源消耗

区域煤制天然气项目	已审批		已审批 + 待审批	
	内蒙古	新疆	内蒙古	新疆
煤制天然气年产量($10^8 m^3$)	256	435	568	1840
年耗煤量($10^6 t$)	77	131	170	552
占 2011 年该地煤炭消费总量的比例(%)	22	134	49	566
耗水量($10^6 t$)	153.6	261	340.8	1104
占 2012 年该地生活用水总量的比例(%)	15	22	33	92

综上，以煤制天然气作为煤炭消费的替代品，一方面未必能够有效地降低 NO_X 等大气污染物排放从而有效地治理雾霾，另一方面，从煤炭消费、温室气体排放和水资源消耗的角度来说，煤制天然气的生产与消费是一种变相的资源消耗和环境污染转嫁。倘若一味地使用煤制天然气替代煤炭来达到雾霾治理这一紧急目标，忽视其将长期存在的严重的资源环境效率损失和公平损失问题，我国环境保护与低碳发展最终只能落入“头痛医头，脚痛医脚”的恶性循环。因此，对煤制天然气项目建设必须高度重视，慎重决策。

参考文献

1. 〔美〕保罗·A. 萨巴蒂尔：《政策过程理论》，彭宗超、钟开斌译，生活·读书·新知三联书店，2004，第93页。
2. Ding Y, Han W., Chai Q, et al., “Coal-based synthetic natural gas (SNG): A solution to China'senergy security and CO_2 reduction?”, Energy Policy, 2013.
3. IHME, The Global Burden of Disease Generating Evidence, Guiding Policy, Seattle, WA: IHME, 2013.
4. Jaramillo P., Griffin W. M., Matthews H. S., “Comparative life-cycle air emissions of coal, domestic natural gas, LNG, and SNG for electricity generation”, Environmental Science & Technology, 2007.
5. Li X., Ou X., Zhang X., et al., “Life-cycle fossil energy consumption and greenhouse gas emission intensity of dominant secondary energy pathways of China in 2010”, Energy, 2013.
6. Nel A., “Air pollution-related illness: effects of particles”, Science, 2005.
7. Pope IIIC. A., Burnett R. T., Thun M. J., et al., “Lung cancer, cardiopulmonary mortality, and long-term exposure to fine particulate air pollution”, JAMA: the journal of the American Medical Association, 2002.
8. Yang C. J., Jackson R. B., “China's synthetic natural gas revolution”, Nature Climate Change, 2013.
9. 北京控股集团有限公司：《北控集团鄂尔多斯煤制天然气项目获国家发改委批复》，http://www.begcl.com/html/31/2013/20130321051047697128449/201303210510476 97128449_1.html，2013-12-13。
10. 冯亮杰：《我国发展煤制天然气项目的分析探讨》，《化学工程》2011年第8期。
11. 付国忠、陈超：《我国天然气供需现状及煤制天然气工艺技术和经济性分析》，《中外能源》2010 年第 6 期。

12. 钢企网:《钢铁产能简析:从世界到中国到河北》,http://news.gqsoso.com/qita/20131/1108385273131960.shtml,2013-12-7。
13. 国家发改委:《关于规范煤制天然气产业发展有关事项的通知》,http://www.sdpc.gov.cn/zcfb/zcfbtz/2010tz/t20100618_354974.htm,2013-12-11。
14. 国家发改委:《国家发展改革委关于规范煤化工产业有序发展的通知》,http://www.sdpc.gov.cn/zcfb/zcfbtz/2011tz/t20110412_405016.htm,,2013-12-11。
15. 国家统计局:《中国统计年鉴》,http://www.stats.gov.cn/tjsj/ndsj/2012/indexch.htm,2013-12-10。
16. 国务院:《国务院关于印发"十二五"节能减排综合性工作方案的通知》,http://www.gov.cn/zwgk/2011-09/07/content_1941731.htm,2013-12-11。
17. 国务院:《国务院关于印发大气污染防治行动计划的通知》,http://www.gov.cn/zwgk/2013-09/12/content_2486773.htm,2013-12-13。
18. 国务院:《国务院关于印发国家环境保护"十二五"规划的通知》,http://www.gov.cn/zwgk/2011-12/20/content_2024895.htm,2013-12-12。
19. 国务院:《国务院关于印发能源发展"十二五"规划的通知》,http://www.gov.cn/zwgk/2013-01/23/content_2318554.htm,2013-12-10。
20. 国务院:《国务院批转发展改革委等部门关于抑制部分行业产能过剩和重复建设引导产业健康发展若干意见的通知》,http://www.gov.cn/zwgk/2009-09/29/content_1430087.htm,2013-12-11。
21. 韩明霞、李华民:《中国煤炭消费与大气污染物排放》,《煤炭工程》2006 年第 3 期。
22. 郝新东、刘菲:《我国 $PM_{2.5}$ 污染与煤炭消费关系的面板数据分析》,《生产力研究》2013 年第 2 期。
23. 河北省统计局:《河北经济年鉴》,http://www.hetj.gov.cn/hetj/tjsj/ndsj/10137462 7641041.html,2013-12-11。
24. 河北新闻网:《河北省大气污染防治行动计划实施方案》,http://hebei.hebnews.cn/2013-09/12/content_3477887_7.htm,2013-12-13。
25. 环境保护部、国家发展和改革委员会、财政部:《关于印发〈重点区域大气污染防治"十二五"规划〉的通知》,http://www.zhb.gov.cn/gkml/hbb/gwy/201212/t20121205_243271.htm,2013-12-13。
26. 环境保护部、国家发展和改革委员会、工业和信息化部、财政部、住房和城乡建设部、国家能源局:《关于印发〈京津冀及周边地区落实大气污染防治行动计划实施细则〉的通知》,http://www.zhb.gov.cn/gkml/hbb/bwj/201309/t20130918_260414.htm,2013-12-13。
27. 环境保护部:《关于征求〈环境空气质量标准〉(二次征求意见稿)和〈环境空气质量指数(AQI)日报技术规定〉(三次征求意见稿)两项国家环境保护标准意见

的函》，http：//www. zhb. gov. cn/gkml/hbb/bgth/201111/t20111116_ 220136. htm，2013－11－23。

28. 环境保护部：《关于征求国家环境保护标准〈环境空气质量标准〉（征求意见稿）意见的函》，http：//www. zhb. gov. cn/gkml/hbb/bgth/201011/t20101130_ 198128. htm，2013－12－13。
29. 环保部环境规划院：《区域煤炭消费总量控制技术方法与政策体系研究报告》，2013。
30. 江亿、唐孝炎、倪维斗等：《北京 $PM_{2.5}$ 与冬季采暖热源的关系及治理措施》，2014，已被《中国能源》采用。
31. 李郁芳、李项峰：《地方政府环境规制的外部性分析——基于公共选择视角》，《财贸经济》2007 年第 3 期。
32. 刘志光、龚华俊、余黎明：《我国煤制天然气发展的探讨》，《煤化工》2009 年第 141 期。
33. 刘志光：《煤制天然气的竞争力分析》，《中外能源》2010 年第 5 期。
34. 绿色和平：《雾霾真相——京津冀地区 $PM_{2.5}$ 污染解析及减排策略研究》，2013。
35. 人民网：《北京市 2013～2017 年清洁空气行动计划重点任务分解》，http：//env. people. com. cn/n/2013/0902/c1010－22777571. html，2013－12－13。
36. 人民网：《国务院出台大气污染防治“国十条”》，http：//politics. people. com. cn/n/2013/0615/c1001－21848148. html，2013－12－6。
37. 人民网：《热议：今冬天然气缺口达百亿立方米　如何告别气荒梦魇》，http：//energy. people. com. cn/n/2013/1117/c71661－23565299. html，2013－12－13。
38. 山东省人民政府：《山东省人民政府关于印发〈山东省 2013～2020 年大气污染防治规划〉和〈山东省 2013～2020 年大气污染防治规划一期（2013～2015 年）行动计划〉的通知》，http：//www. sdningjin. gov. cn/n1562941/n1563565/n7240410/c10604792/content. html，2013－12－13。
39. 山东省人民政府：《山东省人民政府关于印发山东省“十二五”节能减排综合性工作实施方案的通知》，http：//www. sdningjin. gov. cn/n1562941/n1563565/n7240410/c10076438/content. html，2013－12－13。
40. 首都之窗：《北京市人民政府关于印发 2012～2020 年大气污染治理措施的通知》，http：//www. bjeit. gov. cn/zwgk/tzgg/201205/t20120503_ 24113. htm，2013－12－13。
41. 宋德勇、卢忠宝：《我国发展低碳经济的政策工具创新》，《华中科技大学学报》（社会科学版）2009 年第 3 期。
42. 天津市人民政府：《天津市 2012～2020 年大气污染治理措施》，http：//www. tj. gov. cn/zwgk/wjgz/szfbgtwj/201208/t20120810_ 180065. htm，2013－12－13。
43. 王尔德：《能源消费总量分解　已初步下达地方》，http：//epaper. 21cbh. com/html/2011－09/20/content_ 7585. htm？div＝－1，2013－12－8。
44. 王尔德：《央地拉锯煤炭消费目标：1 亿吨还是 3500 万吨?》，http：//www. 21cbh.

com/HTML/2013 - 7 - 11/0MNjUxXzcyMDg0Mw. html，2013 - 12 - 5。

45. 王秀强：《不要那么多，只要多一点》，http：//epaper. 21cbh. com/html/2012 - 04/27/content_ 22938. htm? div = - 1，2013 - 12 - 5。
46. 新华网：《大气污染防治迎黄金五年，计划将带动 1.7 万亿元投入》，http：//news. xinhuanet. com/fortune/2013 - 09/13/c_ 125380399. htm，2013 - 12 - 6。
47. 新华网：《内蒙古水资源短缺状况不断加剧》，http：//news. xinhuanet. com/society/2011 - 09/10/c_ 122017673. htm，2013 - 12 - 13。
48. 新华网：《汪洋开会 4 提 $PM_{2.5}$：数据不好看不要紧，要尽快准备》，http：//news. xinhuanet. com/local/2011 - 12/28/c_ 122495739. htm，2013 - 12 - 11。
49. 新华网：《以公开透明让雾霾中的民众看到希望》，http：//news. xinhuanet. com/politics/2013 - 01/31/c_ 114561856. htm，2013 - 12 - 13。
50. 新浪环保：《2010 中国公众环保指数发布，公众环保行为无突破》，http：//green. sina. com. cn/2010 - 10 - 12/144521259694. shtml，2013 - 12 - 18。
51. 浙江省发展和改革委员会：《国家发改委印发了能源总量控制方案》，http：//www. zjdpc. gov. cn/art/2013/4/22/art_ 403_ 528032. html，2013 - 12 - 18。
52. 中国行业研究网：《河北钢铁产量产能过剩情况调查分析》，http：//www. chinairn. com/news/20130312/173631267. html，2013 - 12 - 8。
53. 中国环境监测总站：《2013 年上半年 74 城市空气质量状况报告》，http：//www. cnemc. cn/publish/totalWebSite/news/news_ 37029. html，21013 - 12 - 13。
54. 中国经济网：《能源发展“十一五”规划》，http：//www. ce. cn/cysc/ny/hgny/200704/11/t20070411_ 11007528. shtml，2013 - 12 - 13。
55. 中国新闻网：《全国能源会议部署治气荒，未来 6 年煤制气达 500 亿方》，http：//finance. chinanews. com/ny/2014/01 - 15/5737400. shtml，2014 - 1 - 15。
56. 中商情报网：《2012 年河北省钢材产量达 2.09 亿吨》，http：//www. askci. com/news/201302/04/0410275759339. shtml，2013 - 12 - 8。
57. 中央政府门户网站：《国家发展改革委关于印发天然气发展“十二五”规划的通知》，http：//www. gov. cn/zwgk/2012 - 12/03/content_ 2280785. htm，2013 - 12 - 13。
58. 中央政府门户网站：《国民经济和社会发展第十二个五年规划纲要》，http：//www. gov. cn/2011lh/content_ 1825838. htm，2013 - 12 - 13。
59. 中央政府门户网站：《政府工作报告——在十二届全国人大一次会议上》（全文），http：//www. gov. cn/2013lh/content_ 2356704. htm，2013 - 11 - 29。
60. 朱先磊、张远航、曾立民等：《北京市大气细颗粒物 $PM_{2.5}$的来源研究》，《环境科学研究》2005 年第 5 期。

B.3

新型城镇化与低碳发展

摘　要：

改革开放以来，我国经济社会的发展始终伴随着大规模、高速度的城镇化。城镇化既是经济社会发展的结果，又是其进一步发展的引擎。我国的城镇化率从1978年的17.92%上升为2012年的52.27%，目前城镇化正处在高速发展的中期阶段。今后10年乃至更长时期内，我国的城镇化仍将以较高的速度和较大的规模进行。这场史无前例的城镇化运动不但深刻改变着经济和社会，而且对全国的资源和环境提出更高的要求和挑战，甚至可能对全球的经济和环境产生深远的影响。从碳排放视角来观察近代世界历史上的城镇化，必须注意到一个严峻的现象，那就是与工业化相伴而生的城镇化其本身往往是一个明显的高碳化过程。中国的城镇化能否独辟蹊径，走出一条低碳化的道路，对全世界和我国而言至关重要。

城镇化过程中的高碳排放主要来自基础设施建设、居民消费以及土地利用方式的变化。在我国，短命建筑、大拆大建、城市扩张以及重复建设和建筑能源的浪费等加重了城镇化过程中的高耗能、高碳排放。

低碳试点城市是我国当前在低碳城镇化发展方面所作的尝试。目前，低碳试点城市的单位GDP能耗和人均碳排放的总体水平并不低。“十一五”期间全国低碳试点城市中将近一半的低碳试点城市的单位GDP能耗高于全国平均水平，36个低碳试点城市中有31个城市的人均碳排放高于全国平均水平。试点城市的节能碳减排目标较高、措施也更加有效，其低碳化的尝试将可能为其他城市和地区实现低碳发展做出表率。

关键词：

碳排放　低碳　城镇化

一 近代城镇化是一个高碳化过程

城镇化与工业化紧密相关，工业化的逐渐深入的过程也是城镇化率不断升高的过程。20 世纪 70 年代，罗马俱乐部的第一份研究报告《增长的极限》认为能源和资源消耗与不同工业化阶段的经济发展水平呈 S 形曲线（见图 3－1）。

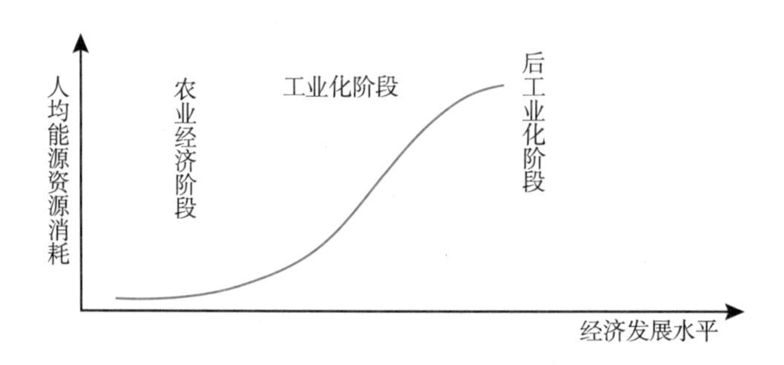

图 3－1 能源和资源消耗与经济发展呈 S 形曲线

在工业化时期，经济发展水平与人均能源和资源消耗呈现密切的正相关关系。后工业化时代，现代服务业、知识教育、文娱等非物质产业取代以制造业为主的第二产业成为主导产业，资源和能源消耗趋于平缓甚至缓慢下降。此时，城镇化率超过 70%，达到峰值并且趋于稳定或出现极为缓慢的增长①。根据典型国家的工业化历程，城镇化率达到峰值，随后趋于平缓甚至缓慢下降的转折点与工业化的转折点大致相同，都发生在人均 GDP 达到 13000 国际元左右（2000 年国际元）。由于碳排放主要取决于能源消耗与能源结构，而多数国家在工业化过程中的能源结构都是以碳基能源为主，因此经济发展水平与碳排放之间的关系和前者与能源资源消耗量之间的关系基本一致。世界主要发达国家和发展中国家的历史都印证了工业化、城镇化率与碳排放率之间的关系。如图 3－2 所示，20 世纪 60 年代以后，除了英国的城镇化表现出明显的低碳化外，其他国家在城镇化过程中均呈现了高碳化趋势，具体表现为人均碳排放随着城镇化率的上升而不断上升。伴随着城市化水平的提高，全球发达国家和发

① 王金照等：《典型国家工业化历程比较与启示》，中国发展出版社，2010。

展中国家的人均碳排放量不断增加。尽管其存在较大的国别差异，但其变化趋势一致。无论是发达国家还是发展中国家，其经济发展和城镇化发展都伴随着碳排放不断升高。从全世界范围来看，城市土地占土地总量的1%，容纳了地球上50%的人口。从经济角度来看，城市土地是集约化、高生产率的。而它的碳排放却占全球总排放的2/3，到2030年这一比率会上升到3/4①。因此它的碳生产率是非常低的，城镇化带来了高的碳排放。

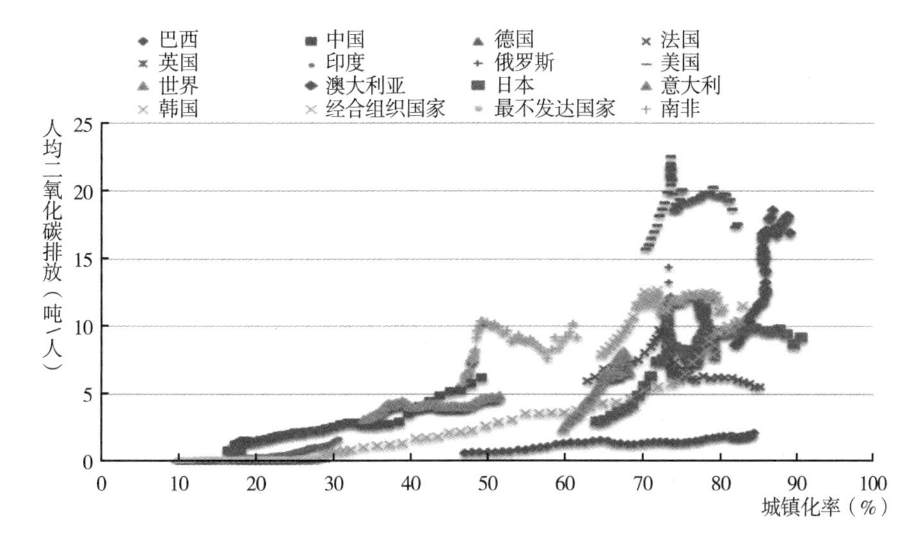

图3-2　1961~2010年世界主要国家和地区人均碳排放和城镇化率的关系

资料来源：世界银行数据库，数据年份1961~2010年。

二　我国的城镇化过程始终伴随着碳排放的上升

（一）碳排放随城镇化率上升

自1949年至2012年，我国城镇化率从10.6%提高到52.5%（见图3-3），实现了历史性的人口结构变化，经历了“发展—停滞—恢复—快速发展”四个阶段。

① 陈蔚镇、卢源：《低碳城市发展的框架、路径与愿景——以上海为例》，科学出版社，2010。

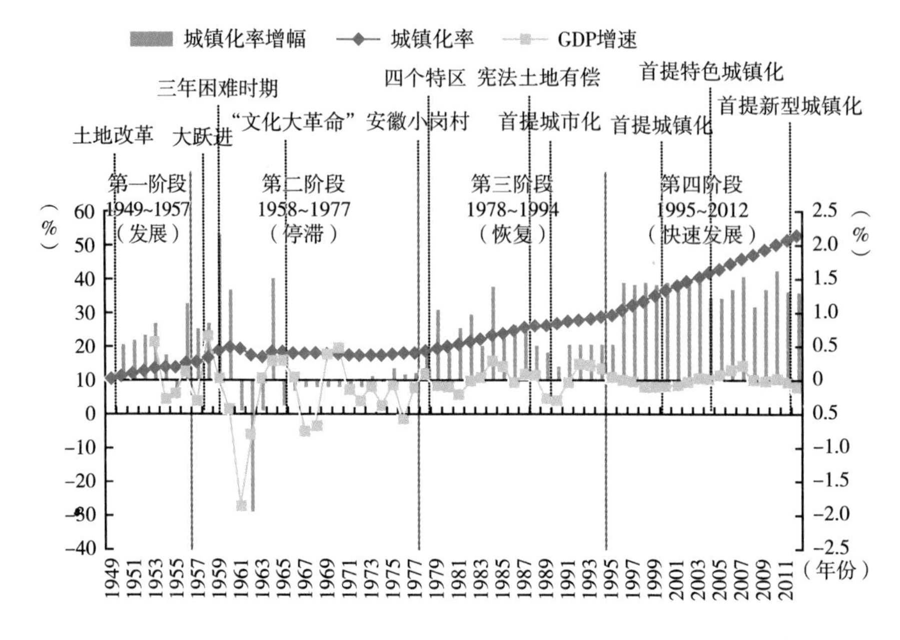

图 3-3　新中国成立后城镇化主要发展阶段

注：城镇化率增幅、GDP 增速刻度对应右侧纵轴；城镇化率刻度对应左侧纵轴。

资料来源：《2012 中国人口与就业统计年鉴》《中国统计年鉴 2012》。

2012 年，我国的城镇化率达到 52.5%，与世界平均水平相当（新华网，2013b）。从图 3-4 可以看到，1978 年后，我国的人均碳排放强度和城镇化率不断上升。这一分析结论在其他学者的研究中也得到了论证①②③。城镇碳排放是中国碳排放的主体④，城镇化率对碳排放的正面影响最大⑤。

通过图 3-5 可以看到，随着经济发展，我国的碳排放水平逐年增加。这

① 林伯强、刘希颖：《中国城市化阶段的碳排放：影响因素和减排策略》，《经济研究》2010 年第 8 期，第 66~78 页。

② 肖周燕：《中国城市化发展阶段与 CO_2 排放的关系研究》，《中国人口·资源与环境》2011 年第 12 期，第 139~145 页。

③ 孙慧宗、李久明：《中国城市化与 CO_2 排放的协整分析》，《人口学刊》2010 年第 5 期，第 32~38 页。

④ 宋德勇、徐安：《中国城镇碳排放的区域差异和影响因素》，《中国人口·资源与环境》2011 年第 11 期，第 8~14 页。

⑤ 李楠、邵凯、王前进：《中国人口结构对碳排放影响研究》，《中国人口·资源与环境》2011 年第 6 期，第 19~23 页。

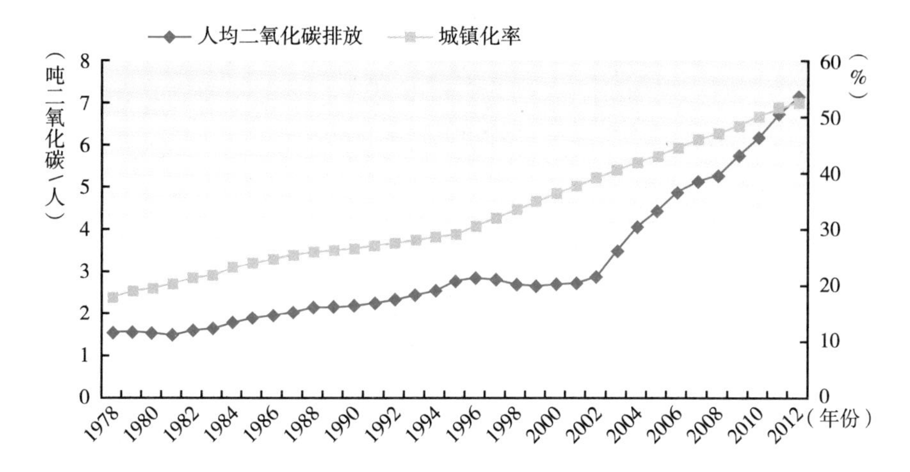

图 3-4　1978～2012 年我国人均碳排放和城镇化率的关系

资料来源：CDIAC，国家统计年鉴。

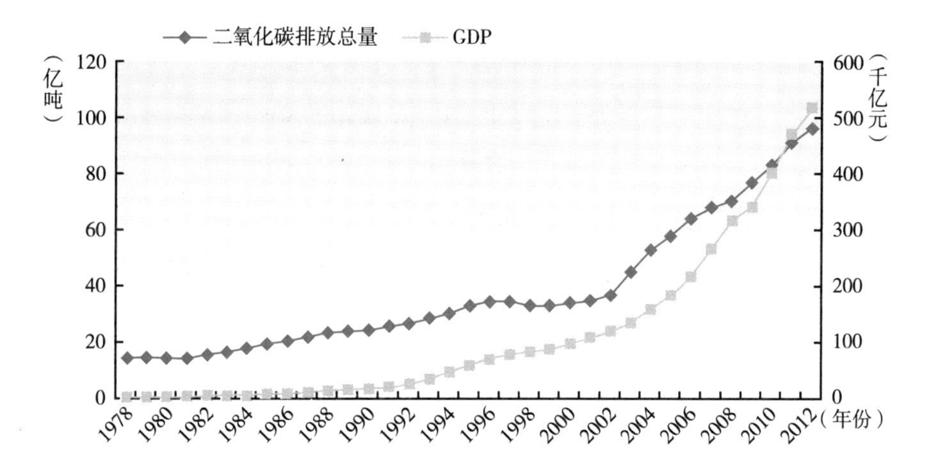

图 3-5　1978～2012 年我国碳排放总量和 GDP 的关系

资料来源：CDIAC，国家统计年鉴。

些碳排放主要来自占全国总消费量 60% 以上的城市能源消费。城市人均能源消费量是农村人均能源消费量的 3 倍左右①。大量的农村人口向城市转移，必然导致城镇化碳排放的增加。这是一个不以人的意志为转移的过程和工业化进

① Steinfeld, E. S., Energy Policy, In China Urbanizes: Consequences, Strategies and Policies, Yusuf, S.; Saich, T., eds. the World Bank: Washington, D. C., 2008.

程的最终结果。城镇化率每上升一个百分点，增加能源消耗4940万吨标准煤①。2050年我国城镇化水平预计可以突破70%，这期间的能源需求和碳排放不容忽视。城市已经成为我国当前和今后碳排放的主体。

高碳的模式主要由活动总量和活动效率导致。宏观层面上的城市规划可以直接影响活动的总量，形成碳锁定，而具体的操作（主要指中观技术层面）可以影响活动的效率。当前我国城镇化发展是粗放扩张的，带来了大量的能源浪费和高碳排放。因此，城镇化作为国家宏观战略的实现方式，直接影响碳排放的高低。

（二）城镇化过程中的碳排放来源

1. 城镇化过程中的生产和生活用能上升导致碳排放增加

（1）工业生产带来碳排放的上升

2003年以来，我国进入工业化中期，重化工业发展加速，工业发展领先于第一产业和第三产业的发展速度。近年来，我国工业产值不断增加，具备了庞大的生产能力。我国工业的快速增长一直是经济快速增长的决定性因素。工业内部，能源、原材料工业以及制造业、高技术制造业发展快速。一方面工业对整个国民经济给予有力支撑，另一方面带来了大量的碳排放。2005～2011年，工业（制造业和能源工业）二氧化碳排放量占全社会二氧化碳排放总量年均为75.6%。

此外，我国的出口以加工贸易为主，能耗较高，也是构成我国能源需求增长的重要因素。以2010年为例，出口产品能耗占该年全国能源消费量的38.3%，其隐含能是1997年的4.5倍，大大高于社会总能耗（不含进口产品的隐含能）2.5倍的增速，体现了我国对外贸易快速增长的趋势。2010年出口产品的隐含能占当年社会总能耗（含进口产品的隐含能）的42%，说明出口已成为拉动经济增长的重要驱动力（清华大学气候政策研究中心计算）。

（2）建筑中的碳排放增加迅速

城镇化进程与城镇建筑面积直接相关。“九五”、“十五”、“十一五”期

① 魏后凯、成艾华：《城镇化的绿色选择加快再生资源发展》，《资源再生》2013年第7期，第18～20页。

间城镇建筑面积分别以年均3亿~5亿、15亿~20亿、10亿~15亿平方米的速度增加，1997~2010年人均城镇住房面积、人均公共建筑面积和人均农村住房面积分别增加了14.6平方米（86%）、4.4平方米（60%）和15.7平方米（76%），住房面积超过了年均增长1平方米/人。2011年住宅建筑面积占城镇建筑总面积的2/3，是公共建筑面积的2倍。如果保持年均1平方米的人均面积增长速度，到2030年将达到日本、新加坡等亚洲发达国家水平，到2050年接近欧洲水平（清华大学气候政策研究中心计算）。

当前建筑行业中的碳排放情况可以总结为“建筑能耗占比逐年上升、高耗能建筑比例大、建筑节能技术较为落后”。1995~2011年，我国能源消耗中建筑能耗占总能耗的比例已从10.1%上升到19.74%[①]，建筑业直接CO_2排放量随着城镇化率上升而上升（见图3-6）。截止到2011年底，我国城镇节能建筑仅占既有建筑总面积的23%，全年建筑总面积469亿平方米，约有361亿平方米的建筑为高耗能建筑[②]。我国目前平均每年新增建筑面积20亿平方米。以如此增速，预计到2020年，全国高耗能建筑面积将达到2157.4亿平方米。另外，建筑节能技术相对落后。以节能门窗的使用为例，门窗流失的能耗占建筑能耗的51%。而我国每年新开工建筑面积约20亿平方米，节能门窗用量约占5亿平方米。相比之下，在发达国家中，使用高性能系统门窗的比例已达门窗总量的70%[③]。

我国建筑使用寿命短，过快地进行更新改造也是当前城镇化过程中的一个重要问题。根据我国《民用建筑设计通则》，重要建筑和高层建筑主体结构的耐久年限为100年，一般性建筑为50~100年。这个标准是按照国际通行标准区间设计的，如美国是74年，法国为102年，日本在20世纪80年代提出100年住宅，英国建筑的平均寿命为130多年，而我国的建筑寿命却只能持续25~30年[④⑤]。随着城镇化进程的加快，为提高土地资源的利用率，很多城市

① 清华大学建筑节能研究中心：《中国建筑节能年度发展研究报告2013》，中国建筑工业出版社，2013。

② 中国人民政府网：《截至2011年底我国城镇节能建筑仅占既有建筑总面积23%》，2012。

③ 眭斌：《干混轻质保温砂浆的制备技术与性能研究》，东南大学硕士学位论文，2009。

④《中国建筑平均寿命仅30年 年产数亿垃圾》，《中国日报》2010年4月5日。

⑤ 凤凰网：http://news.163.com/10/0405/23/63HU723M000146BB.html，2010。

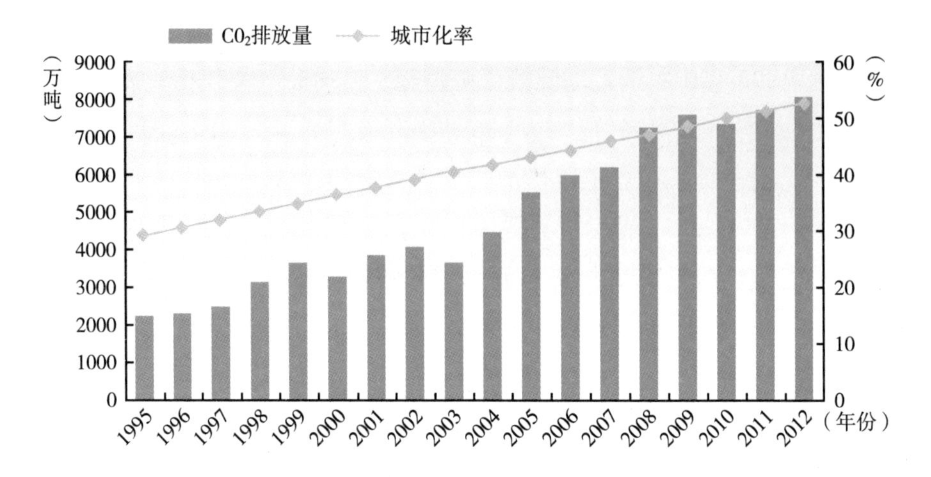

图 3-6 建筑业直接二氧化碳排放量和城镇化率关系

注：建筑业直接能耗及碳排放指建筑业在生产建造、拆除阶段所消耗的能源和释放的 CO_2 气体量。建筑业指我国投入产出表所指的建筑部门，包括房屋和土木工程建筑业、建筑安装业、建筑装饰业和其他建筑业。

资料来源：祁神军、张云波、王晓璇：《我国建筑业直接能耗碳排放结构特征研究》，《建筑经济》2012 年第 12 期。

进行旧城改造扩建并拆除一些建成时间不长的建筑（如图 3-7 所示）。据统计，中国每年拆毁的老建筑占建筑总量的40%。按照拆除旧建筑所产生建筑垃圾约每平方米0.7～1.2 吨计算，仅 2011 年一年因拆毁产生的建筑垃圾为328.3 亿吨到412.4 亿吨。另外，大量政府形象工程也是很明显的浪费行为。比如贫困县斥资数百万元建“山寨世博中国馆”“山寨悉尼歌剧院”，缺水城市西安投资 5 亿元修建亚洲第一喷泉等。这些政绩工程无一不耗时耗力、耗费钱财。

城市的重复建设问题也非常严重。城市规划变更、用地性质改变、地价房价变动等因素，造成一批房屋被拆除。很多未到设计寿命的“年轻”建筑被提前拆除，形成浪费。这些“短命建筑”在各级城市大拆大建中不断涌现，地方政府片面追求发展速度、缺乏科学规划而导致的重复建设问题突出。麻林巍、李政等①的研究表明，如果中国现有住宅建筑的寿命由 50 年变为 25 年，

---

① 麻林巍、李政等：《对我国中长期（2030，2050）节能发展战略的系统分析》，《中国工程科学》2011 年第 6 期，第 25～29 页。

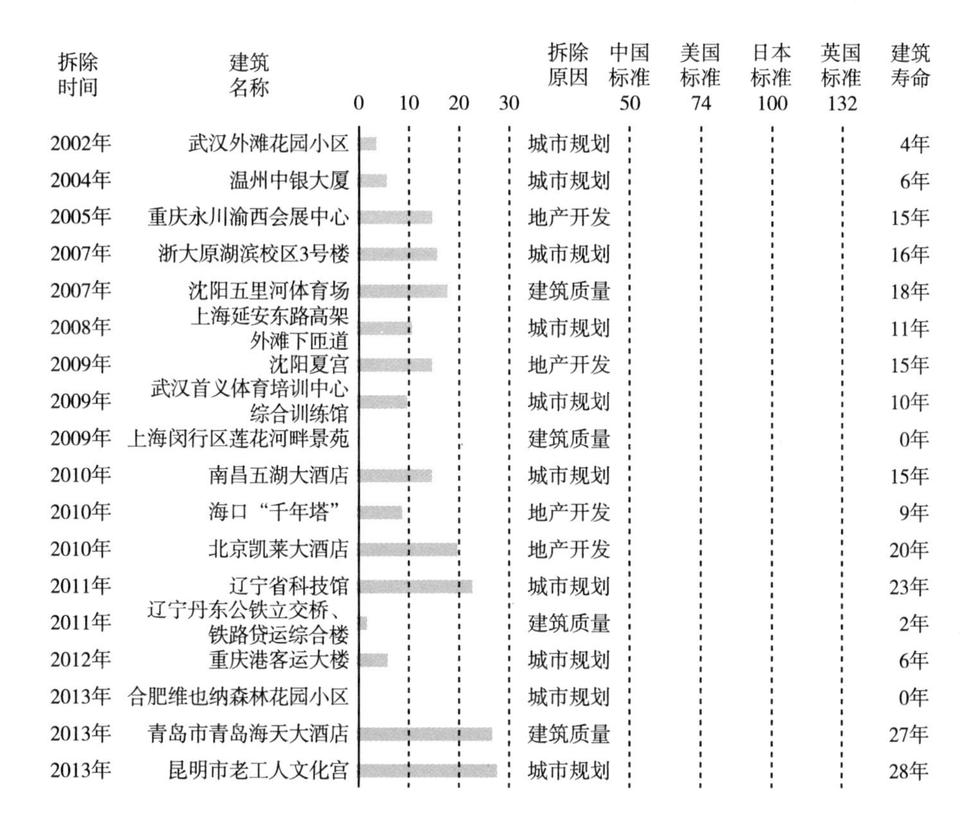

图 3－7　中国部分短命建筑案例

注：以上数据根据相关报道整理总结。

在寿命期内，会使每年的建造能耗增加 1 倍。“十一五”期间，我国建筑面积累计增长近 85 亿平方米，竣工建筑面积高达 131 亿平方米，约 35% 的建筑被拆除。仅从城镇建筑面积来看，“十一五”期间累计增长约 58 亿平方米，同期竣工城镇建筑面积达 88 亿平方米，相当于 30 亿平方米的建筑被拆除，约占竣工面积的 34%（清华大学气候政策研究中心计算）。

空置率过高近年在我国也非常普遍。根据发达国家经验，5% ~10% 的住房空置率表明房地产市场是健康的，如果空置率过小，说明可供购房者选择的商品房较少，购房者不能买到满意的商品房，不利于房地产市场的发展；反之，如果商品房空置严重，房地产市场将会出现一系列的问题。考虑到我国城市化进程和发展阶段，10% ~15% 的空置率是可接受的范围。但是我国近年来的商品房空置率在20%～30%。相关调研表明，北京房屋空置率近30%[①]。第二类空置住宅是指已经售出的住房未投入使用的部分，即闲置住房。近年来，全国各地出现了大量的“鬼城”，比如鄂尔多斯的康巴什新城等。

（3）交通中的碳排放增加迅速

近年来，我国交通工具、道路交通基础设施和居民出行等方面都有了显著的变化。从1978年到2011年，公路里程、运输路线长度、客运量、旅客周转量等重要指标值迅速上升。运输线路上升了1.8倍，公路里程上升了4.6倍，客运总量上升了13.8倍，旅客周转量上升了17.7倍，民用汽车上升了69.9倍[②]。私人汽车拥有量逐年上升（如图3－8所示），特别是私人汽车千人保有量从1985年的0.018辆/千人，上升到了2012年的56.4辆/千人。

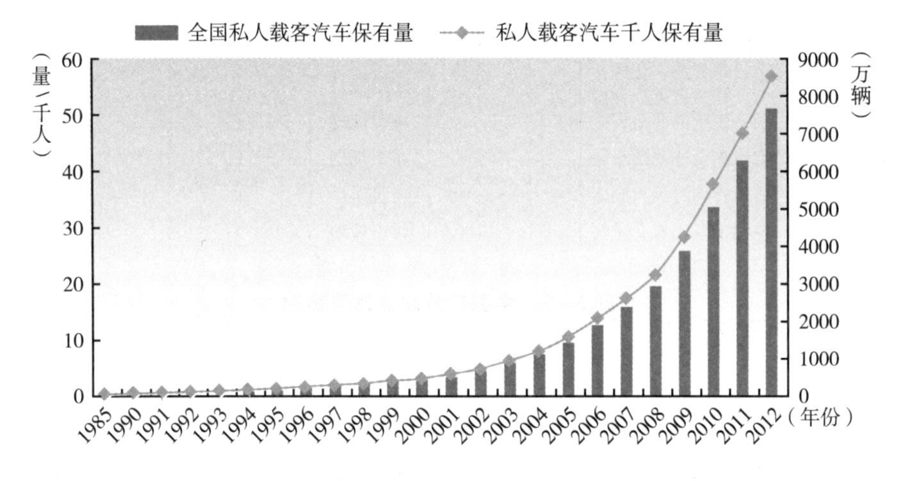

图3－8　全国私人载客汽车保有量和私人载客汽车千人保有量

资料来源：齐晔：《中国低碳发展报告（2011～2012）》，社会科学文献出版社，2012。

而参照发达国家的经验，我国经济发展的同时，交通能耗占比也快速增加（见图3－9）。随着城市物流流转速度加快，城镇的货运能力逐步加强。单中心的城市扩张使得居民出行的距离也会变大，城市机动化水平迅速提高。

---

① 《调查称北京房屋空置率达28.9%　新建楼盘空置1/3》，《21世纪经济报道》2013年6月18日。

② 中华人民共和国国家统计局：《中国统计年鉴2012》，中国统计出版社，2012。

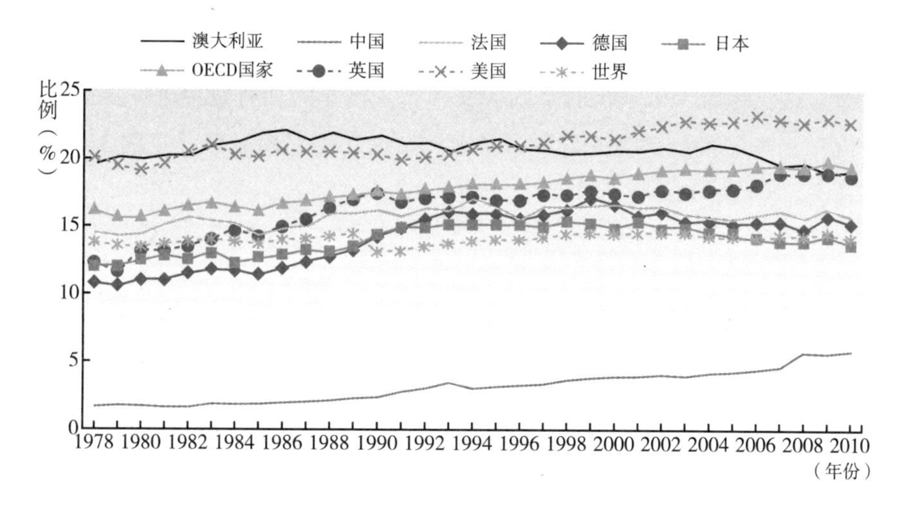

图3-9　不同国家交通能耗占比情况

资料来源：World Bank。

机动车是耗油的大户，汽车和摩托车每年消耗85%以上的汽油，交通运输（公路、铁路和水路）消耗了20%的柴油。由于我国综合交通能耗效率低下，二氧化碳排放形势更加严峻。小汽车的出行比例逐年增加导致了交通能耗的急剧上升。不同的交通方式能耗相差很大。在各种交通方式当中，小汽车的能耗以每百人公里油耗（升）为标准是最大的，远超过公共汽车和城市轨道交通。在居民出行量固定的情况下，交通方式的结构会决定城市交通能耗的总体状况和发展趋势。但实际上30%～40%的小汽车出行完全可以被公共交通、自行车等替代。如果不加以控制，交通运输能耗很快就会占全国总能耗的30%①。

我国人均能源道路消费低于发达国家（地区），比如我国人均道路能耗不到日本和韩国的15%、欧盟的10%和美国的4%。以2005年为例，我国平均每千人消耗油量不足50t，韩国为180t，日本为370t②。但个别大城市人均油耗已经接近发达国家。未来一段时间，机动车增加带来的能源需求会不断地增

① 仇保兴：《应对机遇与挑战——中国城镇化战略研究主要问题与对策》（第二版），中国建筑工业出版社，2009。

② 向睿：《交通能耗在城市绿色交通规划中的应用》，西南交通大学硕士学位论文，2010。

加。国际经验表明，当人均 GDP 达到 3000 ~ 4000 美元时，会出现机动车购买的高峰。这意味着未来一段时期内，我国私人汽车的拥有量会进一步提高。这种“以车为本”的交通方式导致了私人汽车增长的恶性循环（见图 3 - 10）。

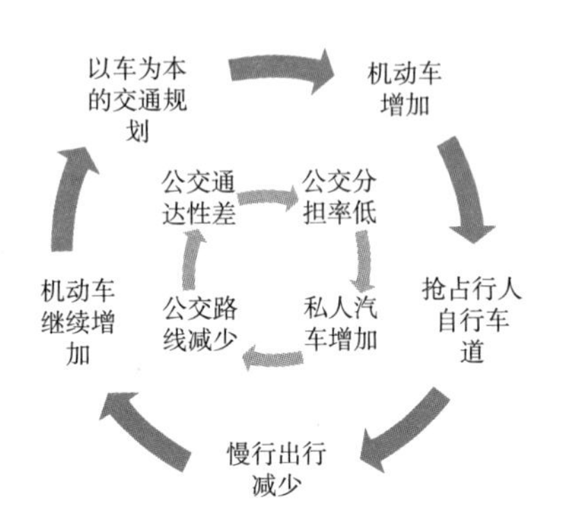

图 3 - 10　公交不利使私人汽车增长的恶性循环

从整个产业角度来说，交通基础设施的不完善以及管理的落后，也带来了严重的拥堵。交通产业并没有完成传统产业向现代服务业的转型。高速公路在客运量和货运量上都占据了绝对优势，铁路所占的比例非常小。这些大部分是规划不合理引起的。由于缺少必备的交通基础资料、技术以及规划人员，因此难以提高交通整体效率。规划当中，重视道路交通功能和空间功能规划，轻视道路环境功能规划，重视道路基础设施规划，轻视交通发展战略规划，重车轻人等，使得当前我国交通行业发展难以适应低碳发展的需要。

（4）生活水平提高引发的碳排放上升

我国经济增长模式是典型的投资驱动型和出口拉动型，与世界其他重要经济体相比，消费率明显偏低。“十一五”期间人民生活水平上升也促进了碳排放的增加，其中主要来自快速消费品以及耐用消费品（见图 3 - 11）。“十二五”规划将拉动内需、促进消费提高到了国家战略层面。可以预见，未来我国消费需求将会有大幅度的提高，也是重要的二氧化碳排放源。

从占 GDP 的份额来看，消费需求始终占据主导地位，是经济增长中份额最大、最稳定的需求。2010 年我国的消费需求占 GDP 的份额为 36.8%。从消费需求对 GDP 的贡献来看，我国国内消费对 GDP 的贡献远远低于发达国家。

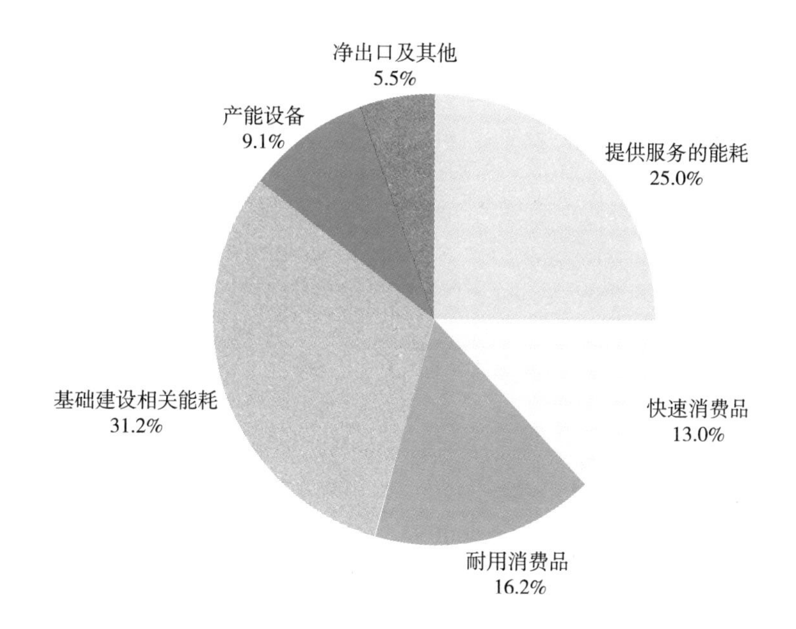

图 3-11　我国 2010 年终端能源消费构成

资料来源：清华大学气候政策研究中心。

2010 年我国消费领域的能耗占我国能源消费量的 54.2%，发达国家消费领域的能耗一般约占能源消费总量的 70%～80%。从消费需求在能源消费量中的占比来看，我国消费领域的能耗也显著低于发达国家，随着消费需求的增加，未来消费领域的能源需求将会大幅增加。

1996～2010 年，农村居民生活用能和城市居民生活用能差距不断上升。由农民变成市民产生的居民用能量增加也带来了巨大的二氧化碳排放，这方面达到 4.47 亿吨（见图 3-12）。

2. 地方政府行为加剧了城市的低密度蔓延和碳排放上升

基础设施建设需要大量的高能源、高碳密度原材料产品，包括钢材、水泥等。发达国家的基础设施体系已相对完善，对能源和原材料的需求主要体现在维护和运行方面。我国城市仍在不断扩张中，2000～2010 年，城市建成区面积从 22439 平方公里增长到 40058 平方公里，新建城区面积翻了一番。人均城市面积逐步扩大，人口密度也逐渐减小（如图 3-13 所示）。

全国 30 个主要城市的人口密度表现为下降，城市面积扩张速度大于人口

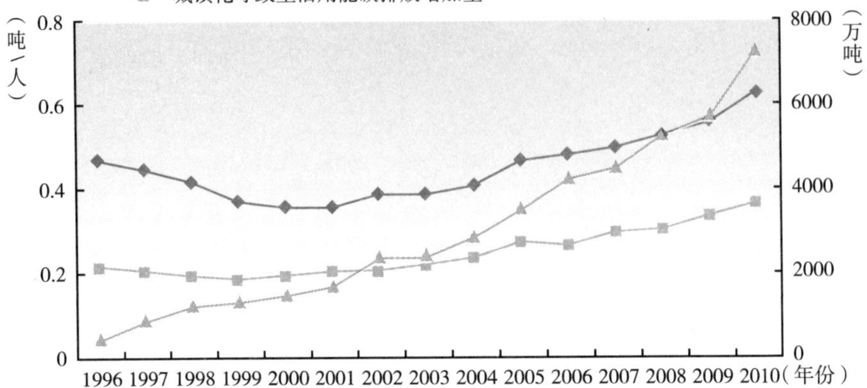

图 3-12　1996～2010 年城市农村居民生活用能碳排放量和城镇化导致生活用能碳排放增加情况

注：人口自然增长率计算以 1995 年为基年，城市人口净流入为当年城市人口减去根据人口自然增长率计算的人口。

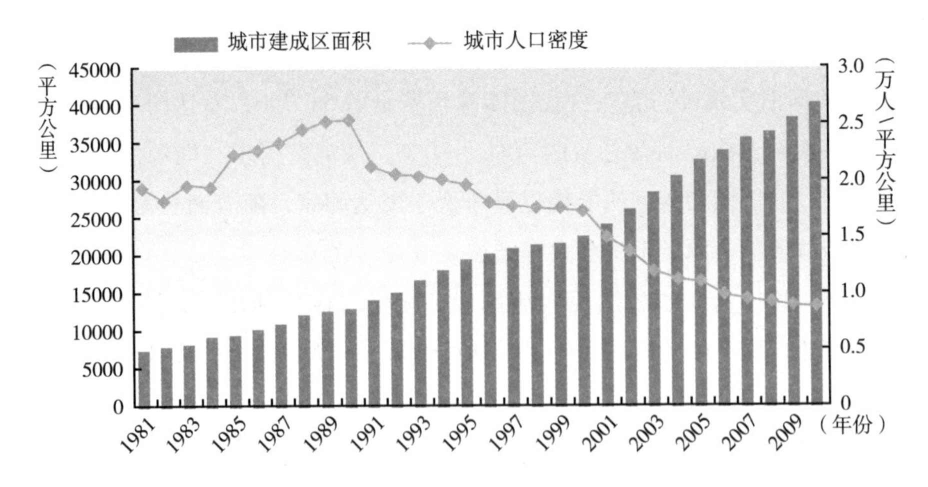

图 3-13　1981～2010 年人均城市土地面积和人口密度情况

资料来源：《中国城乡统计年鉴 2011》，城市统计面积以建成区面积为基准。2006 年以后的城市总人口为城区人口加上城市暂住人口，此前没有城市暂住人口的统计，其余年份城市总人口为城区人口。

增加的速度，城市表现为低密度扩张，土地利用方式不经济（如图 3-14 所示）。

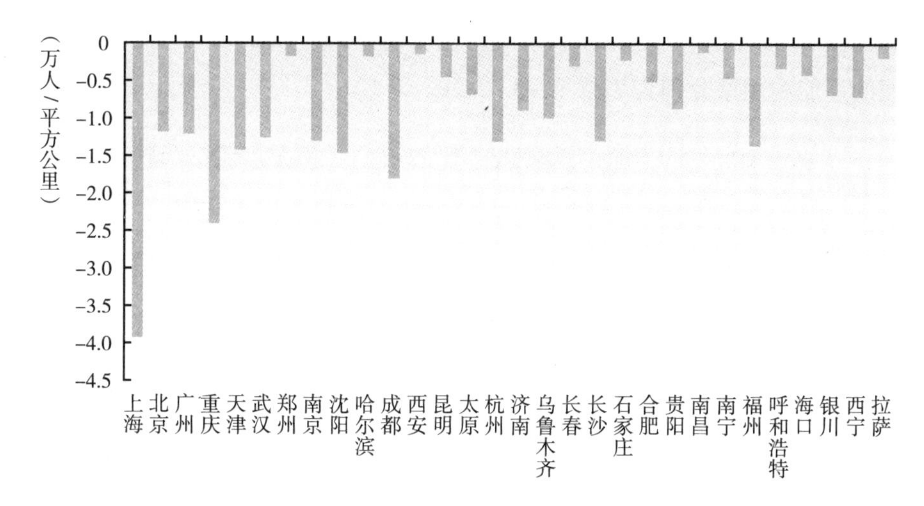

图 3-14　1981~2008 年主要城市人口密度变化

注：兰州、澳门、台北、九龙的数据缺。

资料来源：住房和城乡建设部编《中国城乡建设统计年鉴 2011》，中国计划出版社，2012。

20 世纪 90 年代的 10 年间，全国城乡建设用地增加 2640 万亩，81% 的新增建设用地来自对耕地的占用①。城镇扩张和土地节约政策相互矛盾。地方政府对土地收益有较大的支配自主权。土地，已成为地方最大的经济资源，使得地方政府热衷于“圈地”。地方政府在支持城市建设用地方面具有持续的积极性。对于既有城市用地改造采用拆迁的办法，成本高；对非城市建设用地采用征地的办法，成本低。对非城市建设用地的征用成本远小于对既有城市用地改造的拆迁成本，使得地方政府更趋于从经济利益角度选择拓宽原有城市的土地面积，盲目地进行“圈地”和高强度的开发。虽然《土地管理法》中实行的耕地“占补平衡”抑制了当前地方政府的征地冲动，但是“圈地运动”加剧了耕地面积的减少，从 1995 年的 126 万平方公里减少到 2009 年的 113 万平方公里。2012 年底我国耕地面积为 12172 万公顷，合 18.2 亿亩，回升到 2008 年的耕地水平。尽管如此，离国家 2006 年提出的 18 亿亩耕地“红线”已经非常接近。

城市的快速扩张，使城市建设消耗的水泥和钢材等，呈现明显的上升态势

① 徐匡迪：《中国特色新型城镇化发展战略研究》，中国建筑工业出版社，2013。

（如图 3－15 所示）。但是钢铁和水泥产能利用率低，以 2012 年为例，钢铁和水泥的产能利用率分别为 72% 和 73.7%①。

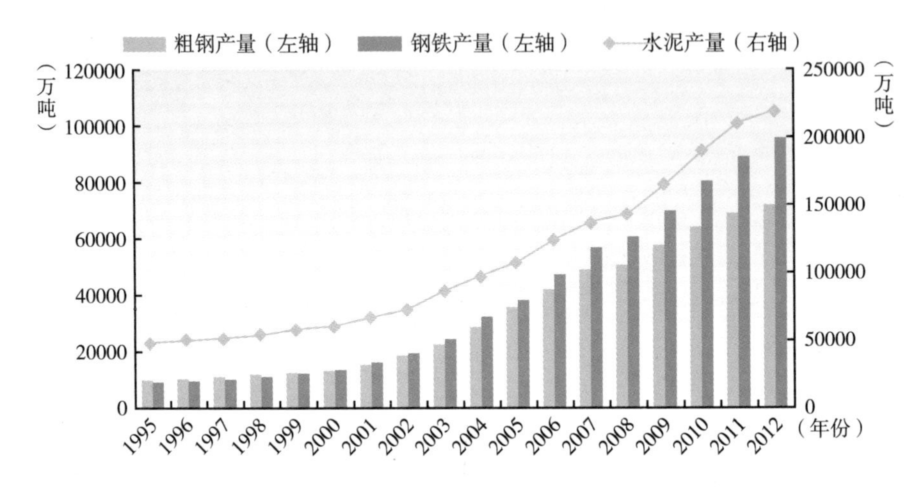

图 3－15　1995～2012 年我国粗钢、钢铁和水泥产量

资料来源：历年中国统计年鉴。

城市低密度蔓延的一个重要因素是城市规划的不合理，这种情况对交通能耗带来了影响。城市密度作为一个重要发展指标，同交通能源消耗之间存在一定的相关性。大城市的高密度模式可以减少城市交通能耗，而中小城市的密度同交通能耗相关性较小。现行情况下我国城市一个突出的问题是“摊大饼”式的发展模式，这种模式最终影响了居民的出行方式和距离。城市半径扩大一半，交通总能耗是原来的 4 倍。土地利用模式的方式主要是城市蔓延和紧凑城市两种。分散的土地利用模式会增加私人小汽车的出行比例，最终消耗更多的能源②。

城镇化是经济和政治因素共同导致的结果。由于我国城镇化过程中，政府的过多参与，使得城镇化的发展加速，并造成了城镇化过程中的不健康发展。现行的政府管理政策和制度加剧高碳化发展趋势的主要原因有二，其一是地方官员

① 李扬主编《2014 年中国经济形势分析与预测》，社会科学文献出版社，2014。

② SchwanenT.；DielemanF. M.；M.，D.，Travel behavior in Dutch mono-centric and policentric urban Systems. Journey of Transport Geograph 2001，（9），173－186.

的考核机制，主要是侧重 GDP 等影响指标的考核，没有同可持续发展相关的资源效率指标相结合。其二是不彻底的中央和地方税制改革，驱使地方政府过度依赖土地财政。为了满足地方发展、GDP 提高、政府基本运行和社会福利等，地方政府往往通过城市扩张获得收益（如图 3－16 所示）。同时由于缺乏对管理和配置城市土地和空间资源的自由裁量权的控制，地方政府不考虑土地的社会和环境成本，而免费获得了 70 年左右的地租收入，成为农村土地唯一的买方和国有土地唯一的卖方。另外，“市管县”促进了城市对农村土地资源的掠夺，城市政府成为了唯一的管理城乡边界的政府级别组织，对征用农村土地具有决定权。城市政府和农村政府之间不平等，对农村土地的征用造成了城市空间的扩张和对农村资源的侵占，为城市政府实现土地收益以及经营城市提供了制度保障[①]。这样的属地化管理不可避免地存在部门利益和地区利益及职能角色错位等情况，表现出了经济高碳化的路径依赖。地方经济过度依赖投资和投资收益边际递减的“两难困境”，直接加剧了低碳转型的难度[②]。

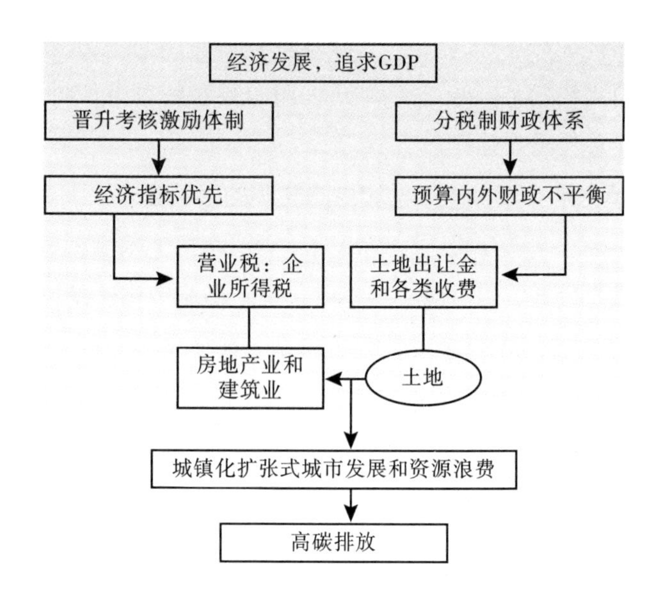

图 3－16　制度因素推动高碳排放

① 中国城市科学研究会：《中国低碳生态城市发展战略》，中国城市出版社，2009。

② 齐晔主编《中国低碳发展报告（2013）》，社会科学文献出版社，2013。

（三）低碳城镇化的必要性

我国以煤为主的能源结构短期内难以改变，未来的碳排放总量将继续增长①②。城市化进程中控制碳排放增量，降低能源强度与发展清洁能源应该成为我国低碳转型的战略方向③。

低碳城镇化是指集约高效、生态友好、智慧绿色的发展过程。具体来讲，作为新型城镇化的重要组成部分，低碳城镇化是指将生态文明理念全面融入城镇化过程中，针对现有的城镇化发展中出现的铺张浪费、形象工程等现象实施纠正措施，对我国城镇化过程中特有的土地、户籍等问题进行妥善解决，从而在政策、技术和执行各个层面达到低碳的目标，在城市空间布局、产业结构、能源利用、消费方式、交通运输等各方面体现低碳理念、技术与方式。

城镇化进程导致了人均能源消耗的大幅度上升和温室气体排放的增加，城市各类废弃物加大了对环境的压力。低碳城镇化是解决这一难题的必要和可行途径。低碳城镇化建设是国家“十二五”期间实现转型升级的强劲推力，也是提升城镇化质量的重要途径。

1. 低碳城镇化是实现美丽中国和生态文明的必然要求

低碳发展是生态文明建设的发展模式和实现路径，城镇化是社会主义事业总体布局中的重要一环，以低碳发展模式推进新型城镇化建设，是党的十八大明确提出“经济建设、政治建设、文化建设、社会建设、生态文明建设”的“五位一体”建设美丽中国的内在要求和必然选择。因此，要牢牢把握生态文明建设的大方向，把“绿色发展、循环发展、低碳发展”作为实现城镇化的主导性原则，引导城镇化建设走“美丽”之路，让“美丽中国”成为宜居、宜业和宜游的中国。

---

① Lin, B. -q. a. L. , Jiang-hua, Estimating coal production peak and trends of coal imports in China. Energy Policy 2010, 38, (1), 512 -519.

② 魏一鸣等：《中国能源报告2008：碳排放研究》，科学出版社，2008，第203页。

③ 林伯强、刘希颖：《中国城市化阶段的碳排放，影响因素和减排策略》，《经济研究》2010年第8期，第66~78页。

2. 低碳城镇化是适应环境承载和能源约束挑战的必然选择

城镇化本身会导致对能源、资源的需求大幅增加。目前我国城镇化率刚超过50%，而发达国家一般在75%～80%左右。因此如果“十二五”时期如未能采取更加有效的应对措施实现节能减排的低碳发展模式，则我国将面临日益严峻的资源环境约束。从国内看，随着工业化、城镇化进程加快和消费结构升级，我国能源需求呈刚性增长，受国内资源保障能力和环境容量制约，经济社会发展面临的资源环境瓶颈约束更加突出。

3. 低碳城镇化是实现人的城镇化的内在要求

在城镇化过程中，我国将有几亿人口由农民变为市民，城镇将成为造成未来我国碳排放和能源资源需求增长的主要领域。新型城镇化的核心就是人的城镇化（见图3－18），而当前不合理的人口分布影响了城乡区域协调发展，人口空间分布与经济布局不协调，亟待增强城镇承载的能力，以满足新型城镇化改善人居环境、提高人居质量的需要。城镇化的发展对碳排放具有锁定效应，不走低碳城镇化发展的道路，就难以满足人民对发展的需求。

三　低碳城镇化的实践

（一）自上而下的顶层设计

回顾过去30年来我国城镇化的历史进程，自上而下的城镇化建设主要体现在顶层设计上，我国的城镇化过程经历了在目标和衡量标准方面的阶段性变化。整体而言，我国城镇化的重要机制是以政府推动为主。从1984年（第一次提出小城镇发展）至今，政府在城镇化运动中扮演了重要的角色，而其抓手就是各类城镇化有关政策，主要包括行政区划调整政策、土地政策、户籍政策和投融资政策等。政府在这个过程中“摸着石头过河”（见图3－17），尝试通过自上而下的治理开展城镇化，对政策效果的认识越来越明确和清晰。

在中国，城镇化相关的政策实施过程体现了政府自上而下的导向作用。①1984～2004年为不断探索主体原则和主体形态的城镇化时期。从1984年中共

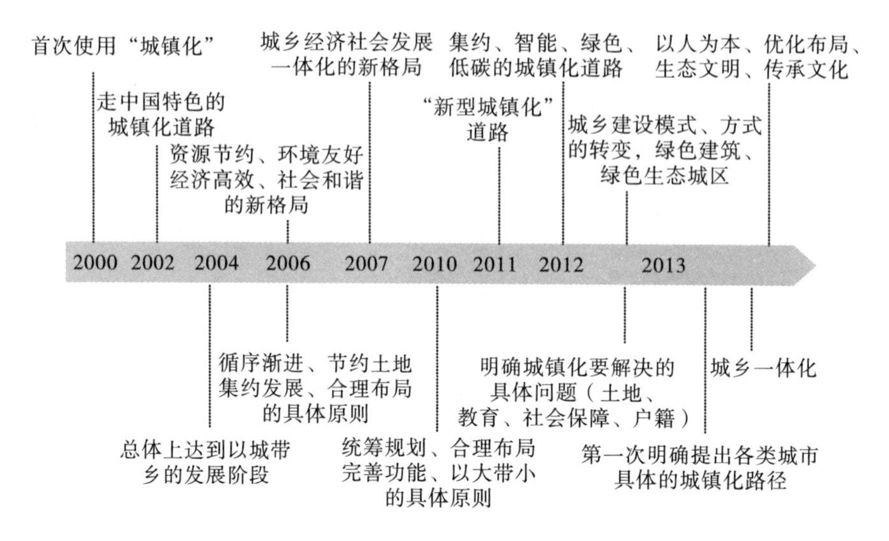

图 3－17　城镇化战略核心政策的变化

中央第一次提出"小城镇发展"，到 2002 年党的十六大号召"走中国特色的城镇化道路"，再到 2004 年，中央一号文件指出"我国总体上达到以城带乡的发展阶段，要有效引导城镇化健康发展"。政府提出要走中国特色的城镇化道路，指出了城镇化发展的方向。②2005～2010 年为明确具体原则和指明新格局的城镇化时期。2006 年"十一五"规划中第一次指明了城镇化的具体原则，指出要按照"循序渐进、节约土地、集约发展、合理布局"的原则来促进城镇化的健康发展；2007 年，党的十七大明确作出"走中国特色城镇化道路"的新概括，提出形成城乡经济社会发展一体化的新格局，要由分散的城镇化开始向集中的城镇化演变。再到 2010 年，党的十七届五中全会将城镇化的具体原则概括为"统筹规划、合理布局、完善功能、以大带小"。这五年，政府明确了城镇化的具体原则和新格局，为地方政策的制定和执行提供了依据，拉开了地方政府城镇化实践的大幕。但该阶段还是单一、孤立的城镇化，仅限于城市布局的城镇化。③2011 年至今为明确实现模式和实现路径的城镇化时期。党的十八大明确提出走新型城镇化道路，从局限于"区域协调发展"一隅变为工业化、信息化、城镇化和农业现代化"四化协同"，同时指出城镇化是拉动内需、实现经济稳定增长的关键。2012 年中央经济工作会议又提出了走"集约、智能、绿色、低碳的城镇化道路"，要把生态文明理念和原则全

面融入城镇化过程。2013 年，政府明确了城镇化中需要解决的具体问题（土地、教育、社会保障、户籍），第一次明确提出各类城市具体的城镇化路径，指出要更好地发挥市场主导和政府引导作用，坚持制度创新，为城镇化健康发展奠定制度基础；同时要实施最严格的耕地保护制度和最严格的节约用地制度，合理满足城镇化用地需求。2013 年 12 月的中央城镇化会议，是新中国成立后第一次关于城镇化的会议，对全面把握和推进城镇化建设有重要意义，强调了需要提高城镇化质量，也再次强调了城镇化发展的必要性。这个时期的城镇化政策主要探讨和明确其具体实现模式，是在总结城镇化发展经验和教训的基础上出台的。

城镇群战略体现了我国政府对城镇化发展自上而下管理的方式。我国从 20 世纪 80 年代就开始编制城镇化过程中的城镇群发展战略。最早是区域协作和经济区政策，从对部分国土开发进行整体规划，如编制以上海为中心的长江三角洲经济规划，到逐步扩展到其他省会城市的二级经济区网络，提出了沿海、沿江、沿主要铁路开放开发的发展战略，之后又陆续提出了西部大开发战略、中部崛起等战略，形成了长株潭城市群和武汉城市群等，最终初步形成了中国的城市群布局。

我国目前关于城镇群空间规划的官方文件有四个，分别是 2005 年建设部出台的《全国城镇体系规划纲要（2005－2020 年）》，2010 年国务院出台的《全国主体功能区规划》，2010 年中共第十七届中央委员会第五次全体会议通过的《中共中央关于制定国民经济和社会发展第十二个五年规划的建议》，以及 2011 年全国人民代表大会通过的《国民经济和社会发展第十二个五年规划纲要》。根据相关报道，今后我国将再打造 10 个区域性城市群。[①②] 2013 年年末的中央城镇化工作会议确认了以次级城市或二三线城市为中心的城镇化建设方向。

《全国城镇体系规划纲要（2005－2020 年）》首次提出建设“多中心”城

---

① 新华网：《城市集群建设须防债务风险》，http：//news. xinhuanet. com/house/bj/2013－07－31/c_116747855. htm。

② 凤凰网：《发改委证实中国将再打造 10 个区域性城市群（名单）》，http：//finance. ifeng. com/a/20130712/10144152_ 0. shtml。

镇空间结构，如图 3－18 所示：培育具有国际空间发展战略意义的五个核心地区和三个门户城市，构建加强区域协作的沿海城镇带和六条城镇发展轴。多中心城镇空间结构由三个大都市连绵区和十三个城市群构成。三个大都市连绵区分别指京津冀大都市连绵区、长三角大都市连绵区以及珠三角大都市连绵区，十三个城镇群包括山东半岛城镇群、闽东南（海峡两岸）城镇群、北部湾（南宁）城镇群、湘中地区（长株潭）城镇群和四川盆地（成渝）城镇群等。五个核心地区指京津冀大都市连绵区、长三角大都市连绵区、珠三角大都市连绵区、成渝城镇群（重庆、成都）与平原城镇群（武汉）。三个门户城市指哈尔滨（东北）、乌鲁木齐（西北）、昆明（西南）。沿海城镇带指渤海、东海、黄海和南海的城镇发展地区。六轴主要指以交通为基础的南北向京广发展轴（含京九线）、哈大发展轴和东西向的长江发展轴。

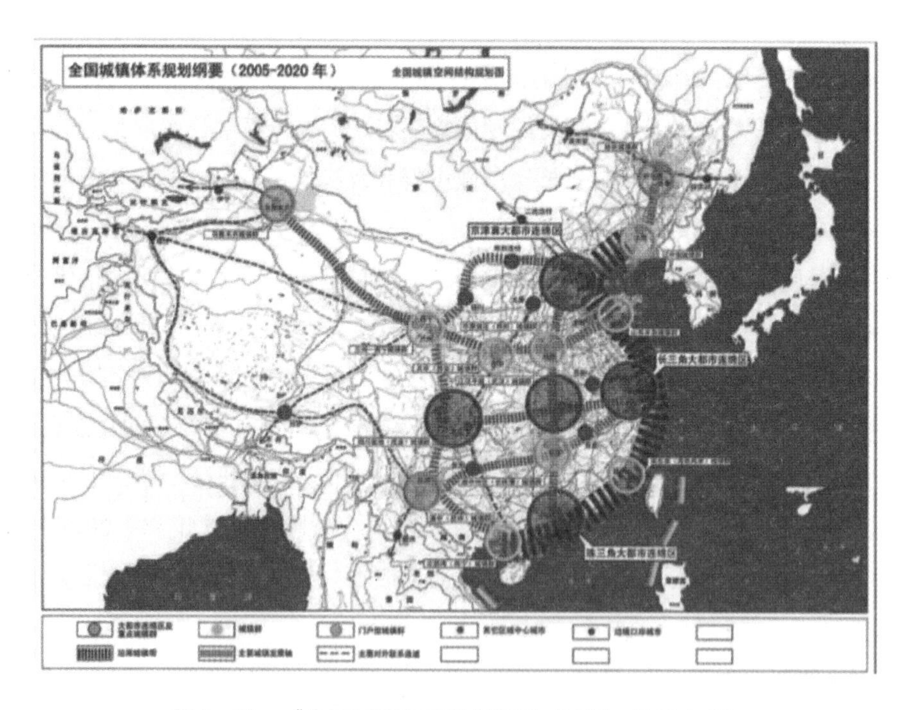

图 3－18　《全国城镇体系规划纲要（2005－2020 年）》全国城镇空间结构规划示意

《全国主体功能区规划》中关于城镇群建设的主要目标是：2020 年构成“两横三纵”为主体的城市化战略格局，如图 3－19 所示。具体而言，是要形

成以陆桥通道、沿长江通道为两条横轴，以沿海、京哈京广、包昆通道为三条纵轴，以国家优化开发和重点开发的城市化地区为主要支撑，以轴线上其他城市化地区为重要组成的城市化战略格局。为此，要推进环渤海、长江三角洲、珠江三角洲地区的优化开发，形成3个特大城市群；推进哈长、江淮、海峡西岸、中原、长江中游、北部湾、成渝、关中－天水等地区的重点开发，形成若干新的大城市群和区域性的城市群。作为国土空间开发的战略性和约束性规划，该规划区分了优化开发区、重点开发区、限制开发区域（农产品主产区）、限制开发区域（重点生态功能区）和禁止开发区域。

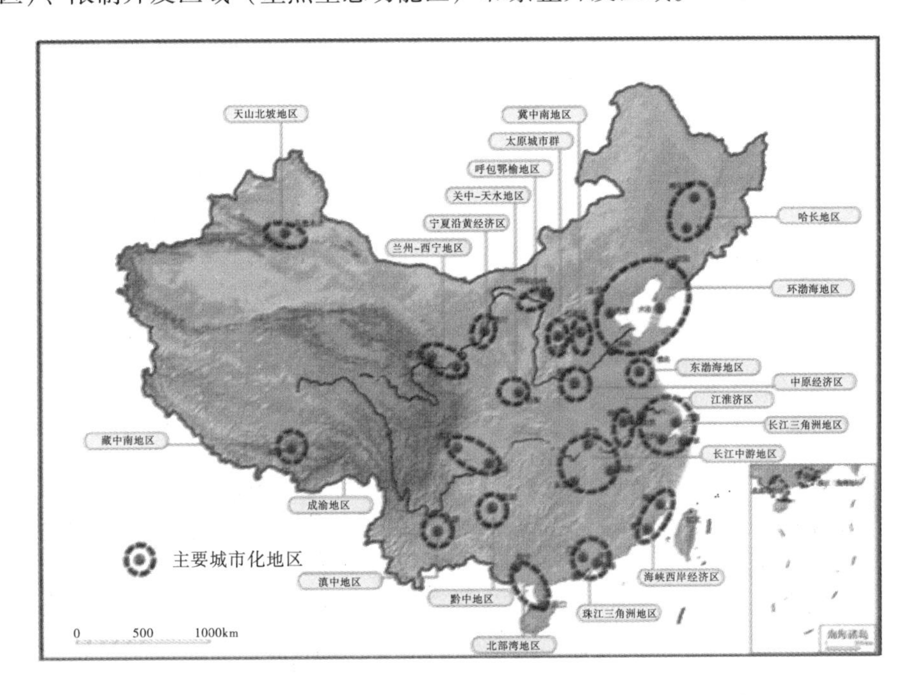

图3－19　《全国主体功能区规划》城市化战略格局示意

《中共中央关于制定国民经济和社会发展第十二个五年规划的建议》（以下简称为《建议》）关于城镇群发展部分，提出要完善城市化布局和形态，按照统筹规划、合理布局、完善功能、以大带小的原则，遵循城市发展客观规律，以大城市为依托，以中小城市为重点，逐步形成辐射作用大的城市群，促进大中小城市和小城镇协调发展。

《国民经济和社会发展第十二个五年规划纲要》与《建议》一脉相承，同时沿着《全国主体功能区规划》中“两横三纵”的战略格局思想，将交通与城镇群的发展结合起来，提出要适应城市群发展需要，以轨道交通和高速公路为骨干，以国省干线公路为补充，推进城市群内多层次城际快速交通网络建设，建立以轴线上若干城市群为依托、其他城市化地区和城市为重要组成部分的城市化战略格局，促进经济增长和市场空间由东向西、由南向北拓展。

最新的已经得到发改委证实的“10 个区域性城市群”城市群规划，提出以京津冀、长江三角洲和珠江三角洲城市群向世界级城市群发展为基础，打造哈长、呼包鄂榆、太原、宁夏沿黄、江淮、北部湾、黔中、滇中、兰西、乌昌石 10 个区域性城市群（见图 3－20）[①][②]。

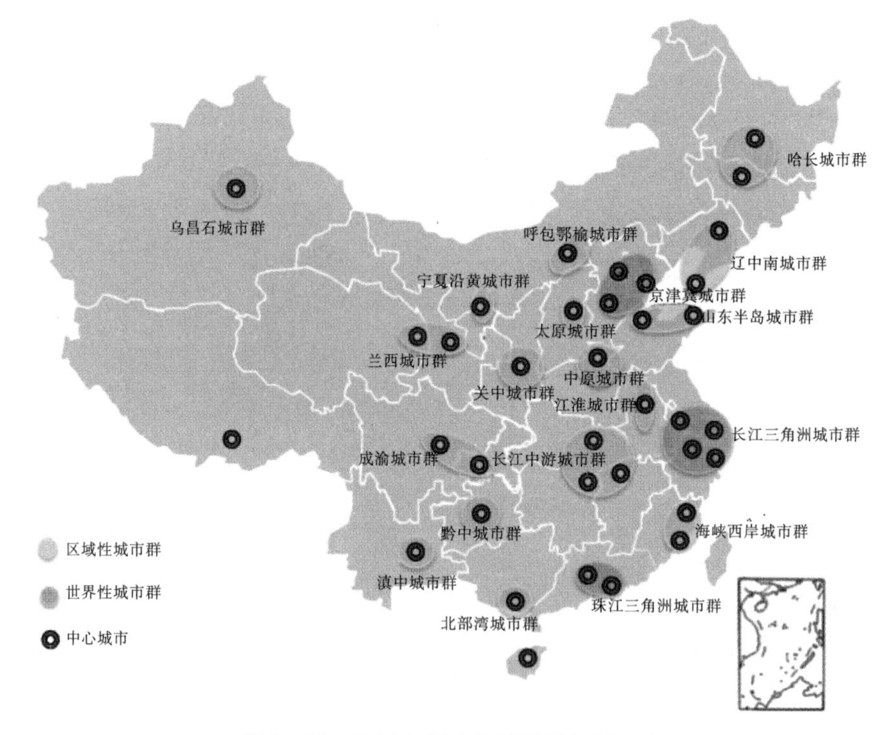

图 3－20　2013 年版本的城镇群规划方案

① 新华网：《城市集群建设须防债务风险》，http：//news. xinhuanet. com/house/bj/2013－07－31/c_116747855. htm。

② 凤凰网：《发改委证实中国将再打造 10 个区域性城市群（名单）》，http：//finance. ifeng. com/a/20130712/10144152_ 0. shtml。

但是目前来说，我国依然缺少从宏观角度进行的对国土空间开发利用、生态环境保护、国土综合治理的自上而下的部署，特别是缺少将碳排放作为指标融入整体规划中的相关政策，目前的自上而下的治理模式依旧采用了边探索边实践的方式。

尽管我国在几十年的时间内实现了向工业社会的转变，但其行政管理文化和公共治理模式扎根于四千年来的农耕文明，难以应对大规模、高速度的城镇化和工业化进程的挑战。目前我国仍处在建立适应社会主义市场经济体制的城镇化公共治理体系的初始阶段。我国的城镇化能否实现可持续发展，重要的决定因素在于城市公共治理模式的改变以及相关的制度建设。在当前政策体系下，我国依然缺少有效的城市公共治理体系和治理能力，城镇化发展出现了不可持续和不可协调的现象。城乡规划和管理常常通过垂直科层体系中自上而下的行政强制手段来实现对城市空间、土地的配置。这种缺少科学论证的管理方式和发展模式最终导致了城市过度蔓延、产业集聚不合理等现象，促使了城镇化的不健康发展。碳的过高排放也和这些因素密不可分，同低碳发展相关的自上而下的顶层设计具有不合理性和不可持续性。

（二）自下而上的试点探索

低碳城市试点是我国自下而上的低碳发展政策性尝试。“自下而上”强调应赋予基层官员或者地方执行机关自主裁量权，使他们因地制宜地执行政策目标[①]。相比于“自上而下”，许多政策内容更适合“自下而上”，特别是在关乎公共服务质量的政策上，通过“自下而上”的政策执行模式，可以更好地将公共服务与地方特色相结合，因地制宜、因时制宜的制定政策和规划，同时也可以同地方企业、居民社区良性互动，更好的执行政策和反馈政策。

当前，低碳城市的建设已经在我国多个城市展开，2010 年和 2012 年国家发改委分别确定了两批低碳试点，第一批低碳试点共涉及全国 13 个省和直辖市，第二批低碳试点分布在全国 24 个省、自治区和直辖市，具体情况如表 3 - 1所示。这种“自下而上”的低碳城镇化尝试已经成为地方政府实现转

---

① 贺东航、孔繁斌：《公共政策执行的中国经验》，《中国社会科学》2011 年第 5 期，第 61 ~ 79、220 页。

型与发展并重的重要抓手。

这些低碳试点的选取主要以试点积极性、领导重视程度、低碳发展经验积累、区域的平衡和潜在的示范推广作用等为标准。这些试点在低碳发展规划的编制、政策的制定、低碳产业的建立、排放清单的编制、绿色低碳生活模式和消费模式等方面取得了一定的进展和成效。特别是第二批低碳试点的实施方案，均提出了温室气体排放控制目标、峰值时间或者人均排放目标，使低碳发展理念成为更多的地方政府实现经济转型的主要推动因素①。

表 3-1　我国低碳试点省份和城市

试点批次	试点省市
第一批	广东、辽宁、湖北、陕西、云南、海南、天津、重庆、深圳、厦门、杭州、南昌、贵阳、保定
第二批	北京、上海、石家庄、秦皇岛、晋城、呼伦贝尔、吉林、大兴安岭地区、苏州、淮安、镇江、宁波、温州、池州、南平、景德镇、赣州、青岛、济源、武汉、广州、桂林、广元、遵义、昆明、延安、金昌、乌鲁木齐

低碳试点的基本情况和未来发展趋势有：

1. 低碳试点城市具有代表性

低碳试点城市的代表性可以通过选择标准、碳排放水平、区域分布、经济水平和人口规模五个方面体现。

第一表现在选择标准上。试点城市的选择是根据其申请积极性、领导重视程度以及试点城市低碳发展基础和已有工作积累决定的。在此基础上，第二批试点城市还增加了必须明确低碳发展的工作方向和原则，通过合理调整空间布局、积极创新体制机制，不断完善政策措施，加快形成低碳绿色发展的新格局，开创生态文明建设新局面。

第二表现在碳排放水平上。低碳试点城市的单位 GDP 二氧化碳强度平均水平和人均二氧化碳排放量与全国平均水平相当，这说明低碳试点城市在全国城市中具有代表性，对全国其他城市的低碳工作有引导作用。“十一五”期间全国低碳试点城市单位 GDP 二氧化碳强度的平均水平为 4.44 吨 CO_2/万元，与全国平

① 王伟光、郑国光：《应对气候变化报告（2013）》，社会科学文献出版社，2013。

均水平 4.24 吨 CO_2/万元水平相当（见图 3－21）；“十一五”期间全国低碳试点城市人均二氧化碳排放的平均水平为 5.71 吨 CO_2/人，与同期全国平均水平 5.87 吨 CO_2/人水平相当（见图 3－22）。

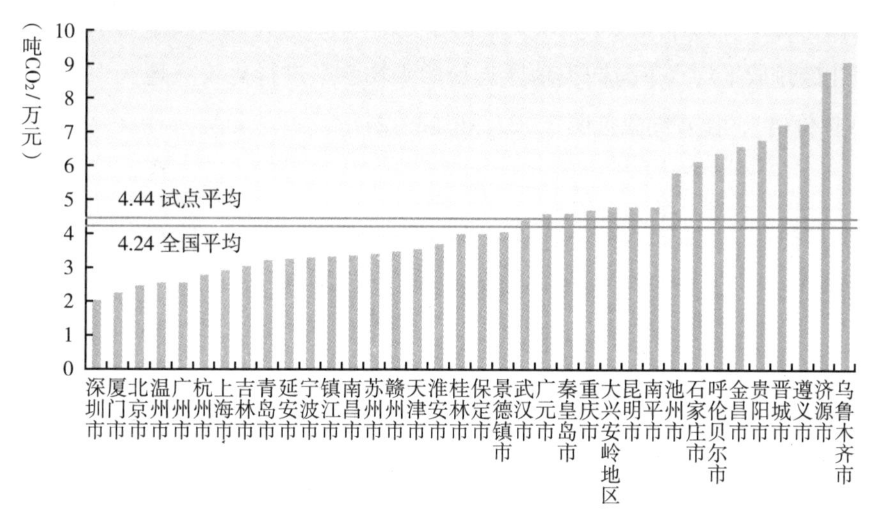

图 3－21　2005～2010 年低碳试点城市单位 GDP 二氧化碳强度情况（均值）

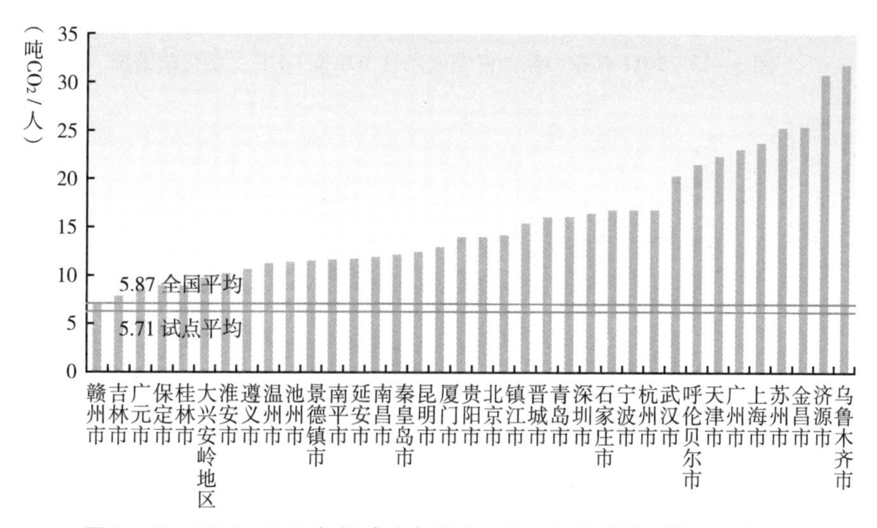

图 3－22　2005～2010 年低碳试点城市人均二氧化碳排放情况（均值）

第三表现在东中西部区域差异明显。地域平衡是发改委选择低碳试点地区的一个重要出发点。通过分析可以看出，东中西部的低碳试点城市单位 GDP 二氧化碳强度差异明显，而且三个区域试点城市的排放水平均高于同类地区省份的平均水平；同时人均二氧化碳排放水平均差异也很明显，而且三个区域试点城市的排放水平均高于同类地区省份的平均水平。因此，试点城市的低碳城市建设和低碳发展工作可以为所在区域的其他城市做出参考和示范。以2011年为例，对东中西部的低碳城市试点的单位GDP二氧化碳强度平均水平和人均二氧化碳排放平均水平与同类地区省份的平均水平进行比较（地区生产总值按2010年价格），比较结果见图3－23和图3－24。

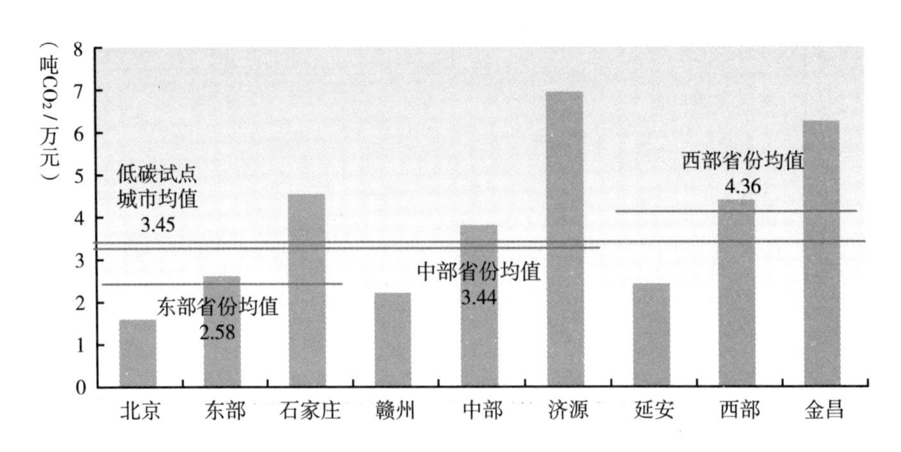

图3－23　2011年东中西部低碳试点城市单位GDP二氧化碳情况

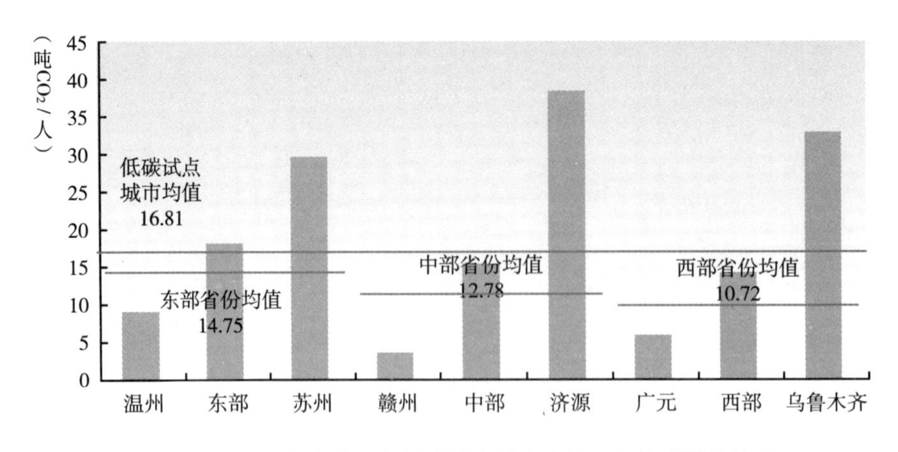

图3－24　2011年东中西部低碳试点城市人均二氧化碳排放情况

全国按照东中西部划分，2011年三区域的低碳城市单位GDP二氧化碳排放量分别为2.65吨CO_2/万元、3.81吨CO_2/万元和4.42吨CO_2/万元，均高于各低碳试点城市所在省份的平均水平。2011年东中西部低碳试点城市的人均二氧化碳排放量分别是 18.04 吨 CO_2/人、15.47 吨 CO_2/人和 16.26 吨 CO_2/人，均高于各低碳试点城市所在省份的平均水平。这两个指标的排名在 2011 年同 2005～2010 年的排名相比已经有所变化。而这种情况的产生与我国当前的区域能源供需相关。Feng 等①与我们得出的研究结论类似，即我国东部的单位能耗低于中西部，但中西部的经济增长速度更快。而东部地区之所以能耗低的一个重要的原因是东部地区进口了大量的隐含能耗。也就是说，中西部的能耗高是由于它们生产了许多高能耗产品，而这些产品大部分是为东部地区服务的。从经济发达区域到经济更落后的地区呈现“碳转移”现象②。

第四表现在人均 GDP 水平与人均二氧化碳排放与全国情况一致。在选择试点城市时，发改委还考虑到了选择不同经济水平和发展阶段的城市，以起到积累经验、示范推广的作用。结合 2010 年世界银行对发达国家按照人均收入的划分，分析不同人均收入水平下的人均碳排放强度，可以看出试点城市在人均收入高中低的城市均有分布，且人均收入低于全国平均水平的试点城市，其人均二氧化碳排放水平也基本上低于全国平均水平，因此试点城市具有较好的代表性（见图 3－25）。

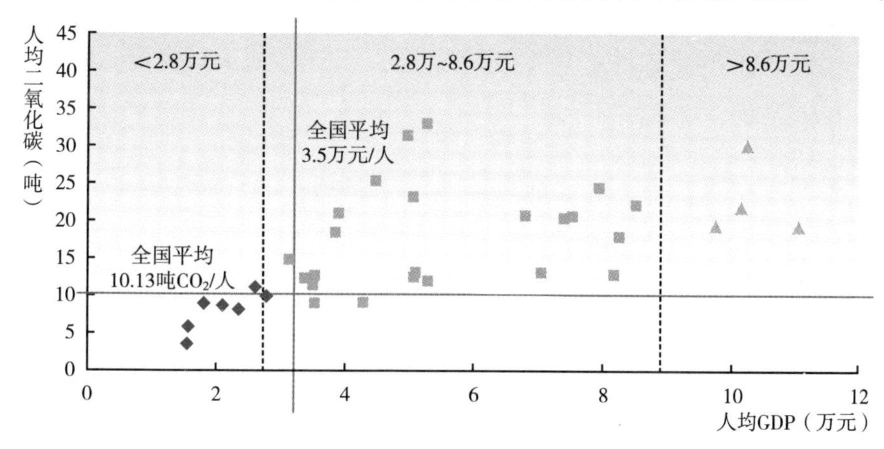

图 3－25　2011 年按人均收入分布的低碳试点城市人均二氧化碳排放情况

① Feng K，Davis SJ，Sun L，Li X，Guan D，Liu W，Liu Z，Hubacek K，*Outsourcing CO_2 within China*，Proceedings of the National Academy of the Sciences of the United States of America，2013，Jul 9；110（28）：11654－11659.

② Qi，Y.，Li，H.，Wu，T.，*Interpreting China's Carbon Flows*，Proceedings of the National Academy of Sciences，2013，110，（28），11221－11222.

第五表现在不同人口规模的城市均有试点。按照人口规模50万以下，100万~500万人，500万人以上城市的标准来划分，试点城市主要可以分为小城市、大城市、特大城市。其中小城市有金昌和大兴安岭地区，大城市包括广元、景德镇等共16个，特大城市包括赣州、保定等共18个，大城市和特大城市占低碳试点城市的94%（见表3-2）。

表3-2　低碳试点城市按人口规模分类

单位：万人

城市类别	分类标准	城市名称	人口规模均值
特大城市	>500	北京、深圳、广州、温州、杭州、上海、赣州、南昌、天津、青岛、苏州、武汉、宁波、重庆、保定、石家庄、昆明、遵义	1143
大城市	100~500	厦门、延安、吉林、景德镇、镇江、淮安、桂林、秦皇岛、广元、南平、池州、贵阳、晋城、呼伦贝尔、乌鲁木齐、济源	293
小城市	<50	大兴安岭、金昌	49

从图3-26可以看到，大城市人均二氧化碳排放最高，达到人均17.01吨CO_2/人，而小城市的人均二氧化碳排放最低，约为16.49吨CO_2/人，特大城市的人均二氧化碳排放量为16.84吨CO_2/人，三个等级人口规模的城市人均二氧化碳排放水平差距并不大。

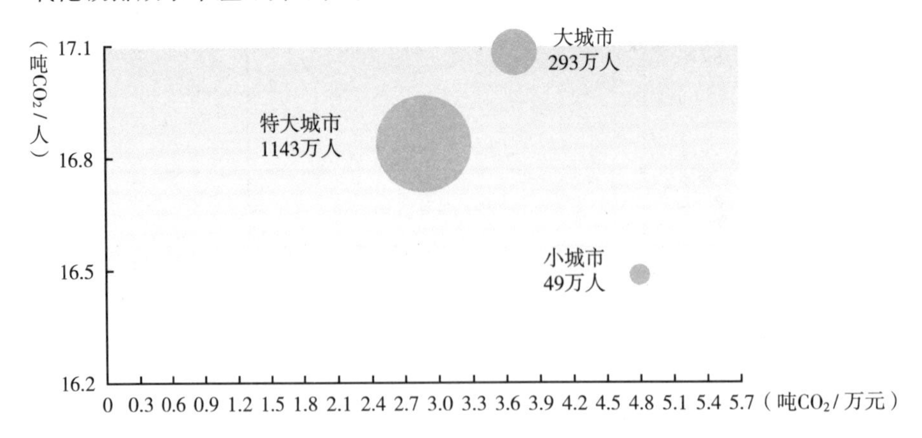

图3-26　2011年按人口规模分布的低碳试点城市单位GDP二氧化碳排放强度和人均二氧化碳排放情况

注：图中气泡所代表的是按人口规模区分的城市类别中低碳试点城市的平均人口规模，具体见表3-2。

2. 低碳试点城市具有先进性

（1）试点城市在“十二五”末期的单位 GDP 二氧化碳排放强度降幅度普遍优于同类地区

低碳试点城市政策始于2010年，为评估政策执行效果，我们测算了2010～2011年低碳试点城市和所在省份的单位 GDP 二氧化碳排放强度下降幅度，并进行比较分析。除去北京、上海、天津和重庆4个直辖市，其余32个低碳试点城市的单位 GDP 二氧化碳强度下降幅度普遍优于所在省份的单位 GDP 二氧化碳排放强度下降幅度；32个试点城市中有28个城市的单位 GDP 二氧化碳排放强度下降幅度高于所在省份，占低碳试点城市的87.5%（见图3－27）。

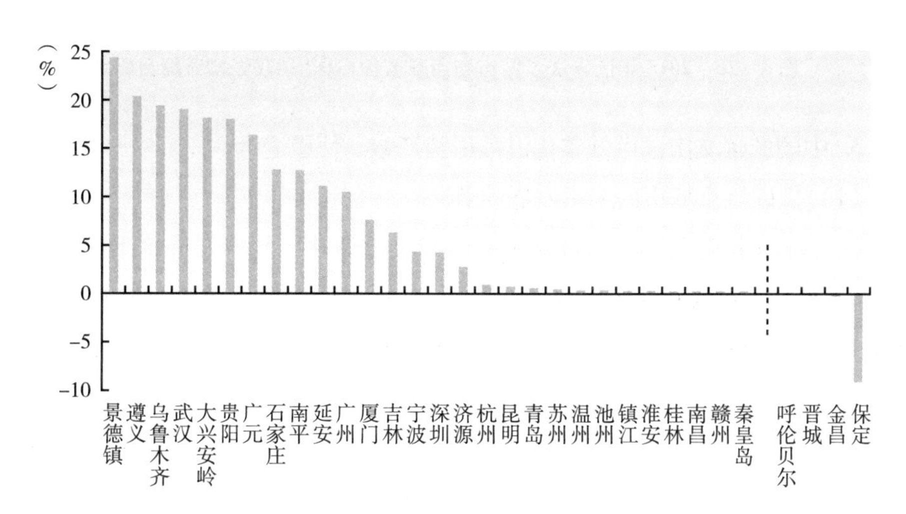

图3－27　2010～2011年低碳试点城市和所在省份 GDP 能耗强度下降幅度

（2）试点城市“十二五”末单位 GDP 二氧化碳排放强度节能目标高于同类地区

根据国家“十二五”节能减排综合性工作方案和各低碳试点城市的“十二五”节能减排综合性工作方案、“十二五”经济社会发展规划和“十二五”能源发展规划等文件，可以分析低碳试点城市和所在省份2015年单位 GDP 二氧化碳排放强度节能目标。除去4个直辖市，大部分低碳试点城市（28个）的2015年单位 GDP 二氧化碳排放强度节能目标高于所在省份的目标，占32个试点城市中的87.5%（见图3－28）。

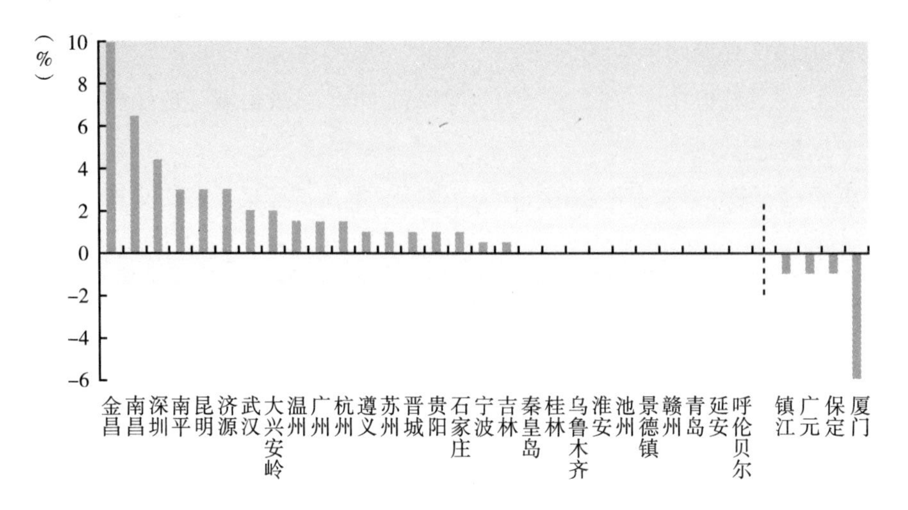

图 3-28　2015 年低碳试点城市和所在省份 GDP 能耗强度节能目标

3. 中国低碳城市试点低碳化过程形势严峻、任重道远

（1）低碳试点城市的未来发展趋势

结合各城市“十二五”规划中对人口、城镇化、经济发展水平的规划和政策，以 2011 年为基准年，我们计算了 2015 年低碳试点城市单位 GDP 二氧化碳排放强度和人均二氧化碳排放的情况（如图 3-29、图 3-30 所示）。

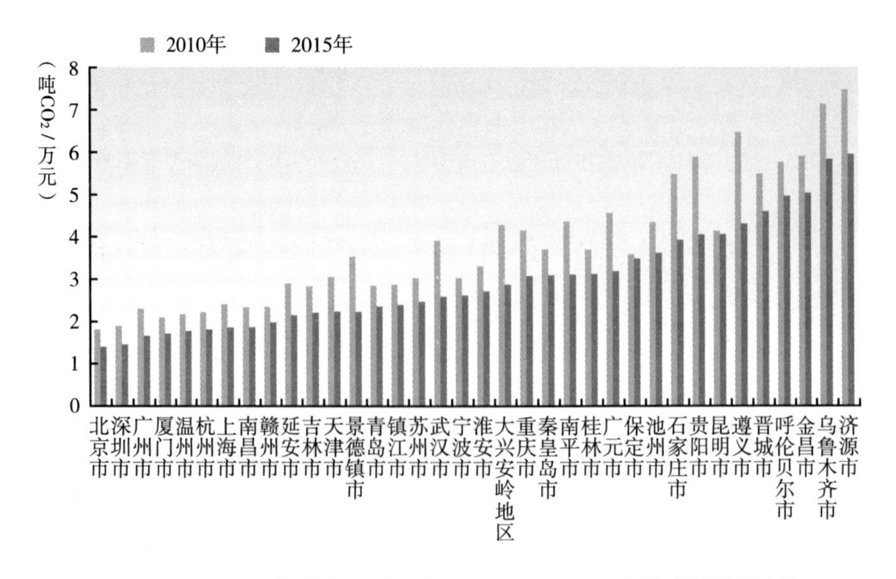

图 3-29　“十二五”末期低碳试点城市单位 GDP 二氧化碳排放强度情况

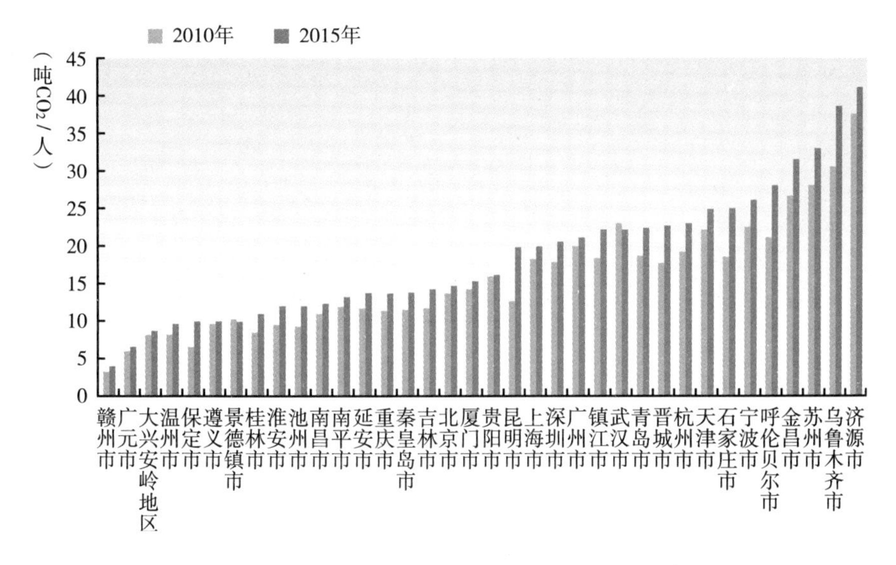

图 3－30　“十二五”末期低碳试点城市人均二氧化碳排放水平

2015 年，低碳试点城市单位 GDP 二氧化碳排放强度降幅较大，情况较为乐观。结合国家的战略统筹、各个城市自身的“十二五”发展规划以及城镇化速度，在 GDP 年增长率为 7% 的速度下，2015 年低碳城市人均二氧化碳排放预测情况如图 3－30 所示。可以看出，尽管单位 GDP 能耗逐步下降，但是由于经济总量保持上升趋势，人均二氧化碳排放也会上升。

（2）低碳试点城市同国际城市比较

为了更好地了解我国低碳试点的基本能源使用情况和碳排放情况，可以就 2011 年数据，与欧盟和美国的人均二氧化碳排放量进行比较。比较结果显示，赣州和广元的人均二氧化碳排放量低于欧盟国家平均水平“7.5 吨 CO_2/人”，上海等 17 个城市的人均二氧化碳排放量超过美国平均水平“17.3 吨 CO_2/人”（见图 3－31）。

同时以 2011 年数据将低碳试点城市同全球主要城市的人均二氧化碳排放量做如下对比（见图 3－32）。包括直辖市，中国有 35 个城市和地区的人均二氧化碳排放量高于伦敦，33 个城市和地区的人均二氧化碳排放量高于洛杉矶，这说明中国低碳城市试点低碳化过程面临比较严峻的形势，任重道远。

（3）低碳试点城市肩负发展和低碳双重任务

目前，中国的低碳试点城市人均二氧化碳排放量普遍高于国际上一些城市当

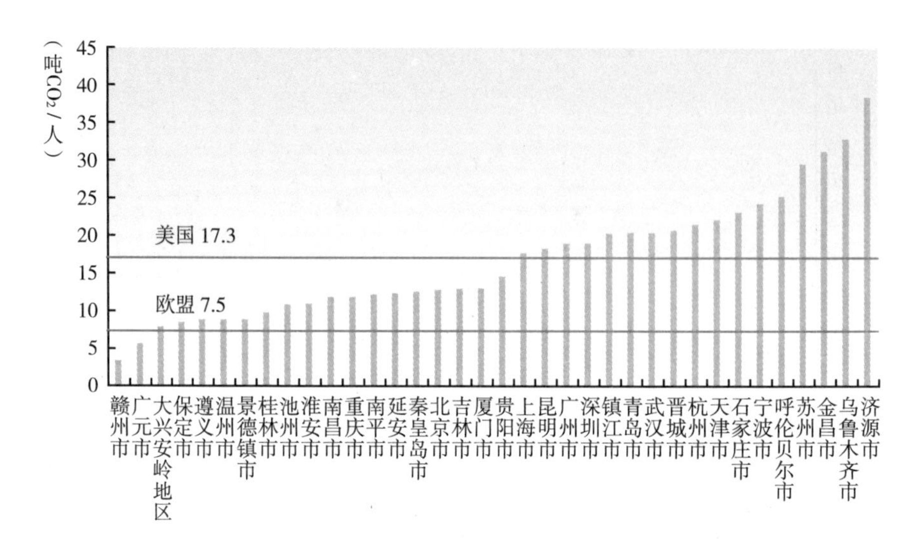

图 3-31　2011 年欧盟和美国与我国低碳试点人均二氧化碳排放量比较

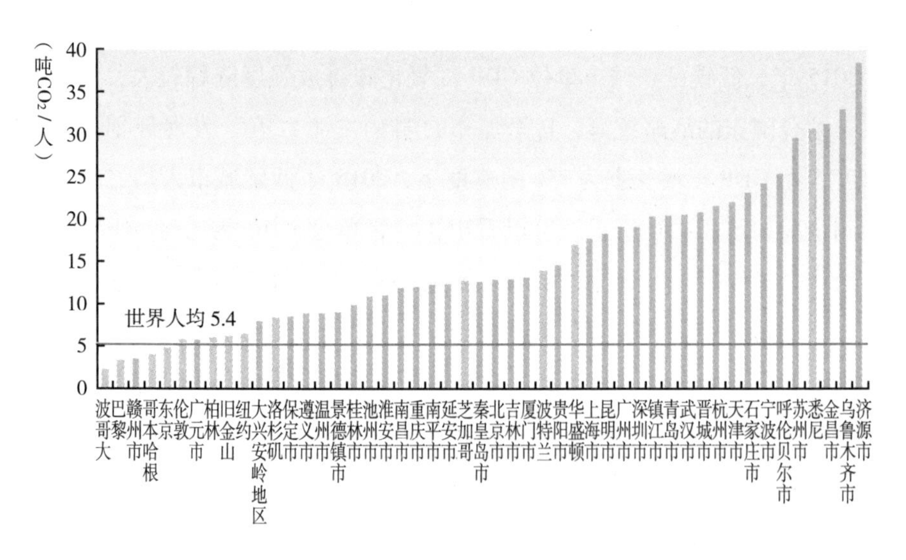

图 3-32　2011 年国际主要城市和我国低碳试点人均二氧化碳排放量比较

资料来源：王伟光、郑国光：《应对气候变化报告（2013）》，社会科学文献出版社，2013。

前的人均二氧化碳排放量，究其现象背后的原因，还需要做出进一步的分析：

首先，我国出口产品隐含碳排放占社会总能耗的比重较大。根据 2050 中国绿色低碳社会情景研究，我国出口产品产生的隐含碳排放约占社会总量的 33%，2010 年是 1997 年的 4.5 倍，增长速度远高于社会总能耗的 2.5 倍。其

次，与国际城市相比，我国低碳试点城市普遍处于“建城”的成长阶段。房屋建设、道路建设等基础设施建设产生了大量的二氧化碳排放。根据2050中国绿色低碳社会情景研究，我国基础设施建设产生的二氧化碳排放约占社会总量的29.5%，2010年是1997年的2.8倍，增长速度高于社会总能耗的2.5倍。如果按照上述比例将低碳试点城市当前的人均碳排放减少33%和29.5%，则如图3－33所示，按照人均二氧化碳排放水平，我国低碳试点城市与国际城市呈交叉分布。有18个城市和地区的人均二氧化碳排放水平低于世界平均水平，19个城市人均二氧化碳排放水平低于伦敦，28个城市人均二氧化碳排放水平低于洛杉矶，全部低于华盛顿和悉尼。

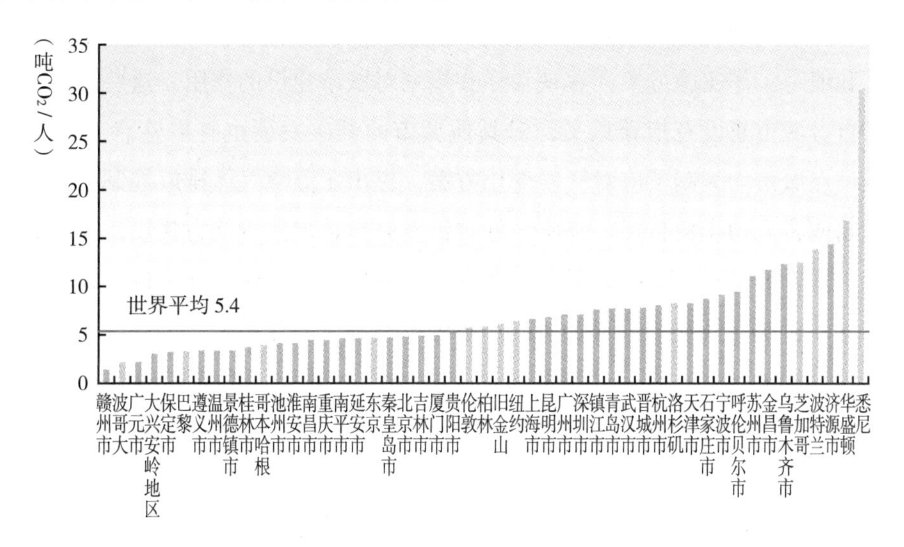

图3－33　扣除出口和基建用能后低碳试点城市与国际城市2011年人均二氧化碳排放情况比较

通过以上对低碳试点城市的分析，可以对这些试点在“十一五”期间以及“十二五”开局和未来几年的发展趋势有所了解。低碳试点的选取，涉及了不同地区、城市规模、经济水平和不同的发展类型。低碳试点具有示范性和先进性，“十一五”期间单位GDP二氧化碳排放强度和人均二氧化碳排放量与全国平均水平相当，2011年单位GDP二氧化碳排放强度和人均二氧化碳排放量均高于全国平均水平，因此未来低碳试点城市建设工作的成效对其他城市具有引领和拉动作用；低碳试点分布于东中西部地区，人均GDP水平分布于中

下、中等和中上三个层面，人口规模分布于大中小城市，因此对不同区域、不同经济发展水平和不同人口规模的城市均有示范作用。试点城市在“十二五”前三年的发展比同类地区更快，同时发展目标更低碳、更先进，措施更到位。与此同时，通过对未来发展趋势的预测和与国际城市的比较，可以看到低碳试点城市还面临严峻的形势，任重道远。因此在今后的发展过程中，指导思想需要进一步的转变。

4. 低碳试点城市工作有亮点

根据 2013 年 12 月各地方政府提交的试点工作实施方案和低碳试点工作交流材料发现，低碳试点城市自实施以来，工作还是取得了一定的进展的，并且有不少城市在能力建设方面有其自身亮点。首先，各个低碳试点城市重视顶层设计和编写工作实施方案，重视目标和规划对城市建设的作用，这些目标和规划对自身城市建设有指导意义，对其他城市的低碳发展也有借鉴意义。36 个低碳试点城市均编制了应对气候变化方案，提出了温室气体排放控制目标、峰值时间或者人均排放目标。其次，低碳试点城市更加注重能力建设，在结合自身城市特点的基础上，明确了各自低碳发展的抓手，工作稳步推进。在低碳交通和低碳建筑、低碳产业园区、产业结构调整和“三级联控”（总量、单位碳强度、人均碳排放）等方面初见成效。比如青岛开展了低碳交通国家联控工作，北京开展了三级联控工作，苏州在低碳产业园区建设方面也有突出的表现。

随着低碳试点工作的开展，许多低碳城市的工作亮点也显现出来，比如碳交易、碳排放峰值预测、碳盘查平台、禁煤区和低碳社区等，下面以案例形式简要介绍这些低碳城市建设工作中的亮点。

（1）碳交易：上海

碳交易是碳排放管理的市场机制建设，将市场力量作为低碳发展的一个抓手。上海作为全国碳交易试点城市之一，在 2013 年 11 月 26 日正式启动运行这一制度。交易过程主要包含以下三方面的工作。一是建立相关碳排放管理制度，在碳排放管理部门和职责，碳排放配额管理制度，碳排放监测，报告和核查制度，配额交易制度和保证措施等方面明确了其制度要求；二是掌握碳排放核算技术，编制了《上海市温室气体排放核算与报告指南》以及钢铁、电力、

石油化工等九个分行业的碳排放核算与报告方法，为科学规范的核算企业碳排放确定了统一的“度量衡”；并且在此基础上明确了配额分配和发放方案；三是创建交易支撑体系，为交易工作的顺利进行提供了技术保障。碳交易市场的建立，对有效调动各类市场主体的积极性，引导碳排放交易市场良性有序发展提供了机制和平台，并为同国际接轨做好了准备。

（2）温室气体碳排放峰值：镇江

温室气体碳排放峰值目标，是指通过峰值目标的控制来加速推动排放总量下降，是一种用目标规划倒逼发展路径的机制和手段。通过初步测算并提出城市未来温室气体排放达到峰值的年份是发改委对第二批申请低碳试点城市所提出的低碳建设上的具体工作和发展规划要求。较传统申报文件中所要求的单位GDP二氧化碳排放强度、单位GDP能源消耗强度等指标而言，温室气体碳排放峰值是对低碳试点城市单独要求的指标。温室气体碳排放峰值预测是根据城市自身未来的经济发展、人口增长、产业结构、能源结构等综合要素，设定一个硬约束时间表来倒逼城市中的企业加快升级转型，引导城镇居民转变生活模式和消费观念，推动整个城市更新发展理念、转变发展方式。镇江是率先提出探索碳峰值的低碳试点城市。镇江通过对人口、GDP和产业结构、能源结构等的分析，测算出其将在2039年左右达到碳排放峰值，在这一约束目标下，又提出通过产业结构调整等更为严格的减碳手段，争取在2019年实现峰值。镇江作为地处东部的低碳试点城市之一，其经济发展水平和低碳发展工作积累都较为先进，通过率先探索如何提前达到峰值，可以为东部地区其他城市做出示范。除镇江以外，东部地区的苏州提出将在2020年、淮安提出将在2025年、宁波提出将在2015年、温州提出将在2019年分别达到峰值。东部地区城市通过碳排放峰值的提出相对地锁定了未来碳排放的增加量，可以为中西部地区腾出发展空间，也可以为中西部城市做出示范，从而加快全国温室气体排放峰值的到来。

（3）禁煤区：杭州

城市碳排放与能源消费结构直接相关。煤炭是我国多数城市用能的主要来源。随着城镇化发展，城市中能源结构没有大的变化，致使空气中由于燃煤导致的二氧化碳排放的全国平均值呈上升趋势。低碳城市建设中的“禁煤区”

实践是指通过提高清洁能源消费量在能源消费总量中的比重来控制碳排放。杭州作为禁煤区政策的代表，于2013年5月6日发布《杭州市“无燃煤区”建设实施方案》，提出在2013～2015年的三年内，通过实施关停、搬迁、改造（煤改气、煤改电等清洁能源改造）等措施，在2013年年底前，主城区基本建成“无燃煤区”，2015年，7个区（县）基本建成“无燃煤区”。同时杭州市也制定了对应的财政支持和补贴政策，原则上市级财政按改造项目总投资额的30%进行补助，各区、县（市）财政按项目总投资额的40%给予配套补助[①]。“无燃煤区”范围以外实施清洁能源改造的单位，可享受同等补贴政策。低碳城市建设中的“禁煤区”规划，是一种有计划、分区域进行的城市低碳建设和发展规划，通过实行“以气代煤”“以电代煤”和推广使用清洁能源的具体实践，逐步调整城市能源结构，可以有效降低我国因大量燃用煤炭而造成的二氧化碳排放量上升。

（4）低碳社区：广州

低碳城市建设不仅要体现在工业领域，也必须体现在居民生活中。低碳社区就是通过生活方式的改变来促进低碳发展的一个典型实践。低碳社区实践是将低碳发展理念融入城市建设和居民生活的一个平台和抓手。广州作为典型，制定了《广州市低碳示范社区建设内容指引》，确定了创建低碳示范社区的总体目标，从社区建造和管理、低碳行为、绿色建筑、低碳交通、节能资源管理、低碳消费、垃圾分类与资源循环利用等多方面列举了44项低碳社区试点具体工作内容。同时还安排了相应的资金支持，组织编写《低碳生活三字经》以加强全民节能行动宣传。在建设途径上，由政府、开发商、物业管理和社区居民共同驱动，对不同类型的社区，将采用不同的建设方式。低碳社区建设必须依托一个城市的气候、经济、社会、文化特点及其发展方向的实际情况来进行，广州作为一个典型，可以为其他城市提供示范。

以上主要列举了当前低碳试点城市工作中的有效经验。必须看到，这些主动制定和实施低碳政策的城市大部分来自东部。而中西部城市的情况却不乐观，特别是部分试点城市的低碳政策，不过是节能减排政策和森林保护政策的

① 张哲：《两年后杭州全城“禁煤”》，杭州网，2013。

拼凑，难以将低碳的理念融入政策的制定中。另外，尽管试点省市都完成了低碳发展规划或者应对气候变化规划，明确提出了低碳发展的主要目标，细化了实施方案，但这些城市的温室气体排放清单的编制工作刚刚起步，对本市或地区的温室气体排放情况，比如排放源结构、排放分布等的了解尚不够。另外，由于政府和企业在低碳政策执行中的定位不够准确，没有调动和发挥市场经济的作用，低碳行动大部分还只是从行政角度进行控制，缺少同市场对应的融资渠道，使得低碳产业的发展依然缺少资金的支持。

必须要看到，低碳城市试点是我国政府在推动城镇化低碳发展的有效尝试。这一政策，在自下而上的探索过程中，依然需要更多的专业指导和经验共享，才有可能进一步推动低碳试点的示范性效果的发挥。

四　从低碳角度合理管理城镇化过程

从碳排放的角度来看，城镇化过程是基于人口转移的高碳化过程。这是一个工业化和现代化发展的自然结果，是不以人的意志为转移的过程。正因为此，低碳城镇化是一个相对的概念，可以通过合理的方式，尽可能在城镇化过程中降低高碳化的程度。合理的城市规划和管理是实现城镇化低碳发展的重要措施和途径，需要用低碳作为指标去控制城镇化的速度、规模、密度和效率。本章主要通过以下三个方面对低碳城镇化的实现途径进行探讨。

（一）控制城镇化的速度、规模和密度

传统城镇化过程中存在城镇化速度、规模扩张过快的情况。在推进城镇化的过程中，要尊重经济社会发展规律，过快过慢都不行，重要的是质量。因此，需要通过控制城镇化发展的速度和规模来控制二氧化碳排放量的增加，从而达到低碳城镇化的目的。规模的控制主要体现在城镇群战略和小城镇发展战略上。城镇群战略延承《全国主体功能区规划》中提出的“两横三纵”战略格局，依托主要交通干线规划发展城镇群。作为补充，推进中小城市城镇化的科学、健康和和谐发展是我国今后城镇化的主要单元。这些地区经济总量占全国的一半，中小城市联合农村，应该成为城乡统筹发展战略的支点，因此需要

通过政府的积极引导和协调，积极促进城市群内经济合作，从而提高城市经济竞争力。

结合当前我国城镇化发展的特点，城镇化的密度可以通过交通进行控制，并且要调整城镇化的格局，通过综合交通体系的规划和建设带动城镇化和产业发展。城镇化格局的调整在我国经济发展和能源使用中有突出作用①。政府可以有意识地通过交通体系布局优化城市群内的产业分布，以错位发展优化产业结构，提高城市群内部效率，减少交通和产业能耗。通过采用以交通引领城市发展的模式实现单个城市内的资源要素流通，将交通布局跟城乡规划布局和土地利用开发结合起来。通过公交优先的发展战略，优化城乡区域空间格局，加强对交通通道的建设，从而引导城镇向混合功能区的集约型城市发展，提高中心城市与卫星城的高效联系，避免“摊大饼”式的城市扩张，发展集约、绿色、低碳的新型城镇。为了促进交通以引导城镇化，避免高碳模式锁定，重点要加大铁路建设，在城市群间采取以“高铁+航空”为主的运输模式，加大城市群内部的城际铁路建设，并采取“价值提升策略”以鼓励公共交通建设。

专栏　城市交通管理经验对比学习

交通拥堵现象已造成了严重的社会经济和环境问题，比如空气污染、能源浪费、人员伤亡和经济损失等问题。这些主要是由于城市的空间结构不合理导致的，比如郊区的低密度蔓延、社区土地利用模式的单一、城市空间设计和道路交通系统的不合理性。同时由于崇尚消费的观点，也导致了私人轿车的使用远高于公共交通。

下面通过对比几个经典城市交通管理的经验，说明城市交通管理的重要性。

a. 美国波特兰市

波特兰市（The City of Portland）于2011年被US New & world report评为全美十佳公交都市之一。为集约利用土地，优化城市空间结构，波特兰采用了由公交系统来划分城市边界（Urban Growth Boundary，UGB）的方法。边

① 顾朝林、于涛方、李王鸣：《中国城市化——格局过程机理》，科学出版社，2008。

界内部包括主要的道路、供水、公共设施等，边界外则是需要保护的农田和森林。同时编制了 Growth Concept 规划，定义了 2040 年的未来城市交通系统发展目标。到 2040 年，2/3 的就业岗位和 40% 的住户将位于有公交系统的沿路，并且颁布 Urban Growth Management Functional Plan（UGMFP）来保障这一计划的实现。波特兰形成了以中心城区为核心，通过轨道交通（主要是城际列车和有轨电车）与周边区域中心相连的交通系统。城市从重点发展高速公路系统转向了发展轻轨交通系统（Light Rail Transit）。有轨电车系统（Portland Streetcar）贯穿了 Downtown 地区的主要商业区、办公区、艺术区和教育机构。在政府和交通运营机构 Tri-met 的管理下，规划了公共交通免费区域，开通了商业区公交走廊，沿着两条平行的公交专用通道，跨越 18 个街区。在俄勒冈健康科学大学不同校区间建立了空中缆车系统（Portland Aerial Tram）。俄勒冈州和波特兰通过立法鼓励自行车和步行系统的建设，包括 1971 年和 1991 年的《自行车议案》和《交通规划条例》，要求城区和县市建立自行车和步行体系规划，防止对其他交通方式的过分依赖，使得其成为北美地区自行车利用率最高的城市。市区慢行区规划了 5 条特色步行线路，串联市区主要景点和商业区。

b. 美国亚特兰大市

1971 年，亚特兰大市开始重修大众捷运系统（The Metropolitan Atlanta Rapid Transit Authority，MARTA），大约建成了长达 1600 英里的铁路和公交线路。但是城市低密度分散扩展的中心城市形态，使得公共交通系统难以替代私人汽车的主导地位。亚特兰大的人均汽车行驶里程全美第一，成为了城市规划中的反例。亚特兰大低密度分散扩张的城市形态和以私人汽车占主导地位的交通网络系统使得城市对 MARTA 系统的依赖非常低。该系统仅服务于亚特兰大市中心周围五个区中的两个，而没有服务于就业最集中的其他三个区。大部分的公交线路互不联通，跨区的旅行非常不方便，以至于出现了巨大的空载率，造成了严重的浪费现象。亚特兰大的主要问题在于其城市的交通系统中的交通节点没有跟城市中心区的轨道系统有机结合。人口密度、工作地点和人口分散分布等也影响了公交系统效果的发挥。公共交通系统并不适合类似亚特兰大这样的多中心、公司商业区分散的城市。环城高速公路通过放射的州际高速公路和中心商业区相连，其高速公路系统远比大众捷运系统发达，这进一步削弱了对大众捷运系统的使用。政府一方面在高速公路建设上投入了大量的资金，一方面没有对公共交通系统给予足够的支持。由于没有相关的政策保护土地，整个城市继续不停地以低速度向外蔓延。因此亚特兰大在全美汽车行驶排放二氧化碳量中排到了第5位[①]。对比两个城市不同的管理模式，其城市发展指标见表3-3。

表3-3　亚特兰大和波特兰不同时期不同指标变化情况对比

单位：%

城市	波特兰		亚特兰大	
指标	20世纪90年代中期比20世纪80年代中期	2005年比20世纪90年代中期	20世纪90年代中期比20世纪80年代中期	2005年比20世纪90年代中期
人口增长	+7	+11	+21	-11
就业增长	-2	-3	0	-3
收入	+45	+54	+51	+36
汽车行使公里数	+7	-1	+30	-11
空气污染	0	-75	-44	-56
能源消费	-0.4	+2	+28	-4

c. 丹麦哥本哈根

哥本哈根是丹麦的重要城市，采用了以轨道交通引导整个城市的发展的政策。早在1947年，哥本哈根就提出了“手指形态规划”，规定城市开发要沿着几条放射形走廊进行，走廊被森林、农田和开放绿地分隔。轨道交通和土地开发并行，得到了很好的整合，使得大部分的公共建筑和高密度的城市住宅区集中在轨道交通车站的周围。地铁线的修建，连接了密集区的17座新车站，承担了23%的居民出行。所有区域的重要功能单位都必须在距离轨道交通车站步行1千米的距离。作为辅助，政府鼓励步行和自行车出行，不断完善步行和自行车的基础设施。在车站1~1.5千米的范围内，自行车是主导交通工具。只有在距离车站超过1.5千米后，机动车的使用才会占据主导，公交车的使用占40%~50%。自行车的高使用率也成为整个城市的特色之一。哥本哈根的自行

① Brown, M. A., Logan., E., *The Residential Energy and Carbon Footprints of the 100 Largest US Metropolitan Areas*, 2008.

车道有350公里，自行车绿色通道40公里。整个城市每天有37%的市民骑车出行，每年减少10万吨以上的二氧化碳排放。哥本哈根已经形成了完整的步行系统。在1962年，Stroeget区从单车行道改成了步行街。2005年，哥本哈根开始施行城市空间行动计划CUSAP，城市空间被划分为广场、步行道、商业区和连接区。2008年，市中心最繁忙的街道Narrebrogade只能让自行车和行人通行，其他车辆一律禁止通行。除去基础设施建设，政府还配套了相关的政策，比如出租车可以承载自行车等。相对于1995年，2012年二氧化碳的排放量降低了40%①，这里大概有10%的比例来自交通的贡献②。

（二）控制城镇化发展的效率

1. 城镇生活中的建筑

随着中国城镇化比率在2050年逐渐接近80%，建筑领域的未来图景主要包括如下几个部分：

节能标准提高：不低于65%的城镇新建建筑执行建筑节能标准，城镇新建建筑的95%应达到建筑节能强制性标准的要求。

区域规划合理：建筑寿命为50年以上；城市规划合理，集约式居住为主，杜绝短命建筑；农村建筑应符合当地农业生产与农民生活方式。

生活方式自然：不追求“恒温恒湿、固定通风”等极限居住环境，而是优先以自然手段营造室内环境：室温随季节变化适当波动，使开窗通风、自然采光成为人们的第一选择。

技术适应生活：发展一批适用于自然生活方式的技术设备，如便于自然通风采光的建筑设计，能在间歇模式下高效运转的空调，而烘干机等高能耗设备应被淘汰。因地制宜地推广与利用各种类型可再生能源，特别是生物质能与太

---

① Grundvig, J., Can Copenhagen Become the World's First Carbon Neutral City? http://www.huffingtonpost.com/james-grundvig/can-copenhagen-become-the_b_2523272.html.

② The European Environment Agency Local-contribution-to-climate-change_Copenhagen, http://ec.europa.eu/environment/europeangreencapital/wp-content/uploads/2012/07/Section-1-Local-contribution-to-climate-change_Copenhagen.pdf.

阳能丰富的广大农村地区，应有完备的系统利用方式。

技术更加先进：各类家电设备的能效应大大进步，在2010年的基础上提高了1倍。

表3－4　低碳建筑的基本图景

	指标	绿色低碳	发展趋势
北方城镇采暖	面积	35平方米/人	50平方米/人
	用能方式	全时间、全空间，减少浪费	全时间、全空间
	技术	保温、分户计量与调节	增强保温
	单位能耗	10kgce/平方米	15kgce/平方米
	总能耗	1.3亿tce	2.7亿tce
城镇住宅	面积	30平方米/人	40平方米/人
	用能方式	自然优先为主，部分时间空间	大部分为机械优先
	技术	分户空调、采暖、高效节能家电	集中空调、采暖、高效家电
	单位能耗	3000kWh/户·年	5000kWh/户·年
	总能耗	10800亿kWh	18000亿kWh
公共建筑	面积	10平方米/人	20平方米/人
	用能方式	自然优先为主、部分时间空间	大部分为机械优先
	技术	被动式设计、分散空调	密闭、集中空调
	单位能耗	60kWh/平方米	150kWh/平方米
	总能耗	5400亿kWh	27000亿kWh
农村住宅	面积	40平方米/人	60平方米/人
	用能方式	大量生物质能	商品能为主
	技术	生物质能利用、保温	保温
	单位面积能耗	8kgce/平方米	10kgce/平方米
	总能耗	1.26亿tce	3.6亿tce
建设	年新建面积	3～5亿平方米	8～10亿平方米
	年拆除面积	3～5亿平方米	8～10亿平方米
	能耗	2亿tce	4亿tce

我国的建筑领域能源消耗将在未来继续经历10～15年的快速增长，这种增长以建筑运行能耗为主，而基础建设在得到合理规划后，可以起到很好的节能效果（见表3－4）。

2. 城镇生活中的交通

交通是居民最直接的消费行为之一，通过合理的规划和正确的引导，居民的

出行可以通过对是否出行、出行模式以及低碳技术的选择，向绿色低碳方向发展。

城市群区域空间结构是城市的经济结构、社会结构等组合结合空间地域的投影。从世界城市的发展看，交通在很大程度上是城市兴起、发展和繁荣的前提。交通方式，比如轻轨、铁路等交通设施的修建和交通方式的进步直接影响了城市形态。城镇化发展的低碳模式，必定要对城市群空间结构、城市空间结构进行科学的设计，而交通也成为低碳城镇化的重要辅助工具。合理的交通体系，可以确保城镇化建设中的资源集约利用以及低碳发展。

（1）低碳交通发展情景

低碳交通和绿色出行应该是未来城镇化发展的最终目标和图景。要在保障经济和社会良性发展和生活质量不断提高的同时，以低碳出行为先（图3-34），实现高效、低碳的交通方式。这就需要减少可以避免的出行，减少机动化出行，合理规划城市内及城市间的交通管理体系；鼓励居民避免高碳的出行模式，选择水运和轨道交通，而不是公路和航空；城市的规划应以公交和

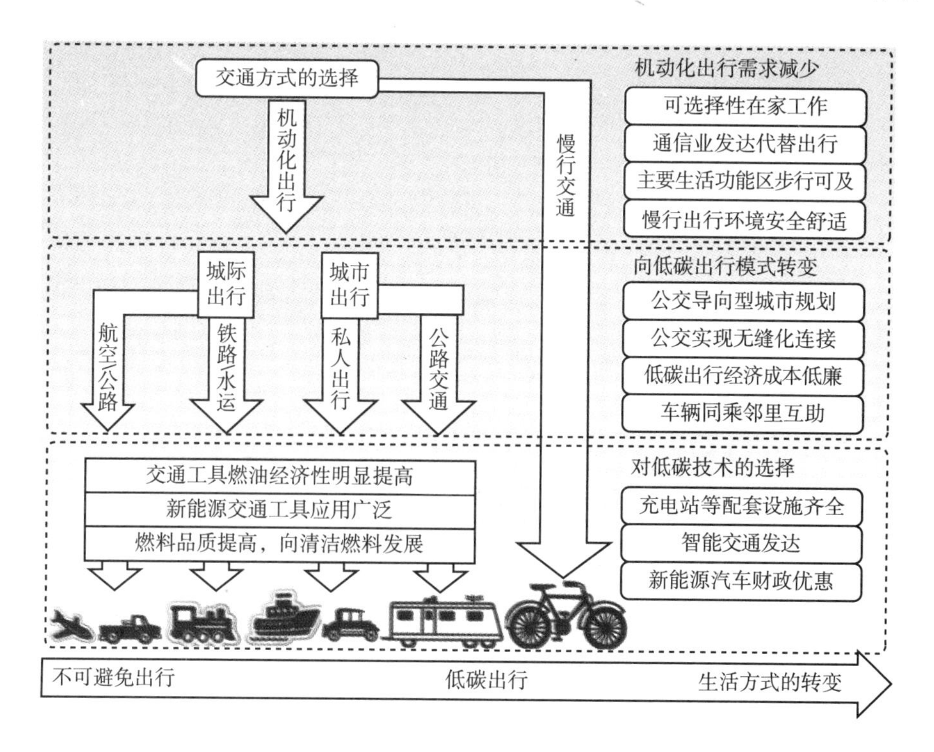

图3-34 低碳出行图景

轨道交通为导线，建立贯穿整个城市的公共交通系统，保证交通的通达性和便捷性；要鼓励步行和自行车的使用，降低城市私家车和出租车的空载率。

（2）低碳技术应用之——新能源汽车的发展

低碳交通技术的使用已经成为城市低碳化发展的必然，可以降低单位公交周转量的能耗。以新能源汽车为例，它包括混合动力汽车、纯电动汽车（BEV，包括太阳能汽车）、燃料电池电动汽车（FCEV）、氢发动机汽车以及其他新能源（如高效储能器、二甲醚）汽车等。表3－5以纯电动汽车和混合动力汽车为例，计算了其在全生命周期中的单位二氧化碳排放量（包括对未来的预测）。

表3－5　纯电动汽车、插电式混合动力汽车，以及常规内燃机汽油车的全生命周期单位二氧化碳排放

单位：g/100km

年份 \ 种类	纯电动汽车	混合动力汽车	常规内燃机汽油车
2009	20555	22714	24873
2015	15455	18609	21764
2020	11037	14846	18654
2050	3376	7906	12436

注：对于插电式混合动力汽车，假设纯电力驱动与汽油驱动各占50%的里程，从而求得插电式混合动力汽车的耗能与二氧化碳排放。

表3－6中列出了2015年和2020年纯电动汽车与插电式混合动力汽车的全年二氧化碳减排量。可以看出，纯电动汽车与混合动力汽车的二氧化碳减排量是非常显著的。

表3－6　中期与长期纯电动汽车与插电式混合动力汽车二氧化碳减排

单位：ton

年份 \ 种类	纯电动汽车	插电式混合动力汽车
2015	283905	141953
2020	3656256	1218752

随着城镇化水平的不断提高，我国居民对交通和出行的需求会日益增加。因此，合理地规划交通系统、适当地选择低碳交通技术以及正确地引导出行观念，是非常必要的。

五 结论

通过对城镇化和碳排放之间关系的探讨以及对国家当前低碳城镇化战略的梳理，可以看到，当前我国的城镇化建设，不同于国外发达国家的城市化，它不只是一个简单的城市建设和城市发展问题，也不是简单的“地改市”等行政区域的调整。它既是壮大城镇规模、增加城镇数量、繁荣城镇的过程，也是优化经济结构，转变经济发展方式，解决“三农”问题，缩小城乡二元结构和促进城乡一体化的过程，是完善城镇形态、增加城镇经济势力、提高城镇竞争力的过程。中国的城镇化是经济因素和政治因素综合作用的结果，大规模的城镇化过程必然带来很高的碳排放。而低碳，恰恰是城镇化发展的有效控制手段和平衡方法，可以约束城镇化发展的速度、规模、密度和效率。

我国现行的城镇化发展模式是一种扩张式的、高碳的、不可持续的发展模式。城镇化建设中的反复拆建、私家车的盲目增长等现象严重，消费主义盛行导致了大量的能源浪费。未来几十年，随着小康社会的全面推进，我国消费水平将大幅度增长。消费结构正由“吃穿”向能耗水平较高的“住行”时代转化。而现行政策下要保证高生活质量的能源需求是不现实的。因此也使得在城镇化进程中的低碳发展成为了一种必要，使得低碳城镇化的提出成为更健康的政策导向。

首先，通过学习和借鉴发达国家城市发展的过程和规律，研究其在城市规划、低碳技术应用等方面所取得的成就，可以减少我国能源浪费现象。比如紧凑城市、交通引导城市发展规划、城镇群发展中产业错位发展、制定城市或者区域发展边界、鼓励公共出行等，都对我国的城镇化发展有启示意义。当然，要结合我国经济转型和人口等实际情况，不能完全照搬发达国家的经验，而是必须从本国实际出发、科学规划、以人为本，制定相关政策措施。

其次，不同于其他国家，我国当前的城镇化战略有更加深刻的历史背景，在工业化进程中担负着解决“三农”问题的重任。世界各国的经济发展过程，大部分都是农业剩余劳动力转移到城镇的过程。城镇化在我国的一个重要含义就是让更多的农民进城分享新型城镇化的果实，这也就把新农村建设提到了一个新的高度。在低碳城镇化的过程中，既要注意对城市碳排放的控制，也需要提高农村人口碳消费水平，真正促进城乡一体化，从人的角度提高生活质量。另外，发达国家的城镇化都是以经济规模和产业为基础，发展了大都市带、大都市圈。传统工业化在很大程度上是以牺牲资源环境为代价的。要实现有质量的城镇化和可持续的工业化，二者之间的发展格局和资源分配必须加以优化，工业化和城镇化必须同时驱动、协调发展。只有处理好工业和农业、城市和农村的关系，才能全面建设社会主义小康社会。

最后，城镇化水平的提高，不应该以单纯的城镇化率为评价和衡量标准。它的核心是人的城镇化，因此低碳城镇化必须增加对能源需求的控制。通过低碳消费环境的营造，生活将向更加健康的方向发展。在“住房”方面，通过区域规划、技术更新以及生活方式的改变，使人们的住房条件更加舒适。在“出行”方面，通过合理的城市规划使人们出行距离大大缩短，通过公共交通使人们的出行更加便捷，通过低碳的交通工具使出行的能耗和碳排放大大降低。

能源和环境是中国城镇化发展的重要制约因素，低碳是新型城镇化的必然要求。必须也要看到，从高碳到低碳的转型是十分艰难的。除了需要解决现有城镇化中的规模结构不恰当、基础设备不配套、地区发展不平衡等问题，还必须准备巨额的资金投入并且重视绿色低碳转型所带来的结构性失业等社会问题。

城镇化的低碳转型不是个体或者机构的转型，而是整个社会系统的转型。不仅需要中央政府、地方政府的努力，更需要企业以及公众的广泛参与，是生产方式、就业方式和整个社会面貌的改变。有理由相信，低碳概念指导下的城镇化，可以看作我国经济发展方式转变、产业结构调整、人民消费观念改变的一个契机，是实现社会主义小康社会的重要途径。

B.4

页岩气开发利用在低碳发展中的作用

摘　要：

21世纪初美国实现了页岩气的大规模商业化开采。尤其是在2006年之后，页岩气成为了美国能源的重要支柱。页岩气推动了美国能源结构优化，对美国低碳发展作出重要贡献，并在美国能源战略调整以及气候变化谈判中起到极为关键的作用。2006年到2012年美国的碳减排中，约1/5来自页岩气的贡献。美国的成功经验也使页岩气受到了全球持续而广泛的关注。许多国家将其看作能源战略的重要组成部分。我国页岩气储量与美国相当，开采潜力巨大。作为重要的清洁能源，页岩气能否肩负我国的减碳重任，是否以及何时能够复制美国的成功经验值得探讨。

本研究按照中国工程院提出的2015年页岩气产量达到20亿立方米，2020年达到200亿立方米，2030年达到1000亿立方米的目标对页岩气对我国碳减排的贡献进行分析，认为到2020年页岩气对碳减排的贡献可达1.8%，对2020～2030年碳减排的贡献可达6.5%。此外，我国页岩气开发还有很大的不确定性，页岩气气藏条件差，主要区块水资源缺乏，我国仍未掌握核心技术等原因，都使得我国在2030年以前难以复制美国的页岩气革命。借鉴美国页岩气的发展规律与经验，我国页岩气产量的重大突破将有可能出现在2030～2040年。届时页岩气对我国碳减排的贡献将有显著提升，有望达到20%左右。

关键词：

页岩气　碳减排　预测　美国经验　政策启示

页岩气是一种储藏于有机质泥页岩及其夹层以吸附或游离状态为主要存在方式的非常规天然气。页岩气除了能够保障开采国的能源安全外，作为清洁能源，还对开采国乃至全球的低碳发展起到至关重要的作用。

根据美国能源信息署（EIA）2011年度能源报告数据，全球已发现的天然气总储量为374.7万亿立方米，其中页岩气储量为187.5万亿立方米。美国页岩气储量为24.5万亿立方米，位居世界前列，同时也是目前唯一实现页岩气大规模商业化开采的国家。随着美国在水平井（Horizontal Well）、水力压裂法（Hydraulic Fracturing）等重点技术上的突破，页岩气的开采成本不断降低，页岩气逐步成为美国能源发展的重要支柱。数据显示，美国页岩气年产量从2000年的约110亿立方米增加至2007年的约366亿立方米，而后猛增至2012年的2715亿立方米①，十二年增加了近24倍。同时，页岩气占美国能源生产总量的比例由2007年的1.9%增加至2012年的14%。

随着页岩气生产呈现井喷式发展，从2007年起美国二氧化碳排放量开始大幅降低。2012年二氧化碳排放量下降至52.9亿吨，相比2006年的59.2亿吨减少了6.3亿吨②。页岩气产量与二氧化碳排放量对比如图4－1所示：

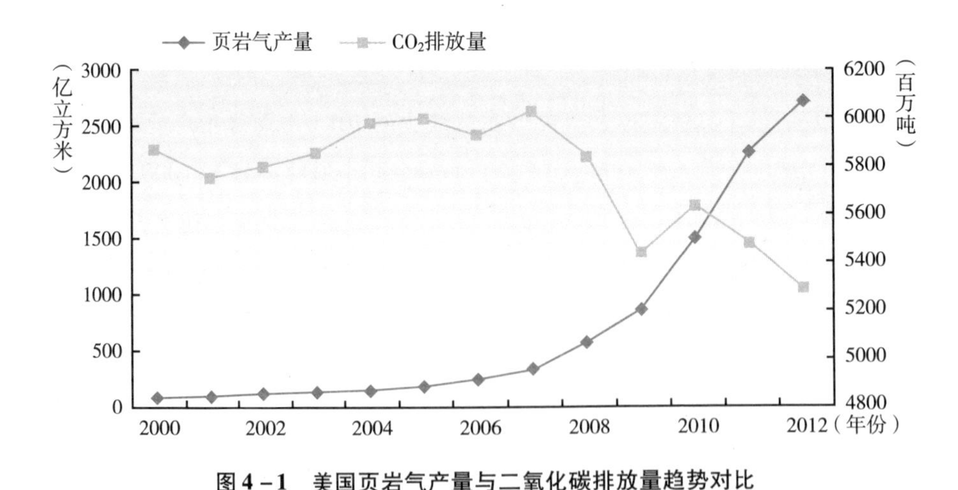

图4－1 美国页岩气产量与二氧化碳排放量趋势对比

资料来源：EIA Dry Shale Gas Production；Monthly Energy Review（November 2013）。

① 由EIA Dry Shale Gas Production June 2013计算得出。

② 资料来源为EIA。

因此，页岩气被世界许多国家看作保证能源安全，实现低碳发展的一剂良药。近年来，随着我国页岩气勘探逐步展开，页岩气在我国的已探明储量约为25万亿立方米。丰富的储量使得页岩气成为我国能源及低碳发展战略的重要组成部分。政府在国民经济和社会发展“十二五”规划中明确要求“推进页岩气等非常规油气资源的开发利用”。2012年3月，国家发改委联合国家能源局等相关部委发布了《页岩气发展规划（2011－2015年）》，对页岩气发展作出了具体要求与总体规划。同年，发改委与能源局又联合发布了《天然气发展“十二五”规划》。其中，将煤层气、页岩气以及煤制气等非常规天然气发展的必要性和重要性提升到了新的高度。规划提道：“随着我国城镇化深入发展，城镇人口规模不断扩大，对天然气的需求也将日益增加。加快发展天然气，提高天然气在我国一次能源消费结构中的比重，可显著减少二氧化碳等温室气体和细颗粒物（$PM_{2.5}$）等污染物排放，实现节能减排、改善环境。这既是我国实现优化调整能源结构的现实选择，也是强化节能减排的迫切需要。”这更能充分说明国家对页岩气在低碳绿色发展作用上的重视程度。

由此可见，探究页岩气发展及其对碳减排的贡献具有重要意义。在较长时期内我国面临着来自国内外对碳减排、能源结构优化、大气污染防治等方面的巨大压力，天然气对我国能源消费的重要性加速凸显。在碳减排方面，2020年我国将兑现2009年哥本哈根会议上对单位GDP碳排放比2005年降低40%～45%的承诺。最近有多项研究（何建坤，2013；王伟光、郑国光，2013；姜克隽，2013）也表明，2025～2035年将是我国碳排放峰值出现的时间。而页岩气究竟对我国实现这一目标能作出多大贡献值得探究。在能源结构优化方面，国土资源部在2014年1月公布了全国油气资源动态评价成果，提出2025年我国能源生产结构要达到油气“二分天下”的局面。而目前天然气占我国能源结构的比例仅为5%左右。在大气污染防治方面，2013年雾霾的爆发引起了全国上下对大气污染防治的重视。中央出台了《大气污染防治行动计划》，各地政府相继出台落实《大气污染防治行动计划》的具体措施。这些针对雾霾治理的行动与措施进一步扩大了我国对天然气生产与消费的需求，对我国碳减排将会产生重要影响。

美国页岩气的发展情况及其对碳减排的具体作用对我国页岩气的发展规划

有很大的借鉴意义。美国对页岩气的探索正式开启于1976年，经过30多年的发展，已经成功实现了大规模商业化开采，而我国还处在刚起步的阶段。但是，我国与美国的情况有许多相似之处。首先，我国页岩气储量与美国相近。其次中、美同属二氧化碳排放与能源消费量排在世界前列的国家。最后，中、美同属石油对外依存度较高的国家。目前，美国页岩气大规模生产有效地降低了其石油对外依存度，这对美国实施能源独立政策，保障其能源供给安全起了重要作用。美国在2012年的石油进口量比2007年下降35.2%，而同期中国石油对外依存度却逐步上升，2012年进口石油比例达到58%。因此美国的页岩气发展经验十分值得我国借鉴。

本研究首先着眼于探究美国页岩气的碳减排情况，为我国未来页岩气的碳减排贡献提供现实依据与参考案例；其次对中短期内页岩气对我国二氧化碳减排的贡献做出计算与分析，并从美国页岩气发展经验出发，预测我国中长期页岩气发展趋势及其对碳减排的影响；最后，本研究将对美国页岩气发展历史进行梳理，从政策层面简要探讨推动我国页岩气快速发展的手段。

一　美国页岩气碳减排的情况分析

由图4－1可以看出，美国页岩气生产量从2007年开始呈井喷式发展，与此同时二氧化碳排放量大幅下降。但是，仅从美国页岩气产量与二氧化碳排放量在同一时间点开始呈现的显著反向变动关系，仍无法确定页岩气对美国碳减排的具体影响。因此，为全面了解页岩气对美国碳减排的影响与贡献，本研究将从以下三个层次展开讨论：首先，讨论页岩气对美国能源结构产生的影响；其次，通过计算得出页岩气对美国碳减排的贡献情况；最后，确定影响美国碳减排的最主要因素。本研究在计算中选取2006年为基年，即页岩气产量及二氧化碳排放量显著变化前一年为基点，并将基年与2012年的相关数据进行对比分析，通过计算得出2006～2012年美国页岩气的二氧化碳减排量及其对美国碳减排的贡献。

（一）页岩气改变美国能源结构

如图4－2所示，美国能源结构的重大调整发生于2006～2007年。2000～

2006 年，美国化石能源消费结构呈现煤炭消费一直保持平稳、石油消费显著上升以及天然气消费下降的趋势；但 2006 年以后，煤炭、石油、天然气均发生较大改变，煤炭与石油消费量大幅下降，而天然气消费量呈现明显上升趋势。

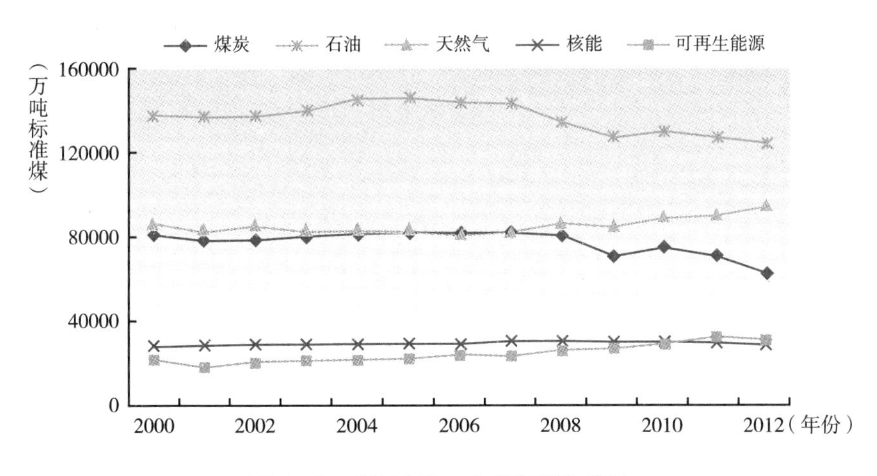

图 4－2　美国各种一次能源消费情况

资料来源：EIA Monthly Energy Review（November 2013）。

对比 2006 年与 2012 年的能源消费结构可发现，美国煤炭消费量由 2006 年的 23% 下降到 2012 年的 18%，石油消费量由 2006 年的 40% 下降到 2012 年的 36%，而天然气则从 23% 升至 28%，可再生能源由 6% 增长到 10%（见图 4－3）。同时，天然气占能源生产与消费的比例分别由 2006 年的 31% 和 23% 上升至 2012 年的 35% 和 28%（见图 4－4）。

天然气占美国能源生产与消费量的比重增加主要归功于页岩气的大规模生产。页岩气产量由 2000 年的 116 亿立方米增加至 2012 年的 2715 亿立方米，由天然气总产量的 2.1% 升至 39.8%（见图 4－5）。这充分说明页岩气产量大幅提高是天然气在美国能源结构占比上升的主要原因。

美国能源结构优化得益于天然气与可再生能源占比的增加。能源结构调整加快了美国碳强度的下降速度，对碳减排产生了重要影响。图 4－6 显示，美国的能源强度与碳排放强度的趋势从 2006～2007 年起出现明显的剪刀差。这是因为美国碳排放强度下降的速率高于能源强度。两者间存在的差值可以由能源结构的优化进行解释。而页岩气在其中发挥了主要作用。图 4－7 为我国能

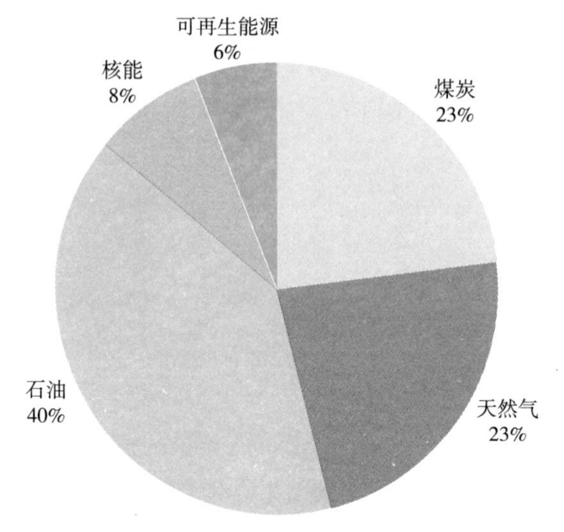

（a）2006年能源消费结构

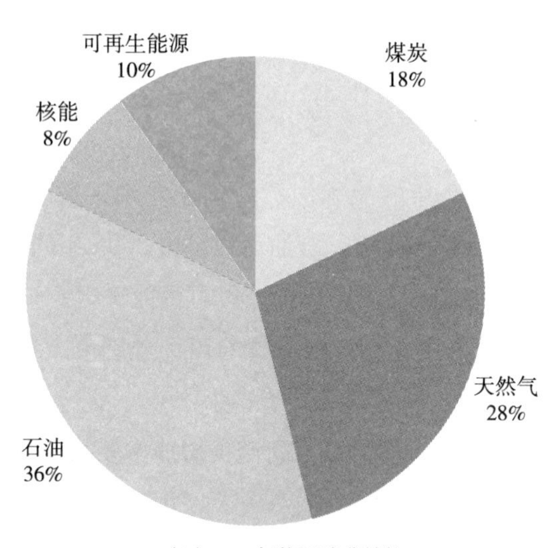

（b）2012年能源消费结构

图 4－3　2006 年与 2012 年美国能源结构对比

资料来源：EIA Monthly Energy Review（November 2013）。

源强度与碳排放强度变化趋势。从图 4－7 中可观察到，我国能源强度与碳强度的趋势一致性强，未出现美国剪刀差的情形。这说明，虽然我国能源强度下降促进了我国的碳减排，但目前能源结构变化对我国碳排放的影响并不显著。

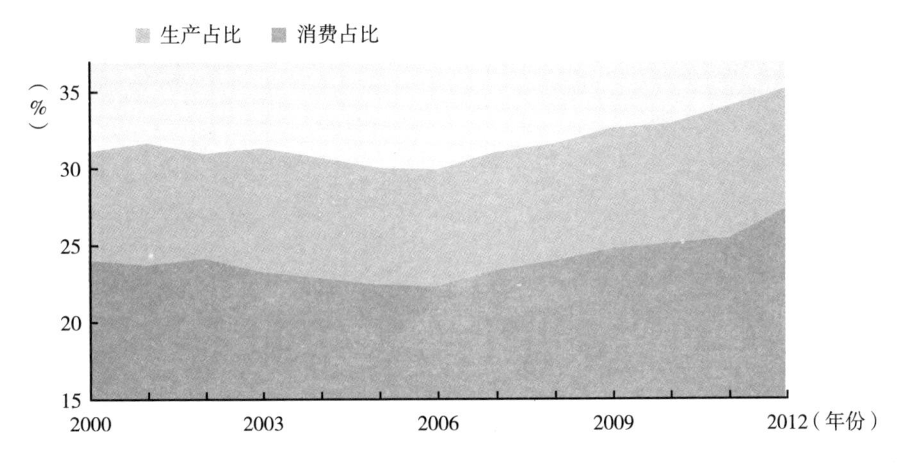

图 4-4 天然气占美国能源生产比例

资料来源：EIA Monthly Energy Review (November 2013)。

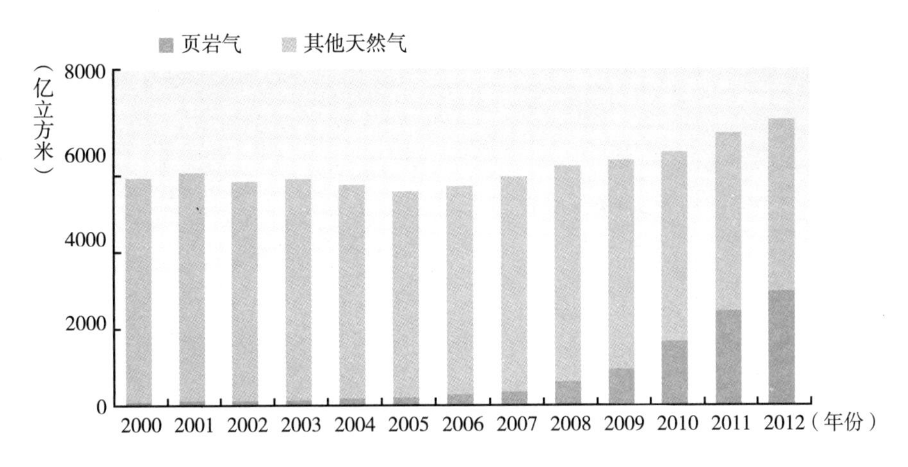

图 4-5 页岩气与其他天然气产量

资料来源：EIA Shale Gas Production；EIA Natural Gas Production；EIA Dry Shale Gas Production。

(二)页岩气对美国二氧化碳减排的贡献可达 22%

2006~2012 年，页岩气减少的二氧化碳排放计算如表 4-1 所示。

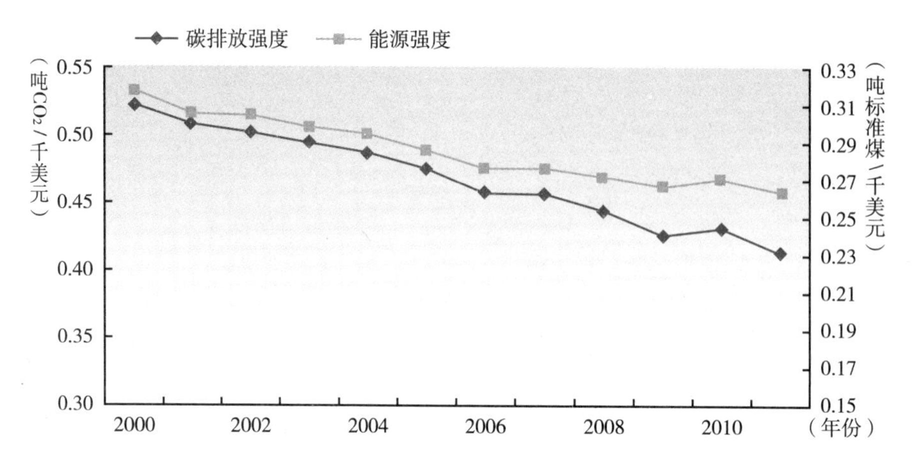

图 4-6　美国碳排放强度与能源强度变化趋势

资料来源：EIA Country Indicators。

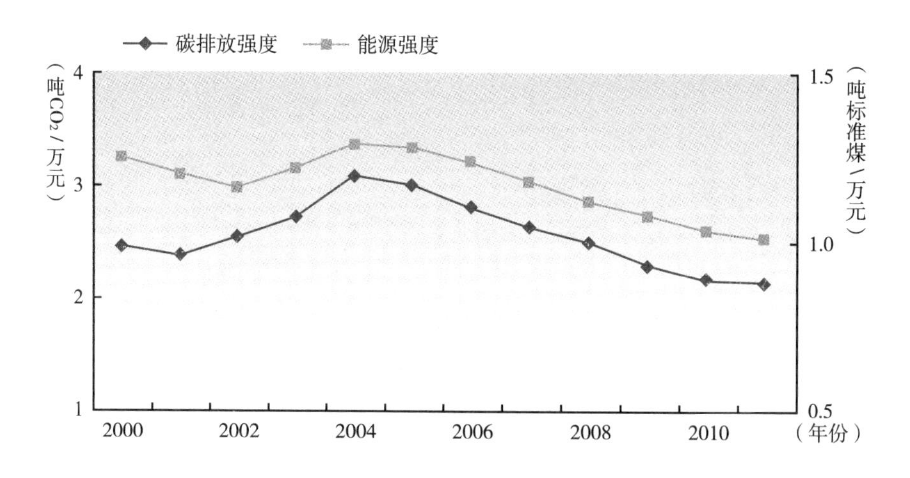

图 4-7　中国碳强度和能源强度变化趋势

资料来源：《中国低碳发展报告（2010）》《中国低碳发展报告（2013）》。

表 4-1　2006 年与 2012 年美国天然气在能源消费中占比及能源消费总量

年份	天然气在能源消费中占比(%)	能源消费总量(亿 tce)
2006	23	35.86
2012	28	34.19

假设没有页岩气，2012 年美国天然气在能源消费结构中的比例仍为 23%，能源消费总量为 34.19 亿吨标准煤，则 2012 年天然气消费量为 7.86 亿吨标准煤。而实际上，因为页岩气的大规模开采，天然气的比例提升到 28%，即天然气消费量为 9.57 亿吨标准煤，与假设情况相比增加了 1.71 亿吨标准煤。假设增加的 1.71 亿吨标准煤天然气全部替代煤炭消费，则二氧化碳减排量为 2.07 亿吨[①]。

2006～2012 年美国二氧化碳排放下降了 6.3 亿吨。为确定页岩气对美国碳减排的贡献[②]，我们将影响美国 2006～2012 年二氧化碳排放变化的原因根据 Kaya 公式分解为人口、人均 GDP、单位 GDP 能耗以及单位能耗碳排放：

二氧化碳排放量 = 人口 × 人均 GDP × 单位 GDP 能耗 × 单位能耗二氧化碳排放

通过运用 LMDI 分解方法，可以得出人口、人均 GDP、能源强度以及能源结构对二氧化碳排放的影响。计算结果如表 4－2 所示。[③]

表 4－2　影响美国二氧化碳减排因素分解

单位：亿吨

分解因素	能源强度（单位 GDP 能耗）	能源结构（单位能耗碳排放）	人口	人均 GDP	减排总量
对二氧化碳减排的影响	－5.86	－3.62	+2.84	+0.34	－6.3
增碳/减碳	减碳	减碳	增碳	增碳	下降

资料来源：GDP 及人口数据来源于 World Bank；能源消费总量与二氧化碳排放量数据来源于 EIA Monthly Energy Review（August 2013）。

二氧化碳排放的变化总量为－6.3 亿吨，其中因能源强度降低减少了 5.86 亿吨，因单位能耗碳排放下降减少了 3.62 亿吨，这两项共减少了 9.48 亿吨二氧化碳。因人均 GDP 增加及人口增长共增加了 3.18 亿吨二氧化碳。因此，页

---

① 假定煤炭碳排放系数为 2.71 吨 CO_2/tce，天然气碳排放系数为 1.50 吨 CO_2/tce。

② 美国页岩气碳减排量为 2.07 亿立方米，二氧化碳减排总量为 6.3 亿立方米。因此页岩气碳减排量占总减排量的 33%。但美国已经实现了二氧化碳绝对减排，而我国二氧化碳仍为相对减排。因此，为统一页岩气减排贡献的计算方式，本研究排除了 GDP 对碳减排的影响。

③ 计算过程见附录 1。

岩气减少的约2.07亿吨二氧化碳占美国二氧化碳减少量9.48亿吨的21.8%，此即2006~2012年页岩气对美国碳减排的贡献（见表4-3）。

表4-3　美国页岩气造成的碳减排情况

2006~2012年页岩气的二氧化碳减排量	2.07亿吨
2006~2012年美国能源强度下降与单位能耗碳排放下降减少的二氧化碳排放量	9.48亿吨
2006~2012年页岩气对美国碳减排的贡献	21.8%

（三）能源强度下降为2006~2012年美国二氧化碳减排的首要原因

由表4-2可知美国因能源强度下降而减少了5.86亿吨二氧化碳排放，同时因单位能耗碳排放下降减少了3.62亿吨二氧化碳排放量。因此，美国2006~2012年二氧化碳排放下降的主要贡献来源于美国能源强度的降低，占总减排量的62%；其次才是能源结构的变化，占总减排量的38%。这也说明页岩气并非美国二氧化碳排放下降的主要原因。这两个值与2013年美国总统经济报告中公布的数据相近。在2013年美国总统经济报告中，美国2005~2012年二氧化碳排放量减少的原因及所占比重如图4-8所示。

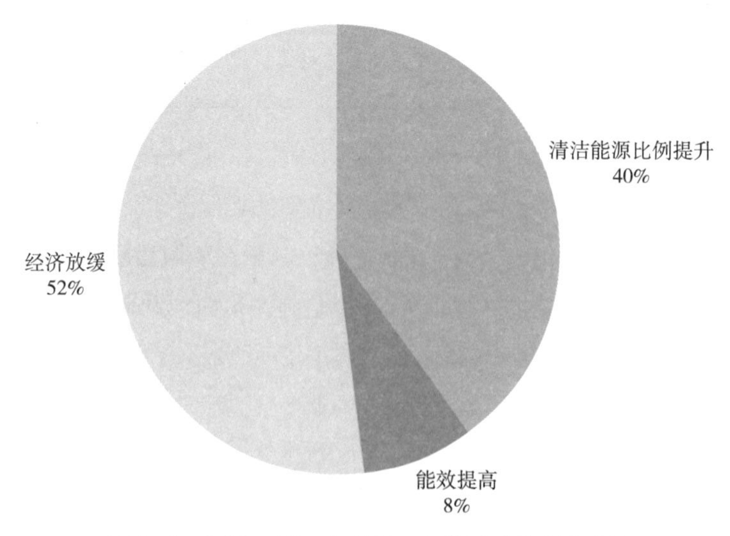

图4-8　2005~2012年美国二氧化碳减排因素分解

资料来源：2013Economic Report of the President。

其中，经济放缓及能效提高对碳减排的贡献达到60%。这两个因素促进了美国能源强度的下降。本报告研究及美国官方发布数据均显示，2005～2012年能源强度下降为美国碳减排的主要原因，页岩气及可再生能源促进的能源结构调整为次要原因。因此，随着经济复苏，美国若想在未来继续保持二氧化碳排放显著减少的大趋势，必须继续加大天然气及可再生能源等清洁能源的比例，加速提高能效水平。页岩气在美国低碳发展中将会扮演更为重要的角色。

二　页岩气对我国碳减排的影响预测

通过对美国情况的分析研究，可以证实页岩气对美国碳减排的确做出了极为重要的贡献。这也为预测我国页岩气发展对碳减排的贡献提供了参考。我国能源中长期发展战略研究中提出了能源发展的三个时期：2010～2020年为关键期、2021～2030年为攻坚期、2031～2050年为转型期。中国工程院的研究认为，未来10～20年，也就是我国能源发展的关键期和攻坚期，将是我国非常规天然气的重要发展阶段。非常规天然气将发展成为支撑我国天然气工业快速、健康、稳定发展的生力军。中国工程院判断，2030年非常规天然气将占我国天然气总产量的2/3。由此可见2010～2030年将是我国非常规天然气发展攻克技术难关、完善产业链条的阶段，是非常规天然气发展实现重大突破的关键时期；同时，也是我国进行能源结构优化，兑现碳排放承诺目标及强化大气污染治理的重点时期。了解页岩气在这段时期内对我国碳排放的潜在贡献有助于对碳减排目标的全局把握。2030～2050年，我国能源发展进入转型期。清洁能源占消费结构的比重将大大增加。页岩气作为重要的清洁能源能否推动我国能源发展转型，实现“页岩气革命”，以及对碳减排的影响能达到何种程度值得我们探讨。因此，本节将分别讨论我国页岩气发展中短期（2010～2030年）和中长期（2030～2040年）的碳减排情况①。

① 值得注意的是，与美国情况不同，我国尚未达到能源需求的峰值。实际上页岩气生产将主要用于填补我国持续上升的能源需求，并非完全替代煤炭或石油消费。因此，本研究模拟与预测页岩气对碳减排贡献，将比实际情况偏大。

（一）2010～2030年页岩气对我国碳减排影响相对有限

目前，对我国页岩气产量有两大较为权威的预测。一是国家发改委发布的页岩气“十二五”规划以及天然气“十二五”规划，其中提出我国页岩气2015年产量要达到65亿立方米，2020年要达到600亿～1000亿立方米。二是工程院提出的2015年产量达20亿立方米，2020年达到200亿立方米，2030年达到1000亿立方米。根据国土资源部发布的数据，2012年我国页岩气产量为2500万立方米，2013年产量约为2亿立方米。显然，目前我国页岩气生产水平距离其产量目标还有较大差距。为此，工程院提出了页岩气开发“三步走”的发展战略：“第一步，‘十二五’期间，选择海相、海陆过渡相和陆相页岩气有利富集区，做好先导开发示范区建设，实现页岩气工业开发的顺利起步；第二步，‘十三五’期间以南方海相页岩气规模开发为重点，同时突破海陆过渡相和陆相页岩气工业性开发，页岩气实现规模开发利用，2020年实现200亿立方米产量；第三步，2020年以后形成适合我国地质与地表特点的便捷、高效、低成本、环境友好的页岩气勘探开发配套技术和行之有效的管理体制机制，页岩气产量快速增长，2030年达到1000亿立方米产量。”（谢克昌，2012）总体而言，2030年前将是我国页岩气发展的攻坚时期，页岩气对我国碳减排的作用将会逐步显现。

首先，通过情景分析与计算可知我国单位页岩气的二氧化碳减排量。若2015年页岩气产量达到65亿立方米，均用于替代煤炭发电，其二氧化碳减排量及单位页岩气二氧化碳减排量如表4－4所示。

表4－4　65亿立方米页岩气替代煤炭发电二氧化碳减排情况*

项目	单位	数值
页岩气消费量	tce	8645000
发相同数量的电所需煤炭消费量	tce	12967500
二氧化碳减排量**	10^4 吨	2088
单位页岩气二氧化碳减排量	千克/立方米	3.21

注：*假定天然气折标系数为1.33千克/立方米，天然气发电效率为60%，煤炭发电效率为40%，天然气碳排放系数为1.65吨 CO_2/tce，原煤碳排放系数为2.71吨 CO_2/tce，单位页岩气二氧化碳减排量为二氧化碳减排量/页岩气消费量。

**页岩气“十二五”规划中认为65亿立方米页岩气将减排1400万吨二氧化碳，减排额小于本研究。原因可能为使用的碳排放系数及发电效率不同。

65 亿立方米页岩气在我国用于发电可减少 2088 万吨二氧化碳，即每立方米页岩气消费可减排 3.21 千克二氧化碳。值得注意的是，与美国天然气主要用于发电的情况不同，我国天然气消费领域主要为城市燃气和工业。因此，按照燃煤锅炉效率为 60% ~80%、燃气锅炉效率为 90% 估计，在碳排放系数不变的情况下，我国单位天然气减少二氧化碳排放量应略低于 3.21 千克。

通过单位页岩气二氧化碳减排贡献率，按照低碳情景下二氧化碳排放指标（何建坤，2013）可以计算出 2020 年、2030 年页岩气目标产量的二氧化碳减排量以及页岩气减排量占当年二氧化碳排放总量的比例（见表 4 -5）。

表 4 -5 页岩气预期产量、二氧化碳减排量及其占二氧化碳排放总量之比

2015 年			2020 年			2030 年		
产量	页岩气减排量	占当年二氧化碳排放总量比例	产量	页岩气减排量	占当年二氧化碳排放总量比例	产量	页岩气减排量	占当年二氧化碳排放总量比例
65 亿立方米	0.21 亿吨	0.25%	600 亿~1000 亿立方米	1.92 亿~3.21 亿吨	2% ~3.3%	NA	NA	NA
20 亿立方米	0.06 亿吨	0.071%	200 亿立方米	0.64 亿吨	0.66%	1000 亿立方米	3.21 亿吨	3%

注：* 页岩气减排量使用单位页岩气二氧化碳减排量，上文计算得出为 3.21 千克/立方米。数据见附录 2。

按发改委的目标产值，2015 年页岩气的减排量为 2100 万吨二氧化碳，2020 年达到 1.92 亿 ~3.21 亿吨，占这两年二氧化碳排放总量的 0.25% 和 2% ~3.3%。按工程院的预测，2015 年减排量为 640 万吨二氧化碳，2020 年为 6400 万吨，2030 年达到 3.21 亿吨，占这三年二氧化碳排放总量的比例分别为 0.071%、0.66% 和 3%。

按此划分，本研究分别计算了我国页岩气发展对 2010 ~2020 年和2020 ~2030 年碳减排的贡献[①]（见表 4 -6）。

---

① 碳排放预测根据何建坤（2013）中碳排放峰值在 2030 年出现的情景进行计算，计算过程见附录 3。

表 4-6 2010~2030 年页岩气减排贡献

	2010~2020 年		2020~2030 年	
	页岩气二氧化碳减排量	减排贡献	页岩气二氧化碳减排量	减排贡献
发改委	1.92 亿~3.21 亿吨	5.3%~8.8%	NA	NA
工程院	0.64 亿吨	1.8%	2.57 亿吨	6.5%

按照工程院对页岩气产量相对保守的预测，2010~2020 年及 2020~2030 年，页岩气对我国二氧化碳减排的贡献逐步增大。2010~2020 年这一贡献并不显著。2020~2030 年页岩气的减排贡献上升至 6.5%。而按照发改委的乐观估计，如果在 2020 年页岩气产量就能达到 1000 亿立方米，则页岩气对我国 2010~2020 年二氧化碳减排的贡献可高达 8.8%。这一结果证明，按照页岩气预期产量以及我国二氧化碳减排目标，在未来不到 20 年的时间里页岩气对我国碳减排可起到较为可观的作用，但达到美国目前水平的可能性不大。

（二）2030~2040 年页岩气对我国碳减排的贡献有望大幅上升

美国页岩气的正式生产开始于 1976 年，直到 2005 年才突破 200 亿立方米。但从 200 亿立方米到 1000 亿立方米仅用了 2005~2010 年的五年时间，并且 2011 年产量就突破 2000 亿立方米。这表明，页岩气的发展体现出“厚积薄发”的趋势。其发展需要经历一段较长的准备期，而后产量在几年内迅速突破，呈现直线上升趋势。如果我国页岩气发展趋势与美国相类似，则从 2010 年以前页岩气产量基本为零到突破 200 亿立方米也需一段较长的时间。2013 年我国页岩气产量为 2 亿立方米。按照发改委的规划，页岩气产量在 2015 年达到 65 亿立方米，在 2020 年达到 600 亿~1000 亿立方米。这意味着，从 2014 年至 2020 年，7 年中页岩气产量增加上百倍。尽管目前国土资源部预计 2015 年我国将能够达到 65 亿立方米产量的目标，但本研究认为 2020 年实现 600 亿~1000 亿立方米的难度较大。因此，本研究认为工程院提出 2030 年页岩气产量突破 1000 亿立方米的可能性更大。

通过对美国情况进行深入了解，结合工程院对我国页岩气生产情况的预测，本研究将页岩气发展大致划分为四个阶段。阶段一：产量由 0 上升至 200

亿立方米。这一阶段时间较长主要是因为需要逐步探索页岩气贮藏情况，通过大量研究攻克技术难题，吸引资金投入和企业参与，使页岩气产业从无到有，并实现商业化开采。美国这一阶段从1976年开始持续至2005年。阶段二：产量由200亿立方米升至1000亿立方米。这一阶段页岩气进入快速发展时期，技术、资金支持等基本要素都已较为成熟，大量投资涌入页岩气开采市场，页岩气产业政策逐步完善。美国这一阶段持续了5年时间。阶段三：产量由1000亿立方米升至2000亿立方米。美国仅用一年时间就完成了这一阶段。在此期间，页岩气产量实现井喷式增长。在前两个阶段积累的资本及开拓的市场在这一阶段得到充分发酵，页岩气生产实现厚积薄发。阶段四：产量为2000亿立方米及以上。在这一阶段，页岩气价格水平达到新低点，同时产能过剩及开采引发的环境问题逐步暴露，市场逐步回归理性，企业开始寻求向海外市场扩张。页岩气政策的重心由阶段一的鼓励为主转变为在环境保护上要求更为严格。因此，按照我国页岩气产量2015年达到20亿立方米，2020年达到200亿立方米，2030年达到1000亿立方米的目标，本研究绘制了1975~2040年美国与我国的页岩气发展趋势图（见图4-9）。

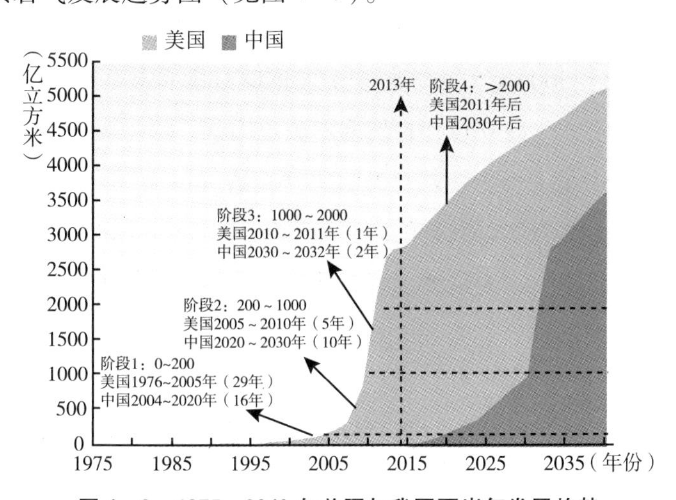

图4-9　1975~2040年美国与我国页岩气发展趋势

注：*由于美国2012年页岩气实际产量比EIA预测高，因此到2040年的数据均在EIA数据基础上进行了微调。我国数据按照工程院数据及结合美国数据预测。

资料来源：根据EIA Annual Energy Overview（2013）的数据计算。

我国正处在第一阶段，而美国已经处于第四阶段。由于当今世界技术水平的发展远高于30年前，而我国又可借鉴美国的技术经验，因此理论上我国的阶段一将比美国所用的29年的时间大为缩短。2020年后我国将可能进入第二阶段，届时页岩气生产将取得重大突破，产量达到1000亿立方米。到2030年后页岩气产量理论上将出现类似美国2007年以来的井喷式增长。从上文计算可知第二阶段，即2020～2030年，我国页岩气对二氧化碳减排的贡献为6.5%。可以预计在2030年后，若页岩气发展可迅速进入第三阶段并达到第四阶段，其对碳减排贡献将有可能达到与美国目前碳减排贡献相当的水平。

根据图4－9的预测值，我国页岩气产量在2040年将达到3600亿立方米，2030～2040年将能够减排8.35亿吨二氧化碳。按照上文预测的2030年我国碳排放达到峰值，并继续推测2040年碳排放及能耗情景[①]，可以得出2030～2040年由于能源强度下降及单位能耗二氧化碳排放量下降所减少的二氧化碳排放量将达到41.09亿吨。页岩气对这一期间碳减排的贡献约为20.3%，与美国目前的22%左右相近。综上所述，理论上我国页岩气革命及其对碳减排的重要贡献至少在2030年后才会得以实现。若遵循美国页岩气发展规律，2030～2040年我国将跨入页岩气发展的第三阶段和第四阶段，页岩气产量将可能突破2000亿～3000亿立方米，成为我国碳减排的重要助力。

但是，我国页岩气发展还存在较多不确定因素。尽管我国页岩气储量与美国基本持平，但未来是否能够复制美国的“页岩气革命”，大幅度提升页岩气产量，使页岩气成为我国碳减排的中坚力量仍需观望。我国的页岩气气藏条件相比美国较差，页岩气主要区块水资源缺乏，核心技术仍未掌握以及天然气管道建设不足都是我国页岩气实现大规模商业化开采的客观障碍。

三　美国经验对我国页岩气发展的政策启示

提高产量是目前我国页岩气发展的核心问题。为使我国页岩气产量尽快实现

① 在本研究中，2030～2040年GDP年增长率按3.5%计算，2040年能源需求按65亿吨标准煤计算，2030～2040年单位能耗二氧化碳排放量下降速率按1.5%计算，计算过程见附录4。

突破，在2030～2040年实现页岩气对碳减排的显著作用，我国应借鉴美国经验，并结合实际情况制定科学完善的激励政策，为页岩气实现大规模商业化生产做出指引。

回顾美国页岩气发展历史，页岩气能否实现突破取决于上文所提到的第一阶段。这一阶段会为今后发展打下坚实基础。本研究认为，除美国资源禀赋具有先天优势外，页岩气革命的发生得益于美国政府与大型能源企业在第一阶段（1976～2005年）的共同作用。所谓共同作用指的是美国政府在页岩气发展中实施的优惠政策及展开的研发行动成功推动了本土大型能源企业对开发页岩气的技术及资金投入。政府与企业共同为页岩气开采的技术创新做出了巨大贡献，从而成功实现了页岩气革命。

20世纪70年代，美国天然气产量的显著下降和严重短缺引起了美国政府的高度重视。因此，美国政府相继启动了一系列鼓励天然气，尤其是针对非常规天然气发展的行动及政策。政府对页岩气发展的推动主要体现在两大方面：一是实施针对页岩气及其他非常规天然气生产的优惠财税政策，包括取消天然气价格管制以及对开发企业实行价格激励和税务减免；二是大力开展开采页岩气的技术研发项目。主要政策及研发项目如表4－7所示。

表4－7　美国页岩气发展主要政策及政府投入研发项目

页岩气发展相关政策	1974年：联邦政府立法成立美国能源研发署（ERDA），整合不同部门的能源研发项目，为能源相关项目发展打下了坚实基础
	1978年：联邦政府颁布《天然气政策法》（NGPA），放开对天然气井口价的管制，107条中提出了对页岩气等开采成本较高的天然气的价格激励政策
	1980年：联邦政府通过了《原油暴利税法》，其中扩展了《天然气政策法》关于非常规天然气开采的税务优惠政策
	1980～2002年：对非常规天然气的开采实行税务优惠政策。这项政策对页岩气发展起到了关键作用
	1986年：对示范区项目实行公共补贴以及成本分摊的政策
研发项目	1976：ERDA开展了非常规天然气研究项目。1978年该项目由美国能源部接手继续实施，其中包括东部页岩气项目、西部页岩气项目以及煤层气项目。三者当中最重要的是由Morganton能源研究中心（MERC）发起的联邦东部页岩气示范区项目
	1976年：天然气研究中心（GRI）由天然气行业协会成立，负责天然气行业中规划、管理及融资等一系列事务，并从联邦能源管理委员会（FERC）获得部分资金。1989～1995年GRI管理Antrim页岩区块研发项目，加速了这一区块页岩气的发展
	1970～1990年：美国能源部开展页岩气核心技术研究，包括20世纪70年代首次开始进行的微震压裂映射技术项目研究（Microseismic Fracturing Mapping）及1988年开始进行的3D成像技术项目研究（3－D Seismic Imaging）

资料来源：Zhongmin Wang & Alan Krupnick, *A Retrospective Review of Shale Gas Development in the United States*, 2013；Micheal Shellenberger et al, *Where the Shale Gas Revolution Came From*, 2012。

美国联邦政府在研发上的投入贯穿了整个页岩气开采链，涉及开采技术的方方面面。正因如此以及对页岩气等非常规天然气开发实施的激励政策，本土能源企业开始逐渐进入页岩气开采领域。其中为美国页岩气发展做出重大贡献的当属 Mitchell 能源公司从 1982 年到 2001 年对 Barnett 页岩气区块的开采。这也是美国第一块实现页岩气商业化开采的页岩气区块。这一案例为美国页岩气开采设立了标杆。

Mitchell 能源公司之所以可以长期坚持投入，实现页岩气大规模生产，有三大原因。第一，国家放开了对高成本天然气井口价格的管制，天然气价格迅速提升，使得非常规天然气开发商可获得丰厚利润。Mitchell 能源公司从 1982 年起至 1997 年实现商业化开采之前，一直在页岩气开采活动中处于亏损状态。但其坚持维持页岩气开采资金投入正是因为看中了高成本天然气价格取消管制后，比受管制的天然气价格高出 1 倍的前景。Mitchell 受到了这样的潜在利润驱使。另外，价格优惠及税务优惠政策也降低了 Mitchell 的开采成本。第二，美国政府通过美国天然气研究中心及美国能源部为 Mitchell 提供了研发资金支持。如 1991 年美国天然气研究中心为 Mitchell 在 Barnett 区块第一口水平井的开采提供资金。第三，Mitchell 的资金足够雄厚，可以承担由页岩气开采活动产生的亏损。一直以来，大企业还是小企业更有利于技术创新都是学界热议的话题。但在页岩气发展中，单纯的小企业很难坚持开采活动。这是因为页岩气对开采企业资金实力要求极高，特别是在页岩气发展存在许多未知数的初期阶段。1982 ~ 1997 年，Mitchell 的投入资金高达 2.5 亿美元。但 Mitchell 在页岩气开采活动中的亏损可以由其他资金来源填补。例如，其早于页岩气开采时期便与美国天然气管道公司（NGPL）签订了长期输气合同，价格远高于当时的市场价。因此，Mitchell 从中获得的利润便可用于补贴页岩气开采活动。

Mitchell 对获利的预期促进了其对降低开采成本的需求。因此，由 Mitchell 投入的一系列研发项目就此展开。最终成功完善了水力压裂技术在页岩气开采中的应用。这一技术的突破，结合政府支持研发的页岩气开采技术，在 1997 年 Barnett 页岩气区块成功实现了商业化开采。其成功经验也被美国其他的页岩气开采活动借鉴。这种政府与能源企业共同作用于美国页岩气发展的方式，展示了一条将页岩气逐步推向大规模商业化的开采之路。

综上所述，美国页岩气的成功开采得益于政府各个层面的大力推动，也得益于能成功吸引资金实力雄厚的大公司进行开采作业，从而实现了页岩气开采技术的重大突破，完成了美国页岩气发展的第一阶段。这对于我国现阶段页岩气发展政策的启示主要有以下三点。

不用价格管制约束页岩气发展。一方面，目前我国天然气价格由政府直接定价，水平较低，与整个市场供需情况不相匹配。另一方面，中石油与中石化既属于管网提供者，又为天然气开发商，对输气价格的垄断非常明显，为其他天然气企业进入市场设立了较高的准入门槛。因此，页岩气发展需要市场化定价以鼓励更多有实力的企业参与其中，减少不必要的成本。2013 年发改委发布的《页岩气产业政策》的第二十一条也明确提出“页岩气出厂价格实行市场定价。制定公平交易规则，鼓励供、运、需三方建立合作关系，引导合理生产、运输和消费”。这与美国的经验相符。

做好对页岩气开采实施长期财税优惠政策的准备。美国页岩气的发展在很大程度上归功于其从 1980 年到 2002 年的财税优惠政策。在《页岩气产业政策》中，第三十条至第三十四条均谈到对于页岩气开采活动的鼓励政策，包括补贴、税收减免以及国家财政资金的支持等。这样的财税支撑从美国的经验来看可能要进行一段较长的时间，目前将至少需要十五年。

技术突破需要政府及能源企业共同投入。政府应当联合能源企业共同投入对页岩气开采的研发。仅有政府投入或仅交给能源企业投入对研发而言力量可能都较为单薄。政府在页岩气技术研发上起到极为重要作用。根据美国经验，页岩气发展初始阶段，由于不确定性较大，成本又过于高昂，一般企业缺少对页岩气开采技术的研发动力。因此，政府必须加大相应的资金支持。在《页岩气产业政策》中，主要提到了鼓励企业在页岩气技术研发中起到关键作用，而对国家在技术研发中提供的支持未有叙述，仅提到大力培养相关人才以及加强对 2010 年成立的我国首个专门从事页岩气开发的科研机构——国家能源页岩气研发（实验）中心的平台建设。因此，在未来的政策制定中，国家应当加大对页岩气技术科研的支持力度。与此同时，开采企业作为重要的利益相关者及实地操作者，对技术研发的作用也不可或缺。从美国的经验中可以看出，页岩气开发对于企业资金实力的要求极高，企业需承担起页岩气开采产生的高昂成本。因此大型企业如中石油、中石化等在页岩气发展初期应起到较大作用。

四 小结

随着我国对天然气需求的不断扩大，页岩气逐渐成为我国能源战略的重要部分，未来将成为优化能源结构、实现碳减排目标的中坚力量。美国是目前世界上唯一实现页岩气大规模商业化开采的国家，而我国页岩气储藏量与美国基本相当。因此，了解美国页岩气对碳减排的贡献对我国具有借鉴意义。本研究通过计算得出，页岩气大规模商业化生产成功优化了美国能源结构，对美国2006~2012年的碳减排贡献约为1/5。本研究发现，按照预期产量进行预测，我国中短期内（2010~2030年）页岩气发展及其碳减排能力具有较大潜力，对我国2020~2030年碳减排的贡献可达到6.5%，虽然贡献可观，但并不显著。从中长期来看，假如未来我国页岩气发展可达到美国现阶段水平，则将对我国碳减排做出巨大贡献。通过预测得出，这一情况将有可能在2030~2040年出现。届时，页岩气对我国碳减排的贡献将有可能达到20%。

这一目标能否实现取决于我国页岩气产量是否能够迅速提高。通过对美国页岩气发展历史的梳理，本研究简要概括了美国实现页岩气大规模生产对我国的三点政策启示：①取消对页岩气的价格管制；②提供长期财税优惠政策；③政府及大型能源企业共同投入技术研发。这些政策将有助于我国尽早实现页岩气大规模开采，为我国低碳发展做出重要贡献。

附 录

1. 根据Kaya公式及LMDI分析法计算。

	二氧化碳排放量（亿吨）	GDP（亿美元,2005年不变价）	能源消费总量（亿tce）	人口
2006年	59.2	134446	35.86	298379912
2012年	52.9	142316	34.19	313914040

分解因素	能源强度（单位 GDP 能耗）	能源结构（单位能耗碳排放）	人口	人均 GDP	减排总量
对二氧化碳减排的影响	-5.86	-3.62	+2.84	+0.34	-6.3
增碳/减碳	减碳	减碳	增碳	增碳	减碳

资料来源：EIA，世界银行。

2. 根据“十二五”规划，2015 年单位 GDP 二氧化碳排放比 2010 年下降 17%，单位 GDP 能耗下降 16%，以及《CO_2 排放峰值分析：中国的减排目标与对策》（何建坤，2013）中的数据：

	2010 年	2020 年	2030 年
GDP(万亿元,2010 年价格指数)	36.09	74.38	120.0
能源消费(亿 tce)	32.49	47.5	59.0
二氧化碳排放(亿吨)	72.5	96.8	106

我们可以得出，2015 年单位 GDP 二氧化碳排放为 1.66 吨 CO_2/万元。按 GDP 年增速为 7.2% 计算，2015 年 GDP 为 51.09 亿元，二氧化碳总排放量为 84.81 亿吨。

3. 根据何建坤（2013）中数据并通过 Kaya 公式及 LMDI 分析法，得出 2010～2020 年和 2020～2030 年二氧化碳排放因素分解，结果如下：

2010～2020 年与 2020～2030 年各因素减排情况

单位：亿吨

	GDP	单位 GDP 能耗	单位能耗二氧化碳排放	二氧化碳排放变化量	二氧化碳减排量*
2010～2020 年	+60.79	-28.87	-7.63	+24.3	-36.49
2020～2030 年	+48.47	-26.50	-12.77	+9.2	-39.27

注：*因单位 GDP 能耗与单位能耗二氧化碳排放量下降而减少的二氧化碳排放量。

- 2010～2020 年页岩气对减排的贡献：

①发改委：页岩气产量为 600 亿～1000 亿立方米，单位页岩气二氧化碳减排量为 600 亿立方米 ×3.21 千克/立方米 = 1.92 亿吨，1000 亿立方米 ×

3.21 千克/立方米 = 3.21 亿吨，2010 ~ 2020 年二氧化碳减排总量为 36.49 亿吨，因此页岩气减排贡献为 5.3% ~ 8.8%。

②工程院：同理得出页岩气减排贡献为 1.8%。

- 2020 ~ 2030 年页岩气对减排的贡献：

工程院：2020 ~ 2030 年页岩气产量增加 1000 - 200 = 800 亿立方米，减排量为 180 × 3.21 = 2.57 亿吨，减排贡献为 2.57/39.27 = 6.5%。

4. 参考何建坤（2013）的数据，在本研究中，2030 ~ 2040 年 GDP 年增长率按 3.5%，2040 年能源需求按 65 亿吨标准煤，2030 ~ 2040 年单位能耗二氧化碳排放量下降速率按 1.5% 计算，Kaya 及 LMDI 分解结果如下：

2030 ~ 2040 年各因素减排

单位：亿吨

GDP	单位 GDP 能耗	单位能耗二氧化碳排放	2030 ~ 2040 二氧化碳排放变化量	2030 ~ 2040 二氧化碳减排量*
+35.49	-25.50	-15.59	-5.6	-41.09

注：* 因单位 GDP 能耗与单位能耗二氧化碳排放量而减少的二氧化碳排放量。

2040 年页岩气产量预计达到 3600 亿立方米，比 2030 年预计的 1000 亿立方米增加 2600 亿立方米。因此，2030 ~ 2040 年页岩气将减排 8.35 亿吨二氧化碳。2030 ~ 2040 年页岩气的减排贡献为 8.35/41.09 = 20.3%。

参考文献

1. Council of Economic, 2013 Economic Report of the President, Chapter 6, Carbon Emission: Progress and Projections, 2013.
2. Broderick, John, & Anderson, Kevin, "Has US Shale Gas Reduced CO_2 Emissions?" Tyndall Centre, University of Manchester, 2012.
3. EIA, Annual Energy Review 2011, 2012.
4. EIA, Fuel Competition in Power Generation and Elasticities of Substitution, 2012.
5. EIA, Annual Energy Outlook 2013, 2013.
6. EIA, Electric Power Monthly August 2013, 2013.

7. EIA, Monthly Energy Review November 2013, 2013.

8. EIA, Monthly Eneryg Review July 2013, 2013.

9. EIA, Monthly Eneryg Review October 2013, 2013.

10. Krupnick, Alan, Wang, Zhongmin, & Wang, Yushuang, Sector Effects of the Shale Gas Revolution in the United States, 2013.

11. Lu, Xi, Salovaara, Jackson, & McElroy, Michael B., "Implications of the Recent Reductions in Natural Gas Prices for Emissions of CO_2 from the US Power Sector", *Environmental Science & Technology* 46 (5), 2012, 3014 - 3021.

12. Roberts, David, "U. S. Leads the World in Cutting CO_2 Emissions - So Why Aren'T We Talking About It? " Retrieved from http://grist.org/climate-policy/u-s-leads-the-world-in-cutting-co2-emissions-so-why-arent-we-talking-about-it/, 2012.

13. Salcito, Shakeb Afsah& Kendyl, "Shale Gas And Overhyping of Its CO2 Reduction?" Retrieved from http://thinkprogress.org/climate/2012/08/07/651821/shale-gas-and-the-fairy-tale-of-its-co2-reductions/, 2012.

14. Trembath, Alex, Jenkins, Jesse, Nordhaus, Ted, & Shellenberger, Michael, "Where the Shale Gas Revolution Came From: Government's Role in the Development of Hydraulic Fracturing in Shale", Breakthrough Institute, 2012.

15. Wang, Zhongmin, & Krupnick, Alan, A Retrospective Review of Shale Gas Development in the United States, 2013.

16. 陈永昌、赵俊、檀建超：《我国页岩气开发面临的机遇、风险及对策建议》，《石油规划设计》2012 年第 5 期。

17. 成非：《我国天然气价格管制现状及其存在问题》，《现代商业》2009 年第 27 期。

18. 国家发改委：《天然气发展"十二五"规划》，2012，Retrieved from http://www.sdpc.gov.cn/zcfb/zcfbtz/2012tz/W020121115581608265333.pdf。

19. 国家发改委等：《页岩气发展规划（2011 ~ 2015 年）》，2012，Retrieved from http://www.ndrc.gov.cn/zcfb/zcfbtz/2012tz/W020120316370486643634.pdf。

20. 国家能源局：《页岩气产业政策》，2013，Retrieved from http://news.xinhuanet.com/energy/2013-10/30/c_125624913.htm。

21. 国家统计局能源统计司：《中国能源统计年鉴》，中国统计出版社，2012。

22. 何建坤：《CO_2 排放峰值分析：中国的减排目标与对策》，《中国人口·资源与环境》2013 年第 23 期。

23. 齐晔等：《中国低碳发展报告（2010）》，科学出版社，2010。

24. 齐晔等：《中国低碳发展报告（2011 ~ 2012）》，社会科学文献出版社，2011。

25. 齐晔等：《中国低碳发展报告（2013）》，社会科学文献出版社，2012。

26. 谢克昌：《大力加强我国非常规天然气资源的开发利用》，2012，Retrieved 1 月 15 日，2014，from http://lianghui.people.com.cn/2012npc/GB/17348683.html。

27. 谢克昌：《页岩气开发路径分三步走》，2012，Retrieved 1 月 15 日，2014，from http：//www. cpcia. org. cn/html/13/201212/121958. html。
28. 于祥明：《国土部：页岩气今年产能将激增 7 倍明年再增 4 倍》，2014，from http：//finance. sina. com. cn/chanjing/cyxw/20140127/20101810 1169. shtml。
29. 中国工程院：《中国能源中长期（2030 – 2050）发展战略研究：电力・油气・核能・环境卷》，科学出版社，2011。
30. 王伟光、郑国光：《应对气候变化报告（2013）》，社会科学文献出版社，2013。

BⅢ 资金篇

Financing

B.5 能效投融资

摘　要：

2011年中国在能效领域的投资约为4162亿元（644亿美元），中国是当年世界上在该领域内投资最多的国家。能效融资仍缺乏多样化的市场融资手段，财政资金占总融资额的30.3%，企业自筹资金占49.7%，其余渠道资金仅占20%。能效投资仍严重依赖政府补贴，2011年能效领域财政资金投入达1262亿元。从投入领域来看，消费领域的投资（家电下乡、家电以旧换新、节能产品惠民工程）占中央财政在能效领域内投资的73%，这些政策在2008年前后推出，以刺激内需和帮助国内制造业免受世界性经济危机冲击为目的，但并非可持续的消费侧节能政策。2011年能效投资全社会平均杠杆比（财政资金与社会资金的比值）为1∶2.3，财政资金的杠杆撬动效应较“十一五”时期（1∶4.23）已显著减弱。总的来看，能效投资领域投资严重依赖政府补贴，节能成本显著上升，财政资金的杠杆撬动效应逐渐减小，能效投资现有的投资模式难以有效地带动社会投资。

关键词：

能效　投融资　杠杆撬动效应

一　能效投融资总体情况

（一）2011 年能效投资情况

提高能效被认为是最具有潜力的减排方式。在《世界能源展望 2012》大气 CO_2 浓度 450ppm 情景中，2020 年全世界 71% 的碳排放削减来自能效措施，而 2035 年 44% 的碳排放削减来自能效措施（IEA，2012）。根据 IEA 的统计，2011 年全球能效领域投资为 1800 亿美元，其中 1/3 的投资来自经济合作与发展组织国家（OECD），五个金砖国家（BRICS）在能效领域的投资为 450 亿美元；其中中国在能效领域的投资为 284 亿美元，占全球能效领域总投资的 15.8%（Lisa Ryan，2012）。

我们的研究显示，2011 年中国在能效领域的投资约为 4162 亿元（644 亿美元），比 2010 年增加了 23.9%。显然，这个数字远高于 IEA 报告中五个金砖国家的总和。自 2006 年以来，中国在能效领域的投资呈持续增长趋势，其中，中央投资、地方投资和社会投资都呈逐年增加趋势（见图 5－1）。2006 年，全社会能效投资规模为 302 亿元；随着多项节能行动在 2007 年正式启动，2007 年全社会能效投资规模迅速增加到 1274 亿元；2011 年，全社会能效投资达到约 4162 亿元，是 2006 年的 13.8 倍。与此同时，中央能效支出在中央公共财政支出中所占的比例也逐年增加，2006 年中央能效支出仅占公共财政支出的 2.1‰，至 2011 年能效支出已占到公共财政支出的 17.1‰（见图 5－2）。图 5－3 展现了 2011 年能效投资的全景，描述了能效投资资金来源、融资渠道、资金去向等具体情况。

（二）能效投资定义、研究范围与数据来源

能效投资目前没有统一的定义。本报告将能效投资定义为用于提高终端能源利用效率的增量投资。本报告的统计口径中不包括与能效相关的基础建设投资，例如企业为扩大产能进行的厂房建设，建造节能建筑产生的道路、社区建

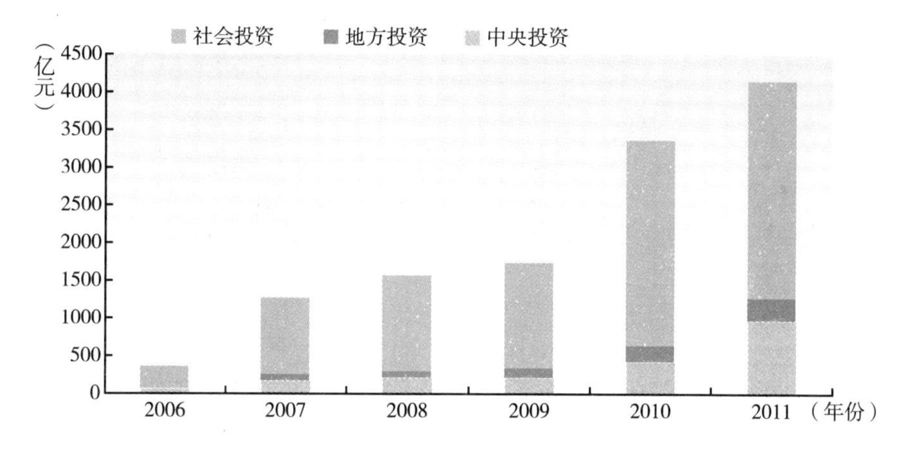

图 5－1　2006～2011 年中国能效投入

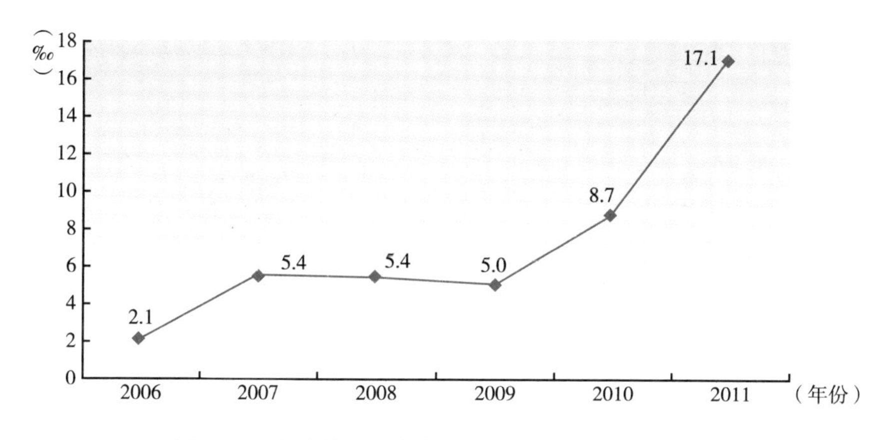

图 5－2　中央能效支出在中央公共财政支出中的占比

资料来源：齐晔，2013；谢旭人，2012；清华大学气候政策研究中心计算。

设。此外，本报告也不包含与节能设备生产相关的投资。

工业领域中有两类活动与提高能效密切相关。一类是通过改造现有技术或改变制作工艺提高能效，这类项目被称作“标准项目”；另一类是通过扩大产能提高能效，这类项目被称作“重组项目”。有学者认为，虽然重组项目有提高能效的协同效应，但重组项目的主要目的是通过扩大产能抢占市场份额，并重新确定企业在市场中的地位，这类项目涉及很多与能效无直接关系的投资，因此不应该被认定为能效项目。本报告认同以上观点。然而，在实际数据收集过程中，尤其在收集国家层面的统计数据时，无法彻底区分标准投资和重组投

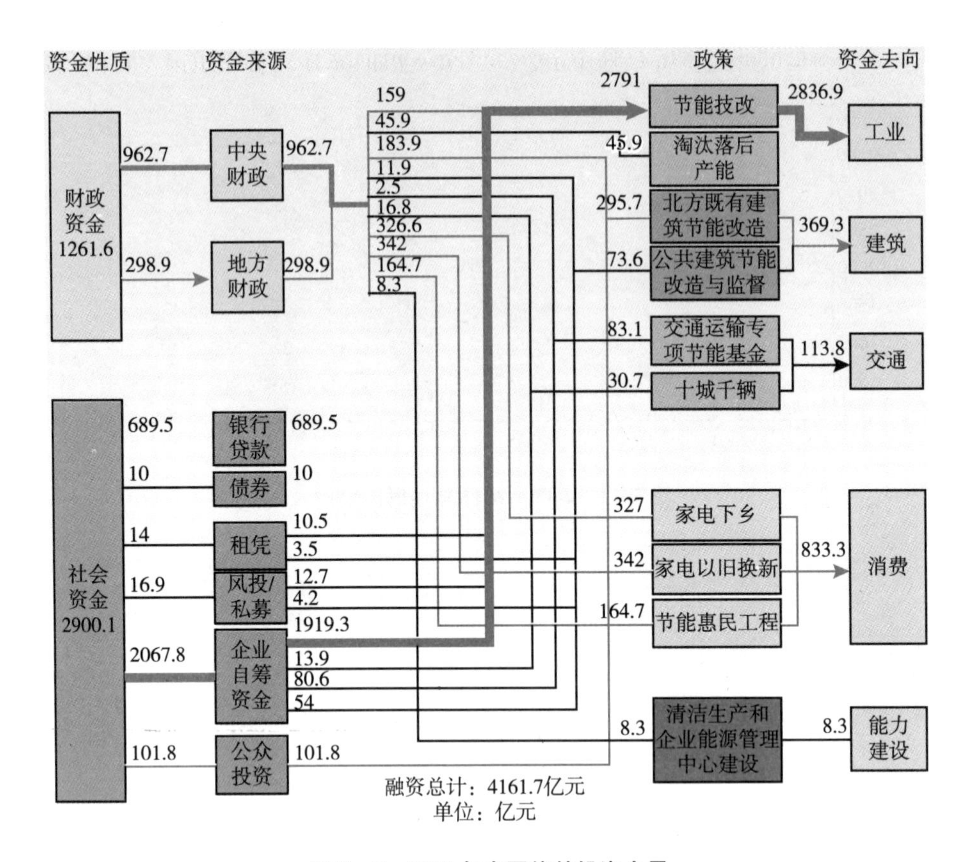

图 5－3　2011 年中国能效投资全景

资。因此，本报告的工业能效投资包含以上两种类型的项目投资。此外，淘汰落后产能是中国提高工业能效的重要手段。本报告计入了淘汰落后产能涉及的中央和省级财政资金，地级市及以下财政资金和企业支付的相关费用未列入。

建筑领域的能效投资包括实施北方既有居住建筑节能改造、公共建筑节能改造及监测的投资。可再生能源与建筑结合利用的投入并未包含在本报告的统计中。本报告认为使用可再生能源替代化石能源可以减少化石能源的消耗，但并不必然提高终端能源的利用效率。此外，新建绿色建筑的增量投资也未被统计在内。绿色建筑的评判标准与能效建筑不同，绿色建筑投资中的很大部分涉及绿化、节水、材料循环利用，这些投资与能效无直接关系。

交通领域的能效投资包括交通运输专项节能资金、“十城千辆”节能与新能源汽车示范推广应用的投资。

消费领域的能效投资包括家电下乡、家电以旧换新和节能惠民工程的投资。这里的投资仅包括政府补贴，消费者用于购买节能产品的资金不包括在能效投资中。本报告认为消费者购买的主要目的是消费，故仅政府补贴部分被认定为能效的增量投资。政府采购节能产品的费用未计入本报告的统计，原因在于目前的政府采购统计将节能产品与环保产品合在一起，无法在统计数据中区分节能产品和环保产品各自的采购量。与能效相关的能力建设投资包括建设节能服务机构和研发重大节能技术的投资。表5-1是本报告关于能效投资资金计算口径的说明。

表5-1　2011年能效投资资金计算口径

领域	统计口径包括部分	统计口径不包括部分
工业	工业节能技改、淘汰落后产能	地级市用于工业节能技改、淘汰落后产能的财政资金和企业支付的相关费用、基础建设、节能设备生产、节能技术产业化示范工程
建筑	北方地区既有居住建筑节能改造、公共建筑节能改造及监测	可再生能源建筑结合应用、新建绿色建筑、基础建设
交通	交通运输专项节能资金、“十城千辆”节能与新能源汽车示范推广应用	“车、船、路、港”千家企业低碳交通运输专项行动、低碳交通运输体系建设城市试点、道路运输车辆燃油标准
消费	家电下乡、家电以旧换新、节能产品惠民工程	政府采购节能产品
能力建设	清洁生产和企业能源管控中心建设	—
国际资金	—	国际资金中投向中国能效的部分

资料来源：清华大学气候政策研究中心整理。

本报告的数据来源：①国家统计局统计资料、财政部财政预决算报告、省级政府工作报告、国家发改委及其他部委公布的相关数据、其他官方发布的资料；②研究报告、报纸、期刊、网站中公开可得的数据；③清华大学气候政策中心计算数据。

二　能效融资的资金来源

根据资金性质不同，我们将资金分为财政资金、社会资金、国外资金三类。本报告仅统计财政资金与社会资金两类，并未包含国外资金。财政资金由中央财政、地方财政构成，社会资金则分为企业自筹资金、银行贷款、债券、风投/私募、公众投资。2011 年中国能效融资共计约 4162 亿元，其中财政资金约为 1262 亿元，占总融资额的 30.3%，高于“十一五”时期政府财政资金占全社会能效投资的比例（19.1%）；社会资金约为 2900 亿元，占总融资额的 69.7%（见图 5－4、表 5－2）。对比能效资金来源与可再生能源融资来源，可以发现能效融资中财政资金占比（30.3%）远高于可再生能源中的财政资金占比（5.1%），社会资金占比（69.7%）则低于可再生能源中的社会资金占比（93.9%）。

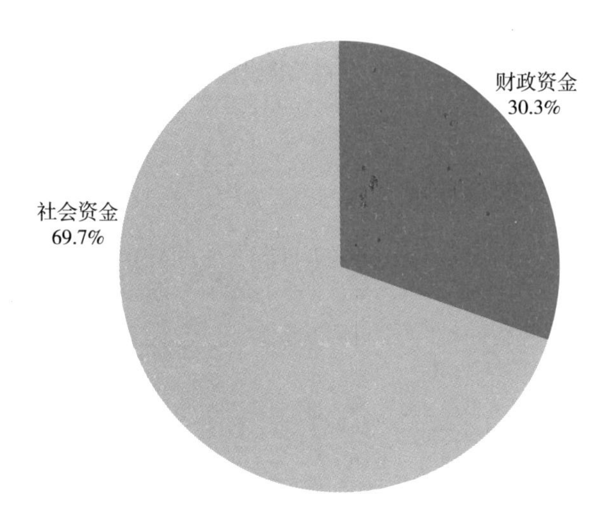

图 5－4　2011 年中国能效融资的不同资金来源占比

表 5－2　2011 年中国能效融资的资金构成

资金性质	资金来源	金额(亿元)	占比(%)
财政资金	中央财政、地方财政	1261.6	30.3
社会资金	企业自筹资金	2067.8	49.7
	银行贷款	689.5	16.6
	债　券	10	0.2
	租　赁	14	0.3
	风投/私募	16.9	0.4
	公众投资	101.8	2.4
	小　计	2900.1	69.7
合　计		4161.7	100

（一）财政资金

2011 年财政资金在能效领域的投资共计 1261.6 亿元，占 2011 年中国能效融资总额的 30.3%。其中中央财政投入共计 962.7 亿元，占财政资金总额的 23.1%；地方财政投入共计 298.9 亿元，占财政资金总额的 7.2%。中央财政与地方财政资金的资金投入比为 3.2∶1。

从投入领域来看，财政资金主要用于工业、建筑、交通、消费、能力建设以及合同能源管理。消费领域的财政投入最多，涵盖了家电下乡、家电以旧换新、节能惠民工程，中央和地方财政投入共计投入 833.3 亿元，占全部财政资金投入的 66.1%，其中，中央财政投入占 55.5%，地方财政投入占 10.6%。工业领域的财政投入次之，共计 204.9 亿元，占全部财政资金投入的 16.2%。建筑节能领域的财政投入共计 195.8 亿元，占全部财政资金投入的 15.5%。交通和能力建设的财政投入共计 27.6 亿元，占全部财政资金投入的 2.2%（见表 5－3）。

表 5－3　2011 年财政资金的能效投资领域

单位：亿元

投入领域	政策名称	中央财政投入	地方财政投入
工　业	节能技改	135	24
	淘汰落后产能	40.3	5.6
建　筑	北方既有建筑节能改造	63.3	120.6
	公共建筑节能改造与监测	5.045	6.81
交　通	交通运输专项节能资金	2.5	8.3
	“十城千辆”节能与新能源汽车示范推广应用工程	8.7	8.1
消　费	家电下乡	261.3	65.3
	家电以旧换新	273.6	68.4
	节能惠民工程	164.7	—
能力建设	清洁生产和企业能源管控中心建设	8.3	—
总　计		962.7	307.1

在工业领域，工信部联合有关部门在2011年安排节能技改专项资金135亿元，带动全社会总投资2791亿元（见图5－5）。地方财政也安排专项资金，采用以奖代补的方法对节能技改项目进行补贴（国家发展和改革委员会，2012）。本报告中计算全国省级财政用于节能技改的资金投入约为24亿元。在淘汰落后产能行动中，2011年6月，财政部下达了2011年中央财政奖励资金预算指标50亿元，其中工业行业40.3亿元。本报告根据11个省区财政投入的加总，估算出省级财政安排超过5.6亿元资金用于淘汰落后产能①。部分市级财政，如河北省石家庄市，也安排专项资金用于支持和奖励工业企业淘汰落后产能（吴艳荣，2011）。

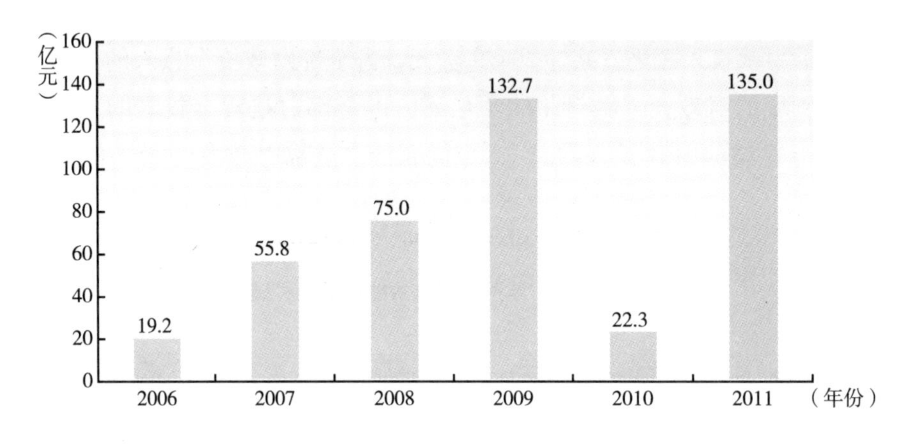

图5－5　节能技术改造中央财政投入

资料来源：2006～2010年数据（戴彦德、熊华文、焦健，2012）；2011年数据（国家发展和改革委员会，2012）。

建筑部门的财政资金主要投向北方采暖地区既有建筑节能改造。2007～2010年，中央财政共投入63.7亿元用于北方采暖地区既有建筑节能改造，2011年和2012年又分别投入63.3亿元和53亿元（戴彦德、熊华文、焦健，2012；孙勇、王璐，2012）②（见图5－6）。地方财政方面，根据已知10省（自治区、直辖市）的数据推算出北方15省（自治区、直辖市）省级财政总

① 11个省区包括安徽、海南、河北、广西、江苏、内蒙古、山东、山西、云南、浙江、福建。

② 2011年中央财政投入由2007～2012年投入总额减去2007～2010年投入总额以及2012年投入计算而来。

投入约为60.28亿元，假设地市配套资金与省级财政投入比为1∶1，则各级地方财政总投入约120.6亿元①。此外，中央政府和地方政府还投入0.805亿元、7.37亿元和3.68亿元分别用于公共建筑节能监管体系建设、公共建筑节能改造以及国家高等院校节约型校园建设示范。

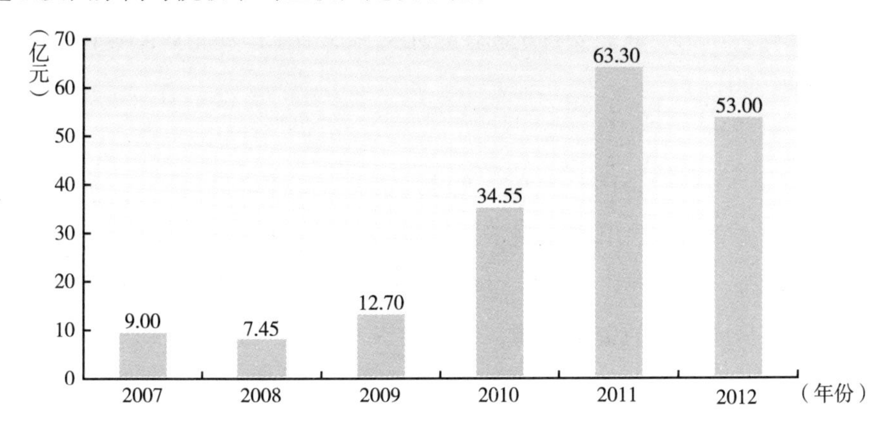

图5－6　北方采暖地区已有建筑供热计量及节能改造中央财政投入

资料来源：戴彦德、熊华文、焦健，2012；孙勇、王璐，2012。

交通领域的财政投入主要计算交通运输专项节能资金以及“十城千辆”节能与新能源汽车示范推广应用工程（下称“十城千辆”工程）。2011年，中央财政交通运输专项节能资金共支持122个节能减排项目，总补助金额2.5亿元，主要分布在五个领域：公路基础设施建设与运营、公路运输装备、港航、交通运输管理与服务能力建设、低碳试点城市和财政综合示范城市（证券时报网，2011）。2009年初，财政部、发改委、工信部、科技部四部门共同启动“十城千辆”工程，在首批13个城市开展节能与新能源汽车推广应用试点工作。截至2011年，试点城市已增加至25个。至2011年底，这些示范城市共有新能源大巴8573辆，其中电动客车1102辆，混合动力客车7471辆（黄山等，2012）。2011年“十城千辆”工程的中央财政和地方财政投入分别为8.7亿元和8.1亿元。

在消费领域，2011年“家电下乡工程”“家电以旧换新工程”和“节能

① 北方采暖地区15省（自治区、直辖市）包括北京、河北、天津、山西、内蒙古、吉林、山东、河南、青海、宁夏、新疆、辽宁、黑龙江、陕西、甘肃。其中以下10省（自治区、直辖市）数据可得：北京、天津、山西、内蒙古、吉林、山东、河南、青海、宁夏、新疆。

产品惠民工程”继续推行，在全球经济危机时期延续了刺激内需的政策方向。2011 年，中央财政及地方政府分别投入 326.6 亿元、342 亿元、164.7 亿元用于“家电下乡工程”“家电以旧换新工程”以及“节能惠民工程”的补贴。这导致消费领域成为财政补贴投入最多的领域。

除此之外，中央财政还安排了 8.3 亿元支持清洁生产和企业能源管控中心建设（马丽，2011）。

（二）社会资金

社会资金占 2011 年中国能效融资总额的 69.7%。社会资金融资渠道主要包括企业自筹资金、银行贷款、债券、风投/私募以及公众投资。从融资渠道来看，企业自筹资金是最重要的资金来源，占总融资额的 49.7%；其次是银行贷款，占总融资额的 16.6%。在可再生能源领域融资中，银行贷款是最重要的资金来源，占总融资额 58.7%，而银行贷款在能效融资中并不占据主导地位（见图 5－7）。此外，在可再生能源融资中，除银行贷款外，股市、债券、风投/私募都是重要的补充融资渠道，相比之下，能效融资的这些渠道所发挥的作用要小得多。

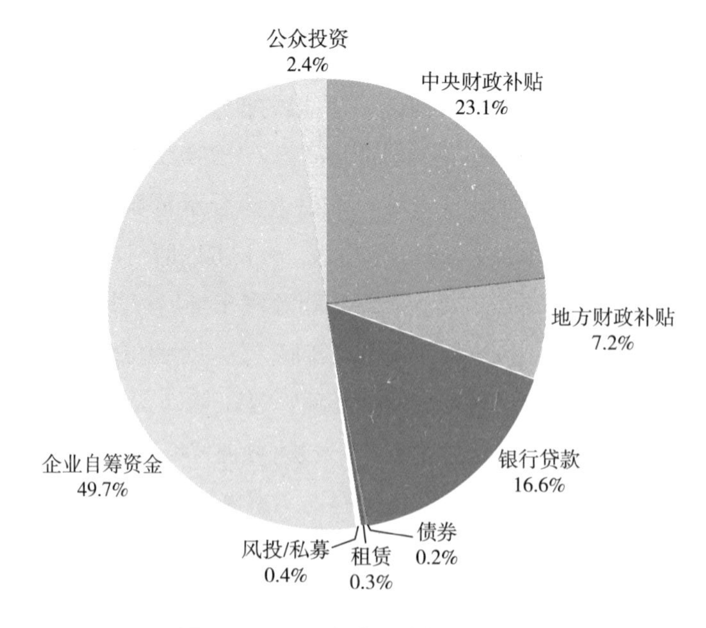

图 5－7　2011 年中国能效融资构成

企业自筹资金：2011 年，企业自筹资金共计 2067.8 亿元，占能效总融资额的 49.7%，其中 92.8% 用于工业领域，占工业领域总融资额的 67.7%。这反映了工业企业依旧主要依赖自筹资金完成节能项目的现状，银行贷款等市场化融资占工业领域总融资额的比例仍旧较低。

银行贷款：2011 年，投资于能效领域的银行贷款共计 689.5 亿元，其中 100% 流向工业领域。

公众投资：公众对于能效融资的参与很少，主要集中于建筑节能领域。事实上由于统计口径问题，北方采暖地区既有建筑改造除政府补贴外的投资构成较为复杂，限于目前的数据可得性不能清晰地划分，所以暂时计为公众投资，实际上公众投资的数据可能更低。2011 年，公众在建筑节能领域的投资为 101.8 亿元，该数据高于实际的公众投资水平。

债券市场：吉林省财政按每平方米 40 元的标准安排政府债券转贷资金，用于各市县既有居住建筑供热计量及节能改造的匹配资金，转贷资金总计 10 亿元（中国建设报，2011）。与可再生能源领域不同，股市尚未在能效领域发挥同等重要的作用。

风投/私募以及租赁：近年来，民间资本和租赁业务开始进入节能服务市场，但所占份额极小。2011 年，民间资本和租赁分别占能效融资总额的 0.4% 和 0.3%。

三　能效投资的领域

中国能效投资的主要领域包括工业、建筑、交通、消费、能力建设。2011 年，以上各领域的能效投资共计约 4162 亿元。其中工业领域最多，投资共计 2836.9 亿元，占总投资额的 68.2%；其次为消费领域，共计投资 833.7 亿元，占总投资额的 20%；建筑领域投资共计 369.3 亿元，占总投资额的 8.9%；交通领域投资共计 113.8 亿元，占总投资额的 2.7%；能力建设领域投资数量最小，投资为 8.3 亿元，占总投资额的 0.2%（见图 5－8、表 5－4）。

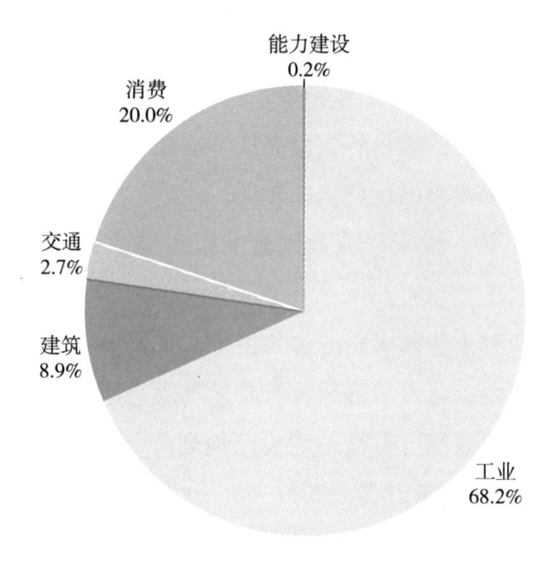

图 5-8　2011 年中国能效领域投资构成

表 5-4　能效投资使用方向

领　域	节能活动	资金投入(亿元)	占比(%)
工　业	节能技改	2791	67.1
	淘汰落后产能	45.9	1.1
	小计	2836.9	68.2
建　筑	北方既有建筑节能改造	295.7	7.1
	公共建筑节能改造与监测	73.6	1.8
	小计	369.3	8.9
交　通	交通运输专项节能资金	83.1	2.0
	“十城千辆”节能与新能源汽车示范推广应用工程	30.7	0.7
	小计	113.8	2.7
消　费	家电下乡	327	7.9
	家电以旧换新	342	8.2
	节能惠民工程	164.7	4.0
	小计	833.7	20.1
能力建设		8.3	0.2
合　计		4162	100.0

四　能效投资的效果

2011 年，全国财政（中央财政与地方财政）对于能效的投入达到 1261.6 亿元，撬动社会资金 2900.1 亿元，全社会平均杠杆比（财政资金与社会资金的比值）为 1∶2.3，而“十一五”时期该比值为 1∶4.23，可见财政资金的杠杆撬动效应较“十一五”时期已显著减弱。在每一领域，财政资金的杠杆比有所不同（见表 5－5）。工业领域的杠杆效应最显著，高达 1∶12.8，也就是说每增加一个单位的财政投入就能引起 12.8 个单位的社会投资；而建筑领域的杠杆效应最微弱，仅为 1∶0.9。这一结论与“十一五”期间工业与建筑领域的杠杆效应相吻合。建筑领域微弱的杠杆效应反映出许多地区长期以来对各级政府财政资金的过分依赖，缺乏市场化的融资机制。由于北方地区绝大部分省市尚未实行供热计量收费制度，能源服务公司无法与住户或供热公司分享节能收益，因而无法将合同能源管理模式引入既有建筑节能改造中（彭梦月，2010）。

表 5－5　财政资金与社会资金之比

领域	财政资金(亿元)	社会资金(亿元)	财政资金与社会资金之比
工业	205	2632	1∶12.8
建筑	195.7	173.6	1∶0.9
交通	19.3	94.5	1∶4.9
消费	833.3	8002.3	1∶9.6
能力建设	8.3	0	N/A
合计	1261.6	10902.4	1∶8.64

从节能的比投资①来看，“十二五”时期节能的比投资显著上升。“十一五”时期节能的比投资为 2500 元/tce，“十二五”时期升至 4000 元/tce 左右（吴良柏，2013）。节能的比投资显著上升，不同领域和技术的投资成本差异性加大。在《中国低碳发展报告（2010）》中，我们曾预测“十二五”时期的

① 比投资指形成 1 吨标准煤的节能能力所需投资数。

节能降碳成本将大幅提高（齐晔，2011）。从现在的数据来看，工业节能技术改造成本上升的速度超出了我们的预料。

中国的能效投融资采用了以政府资金带动社会投资为主的模式，并通过建立多项专项资金来保障资金的投入与使用，此外还建立了节能目标责任制来保障节能目标的落实与执行。这一融资模式在“十一五”时期发挥了重要的作用，使我国基本实现了这一时期的节能目标。然而进入“十二五”时期以后，这种融资模式的缺点却日益突出，主要表现为能效投融资过于依赖财政投入，缺乏多样化的融资渠道；财政资金的杠杆撬动效应显著减弱，财政资金投入难以有效地带动社会资金投入。

基于合同能源管理项目机制运作的节能服务公司模式是新兴的融资模式，也是中国政府探索市场化能效融资机制的积极尝试。2011 年合同能源管理项目融资额已达 412.43 亿元，约为能效领域总融资额的十分之一。节能服务公司运用市场机制开展节能服务，融资渠道较多，包括财政资金、企业自有资金、银行贷款、私募和租赁业务等。

总的来看，我国现行的以政府资金带动社会投资为主的模式难以有效地带动社会投资，当前需要积极探索以市场机制为主的能效投融资机制。从融资方面来看，需要开拓多样化的融资渠道，创新能效融资的债权融资、股权融资、融资租赁等多种融资模式。从投资方面来看，应拓宽参与能效投资的主体范围，大力宣传和推广建筑节能技术，鼓励公众实施家庭住宅建筑节能改造。此外，通过制定完善的产业激励政策，营造有利于产业发展的政策环境和市场环境，促进节能服务产业健康发展，将节能服务公司培养成为规范化、专业化的能效项目投融资和实施主体。

附录　能效投融资计算方法

附录一　合同能源管理

据不完全统计，截至 2011 年底，全国从事节能服务业务的公司数量接近 3900 家，其中备案的节能服务企业 1719 家，实施过合同能源管理项目的节能服务公司1472家，比2010的782家增加了88.24%。2011年，合同能源管理项目投资额从2010年的287亿元增长到412.42亿元，增加了43.7%，实现的节能量达到1648.39万吨标准煤。2011年共有5749个合同能源管理项目获得财政专项资金支持。全国36个省、区、市设立了针对合同能源管理项目的专项补贴。据中国环境科学学会科技与产业发展工作委员会发布的数据，目前我国现有的节能服务公司以自有资金为主，占全部投资的52.4%，其次是银行信贷，占全部投资的28.1%。近年来，民间资本和租赁业务开始进入节能服务市场，但所占份额极小，分别占全部投资的4.1%和3.4%（中国节能产业网，2012）（见附表1）。

附表1　2011年合同能源管理融资

项目	融资额总计	中央补贴	地方补贴	企业自筹资金	银行贷款	私募	租赁业务
合同能源管理(亿元)	412.42	39.56	9.89	216.15	115.89	16.91	14.02
占比(%)	100	9.6	2.4	52.4	28.1	4.1	3.4

注：中央补贴按240元/tce计算，地方补贴按60元/tce计算。
资料来源：中国节能产业网，2012。

目前我国的合同能源管理投资领域以工业和建筑为主。2009年工业项目占所有合同能源管理项目的70%，而建筑项目占比约25%，其余部分由市政项目构成（北京利德华福电气技术有限公司，2011）。在本报告中，将合同能源管理融资的资金按75%和25%的比例分别计算为工业节能技改资金和公共建筑节能资金；鉴于大型国有能源企业建立的合同能源管理公司容易得到银行信贷支持，并多从事工业节能服务，所以将合同能源管理融资中的银行贷款100%计算为工业节能技改贷款。企业自筹资金、私募和租赁业务中融资额的25%计算为公共建筑节能资金，75%计算为工业节能技改资金。若工业节能技改资金中已有该项计算的总数，则认为已包含合同能源管理融资。

附录二　工业节能技改

地方补贴：共查到2011年全国18个省份的省级工业节能技改投入，共计

13.5 亿元。据此计算全国除港澳台外 31 个省份的财政补贴。

$$全国地方财政补贴 = 13.5/18 \times 32 = 24 亿元$$

银行贷款：根据中国银行业协会《2011 年度中国银行业社会责任报告》，2011 年银行业节能环保项目贷款为 14683.8 亿元，其中清洁能源[①]和十大节能工程项目占比为24%，共 3524.1 亿元。在本报告中计算 2011 年可再生能源项目贷款为 2834.6 亿元（在该计算中用可再生能源替代清洁能源），计算十大节能工程项目的贷款约为 689.5 亿元（见附表 2）。考虑到十大节能工程中只有工业领域的贷款方非常明确，因此将十大节能工程贷款约等于工业节能贷款（见附表 3）。

企业自筹资金：

$$企业自筹资金 = 工业节能技改融资额 - 中央财政补贴 - 地方财政补贴 - 银行贷款$$

附表 2　2011 年工业节能技改融资

单位：亿元

项目	融资额	中央补贴	地方补贴	银行贷款	租赁	风投/私募	企业自筹
工业节能技改	2791	135	24	689.5	10.5	12.7	1919.3

注：①此处地方补贴为省级补贴，不包括地市级投入。
②租赁和风投/私募资金来自合同能源管理资金，占合同能源管理资金对应项目资金的 75%。
资料来源：国家发展和改革委员会，2012；马丽，2011。

附表 3　2011 年省级工业节能技改资金投入（共 18 省市）

单位：亿元

省份	工业节能技改资金	省份	工业节能技改资金
上海市	1.44	江苏省	2
天津市	1.17	黑龙江省	0.3
重庆市	0.3	四川省	0.3
山西省	1.15	甘肃省	0.71
河北省	1.06	云南省	0.6

① 清洁能源包括清洁煤利用、核电和可再生能源。由于在《2011 年中国银行业社会责任报告》中没有关于清洁能源统计口径和定义，因此在此处用可再生能源代替清洁能源，存在误差。

续表

省份	工业节能技改资金	省份	工业节能技改资金
海南省	0.02	福建省	0.80
辽宁省	0.2	贵州省	0.60
浙江省	0.9	湖南省	0.7
青海省	0.96	湖北省	0.3

资料来源：上海市发展改革委员会，2011；福建省经济贸易委员会综合处，2012；甘肃省财政厅预算处，2012；海南省财政厅，2012；河北省财政厅，2011；黑龙江省财政厅，2012；湖南省财政厅，2012；江苏省财政厅，2011；晋城财政信息网，2011；四川省发改委，2012；万玛加，2012；云南低碳经济网，2013；重庆市国库处，2012。

附录三　淘汰落后产能

中央财政补贴资金：2011 年 4 月，工信部向各地下达了 18 个工业行业淘汰落后产能目标任务，其中，炼铁 2653 万吨、炼钢 2627 万吨、焦炭 1870 万吨、铁合金 185.7 万吨、电石 137.5 万吨、电解铝 60 万吨、铜冶炼 29.1 万吨、铅冶炼 58.5 万吨、锌冶炼 33.7 万吨、水泥 13355 万吨、平板玻璃 2600 万重量箱、造纸 744.5 万吨、酒精 42.7 万吨、味精 8.3 万吨、柠檬酸 1.45 万吨、制革 397 万标张、印染 17.3 亿米、化纤 34.97 万吨，涉及企业 2255 家。

2011 年 5 月，工信部与财政部、能源局联合下发了《关于组织申报 2011 年淘汰落后产能中央财政奖励资金的通知》，由工信部原材料司、消费品司共同审核各地的申报项目。在此基础上，财政部于 6 月下达了 2011 年中央财政奖励资金预算指标共 50 亿元，其中工业行业 40.3 亿元（工业和信息化部产业政策司，2012）。

地方财政补贴资金：共查到全国有 11 个省市的淘汰落后产能的省级投入共计 5.65 亿元（见附表 4）。在淘汰落后产能政策执行中，许多省市采取了产能置换的办法，并没有安排补贴资金。因此，本报告中只包含查找到的数据。

附表4　2011年省级淘汰落后产能补贴（共11省市）

单位：亿元

省/自治区	淘汰落后产能补贴	省/自治区	淘汰落后产能补贴
安徽省	0.07	山东省	1.2
海南省	0.2	山西省	2.16
河北省	0.5	云南省	0.3
广西壮族自治区	0.2	浙江省	0.1
江苏省	0.3	福建省	0.21
内蒙古自治区	0.41		

资料来源：刘源源，2011；强永利，2011；万玛加，2011；王永群，2012；王永珍，2012；浙江省经信委产业处，2012；中国广播网，2011；黄伟，2012。

附录四　北方既有建筑节能改造

中央财政补贴：从2007年至今，中央财政已累计下拨资金180亿元，用于支持北京等16个省区市和新疆生产建设兵团既有居住建筑节能改造工作（孙勇、王璐，2012）。用180亿元减去2007年、2008年、2009年、2010和2012年数据，即得到2011年北方采暖区既有居住建筑供热计量及节能改造资金为63.3亿元（见附表5）。

附表5　北方既有建筑节能改造中央财政补贴

单位：亿元

项目	2007年	2008年	2009年	2010年	2011年	2012年
北方采暖区既有居住建筑供热计量及节能改造资金	9	7.45	12.7	34.55	63.3	53

资料来源：2007～2010年数据来源于戴彦德，熊华文，焦健，2012；孙勇、王璐，2012。

地方财政补贴：“北方采暖地区”是指北京市、天津市、河北省、山西省、内蒙古自治区、辽宁省、吉林省、黑龙江省、山东省、河南省、陕西省、甘肃省、青海省、宁夏回族自治区、新疆维吾尔自治区，共15个省区市。共查找到10个省区市的地方财政补贴，共计40.19亿元（见附表6）。根据已知10个省区市的数据推算北方15个省区市省级财政投入：

$$北方15个省区市省级财政投入 = 40.19/10 \times 15 = 60.28(亿元)$$

省级投入与地市级投入按照1∶1计算（齐晔等，2013），所以地方财政补贴（包括省级补贴和地市级补贴）共计120.56亿元（见附表7）。

附表6 北方既有建筑节能改造地方财政补贴（共10省市区）

单位：亿元

省份	资金投入	省份	资金投入
北京市	12	山东省	1.5
天津市	5.4	河南省	0.27
山西省	1	青海省	1.65
内蒙古自治区	2.75	宁夏回族自治区	0.22
吉林省	12	新疆维吾尔自治区	3.4

资料来源：北京市财政局，2012；河南省住房和城乡建设厅，2012；临沂住房网，2012；辽宁日报，2012；宁夏回族自治区城乡建设厅，2012；山西日报，2011；内蒙古自治区住宅与房地产网，2012。

附表7 北方既有建筑节能改造资金构成

单位：亿元

项目	融资额总计	中央补贴	地方补贴	债券	公众投资
北方既有建筑节能改造	295.68	63.3	120.56	10	101.82

注：①融资额总计 = 全面改造单位建筑平均造价 ×2011年完成建筑节能改造总面积（对北方15个省份和新疆生产建设兵团的调查问卷反馈），全面改造单位建筑平均造价为224元/m^2（彭梦月，2010）。2011年共完成改造面积1.32亿m^2。

②地方财政补贴 = 省级配套资金 + 地市级配套资金。

③社会资金 = 总资金 − 中央财政补贴 − 地方财政补贴 − 债券。

债券：在北方诸省区中，仅查到吉林省在2011年度为完成既有建筑节能改造，发行了10亿元债券（中国建设报，2011）。

公众投资：既有建筑改造除政府补贴外的投资构成较为复杂，包括热力公司、企业建筑业主自筹、居民负担、合同能源管理等方式，限于目前的数据可得性，不能清晰地划分，所以暂时计为公众投资。

附录五　公共建筑节能

公共建筑节能监管体系建设：2011年黑龙江、山东、广西、青岛、厦门被批准为公共建筑节能监管体系试点，山东省、广西壮族自治区、青岛市分别得到2400万元、1300万元、1250万元中央补贴。计算黑龙江省所得到的中央补贴为山东和广西两省区的平均值，即1850万元。厦门市的补贴值参考青岛，为1250万元。两省一区两市得到的中央补贴共计8050万元（见附表8）。

附表8　公共建筑节能融资分类构成

单位：亿元

项目	中央补贴	省市级补贴	租赁	风投/私募	企业自筹
公共建筑节能监管体系建设	0.805	—	—	—	—
公共建筑节能改造	2.4	4.97	—	—	—
国家高等院校节约型校园建设示范院校	1.84	1.84	3.5	4.2	54
小计	5.045	6.81			

注：①公共建筑节能改造省级配套资金为8个省区市资金，除宁夏外，这些省区均属于南方地区。由于这些数据只是查到的省区市，大部分数据不含地市级配套，因此该数据可能偏小。
②租赁和风投/私募资金来自合同能源管理资金，占合同能源管理资金对应项目资金的25%。

公共建筑节能改造：2011年天津、深圳、重庆三市被批准为公共建筑节能改造试点，深圳和重庆均获得8000万元中央补贴，此处假设天津也获得8000万元中央财政补贴。三市共计2.4亿元。另外查到有8个省区市有公共建筑节能补贴资金，除宁夏外，其余7省均属于南方地区，共计4.97亿元（见附表9）。

附表9　公共建筑节能改造省级资金投入

单位：亿元

省市	省级补贴	省市	省级补贴
重庆市	0.0817	贵州省	0.05
浙江省	0.544	江苏省	2
上海市	0.9826	浙江省	0.15
广西壮族自治区	0.6658058	宁夏回族自治区	0.5

资料来源：范磊贤，2011；广西壮族自治区住房和城乡建设厅，2011；江苏省审计厅投资处，2012；宁夏回族自治区城乡建设厅，2012；浙江日报，2012。

节约型校园：2011 年共批准 42 所高校为建设试点，浙江大学等 4 所高校为节能改造示范。每个学校补贴 300 万～500 万元不等，按每个学校补贴 400 万元计算，中央补贴共计 1.84 亿元。计算地方配套资金与中央配套资金按 1∶1配比，也为 1.84 亿元。

附录六 “十城千辆”节能与新能源汽车示范推广应用工程

“十城千辆节能与新能源汽车示范推广应用工程”从 2009 年开始实施。2009 年确定参与“十城千辆”工程的城市有 13 个，分别是北京、上海、重庆、长春、大连、杭州、济南、武汉、深圳、合肥、长沙、昆明、南昌。第二批确定参与“十城千辆”工程的城市有 7 个，分别是天津、海口、郑州、厦门、苏州、唐山、广州。第三批确定参与“十城千辆”工程的城市有 5 个，分别是沈阳、成都、呼和浩特、南通、襄樊。至 2011 年底，这些示范城市共有新能源大巴 8573 辆，其中电动客车 1102 辆，混合动力客车 7471 辆（黄山等，2012）。根据 2011 年底 25 个城市的新能源客车拥有量，计算 2011 年平均新增电动客车 383 辆，2011 年新增混合动力客车 2469 辆。

总融资额：总融资额 = 2011 年新增电动客车总数 × 电动客车单价 + 2011 年新增混合动力客车总数 × 混合动力客车单价

按照电动客车单价 180 万元/辆、混合动力客车单价 90 万元/辆计算，计算总融资额为 30.7 亿元（见附表 10）。

附表 10 “十城千辆”示范城市新能源大巴资金构成

单位：亿元

项目	总融资额	中央补贴	地方补贴	企业自筹资金
“十城千辆”资金构成	30.7	8.7	8.1	13.9

中央补贴：补贴标准为：对乘用车和轻型商用车，混合动力汽车根据混合程度和燃油经济性分为 5 档，最高每辆补贴 5 万元；纯电动汽车每辆补贴 6 万元；燃料电池汽车每辆补贴 25 万元；长度为 10 米以上的城市公交客车、混合动力客车每辆补贴 5 万～42 万元，纯电动和燃料电池客车每辆分别补贴 50 万元和 60 万元（见附表 11）。

附表11　2011年“十城千辆”示范城市新能源大巴拥有量及补贴标准

城市/地区	纯电动（辆）	混合动力（辆）	地方补贴标准
第一批示范城市(2009年)			
北京	50	1220	50辆电动车为2008年奥运会专项资金支持;在2009年6月之前,北京市共有820辆混合动力公交车
上海	261	150	世博会专项资金支持,全为2010年世博会投放
重庆	6	50	10米以上新能源公交车补贴3万元/台,混合动力公交车补贴3万元/台,纯电动公交车补贴30万元/台
长春	0	200	—
大连	0	262	对节能与新能源汽车示范运营项目按1:5配套支持;混合动力公交车按差价补贴;公交公司购买新能源公交车,除国家补贴以外的金额,全部由市财政承担
杭州	0	830	按中央标准的6%补贴;纯电动车按车辆购买价格2%的标准给予维修保养补贴,混合动力车按1%的标准执行
济南	0	200	先期已经采购的200辆公交车资金来源主要是国家补贴和省财政补贴,其余不足部分由市政府补贴。
武汉	0	400	混合动力公交车补贴25万元/辆
深圳	253	1750	购买新能源公务车,补贴以中央财政为主,地方财政不再补贴
合肥	433	0	新能源公交车,中央补贴的剩余部分市财政全额补贴;纯电动公交车电池采用租赁方式,市财政补贴20万元/年·辆,单车8年共160万元
长株潭	2	1394	混合动力公交车按车价(购车价减中央财政补助和省财政补贴)的25%~35%给予补贴;湘潭市对混合动力公交车给予4万元/辆的购车补助
昆明	4	196	新能源车运营补贴4万元/辆×4年;传统车补贴8万元/辆
南昌	0	51	6万元/辆
第二批示范城市(2010年)			
天津	0	132	纯电动大巴补贴20万元/辆,混合动力大巴补贴9万元/辆
海口	30	50	2011年,落实中央财政补助海口市示范推广专项经费5817万元和省级配套补助资金5000万元,目前已完成312辆节能与新能源汽车的示范推广工作。http://news.sohu.com/20120226/n335922110.shtml
郑州	6	15	纯电动客车补贴40万元/辆;混合动力客车补贴20万元/辆
厦门	0	325	按车价的30%给予补贴;按车价的4%支付维护保养补贴给公交公司
苏州	4	89	45万元/辆政府贴息贷款

续表

城市/地区	纯电动	混合动力	地方补贴标准
唐山	20	0	购车补贴由市财政按国家补贴的20%予以匹配,此外还按车辆购置价格2%的标准给予维护保养补贴
广州	0	450	亚运会专项资金支持了200辆;购车补贴对超出常规车价的部分实施一次性补贴;运营成本实施年度补贴——广州市公共服务领域节能与新能源汽车示范推广财政补助实施方案
第三批示范城市(2011年)			
沈阳	0	40	混合动力公交车补贴15万元/辆
成都	30	0	按中央标准的40%补贴
呼和浩特	0	50	购车一次性财政补贴,以中央补助资金的1/3作为参考补助标准
南通	3	47	市财政全额补贴
襄阳	0	20	纯电动公交车,中央财政补贴50万元/辆;混合动力公交车,中央财政补贴42万元/辆;每台新能源公交车,公交公司支付20万元,剩余部分由国家与地方政府补贴支付

资料来源：黄山、武仲斌、洪亮，2012。

在计算中，补贴标准按照纯电动客车为50万元/辆，混合动力客车参考杭州市的补贴标准20万元/辆计算。

中央补贴 = 2011年新增电动客车总数 × 单量电动客车补贴标准 + 2011年新增混合动力客车总数 × 单量混合动力客车补贴标准

地方补贴：地方补贴为各市补贴之和。

各市补贴 = 2011年新增电动客车总数 × 单量电动客车补贴地方标准 + 2011年新增混合动力客车总数 × 单量混合动力客车补贴地方标准

企业自筹资金：为构成企业成本。

企业自筹资金 = 总融资额 − 中央补贴 − 地方补贴

附录七　家电下乡

“家电下乡”政策于2007年开始试点，2009年2月开始在全国推广，2013年1月31日结束。补贴范围为彩电、冰箱（含冰柜）、手机、洗衣机、空调、热水器、电脑、微波炉、电磁炉和电动车。补贴额度为销售价格的13%，中央财政负担80%，省级财政负担20%（见附表12）。

中央补贴 = 2011 年补贴总额 × 80%
地方补贴 = 2011 年补贴总额 × 20%

附表 12　2011 年“家电下乡”资金构成

项目	2011 年补贴总额(亿元)	中央补贴(亿元)	地方补贴(亿元)	家电销售台数(亿台)
家电下乡	343.33	274.66	68.67	1.03

资料来源：商务部新闻办公室，2011；商务部新闻办公室，2012。

附录八　家电以旧换新

家电以旧换新政策开始于 2009 年 6 月 1 日，结束于 2011 年 12 月 31 日。补贴范围为 5 类电器，包括电视机、电冰箱（冰柜）、洗衣机、空调、电脑。财政补贴为新家电销售价格的 10%，设最高补贴限额。补贴资金由中央财政负担 80%，省级财政负担 20%（见附表 13）。

中央补贴 = 直接销售额 × 10% × 80%
地方补贴 = 直接销售额 × 10% × 20%

附表 13　2011 年“家电以旧换新”资金构成

项目	直接销售额(亿元)	中央补贴(亿元)	地方补贴(亿元)	家电销售台数(亿台)
家电以旧换新	3420	273.6	68.4	0.9248

资料来源：中国质量新闻网，2012。

附录九　节能产品惠民工程

节能产品惠民工程政策开始于 2007 年，结束于 2013 年 5 月 31 日。补贴范围为家电、汽车、工业产品 3 大类 15 个品种；2012 年后将空调、平板电视、电冰箱、洗衣机、热水器、单元式空调和冷水机组、台式微型计算机等产品纳入了节能产品推广范围。由中央财政对能源效率等级为 1 级或 2 级产品的生产企业给予补助，再由生产企业按补助后的价格进行销售，并鼓励有条件的地方安排一定资金支持高效节能产品推广（见附表14）。

附表14 2011年节能产品惠民工程资金构成

内容	中央补贴(亿元)	直接销售额(亿元)
节能灯	12.7	19.5
高效节能定频空调	31.0	800.0
节能汽车	107.6	1821.4
高效电机	13.4	133.7
合计	164.7	2774.6

资料来源：财政部经济建设司，2013；中新网能源频道，2011；彭国华、林山，2011。

参考文献

1. IEA, World Energy Outlook 2012, Paris: OECD/IEA, 2012.
2. N. S. Lisa Ryan, AndréAasrud, Plugging the Energy Efficiency Gap with Climate Finance, Paris: OECD/IEA, 2012.
3. 北京利德华福电气技术有限公司：《合同能源管理现状》，http://www.ca800.com/news/d_1nrusj6oapvk2.html，2011-10-17。
4. 戴彦德、熊华文、焦健：《中国能效投资进展报告》，中国科学技术出版社，2012。
5. 工业和信息化部产业政策司：《2011年淘汰落后产能工作基本情况及2012年工作安排》，http://www.miit.gov.cn/n11293472/n11295023/n14584578/14663482.html，2012-05-18。
6. 国家发展和改革委员会：《中国应对气候变化的政策与行动2012年度报告》，2012。
7. 黄山、武仲斌、洪亮：《江苏省落后产能淘汰工作受肯定》，http://www.js.xinhuanet.com/xin_wen_zhong_xin/2012-04/16/content_25070170.htm，2012-04-16。
8. 黄伟：《江苏省落后产能淘汰工作受肯定》，http://www.js.xinhuanet.com/xin_wen_zhong_xin/2012-04/16/content_25070170.htm，2012-04-16。
9. 刘源源：《内蒙古今年淘汰86个落后产能项目奖励资金逾2亿》，http://news.cnr.cn/gnxw/201111/t20111107_508743453.shtml，2011-11-07。
10. 马丽：《工信部盘点2011：135亿改造传统产业带动投资2791亿》，http://scitech.people.com.cn/GB/16726615.html，2011-12-17。
11. 彭梦月：《北方采暖地区既有居住建筑节能改造费用和投融资模式现状、问题及建议（上）》，《建设科技》2010年第12期。
12. 齐晔：《中国低碳发展报告（2010）》，社会科学文献出版社，2011。
13. 齐晔：《中国低碳发展报告（2013）》，社会科学文献出版社，2013。
14. 强永利：《宁夏淘汰落后产能中央财政奖励1.65亿元》，http://nx.people.com.cn/GB/192484/15880057.html，2011-10-13。
15. 万玛加：《2011年我省安排节能专项资金达到一亿两千两百万元》，http://news.xinmin.cn/rollnews/2011/02/12/9269954.html，2012-02-12。
16. 孙勇、王璐：《中央财政2012年拨付资金53亿元支持建筑节能改造》，http://www.gov.cn/jrzg/2012-03/16/content_2092838.htm，2012-03-16。
17. 王永群：《安徽："胡萝卜"替代"大棒"淘汰落后产能》，http://finance.eastmoney.com/news/1350，20120413200570441.html，2012-04-13。
18. 王永珍：《福建完成或超额完成2011年淘汰落后产能目标任务》，http://www.gov.cn/gzdt/2012-02/13/content_2064907.htm，2012-02-13。
19. 吴良柏：《节能量有关交易情况简介》，2013中国工业节能年会，2013。
20. 吴艳荣：《石家庄市设立1亿元专项资金鼓励淘汰落后产能》，http://www.heb.chinanews.com/5/2011-02-14/101718.shtml，2011-02-14。
21. 谢旭人：《关于2011年中央决算的报告——2012年6月27日在第十一届全国人民代表大会常务委员会第二十七次会议上》，http://www.heb.chinanews.com/5/2011-02-14/101718.shtml，2012-7-11。
22. 浙江省经信委产业处：《我省下达2011年度淘汰落后产能财政奖励资金》，http://www.zjjxw.gov.cn/cszc/cyfzxtc/csdt/2012/09/13/2012091300309.shtml，2012-09-13。
23. 证券时报网：《交通业节能减排专项资金重点投五领域》，http://kuaixun.stcn.com/content/2011-11/30/content_4094897.htm，2011-11-30。
24. 中国广播网：《内蒙古今年淘汰86个落后产能项目奖励资金逾2亿》，http://news.cnr.cn/gnxw/201111/t20111107_508743453.shtml，2011-11-07。
25. 中国建设报：《吉林"暖房子"工程》，http://www.chinajsb.cn/bz/content/2011-10/27/content_41499.htm，2011-10-27。
26. 中国节能产业网：《我国现阶段节能服务产业发展状况统计数据》，http://www.china-esi.com/Industry/14186.html，2012-2-7。
27. 上海市发展改革委员会：《上海市发展改革委关于下达本市2011年节能减排专项资金安排计划（第一批）的通知》，http://www.shdrc.gov.cn/searchresult_detail.jsp?main_artid=18477&keyword=于下达本市2011年节能减排专项资金安排计划（第一批）的通知，2011-04-08。
28. 福建省经济贸易委员会综合处：《保障绿色发展环境空间 我省多措并举节能降耗成效显著》，http://www.fjetc.gov.cn/zfxxgk/newsInfo.aspx?newsid=35824，2012-06-11。

29. 甘肃省财政厅预算处：《甘肃省省本级 2011 年决算》，http：//www. czxx. gansu. gov. cn/pub/dataarea/caizhengshuju/juesuanziliao/2012/08/28/1346138480460. html#，2012 - 08 - 28。
30. 海南省财政厅：《海南省工信厅节能专项资金支出绩效自评报告》，http：//www. hainan. gov. cn/hn/zwgk/czgk/ysjx/pjbg/201210/t20121010_ 785006. html，2012 - 09 - 25。
31. 河北省财政厅：《关于河北省 2010 年省本级预算及省总预算执行情况和 2011 年省本级预算及省总预算草案的报告》，http：//www. mof. gov. cn/zhuantihuigu/2011yusuan/shengshiyusuan11/201103/t20110306_ 476054. html，2011 - 01 - 12。
32. 黑龙江省财政厅：《关于黑龙江省 2011 年预算执行情况和 2012 年预算草案的报告》，http：//www. hlj. gov. cn/zxxx/system/2012/01/18/010287331. shtml，2012 - 01 - 09。
33. 湖南省财政厅：《关于湖南省 2011 年省级决算草案和 2012 年上半年预算执行情况的报告》，http：//www. hunan. gov. cn/zwgk/zdlyxxgk_ 37476/czzj/sjyszxqk/201302/t20130217_ 828919. html，2012 - 09 - 07。
34. 江苏省财政厅：《关于江苏省 2010 年预算执行情况与 2011 年预算草案的报告》，http：//www. jiangsu. gov. cn/xxgk/czzj/ysjs/201105/t20110520_ 595176. html，2011 - 02 - 10。
35. 《山西省下达 2011 年省级专项节能资金 1. 15 亿元全力确保节能减排目标实现》，晋城财政信息网，http：//jccz. jconline. cn/contents/312/11281. html，2011 - 10 - 18。
36. 四川省发改委：《关于全省 2011 年节能减排工作情况的报告》，http：//www. scspc. gov. cn/html/cwhgb_ 44/201203/2012/0913/67490. html，2012 - 09 - 13。
37. 《云南省将逐年增加节能减排专项资金》，云南低碳经济网，http：//news. emca. cn/n/20130904102623. html，2013 - 09 - 04。
38. 重庆市国库处：《2011 年重庆市财政预算执行情况分析》，http：//jcz. cq. gov. cn/Html/1/zwgk/czyszwgk/czys/ysxx/2012 - 02 - 03/36706. html，2012 - 02 - 03。
39. 北京市财政局：《北京市 2011 年市级财政公共财政预算收支决算》，http：//www. bjcz. gov. cn/zwxx/czyjsxx/t20120728_ 389929. htm，2012 - 07 - 27。
40. 河南省住房和城乡建设厅：《王国清副厅长在全省建设科技暨建筑节能工作会议上的讲话》，http：//www. hnjs. gov. cn/jst/contents/120/39705. html，2012 - 02 - 27。
41. 《李兴军同志在全省建筑节能与建设科技工作座谈会上的讲话》，临沂住房网，http：//www. zhufon. com/news - 6442 - 201202. pl，2012 - 02 - 20。
42. 《2011 年完成既有建筑节能改造面积 1394 万平方米，全省 2 万套“冷屋子”变成“暖房子”》，《辽宁日报》，http：//www. ln. gov. cn/zfxx/jrln/wzxw/201201/t20120102 _ 785316. html，2012 - 01 - 02。
43. 宁夏回族自治区城乡建设厅：《2012 全区建筑节能墙改工作报告》，http：//www.

nxjst. gov. cn/content. jsp? urltype = news. NewsContentUrl&wbtreeid = 1067 &wbnewsid = 4483, 2012 - 03 - 19。

44. 《山西省完成既有建筑节能改造 467 万平方米》,《山西日报》, http: //www. scjst. gov. cn/webSite/main/pageDetail. aspx? fid = d46a4b5b - 6e33 - 41f6 - 95b1 - 59f660612233&fcol = 230001, 2011 - 03 - 22。

45. 《振奋精神、扎实工作、务实创新、努力开创房地产业与建筑节能科技工作新局面——许怀云副厅长在全区房地产业与建筑节能科技工作会议上的报告》, 内蒙古自治区住宅与房地产网, http: //www. imre. gov. cn/hydt/ldjh/6557. html, 2012 - 02 - 16。

46. 范磊贤:《重庆: 建筑节能改造可提取住房公积金》, http: //news. ehvacr. com/news/2011/0727/71300. html, 2011 - 07 - 27。

47. 广西壮族自治区住房和城乡建设厅:《关于 2011 年广西建筑节能试点项目的公示》, http: //www. gxcic. net/gxjskjxh/shownews. asp? newsid = 7710, 2011 - 09 - 02。

48. 江苏省审计厅投资处:《审计显示江苏建筑节能工作位居全国前列》, http: //www. jssj. gov. cn/newsfiles/120/2012 - 09/31001. shtml, 2012 - 09 - 12。

49. 《建筑节能——浙江迈上节能降耗新征程》,《浙江日报》, http: //zjrb. zjol. com. cn/html/2012 - 06/14/content_ 1568026. htm? div = -1, 2012 - 06 - 14。

50. 《节能产品惠民工程升级 买节能家电享国家补贴》, 中国质量新闻网, http: //www. cqn. com. cn/news/xfzn/583429. html, 2012 - 06 - 18。

51. 财政部经济建设司:《"节能产品惠民工程"取得显著成效》, http: //jjs. mof. gov. cn/zhengwuxinxi/diaochayanjiu/201307/t20130711_ 960347. html, 2013 - 07 - 12。

52. 《"节能产品惠民工程"直接拉动消费 1200 多亿元》, 中新网能源频道, http: //www. chinanews. com/ny/2011/10 - 09/3373592. shtml, 2011 - 10 - 09。

53. 彭国华、林山:《中央财政补贴高效电机生产企业》, http: //epaper. nfdaily. cn/html/2011 - 03/23/content_ 6939976. htm, 2011 - 03 - 23。

B.6

可再生能源投融资

摘　要：

2012 年中国可再生能源融资额为 647 亿美元（不包含研发），占全球可再生能源融资的 22%。课题组计算 2011 年中国在可再生能源领域的投资为 4267 亿元（661 亿美元），中国是全球当年该领域投资最多的国家。与能效融资相比，可再生能源融资拥有多样化的市场渠道，财政资金与企业自筹资金分别占总投资的 5.1% 和 17.2%，银行贷款、股市、债券等市场化融资渠道资金占 77.7%。可再生能源投资主要集中于发电领域，占可再生能源总投资额的 89.9%，沼气利用、太阳能热利用和地热利用占总投资额的 10.1%。从财政补贴资金来看，2011 年可再生能源领域财政资金为 248 亿元，为能效领域财政补贴资金的 1/5。2011 年中国可再生能源投资共新增了 3479 万吨标准煤的能源供应能力，新增约 9428 万吨 CO_2 的减排能力。中国可再生能源能够建立起市场化的投融资机制，得益于基于市场机制的上网电价制度。

关键词：

可再生能源　投融资

一　可再生能源投融资概况

（一）2012 年全球可再生能源投资与开发情况

根据联合国环境规划署（United Nations Environment Programme，UNEP）发布的数据，2012 年全球可再生能源和燃料融资（不包括大水电）总额为

2440 亿美元，比 2011 年的融资额下降了 12%。2012 年中国可再生能源融资额为 647 亿美元（不包含研发），占全球可再生能源融资的 22%。自 2009 年以来中国在该领域的融资已连续 4 年全球领先。2012 年全球可再生能源融资下降的主要原因是各国政策的不确定性。美国页岩气的大规模开发及低廉的价格，导致可再生能源缺乏竞争优势。欧洲的德国、意大利、西班牙等国自 2010 年以来已连续下调光伏发电项目的补贴，因此这些国家可再生能源融资在 2012 年持续下降。与此同时，可再生能源发电成本却大幅下降，2011 ~ 2012 年陆上风电系统成本下降了 2% ~3%，分布式光伏发电系统的成本下降了 30%，大型光伏发电系统的成本下降了 40%（UNEP，2013）。

2012 年全球可再生能源需求持续上升。2012 年全球可再生能源发电累计装机容量达到 1470GW，比 2011 年增加了 8.5%。其中水电增加了 3%，累计装机容量达到 990GW；其他可再生能源装机容量增加了 21.5%，累计装机容量达到 480GW。2012 年末，可再生能源装机容量占全球发电装机容量的比重超过 26%，提供了全球超过 21.7% 的电力，其中有 16.5% 来自水力发电。从全球来看，风电占 2012 年新增可再生能源装机容量的 39%，其次是水电和光伏发电，各占约 26%（REN21，2013）。

2012 年中国可再生能源发电装机容量为 313.2GW，占电源装机容量的 27.4%。其中水电为 248.9GW，占电源装机容量的 21.8%；并网风电装机容量为 60.83GW，占电源装机容量的 5.3%。2012 年中国新增发电装机容量 80.2GW。其中新增水电装机容量 15.51GW，占新增发电装机容量的 19.3%；新增并网风电 12.85GW，占 16%；新增并网太阳能发电 1.19GW，占 1.5%。2012 年可再生能源发电量占全国发电量的 19.5%。其中水电为 864.1TWh，占全国发电量的 17.4%；风电为 100.4 TWh，占全国发电量的 2%（中电联规划与统计信息部，2013）。

（二）研究重点：2011 年中国可再生能源投融资情况

在本报告中，我们从融资和投资两个方面，重点分析了 2011 年中国可再生能源的数据。本报告所称的融资是指从各渠道进入可再生能源应用领域的资金，而投资是指开发商、公众由于可再生能源应用而投入的资金。根据清华大学气候政策研究中心计算，2011 年中国可再生能源融资（包括大水电）共计 4831 亿元（748 亿美元），其中财政资金占 5.1%，社会资金占 93.9%，国际资金占 1%。2011 年中国可再生能源应用投资共计 4267 亿元（661 亿美元），其中可再生能源发电投资占 89.9%，沼气利用投资占 4.8%，太阳能热利用投资占 2.9%，地热利用投资占 2.4%（见图 6-1）。2011 年中国由于可再生能源应用投资而产生的新增能源供应能力为 3479 万吨标准煤，由此而产生的减排能力为 9428 万吨 CO_2。

（三）定义与数据来源

本报告所称的可再生能源包括可再生能源发电、沼气利用、生物燃料、太阳能热利用、地热利用五类。可再生能源发电包括大中型水电（50MW 以上）[①]、小水电（大于 1MW 而小于 50MW）、风能发电、光伏发电和生物质发电（包含农林生物质、沼气和垃圾发电）。沼气利用包括农村户用沼气、农业沼气工程（处理农业废弃物）和工业沼气工程（处理工业废气物）。生物燃料包括生物乙醇和生物柴油。太阳能热利用包括太阳能热水器、太阳灶和太阳房。地热利用包括地热采暖和地源热泵。本报告所称的可再生能源不包括分布式和离网型风能和光伏发电应用。这是因为分布式可再生能源发电在中国尚处于起步阶段，而离网型发电应用主要用于解决农村无电地区的用电问题，与接网型发电系统比较，二者的规模很小。

本报告所称可再生能源投融资指的是以上各类可再生能源应用的投融资，不包含研发投入，也不包含对制造业的投资。中国是可再生能源制造大国，例如光伏产品大部分用于出口，这部分产品并未在中国国内产生实际的能源替代和减排效应，因而不包含在本报告的计算中。

本报告计算 2011 年可再生能源投融资的口径是该年度各类社会主体对于特定领域可再生能源的资金投入，主要是新增发电系统投资，其中水电也包括了原有发电设施的扩产扩容。在本研究中将资金性质分为财政资金、社会资金

① 尽管大中型水电的技术已经非常成熟，且国际惯例中可再生能源统计不包括大中型水电，但是鉴于中国的大中型水电仍处于快速发展的阶段，所以在本报告中包含了大中型水电的投资。

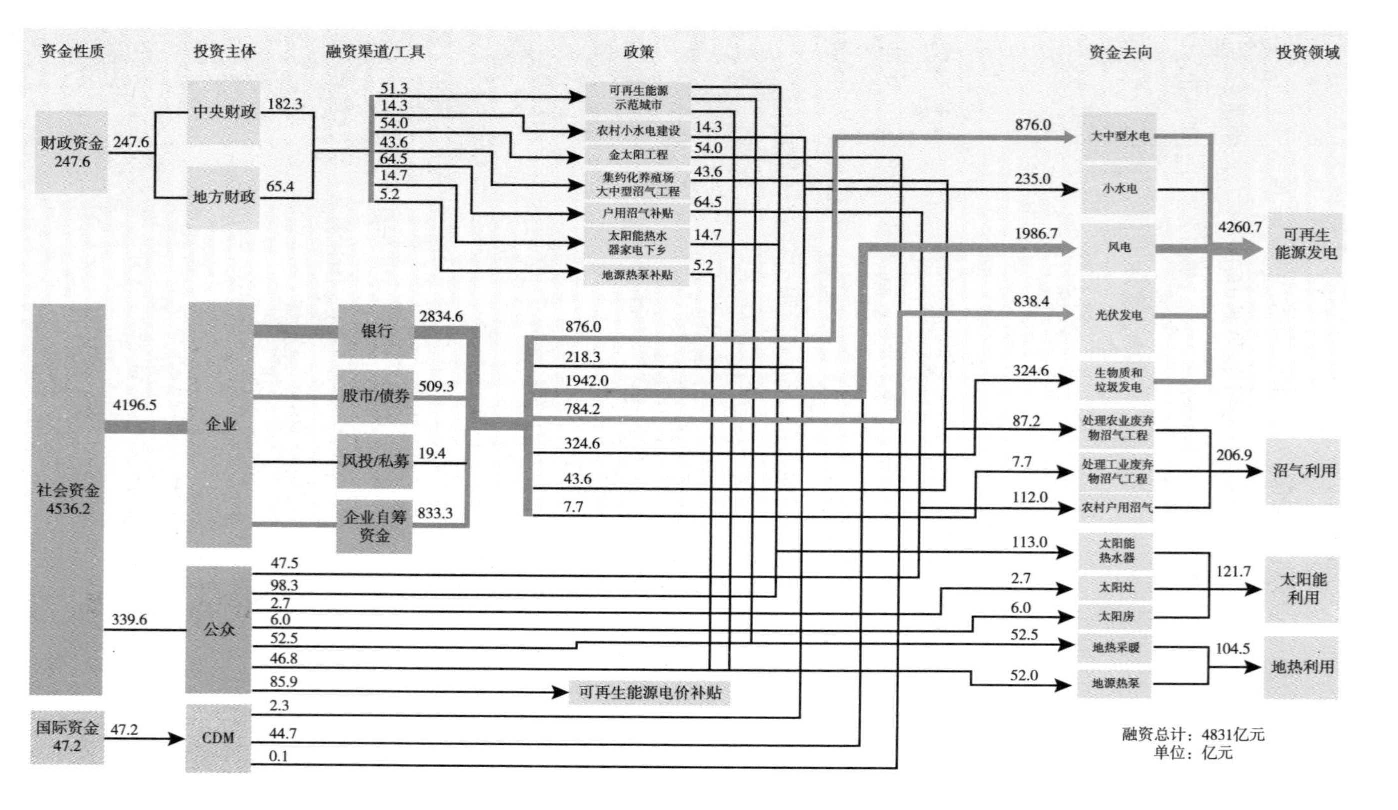

图 6－1 2011 年可再生能源投融资全景

和国际资金。可再生能源的财政资金分为可再生能源电价补贴和投资侧补贴，在本报告中所计算的都是投资侧数据，因而未包含电价补贴。由于大型发电系统一般由专业的开发商开发，所以资金渠道包括自有资金、银行贷款、股市融资、债券等。分散的可再生能源应用（太阳能热利用、地热利用）基本为用户投资，计算为公众投资。

本报告的数据来源：①统计年鉴，如《中国农业统计资料2010》《中国水利年鉴2011》等；②中国财政部、水利部、农业部、中国电力企业联合会等政府部门的公报、统计数据与政策性文件；③国际数据库 Bloomberg New Energy Finance Desktop database、CDM Pipeline 等数据库；④国内各个能源领域的行业性研究机构与研究人员的文章和报告；⑤典型公司的财务报告；⑥门户网站的新闻等。

二　可再生能源融资的资金来源

根据资金性质的不同，我们将资金分为财政资金、社会资金和国外资金三类。根据不同的来源将资金划分为中央财政、地方财政、银行、股市、债券、企业自筹和公众资金。2011 年中国可再生能源共计融资 4831 亿元（748 亿美元），其中财政资金为 247. 6 亿元，占总融资额的 5. 1%；社会资金为 4536. 2 亿元，占总融资额的 93. 9%；国际资金为 47. 2 亿元，占总融资额的 1%（见图 6 –2、表 6 –1）。

（一）财政资金

财政资金占 2011 年中国可再生能源融资总额的 5. 1%。财政资金包括中央财政资金和地方财政资金，主要用于支持小水电、光伏发电、沼气利用、生物燃料、太阳能热利用和地热利用。财政资金主要依托于可再生能源上网电价补贴政策和投资侧补贴政策支持可再生能源发展。可再生能源电价补贴由两部分构成：向电力用户收取的电力附加和中央财政支持的可再生能源发展资金。2011 年可再生能源电价补贴主要由电力用户负担。

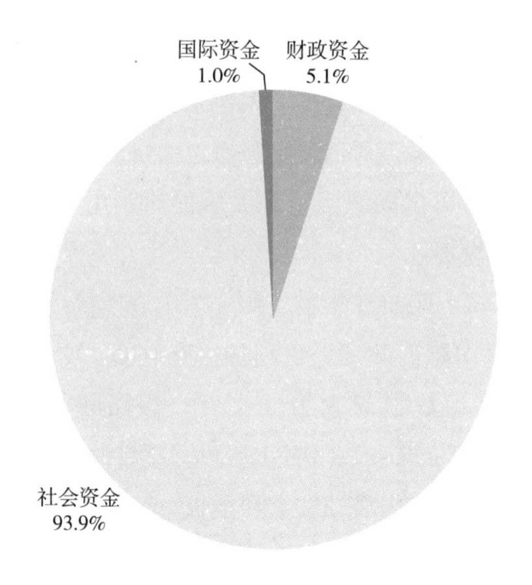

图 6-2　2011 年中国可再生能源资金来源占比

表 6-1　2011 年中国可再生能源融资的资金构成

资金性质	资金来源	金额(亿元)	占比(%)
财政资金	中央财政、地方财政	247.6	5.1
社会资金	企业自筹资金	833.3	17.2
	银行	2834.6	58.7
	股市、债券	509.3	10.5
	风投/私募	19.38	0.5
	公众	339.6	7
小计		4783.8	99
国际资金	CDM	47.2	1
合计		4831	100

对于投资侧政策补贴，2011 年财政投入共计 247.6 亿元，其中中央财政共投入 182.3 亿元，占 3.75%；地方财政共投入 65.35 亿元，占 1.35%。从投入领域来看，沼气应用领域的财政投入最多，涵盖了户用沼气和处理农业废弃物的沼气工程支持，中央和地方财政投入共计 108.1 亿元，占财政补贴总额的 43.7%；其次为支持光伏发电的“金太阳工程”，占财政补贴总额的 21.8%；然后为“可再生能源建筑应用示范城市”，占财政补贴总额的 20.7%。各领域的政策及财政投入如表 6-2 所示。

表6-2　投资侧补贴政策及财政投入

投入领域	政策名称	中央财政投入(亿元)	地方财政投入(亿元)
小水电*	农村水电增效扩容改造工程 水电农村电气化 小水电代燃料建设	10.0	4.3
光伏发电	金太阳工程	54	
沼气应用	户用沼气	43	21.5
	处理农业废弃物沼气工程	34.9	8.7
太阳能热利用	太阳能热水器家电下乡	14.7	
地热利用	地源热泵补贴	—	5.2
综合类	可再生能源建筑应用示范城市	25.64	25.64
合计		182.24	65.34

注：*小水电三项政策的准确财政补贴数据不可得，在此采用《中国农业机械工业年鉴2012》中的数据，中央财政合计为10.0亿元，地方财政投入为4.3亿元。

金太阳工程：2011年金太阳工程项目总量为600MW，从政府财政支出来看，2011年的总补贴金额约54亿元（张晓霞，2012）。

农村水电增效扩容改造工程：自2011年起，财政部和水利部从可再生能源发展专项资金中安排资金，实施农村水电增效扩容改造工程。水利部批复了重庆、湖北、湖南、广西、陕西和浙江6个省区市的试点方案，并下达了中央补助资金6.7亿元（胡四一，2012）。

水电农村电气化：2011年中央从预算内投资中安排4亿元用于水电新农村电气化项目建设。2011年3月，《“十二五”全国水电新农村电气化规划》颁布，规划5年内完成331个水电新农村电气化县建设。2011年完成投资22亿元，投产项目85个，装机21万千瓦。

小水电代燃料建设：2011年新开工小水电代燃料项目51个，装机16.7万千瓦，自2009年全面实施以来建设项目达到204个，装机51万千瓦，可解决45万户170多万农民的生活燃料问题。

沼气应用补贴：2011年，中央投资43亿元补助建设农村沼气，新增沼气用户280万户（农业部，2012）。按照中央与地方的补贴比例为2∶1计算，地方财政补贴约为21.5亿元。财政对于处理农业废弃物沼气工程也有补贴，根据山东、安徽等省的数据，按中央投资占40%，地方政府配套占10%，企业自筹占50%计算，中央和地方财政补贴分别为34.9亿元和8.7亿元（详细计算见附录）。

太阳能热水器家电下乡：自2009年开始，太阳能热水器被列入“家电下乡”目录。2011年新增太阳能热水器2260万平方米，总投资约113亿元。按照全国统一家电下乡补贴为下乡产品销售价格的13%计算，中央财政补贴为14.7亿元（详细计算见附录）。

地源热泵：对于地源热泵应用，2011年尚无统一的中央补贴，但是在北京、天津、沈阳、重庆、烟台、宜昌、合肥、长沙、宁波等地已有对于地源热泵的地方补贴。2011年新增地源热泵1300万平方米，按地方补贴标准40元/平方米计算，地源热泵的地方财政补贴为5.2亿元（详细计算见附录）。

可再生能源建筑应用示范城市：2009年，财政部、住房和城乡建设部联合推出可再生能源建筑应用示范城市政策，推动可再生能源在城市建筑领域大规模应用。2011年共批准示范城市34个、示范县48个。计算2011年的可再生能源建筑应用示范城市中央财政补贴为25.64亿元；地方配套资金按1∶1配比计算，也为25.64亿元①。

（二）社会资金

社会资金占2011年中国可再生能源融资总额的93.9%。社会资金主要分为银行、股市、债券、风投/私募、企业自筹资金和公众资金。从融资渠道来看，银行是最重要的资金来源，占总融资额的58.7%；来自股市和债券市场的资金占总融资额的10.5%。公众资金是分散的可再生能源热利用、地热利用以及可再生能源电价补贴资金的主要来源，共计339.6亿元，占总融资额的7%（见图6-3）。

银行：银行是中国可再生能源融资的主要渠道。2011年可再生能源银行贷款为2834.6亿元，占可再生能源融资总额的58.7%。从银行的性质来看，向可再生能源应用发放贷款的主要是国家开发银行和国有控股商业银行。从流

① 因支持范围的重叠，可再生能源建筑应用示范城市的补贴与太阳能热水器、地源热泵的补贴有重叠。详细计算方法见附录。

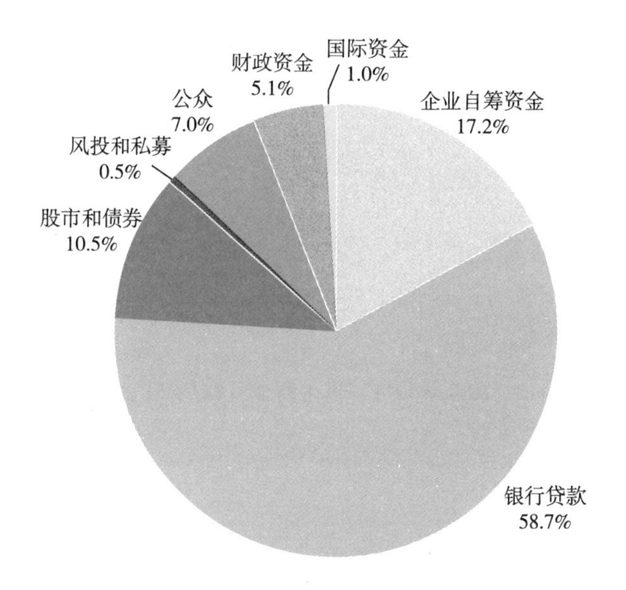

图 6-3　2011 年中国可再生能源融资构成

向来看，银行贷款主要流入可再生能源发电和工业废弃物处理沼气工程方面。银行贷款占可再生能源发电项目的比例一般为 70% ~80% 。

股市和债券市场：股市和债券市场已成为中国可再生能源融资的重要渠道。2011 年可再生能源的股市和债券市场融资额共 509. 3 亿元，占融资总额的 10. 5% 。股市和债券市场的资金主要集中于大中型水电、风电、光伏发电和生物质能发电领域。

风投/私募：随着可再生能源应用逐渐成熟，风投/私募在其中所占的比例逐渐减少。2011 年风投/私募资金共计 19. 38 亿元，集中于光伏发电领域。

企业自筹资金：企业自筹资金主要是可再生能源开发商的自有资金。2011 年企业自筹资金共计 833. 3 亿元，占可再生能源融资总额的 17. 2% 。企业自筹资金主要用于可再生能源发电投资和大型沼气工程开发。

公众：公众是分散型可再生能源应用的主体。2011 年公众资金共计 339. 6 亿元，占可再生能源融资总额的 7. 2% 。公众资金主要包括可再生能源电价补贴和用于户用沼气、太阳能热利用、地热利用的投资。2011 年可再生能源电价补贴支出为 85. 9 亿元，其中秸秆直燃项目补贴 3 亿元，独立发电系统补贴 0. 4 亿元，并网发电项目补贴 78. 8 亿元，接网工程补贴 3. 7 亿元。

（三）国际资金

本研究中国际资金主要指清洁发展机制（Clean Development Mechanism, CDM）资金。2011年中国可再生能源项目所获得的CDM资金共计约47.2亿元，占可再生能源融资额的1%，主要用于补贴小水电、风力发电、光伏发电、生物质发电和垃圾发电项目（见表6－3）。

表6－3　2011年中国可再生能源项目CDM资金构成

类型	签发项目数	CDM交易金额(亿元)
小水电	39	2.33
风力发电	265	44.69
光伏发电	2	0.12
生物质和垃圾发电	1	0.02

资料来源：CDM项目数据来自UNEP Risoe CDM/JI Pipeline，http://cdmpipeline.org/。

三　可再生能源应用投资的领域

中国可再生能源应用投资的主要领域包括可再生能源发电、沼气利用、太阳能热利用和地热利用。2011年上述可再生能源应用领域的投资额共计4267亿元。其中：可再生能源发电共计3834亿元，占总投资额的89.9%；沼气利用投资共计207亿元，占总投资额的4.9%；太阳能热利用投资共计121.7亿元，占总投资额的2.9%；地热利用共计104.5亿元，占总投资额的2.4%（见图6－4）。

如图6－5所示，在2011年可再生能源发电投资构成中，风力发电投资份额最大，占47.5%，光伏发电投资占19.2%，大中型水电投资占19.2%，小水电投资占6.1%，生物质发电投资占8%。

2011年可再生能源领域财政资金总额为196.3亿元。从补贴领域来看，沼气领域（农村户用沼气和农业沼气工程）的补贴占财政资金总额的55.1%（见图6－6）。从补贴效果来看，沼气领域的财政资金补贴效果较差。工业沼

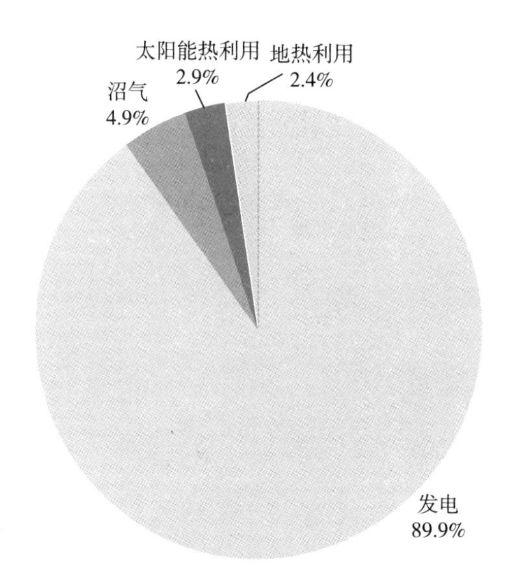

图 6-4　2011 年中国可再生能源应用投资构成

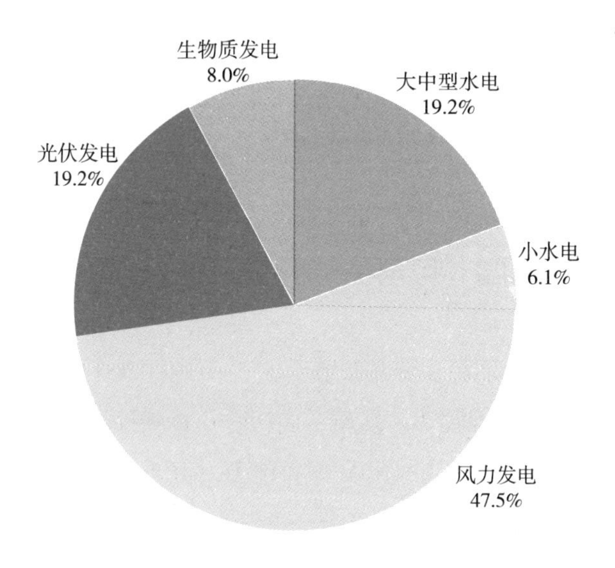

图 6-5　2011 年可再生能源电源投资构成

气工程多用于发电，享受电价补贴；农业沼气工程享受投资侧补贴，各级政策的补贴额大约占项目初始投资的 50%。从建成量来看，2011 年新增的农业沼气工程为 249 万 m^3，为新增工业沼气工程的 11.3 倍。从产气量来看，工业沼气工程的池容产气率[1]远高于农业沼气工程的池容产气率，2011 年工业沼气工程的池容产气率为 0.87m^3/天·m^3，而农业沼气工程的池容产气率仅为 0.36m^3/天·m^3，说明农业沼气工程的投资侧补贴政策的效果比较差。

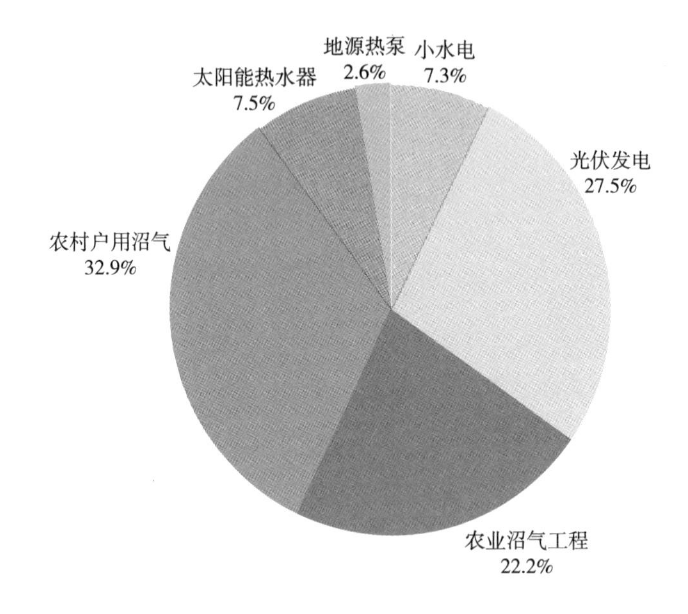

图 6-6　2011 年财政资金在可再生能源领域的分布

四　可再生能源投资的效果

2011 年中国可再生能源投资共新增了 3479 万吨标准煤的能源供应能力，新增约 9428 万吨 CO_2 的减排能力。从所形成新增 CO_2 减排能力的效果来看，可再生能源发电共形成了 8151.8 万吨 CO_2 减排能力，占新增减排能力的 86.5%；沼气利用共形成 251.3 万吨 CO_2 减排能力，占新增减排能力的 2.7%；生物燃料利用共形成 11.1 万吨 CO_2 减排能力，占新增减排能力的 0.1%；太阳能热利用共形成 811.7 万吨 CO_2 减排能力，占新增减排能力的 8.6%；地热利用共形成 201.9 万吨 CO_2 减排能力，占新增减排能力的 2.1%（见图 6-7、表 6-4）。

① 沼气池单位池容积在单位时间内的产气量为沼气池的池容产气率。

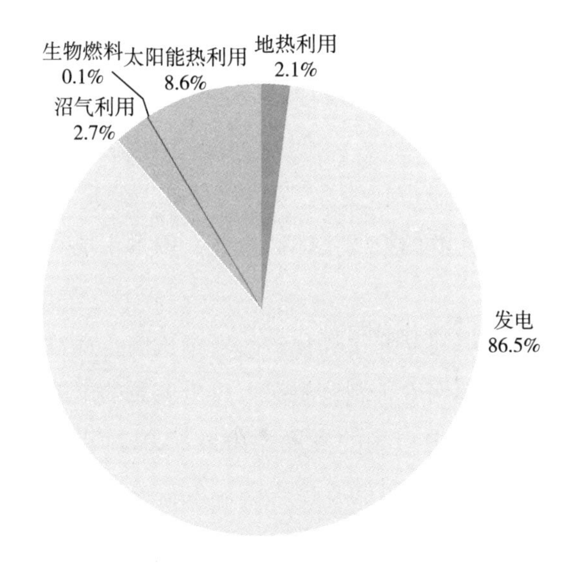

图 6-7 可再生能源投资形成的减碳能力构成

表 6-4 可再生能源投资的新增能源供应能力和减碳效果

项 目	2011 年新增	2011 年新增能源供应能力（万 tce）	2011 年新增 CO_2 减排能力（万 tCO_2）
大中型水电（GW）	14	1327.2	3596.8
小水电（GW）	3.1	270.1	732.0
风电（GW）	17.6	1016.4	2754.4
生物质和垃圾发电（GW）	2.18	304.6	825.4
光伏发电（GW）	2.331	89.7	243.2
农村户用沼气（亿 m^3）	7.66	54.7	148.2
农业沼气工程（亿 m^3）	3.817	27.3	73.9
工业沼气工程（亿 m^3）	1.508	10.8	29.2
生物乙醇（Mt）	1.9	4.1	11.1
生物柴油（Mt）	0.4	0	0.0
热水器（万 m^2）	2260	271.2	735.0
太阳灶（万台）	53	26.5	71.8
太阳房（万 m^2）	60	1.8	4.9
地热采暖（万 m^2）	1500	42	113.8
地源热泵（万 m^2）	1300	32.5	88.1
总计		3478.9	9427.7

注：计算方法详见附录。

资料来源：①可再生能源发电装机容量数据：中国电力企业联合会，2011 年电力工业统计资料。

②沼气利用数据：中华人民共和国农业部，2012；中国农业统计资料（2011）；中华人民共和国农业部，2012，中国农业统计资料（2011）。

③太阳能热利用及地热利用数据：王庆一，2012；中国能源统计数据。

我国可再生能源投资主要集中于发电领域，占可再生能源总投资额的89.9%。沼气利用、太阳能热利用和地热利用分别占可再生能源总投资额的4.8%、2.9%和2.4%。与能效融资比较，可再生能源的融资渠道呈现多样化的特征，包括银行贷款、股市、债券、风投/私募、公众等多种融资渠道。从投资主体来看，可再生能源的投资主体以企业、资本市场和公众为主，政府投资只占到很少的份额。

中国可再生能源能够建立起市场化的投融资机制，得益于可再生能源发电领域的上网电价制度。上网电价制度根据可再生能源的上网电量进行补贴，极大地推动了可再生能源发电市场的发展。2006～2012年，国家发改委和财政部共发放10期补贴（后2期通过可再生能源发展基金发放），累计补贴资金573亿元。到2013年6月，我国风电装机容量超过67GW，预计2013年总发电量达到140TWh；2013年6月，光伏发电装机容量达8.8GW，预计2013年大型光伏电站总发电量超过8TWh（时璟丽，2013）。

从财政补贴资金来看，2011年可再生能源领域财政补贴资金为248亿元，是能效领域财政补贴资金的1/5。沼气和光伏发电是财政资金投资最多的领域，分别占财政资金的55.1%和27.5%。这些领域的财政补贴均为投资侧补贴，一般在项目建成时进行一次性补贴。从财政资金的补贴效果来看，农村户用沼气弃置率很高，农业沼气工程的单位池容产气率仅为工业沼气工程（享受上网电价补贴）的1/3。享受光伏发电补贴的“金太阳工程”和“建筑光伏一体化工程”2012年共投资约107亿元，装机容量仅为1.93GW；2013年这两项工程已废止，统一实行上网电价政策。综上所述，投资侧补贴方式是一种效果较差的补贴方式。在可再生能源领域，应最大限度发挥市场化的投融资机制的作用。

附录　可再生能源投融资、新增能源供应能力及减排能力计算方法

附录一　可再生能源融资

（1）并网发电计算方法说明

小水电：在本研究中投资总数、财政补贴、银行贷款的比例引用《中国

农业机械工业年鉴 2012》中的数据，但是在融资渠道中加入 CDM 资金，在自筹资金中减去 CDM 资金额（见附表 1）。

附表 1　2011 年小水电融资构成

单位：亿元，%

项目	中央财政补贴	地方财政补贴	银行贷款	自筹资金	CDM 资金	总计
融资额	10.0345	4.3005	83.895	134.44	2.33	235
占比	6.1		35.7	57.2	1	100

资料来源：曲鹏：《农村水电建设总体情况》，《中国农业机械工业年鉴 2012》，第 92 ~ 93 页。

大中型水电：在相关的研究中没有发现专门的大中型水电投资数据。在本研究中水电总投资数据采用中国电力企业联合会 2011 年数据 971 亿元，小水电投资数据采用《中国农业机械工业年鉴》数据 235 亿元，大中型水电投资数据为水电总投资数据与小水电投资数据之差 736 亿元。因为这两个数据来源不同，理论上不应该直接相减。在这里，我们验证该数据的可靠性。2011 年大中型水电的装机容量为水电总装机的 82%，小水电装机容量为水电总装机的 18%。根据以上计算，小水电投资约占水电总装机的 24%，该数据具有一定的合理性。因此在本研究中采用了这一数据。

根据《国务院关于调整固定资产投资项目资本金比例的通知》（国发〔2009〕27 号），电力行业的最低资本金比例为 20%。根据查到的多个水电案例，大中型水电的开发商一般具有国有背景，在项目开发中大多采用 20% 为资本金、80% 为银行贷款的比例。因此，在本研究中采用大中型水电的银行贷款比例为 80%。2011 年中国水电集团上市，融资额为 135 亿元。2011 年 4 家水电公司发行债券，募资额为 40 亿元。假设股市融资和债券市场融资额度的 20% 被用于水电项目开发，则企业自筹资金为 112.2 亿元。这四项之和即为大中型水电的融资额（见附表 2）。

附表 2　2011 年大中型水电融资构成

单位：亿元，%

项目	银行贷款	股市	债券	企业自筹资金	总计
融资额	588.8	135	40	112.2	876
占比	67.2	15.4	4.6	12.8	100

风电和光伏发电：先计算风电和光伏发电项目的投资额，再加入 CDM 资金、股市/债券市场、风投/私募融资。根据对具有代表性的 9 家风电和光伏发电开发商的项目资金构成进行分析，发现集中式风力发电项目中，项目资金的构成一般为 20% 是资本金，80% 是银行贷款。光伏发电项目分为集中式和分布式两类。集中式光伏发电项目的资金构成与开发商的属性有关。若开发商是国有企业，则项目资本构成一般为 20% 是资本金，80% 是银行贷款。若开发商是光伏制造商，发电项目的资金构成 100% 为资本金。分布式光伏发电系统目前受“光电建筑应用一体化”和“金太阳”项目支持，项目资金构成是 30% 为资本金，20% 为银行贷款，50% 为政府补贴。出于相同的原因，2011 年由光伏制造商单独开发的光伏项目的资本金比例为 50%，其余 50% 是政府补贴。在融资的计算中，融资渠道加入了 CDM 融资，并在计算中相应减少资本金的比例。具体比例和计算如附表 3 和附表 4 所示。

附表 3　2011 年风电和光伏发电项目的投资计算

单位：亿元，%

	总投资	资本金		银行贷款		光伏发电项目中央政府补贴	
项目	金额	金额	占比	金额	占比	金额	占比
风力发电	1821.38	364.28	20	1457.11	80	0	0
光伏发电	736.30	210.65	28.6	487.84	66.3	37.71	5.1
集中式	660.87	179.96	27.2	480.91	72.8	0	0
分布式	75.43	30.69	40.7	6.93	9.2	37.71	50
总计	2557.68	574.93	22.48	1944.95	76.04	37.71	1.47

注：2011 年人民币对美元平均汇率 6.4588（中国人民银行授权中国外汇交易中心发布）。

资料来源：总投资数据来自 UNEP，SEFI，Bloomberg New Energy Finance，Global Trends in Sustainable Energy Investment 2012。光伏发电装机容量数据是根据 Bloomberg New Energy Finance 数据库中的项目统计得出。

附表 4　2011 年风电和光伏发电的融资构成

单位：亿元

项目	融资额总计	中央财政补贴	银行贷款	股市/债券	风投/私募	企业自筹资金	CDM 资金
风力发电	1986.73	—	1457.11	206.68	—	278.25	44.69
光伏发电	838.35	54.00	488.29	103.34	19.38	173.23	0.12

生物质和垃圾发电：先计算生物质和垃圾发电项目的投资额，再加入CDM资金和债券市场融资（查无2011年上市融资企业）。生物质发电项目投资金额采用了单位装机成本与当年新增装机容量的乘积计算。根据国家发展改革委、国家电监会《2012年可再生能源电价补贴工程目录》，分离出2011年新增生物质和垃圾发电项目，将项目分为秸秆发电、沼气发电和垃圾发电三类，查阅这些项目的投资，求出每个项目的单位投资成本，将三类项目按装机容量进行加权平均，计算出平均投资成本为1400万元/MW。用该投资成本乘以当年新增生物质发电装机容量得到总投资为305.2亿元。

关于融资渠道的比例计算如下：查阅了生物质发电占比较高的三家公司（国能生物质发电、光大环保、凯迪电力）的多个项目，按银行贷款占比为70%计算。2011年共有三家行业企业发行了债券，共计24.3亿元（见附表5）。

附表5　2011年生物质和垃圾发电的融资构成

单位：亿元，%

项目	融资额总计	银行贷款	债券	企业自筹资金	CDM资金
生物质和垃圾发电	324.64	213.64	24.3	86.68	0.02
占比	100.0	65.8	7.5	26.7	0.0

（2）沼气利用

见附表6至附表8。

附表6　2011年户用沼气投资融资构成

项目	金额	计算方法
沼气总投资(亿元)	112	沼气总投资=2011年新增沼气用户×户均投入
2011年新增沼气用户(万户)	280	
户均投入(元)	4000	
中央投资(亿元)	43	
地方投资(亿元)	21.5	中央和地方的财政补贴比例为2:1
公众投资(亿元)	47.5	公众投资=总投资-中央投资-地方投资

资料来源：①农业部：《2012年国家支持粮食增产农民增收的措施》，http://www.gov.cn/gzdt/2012-03/28/content_2101778.htm。

②王庆一，2012。

③《关于印发〈2013年合肥市农村沼气民生工程实施方案〉的通知》，http://www.hefei.gov.cn/n1070/n304559/n310576/n313576/28176543.html。

附表 7　2011 年处理农业废弃物沼气工程融资构成

项目	金额	计算方法
总投资(亿元)	87.234	总投资 = 2011 年新增农业废弃物沼气工程 × 单位池容比投资
2011 年新增农业废弃物沼气工程(万 m^3)	249.24	
单位池容比投资(元/m^3)	3500	
中央投资(亿元)	34.8936	畜禽养殖场大中型沼气工程,每处中央补助资金占项目总资金的 40% 左右
地方政府配套资金(亿元)	8.7234	县市财政补贴占项目总投资的 10% 左右
企业自筹(亿元)	43.617	企业自筹占总投资的 50%

资料来源：①陈晓华，2012；陈晓华，2011。

②关于印发《2013 年合肥市农村沼气民生工程实施方案》的通知，http：//www.hefei.gov.cn/n1070/n304559/n310576/n313576/28176543.html。

附表 8　2011 年处理工业废气物沼气工程融资构成

项目	金额	计算方法
总投资(亿元)	7.69	总投资 = 2011 年新增工业废弃物沼气工程 × 单位池容比投资
新增(万 m^3)	21.97	
单位池容比投资(元/m^3)	3500	
银行贷款(亿元)	2.85	银行贷款比例为 37%,按照案例中的比例计算
企业自筹(亿元)	4.84	银行贷款比例为 63%,按照案例中的比例计算

资料来源：陈晓华，2012；陈晓华，2011。

（3）太阳能热利用

太阳能热利用为分散式可再生能源应用，投资应用者为公众。在这里采用终端应用的投资额，即新增集热面积与单位投资的乘积。自 2009 年起，太阳能热水器被列入“家电下乡”目录，购买太阳能热水器产品享受来自中央的财政补贴，补贴标准为销售价格的 13%。在计算太阳能热水器补贴时，先根据平均成本和当年新增量，计算出总投资，总投资的 13% 为中央财政补贴，其余为公众投资（见附表 9）。

附表 9　2011 年太阳能热利用融资构成

项目	本年新增量	平均成本	总投资（亿元）	公众投资（亿元）	中央财政补贴（亿元）
太阳能热水器	2260 万 m^2	500 元/m^2	113	98.31	14.69
太阳灶	53 万台	500 元/台	2.65	0.1325	—
太阳房	60 万 m^2	1000 元/m^2	6	0.6	—

资料来源：单位平均成本数据和年度新增量数据来自王庆一，2012。

（4）地热利用

地热利用也属于分散式可再生能源应用。在这里采用终端应用的投资额，即新增集热面积与单位投资的乘积（见附表 10）。对于地源热泵应用，2011 年尚无统一的中央补贴，但是在北京、天津、沈阳、重庆、烟台、宜昌、合肥、

附表 10　2011 年地热利用融资构成

项目	本年新增量（万 m^2）	平均成本（元/m^2）	总投资（亿元）	公众投资（亿元）	地方财政补贴（亿元）
地热采暖	1500	350	52.5	52.5	N/A
地源热泵	1300	400	52	46.8	5.2

注：部分地方政府推广地源热泵技术补助标准：

北京：a）选用地下（表）水地源热泵补助 35 元/m^2；b）选用地埋管地源热泵和再生水地源热泵补助 50 元/m^2。

沈阳：a）采用地源热泵水费、电费都有优惠；b）规定建筑面积大于 3000 平方米必须采用地源热泵空调，给予一次性 35 ~ 50 元/m^2 的补助。

重庆：a）利用可再生能源热泵机组的空调，按机组额定制冷量补助 800 元/kW；b）利用可再生能源提供生活热水的高温热泵机组，按机组额定制热量补贴 900 元/kW。

烟台：a）地源热泵供热制冷的项目，按应用建筑面积 20 元/m^2 的标准给予补助；b）太阳能一体化与地源热泵结合项目按应用建筑面积 25 元/m^2 的标准给予补助；c）采用地源热泵技术的项目，地源热泵部分免缴基础设施配套中的供热外管网部分收费。

宜昌：a）土壤源热泵应用补贴 50 元/m^2；水源热泵应用补贴 40 元/m^2；b）太阳能采暖空调和地源热泵太阳能一体化集成技术应用补贴 65 元/m^2。

合肥：a）地源热泵项目补贴 60 元/m^2；b）综合利用太阳能与地源热泵补贴 90 元/m^2。

天津：地源热泵按照供热（冷）面积给予 30 ~ 50 元/m^2 的财政补助，最高补助不超过 200 万元。

长沙：a）土壤源热泵应用补贴 40 元/m^2；b）污水源热泵应用补贴 35 元/m^2；c）水源热泵应用补贴 30 元/m^2；d）太阳能与地源热泵结合系统项目应用平均补贴 53 元/m^2。

宁波：单体投资额在 100 万元以上、达到 20% 以上节能效果的节能项目，按投资额给予 8% 的补助。

资料来源：本年新增量和平均成本数据来自王庆一，2012。

长沙、宁波等地已有对于地源热泵的地方补贴。根据各地的补贴标准，取补贴标准为40元/m^2，计算地源热泵的补贴为5.2亿元，总投资与地方政府补贴额的差为公众投资。

（5）其他政策支持

用于支持可再生能源发展的还有另外两项重要的政策：可再生能源建筑应用示范城市和可再生能源电价附加收入。

可再生能源建筑应用示范城市：2009年，财政部、住房和城乡建设部联合推出可再生能源建筑应用示范城市政策，推动可再生能源在城市建筑领域大规模应用，城市中可再生能源应用的主要范围有太阳能光热建筑一体化应用、土壤源热泵技术应用、地下水源热泵技术应用、地表水源热泵技术应用、太阳能光热与地源热泵结合系统应用技术、深层地热能梯级利用技术、太阳能光伏建筑应用等。截至2011年底，两部委共批准实施可再生能源建筑应用示范城市72个和示范县146个。至此，示范市县累计实施地源热泵应用面积达1.3亿平方米，地源热泵与太阳能复合技术应用面积达0.65亿平方米①。

2011年共批准示范城市34个和示范县48个。《可再生能源建筑应用城市示范实施方案》明确规定，资金补助基准为每个示范城市5000万元，最高不超过8000万元。另外，根据多个可再生能源示范县的资料，示范县的补贴大部分为1800万元。因此，计算2011年的可再生能源建筑应用示范城市中央财政补贴为：34×5000万元/城市+48×1800万元/县=25.64亿元。地方配套资金按1∶1配比计算，也为25.64亿元②。

可再生能源电价附加收入：可再生能源电价附加政策是按照可再生能源发电量进行补贴的政策，不是投资侧补贴政策。该政策是《可再生能源法》的重要支撑，通过向全国广大电力终端用户收取可再生能源电价附加，以及使用来自中央财政的“可再生能源发展专项资金”，为全国的可再生能

① 刘幼农、马文生、郭梁雨等：《我国可再生能源应用示范实施情况综述》，《建设科技》2012年第3期，第23～26页。

② 因支持范围的重叠，可再生能源建筑应用示范城市的补贴与太阳能热水器、地源热泵的补贴有重叠。

源电力价格高于火力发电价格的部分付费，有力地支持了我国可再生能源发电的发展。

2011 年 1 月，国家发改委发布《国家发展改革委、国家电监会关于 2010 年 1 ~9 月可再生能源电价补贴和配额交易方案的通知》，对 2010 年 1 ~9 月的可再生能源发电予以结算。这次结算共支出 85.9 亿元，其中秸秆直燃项目补贴 3 亿元，独立发电系统补贴 0.4 亿元，并网发电项目补贴 78.8 亿元，接网工程补贴 3.7 亿元。该次结算资金来自公众所缴纳的可再生能源附加，在此之后，随着我国可再生能源的迅速发展，可再生能源电价补贴额已远远超出公众所缴纳的部分，出现较大的缺口。

附录二　可再生能源应用投资

按照并网发电、沼气利用、生物燃料、太阳能热利用和地热利用五类可再生能源应用计算投资。

1. 并网发电计算方法说明

小水电、风力发电、光伏发电投资数据均引用相关研究，其中风力发电和光伏发电所使用的数据是原报告中资产融资（Asset finance）的数据（见附表 11）。

附表 11　可再生能源发电数据来源

类别	来源
小水电	曲鹏:《农村水电建设总体情况》,《中国农业机械工业年鉴 2012》,第 92 ~93 页
风力发电	Bloomberg New Energy Finance, 2012, Global Trends in Sustainable Energy Investment 2006—2012, Frankfurt
光伏发电	Bloomberg New Energy Finance, 2012, Global Trends in Sustainable Energy Investment 2006—2012, Frankfurt

大中型水电：在相关的研究中没有发现专门的大中型水电投资数据。在本研究中水电总投资数据采用中国电力企业联合会 2011 年数据 971 亿元，小水电投资数据采用《中国农业机械工业年鉴》数据 235 亿元，大中型水电投资数据为水电总投资数据与小水电投资数据之差。因为这两个数据来源不同，理论上不应该直接相减。在这里，我们验证该数据的可靠性。2011 年大中型水

电的装机容量为水电总装机的82%，小水电装机容量为水电总装机的18%。根据以上计算，小水电投资约占水电总装机的24%，该数据具有一定的合理性。因此在本研究中采用了这一数据。

生物质和垃圾发电：生物质发电项目投资金额采用了单位装机成本与当年新增装机容量的乘积计算。根据国家发展改革委、国家电监会《2012年可再生能源电价补贴工程目录》，分离出2011年新增生物质和垃圾发电项目，将项目分为秸秆发电、沼气发电和垃圾发电三类，查阅这些项目的投资，求出每个项目的单位投资成本，将三类项目按装机容量进行加权平均，计算出平均投资成本为1400万元/MW。用该投资成本乘以当年新增生物质发电装机容量得到总投资。

2. 沼气利用计算方法说明

沼气利用投资采用沼气新增池容与单位池容比投资乘积计算。

3. 生物燃料计算方法说明

燃料乙醇：中国燃料乙醇项目须经国家发展改革委的核准，但是在2011年并没有新核准项目，因此新增产能的投资为0。

生物柴油：根据全国生物柴油行业协作组的资料，截至2011年末，我国具有一定生产能力的生物柴油生产企业有50多家，生产能力约为300万吨/年。但微利或亏损的经营情况致使绝大部分企业处于半停产或停产状态。粗略统计，2011年全国生物柴油装置的平均开工率只有20%~25%，实际产量约为50万~70万吨，且大部分产品未进入成品油销售领域，只能以化工产品形式销售到市场。由此假设2011年生物柴油行业并无新增产能，因此新增产能的投资为0。

4. 太阳能热利用计算方法说明

太阳能热利用为分散式可再生能源应用，投资应用者为公众。在这里采用终端应用的投资额，即新增集热面积与单位投资的乘积。

5. 地热利用计算方法说明

地热利用也属于分散式可再生能源应用。在这里采用终端应用的投资额，即新增集热面积与单位投资的乘积。

具体测算方法及折标系数详见附表12。

附表 12　可再生能源应用投资计算

项目	参数	计算公式
(1)并网发电		
大中型水电		大中型水电投资 = 水电总投资 - 小水电投资
小水电	引用数据	引用数据
风力发电	引用数据	引用数据
光伏发电	引用数据	引用数据
生物质与垃圾发电	单位装机投资成本为 1.4 万元/kW	投资额 =2011 年新增装机 × 单位装机投资成本
(2)沼气利用		
农村户用沼气	2011 年新增 280 万户;单位造价 4000 元/户	投资额 =2011 年新增池容 × 单位池容比投资
农业沼气工程	2010 年池容为 856.76 万 m^3,2011 年的池容为 1106 万 m^3 单位池容比投资 3500 元/m^3	投资额 =2011 年新增池容 × 单位池容比投资
工业沼气工程	2010 年的池容为 65.24 万 m^3,2011 年的池容为 87.21 万 m^3 单位池容比投资 3500 元/m^3	投资额 =2011 年新增池容 × 单位池容比投资
(3)生物燃料		
生物乙醇		
生物柴油		
(4)太阳能热利用		
太阳能热水器	2010 年热水器集热面积为 1.71 亿 m^2,2011 年热水器集热面积为 1.936 亿 m^2 单位面积投资 500 元/m^2	投资额 =2011 年新增集热面积 × 单位面积投资
太阳灶	2010 年太阳灶台数为 205 万台,2011 年为 258 万台 单位投资为 500 元/台	投资额 =2011 年新增台数 × 单位投资
太阳房	2010 年太阳房为 2000 万 m^2,2011 年为 2060 万 m^2 单位面积投资为 1000 元/m^2	投资额 =2011 年新增建筑面积 × 单位面积投资
(5)地热利用		
地热采暖	2010 年地热采暖面积为 3500 万 m^2,2011 年为 5000 万 m^2 单位面积投资为 350 元/平方米	投资额 =2011 年新增采暖面积 × 单位面积投资
地源热泵	2011 年地源热泵供热面积为 2.27 亿 m^2,2011 年为 2.4 亿 m^2 单位面积投资为 400 元/平方米	投资额 = 2011 年新增建筑应用面积 × 单位面积投资

附录三　新增能源供应能力及减排能力

1. 并网发电计算方法说明

可再生能源年发电量受当年资源情况的影响很大，例如2011年因来水量减少水电发电量显著减少。因此在本研究中选择以新增能源供应能力和减排能力反映可再生能源的效果，以当年新增装机容量和年平均发电小时数的乘积表示新增发电量，将新增发电量计入可再生能源利用量。将新增发电量折算为标准煤量，即为当年新增能源供应能力。将新增能源供应能力乘以标准煤排放系数，即当年新增减排能力。

2. 沼气利用计算方法说明

对于沼气利用，将沼气产量计算为可再生能源利用量。将当年新增沼气产量折算为标准煤量，即为当年新增能源供应能力。将新增能源供应能力乘以标准煤排放系数，即当年新增减排能力。

3. 生物燃料计算方法说明

生物燃料将燃料产量计算为可再生能源利用量。将当年新增燃料产量折算为标准煤量，即为当年新增能源供应能力。将新增能源供应能力乘以标准煤排放系数，即当年新增减排能力。

4. 太阳能热利用计算方法说明

太阳能热利用项目。根据统计的总集热面积，乘以全国平均的单位集热面积年替代燃煤量（见附表13），将替代燃煤量计入可再生能源利用量。将当年新增燃料产量折算为标准煤量，即为当年新增能源供应能力。将新增能源供应能力乘以标准煤排放系数，即当年新增减排能力。

5. 地热利用计算方法说明

地热利用根据统计的总采暖面积（建筑应用面积），乘以单位面积地热利用提供能量的替代燃煤量（见附表13），将所替代燃煤量计入可再生能源利用量。

具体测算方法及折标系数详见附表13。

附表 13 可再生能源新增能源供应能力和减排能力计算

项目	参数	计算公式
(1)并网发电		
大中型水电	2010 年装机容量为 154.4GW,2011 年装机容量为 168.4GW 2011 年发电煤耗为 312gce/kWh,2011 年大中型水电发电小时数为 3078 小时 标准煤折 CO_2 系数:2.71gCO_2/gce	新增能源供应能力 = 2011 年水电发电小时数 × (2011 年装机容量 - 2010 年装机容量) × 2011 年发电煤耗 减排能力 = 新增能源供应能力 × 标准煤折 CO_2 系数
小水电	2010 年装机容量为 59GW,2011 年装机容量为 62.1GW 2011 年发电煤耗为 312gce/kWh,2011 年小水电发电时数为 2829 小时 标准煤折 CO_2 系数:2.71gCO_2/gce	新增能源供应能力 = 2011 年水电发电小时数 × (2011 年装机容量 - 2010 年装机容量) × 2011 发电煤耗 减排能力 = 新增能源供应能力 × 标准煤折 CO_2 系数
风力发电	2011 年新增装机容量为 17.6GW 2011 年发电煤耗为 312gce/kWh,2011 年风力发电小时数为 1875 小时 标准煤折 CO_2 系数:2.71gCO_2/gce	新增能源供应能力 = 2011 年风电发电小时数 × 2011 年新增装机容量 × 2011 年发电煤耗 减排能力 = 新增能源供应能力 × 标准煤折 CO_2 系数
光伏发电	2011 年新增装机容量为 2331MW 2011 年发电煤耗为 312gce/kWh,2011 年光伏发电小时数为 1250 小时 标准煤折 CO_2 系数:2.71gCO_2/gce	新增能源供应能力 = 2011 年光伏电发电小时数 × 2011 年新增装机容量 × 2011 年发电煤耗 减排能力 = 新增能源供应能力 × 标准煤折 CO_2 系数
生物质与垃圾发电	2010 年装机容量为 3.4GW,2011 年装机容量为 5.6GW 2011 年发电煤耗为 312gce/kWh;2010 年生物质发电小时数为 4356 小时;垃圾发电小时数为 5080 小时 标准煤折 CO_2 系数:2.71gCO_2/gce	新增能源供应能力 = 2011 年生物质和垃圾发电小时数 × (2011 年装机容量 - 2010 年装机容量) × 2011 年发电煤耗 减排能力 = 新增能源供应能力 × 标准煤折 CO_2 系数
(2)沼气利用		
农村户用沼气	2010 年农村户用沼气为 130.78 亿 m^3,2011 年为 138.44 亿 m^3 沼气折标准煤系数:0.714kgce/m^3 标准煤折 CO_2 系数:2.71gCO_2/gce	新增能源供应能力 = 沼气折标准煤系数 × (2011 年产气量 - 2010 年产气量) 减排能力 = 新增能源供应能力 × 标准煤折 CO_2 系数

续表

项目	参　数	计算公式
农业沼气工程	2010 年农业沼气工程为 10.543 亿 m^3，2011 年为 14.36 亿 m^3 沼气折标准煤系数:0.714kgce/m^3 标准煤折 CO_2 系数:2.71gCO_2/gce	新增能源供应能力 = 沼气折标准煤系数 ×(2011 年产气量 - 2010 年产气量) 减排能力 = 新增能源供应能力 × 标准煤折 CO_2 系数
工业沼气工程	2010 年工业沼气工程为 1.252 亿 m^3，2011 年为 2.76 亿 m^3 沼气折标准煤系数:0.714kgce/m^3 标准煤折 CO_2 系数:2.71gCO_2/gce	新增能源供应能力 = 沼气折标准煤系数 ×(2011 年产气量 - 2010 年产气量) 减排能力 = 新增能源供应能力 × 标准煤折 CO_2 系数
(3)生物燃料		
生物乙醇	2010 年生物乙醇产量为 1.86Mt,2011 年产量为 1.9Mt 生物乙醇折标准煤系数:1.025kgce/kg 标准煤折 CO_2 系数:2.71gCO_2/gce	新增能源供应能力 = 生物乙醇折标准煤系数 ×(2011 年产量 - 2010 年产量) 减排能力 = 新增能源供应能力 × 标准煤折 CO_2 系数
生物柴油	2010 年生物柴油产量为 0.4Mt,2011 年产量为 0.4Mt 生物柴油折标准煤系数:1.43kgce/kg 标准煤折 CO_2 系数:2.71gCO_2/gce	新增能源供应能力 = 生物柴油折标准煤系数 ×(2011 年产量 - 2010 年产量) 减排能力 = 新增能源供应能力 × 标准煤折 CO_2 系数
(4)太阳能热利用		
太阳能热水器	2010 年太阳能热水器集热面积为 1.71 亿 m^2,2011 年集热面积为 1.936 亿 m^2 单位面积太阳能热水器提供的能源为 120kgce/m^2·a 标准煤折 CO_2 系数:2.71gCO_2/gce	新增能源供应能力 = 单位面积太阳能热水器提供的能源 ×(2011 年集热面积 - 2010 年集热面积) 减排能力 = 新增能源供应能力 × 标准煤折 CO_2 系数
太阳灶	2010 年太阳灶保有量为 205 万台,2011 年保有量为 258 万台 单台太阳灶提供的能源为 500kgce/台·a 标准煤折 CO_2 系数:2.71gCO_2/gce	新增能源供应能力 = 单台太阳灶提供的能源 ×(2011 年保有量 - 2010 年保有量) 减排能力 = 新增能源供应能力 × 标准煤折 CO_2 系数
太阳房	2010 年太阳房建筑面积为 2000 万 m^2，2011 年为 2060 万 m^2 单位面积被动式太阳房提供的能源为 30kgce/m^2·采暖季 标准煤折 CO_2 系数:2.71gCO_2/gce	新增能源供应能力 = 单位面积太阳房提供的能源 ×(2011 年建筑面积 - 2010 年建筑面积) 减排能力 = 新增能源供应能力 × 标准煤折 CO_2 系数

续表

项目	参　数	计算公式
(5)地热利用		
地热采暖	2010年地热采暖面积为3500万 m^2，2011年为5000m^2 单位面积地热采暖提供的能量为28kgce/m^2·采暖季 标准煤折 CO_2 系数:2.71gCO_2/gce	新增能源供应能力＝单位面积地热采暖提供的能量×(2011年采暖面积－2010年采暖面积) 减排能力＝新增能源供应能力×标准煤折 CO_2 系数
地源热泵	2010年地源热泵建筑应用面积为2.27亿 m^2,2011年为2.4亿 m^2 单位面积地源热泵提供的能量为25kgce/m^2·采暖季 标准煤折 CO_2 系数:2.71gCO_2/gce	新增能源供应能力＝单位面积地源热泵提供的能量×(2011年建筑应用面积－2010年建筑应用面积) 减排能力＝新增能源供应能力×标准煤折 CO_2 系数

参考文献

1.《17个城市成为2010年全国可再生能源建筑应用示范城市》，中国太阳能网，2011－03－21，http：//www.tyn.cc/html/news/2011－03/info－43342－640.htm，2013－9－16。

2.《广东水电二局股份有限公司2011年度第一期短期融资券募集说明书》，盈利宝债券频道，http：//bond.jrj.com.cn/bv/2011/0803/00000000000004jkmo.shtml。

3.《国家能源局关于申报新能源示范城市和产业园区的通知》，http：//www.cec.org.cn/zhengcefagui/2012－08－15/89229.html。

4.《中国燃料乙醇产业发展历程》，中企顾问网，http：//www.cction.com/info/201304/92733.html。

5. Frankfurt School UNEP Collaborating Centre（REN 21），“Bloomberg New Energy Finance，2012”，*Global trends in Sustainable Energy Investment* 2012，Frankfurt.

6. Frankfurt School UNEP Collaborating Centre，“Bloomberg New Energy Finance，2013”，*Global Trends in Sustainable Energy Investment* 2013，Frankfurt.

7. Renewable Energy Policy Network for the 21th Century，“Renewables 2013 Global Status Report”，2013，Paris.

8. UNEP Risoe，CDM/JI Pipeline Analysis and Database，http：//cdmpipeline.org/cdm－projects－type.htm。

9. 陈晓华：《农村能源》，载中华人民共和国农业部主编《中国农业统计资料2011》，中国农业出版社，2011。

10. 陈晓华：《农村能源》，载中华人民共和国农业部主编《中国农业统计资料 2012》，中国农业出版社，2012。
11. 段茂盛、王革华：《畜禽养殖场沼气工程的温室气体减排效益及利用清洁发展机制（CDM）的效益分析》，《太阳能学报》2003 第 3 期（总第 24 期）。
12. 古东：《中国水电募资降至 135 亿 上海两券商出手 18 亿“驰援”》，《第一财经日报》2011 年 9 月 29 日，http：//www.21cbh.com/HTML/2011 - 9 - 29/zMMzA3XzM2OTMzMg.html。
13. 国家统计局固定资产投资统计司、国家发展和改革委员会投资研究所：《中国固定资产投资统计年鉴（2012）》，中国投资杂志社，2012。
14. 合肥市农业委员会：《关于印发 <2013 年合肥市农村沼气民生工程实施方案> 的通知》，2013 - 2 - 28，http：//www.hefei.gov.cn/n1070/n304559/n310576/n313576/28176543.html。
15. 胡四一：《抓机遇，谋发展，推动农村水电工作再上新台阶——在 2012 年全国水电工作会议上的讲话》，2012 年 5 月 22 日，http：//www.mwr.gov.cn/ztpd/2012ztbd/qgncsdgzhy/zyjh/201205/t20120530_ 322820.html。
16. 井华：《生物发电：故事讲给投资者》，《国际融资》2011 年 10 月 9 日，http：//finance.sina.com.cn/leadership/mroll/20111009/135510586190.shtml。
17. 刘金玲、赵军：《中国水利水电建设股份有限公司 2011 年公司企业债券信用评级报告》，和讯债券，2011 - 06 - 02，http：//bond.hexun.com/2011 - 06 - 02/130203547.html。
18. 刘姝娜、罗文、许杰等：《我国生物柴油产业现状、障碍与发展对策》，《太阳能学报》2012 年 S1 期。
19. 刘幼农、马文生、郭梁雨等：《我国可再生能源应用示范实施情况综述》，《建设科技》2012 年第 3 期。
20. 农业部：《2012 年国家支持粮食增产农民增收的措施》，http：//www.gov.cn/gzdt/2012 - 03/28/content_ 2101778.htm。
21. 曲鹏：《农村水电建设总体情况》，《中国农业机械工业年鉴 2012》，机械工业出版社，2013。
22. 上海交易所：《四川川投能源股份有限公司 2011 年 21 亿元可转换公司债券 2013 年跟踪信用评级报告》，2013 - 06 - 28，http：//q.stock.sohu.com/cn/gg/118/134/11813439.shtml。
23. 申银万国证券：《2011 汉江水电债券募集说明书》，http：//www.sw2000.com.cn/sw/node189/node200/node799/node819/node976/u1ai768925.html。
24. 时璟丽：《可再生能源电价附加补贴资金效率分析》，《风能》2013 年第 12 期。
25. 水利部：《“十二五”全国水电新农村电气化规划》，http：//wenku.baidu.com/view/eef3252cb4daa58da0114ad6.html。

26. 孙海萍：《生物柴油产业现状分析及发展思考》，《市场研究》2013 年第 3 期。

27. 王宏、李强主编《2011 中国海洋统计年鉴》，海洋出版社，2012。

28. 王庆一：《中国能源数据 2012》，2012。

29. 网易财经：《国家统计局发布 2011 年中国经济社会发展统计公报》，http://money.163.com/12/0222/10/7QS14FOR00253B0H.html，2012-02-22。

30. 吴文庆主编《中国水利年鉴 2011》，中国水利水电出版社，2011。

31. 张晓霞：《2012 金太阳装机总量超预期》，东方财富网，2012-05-04，http://data.eastmoney.com/report/20120504/hy，4b0313d4-cb31-a264-66fd-363538521e31.html。

32. 中电联规划与统计信息部：《中电联发布 2012 年全国电力工业运行简况》，2013-01-18，http://www.cec.org.cn/guihuayutongji/gongxufenxi/dianliyunxingjiankuang/2013-01-18/96374.html。

33. 中国电力企业联合会：《2011 电力工业统计资料》，2011。

34. 中国电力企业联合会：《中国电力行业年度发展报告 2012》，光明日报出版社，2012。

35. 中国科学院青岛生物能源与过程研究所：《中国生物能源发展现状与技术预见》，2010。

36. 中国水利水电科学研究院：《2009～2015 年全国小水电代燃料工程规划》，http://www.iwhr.com/zgskyww/kycg/webinfo/2010/07/1279253973131286.htm，2010-07-19。

37. 中华人民共和国财政部：《农村水电增效扩容改造试点启动》，http://www.mof.gov.cn/zhengwuxinxi/caijingshidian/zgcjb/201110/t20111024_601378.html，2011-10-24。

B.7

政府在光伏企业融资中的作用

摘　要：

在光伏企业的融资中，政府发挥了重要的作用。地方政府在光伏企业的融资活动中扮演了多种角色。地方政府是光伏企业创业时期的风险投资者，是光伏企业资金困难时期重要的借款方，是光伏企业创立时期和财务困境时期的董事会董事。在光伏企业创业时期，地方政府在资源分配方面向光伏企业倾斜，通过提供土地价格和电价等优惠，有效地降低了光伏企业的生产成本。此外，地方政府还在企业上市融资、争取银行贷款的过程中发挥了协调者的作用。中央政府的作用则主要体现在2009～2010年，促进以国家开发银行为首的国有商业银行向光伏制造业发放了大量的贷款。地方政府通过参与和支持光伏制造业的融资活动，发展出了基于大量资金支持的快速产能扩张模式，将该行业在短短10年间打造成为具有国际先进水平的产业，短期来看这种发展模式非常高效，但是该行业因严重产能过剩而迅速陷入困境，长期来看这种发展模式值得反思。

关键词：

光伏制造业　融资　地方政府

2011年11月美国商务部对中国输美太阳能电池发起“反倾销、反补贴”（以下简称“双反”）调查，紧接着欧盟于2012年9月对中国光伏产品发起反倾销调查。与以往不同的是，这次的光伏贸易战引发了中国政府、媒体及公众的广泛关注。2012年7月媒体关于某地方政府要以公共财政帮助一个光伏企业还债的报道更成为导火索，引发了关于光伏产业发展模式、政府在企业发展

中作用的广泛讨论。

在光伏制造业的发展过程中，中国政府究竟扮演了什么样的角色？发挥了怎样的作用？《中国低碳发展报告（2013）》研究表明，地方政府和中央政府的影响都集中在融资领域。本报告采用了案例研究方法，选取了三个企业案例，分析在每一个企业案例中地方政府和中央政府怎样影响其融资活动，进而探讨地方政府的这些行为对我国经济与产业发展的借鉴意义。

一　背景

（一）中国光伏制造业：超常规的发展模式

中国光伏制造业在新兴产业追赶中呈现了一种超常规的发展模式，在短短10年间走过了其他产业或发达国家光伏制造业20～30年才能走完的历程。1998年原国家计委设立第一个太阳能发电产业化示范项目；2002年国内第一条生产线投产，产能为15MW；2004年抓住德国等欧洲国家发展光伏发电的契机，中国企业开始向欧洲出口光伏电池；2005年第一家光伏企业在海外上市；2007年中国成为最大的光伏电池制造国；至2012年中国光伏电池产量已连续6年全球第一，产能已达40GW，而当年全球新增光伏装机仅为31GW（EPIA，2013），产能过剩严重，整个产业陷入财务困境；2013年整个行业进入兼并重组阶段（见图7－1）。

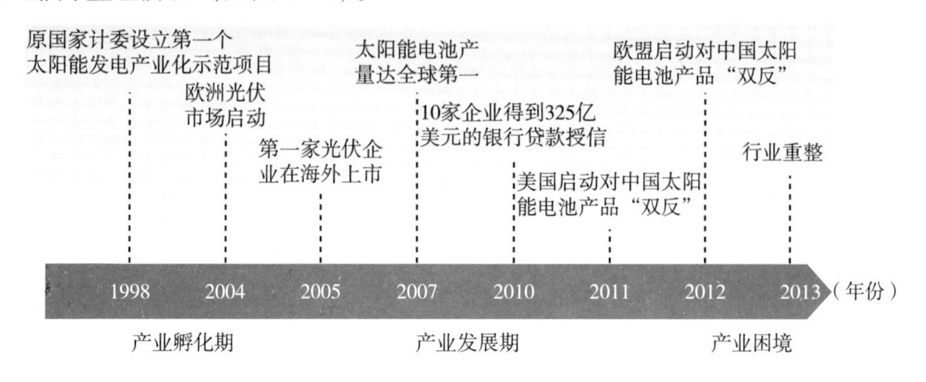

图7－1　中国光伏制造业产业发展历程

中国光伏制造业发展的另外一个特点是缺乏国内市场的支撑。出于成本的考虑，中国政府优先发展了技术更为成熟的风力发电，2009 年以前，中国国内光伏市场一直处于小规模示范阶段（见图 7－2）。2011 年中国出台了光伏发电上网电价政策，当年新增装机容量达到 2.5GW，而当年中国光伏产业实现销售收入 280 亿元左右，其中出口额约 258 亿美元，对外依存度依然维持在 90% 左右（范必，2012）。中国光伏制造业市场在外的特点决定了外部市场的政策及贸易条件的变化都将对其产生严重影响。

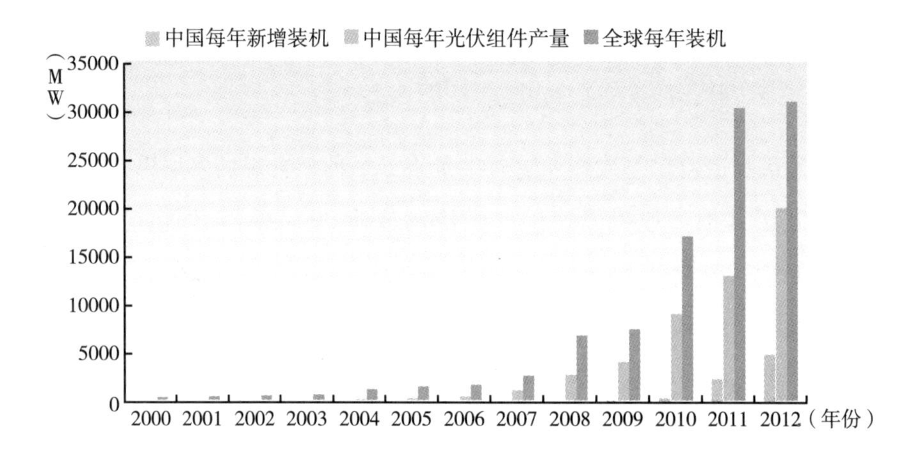

图 7－2　2000～2012 年中国光伏生产、国内市场和欧洲市场的发展

资料来源：①2000～2003 年中国光伏制造业产量数据参见王斯成、王文静、赵玉文（2004）；②2004～2009 年中国光伏制造业产量数据参见中国可再生能源学会（2010）；③2010 年和 2012 年中国光伏制造业产量数据参见 SEMI，PVGroup，CPIA（2011）；④2011 年中国光伏制造业产量数据参见 Photon International 2011 年第三期世界太阳能光伏产业的统计；⑤2000～2012 年国内市场和欧洲市场新增装机数据参见 EPIA（2013）。

2011 年 10 月～2013 年 8 月，历时将近两年的中美、中欧光伏贸易摩擦战终于告一段落，然而其对中国光伏制造业造成的影响却是毁灭性的。截至 2013 年 7 月，中国 40 余家多晶硅企业开工的不足 5 家；组件企业产能利用率仅为 50% 左右，1/3 的企业倒闭；在美国上市的国内 10 家光伏巨头连续 7 个季度净亏损（SolarF 阳光网，2013）。

（二）光伏制造业融资研究回顾

在《中国低碳发展报告（2013）》中，我们发现决定光伏制造业发展的三个最重要因素——技术、市场和融资中，技术因素由于德国、美国等发达国家的技术输出而得以解决，市场因素由于具备了欧洲和美国等地的海外市场而不再是限制因素，融资成为光伏制造业发展的决定因素，而地方政府正是在光伏制造业的融资过程中发挥了重要的作用。

在2013年的研究中，我们根据光伏制造业融资特点的不同将光伏产业的发展分为三个阶段（见图7－3）。1998～2004年为产业建立的第一阶段，地方政府发挥了至关重要的作用，帮助刚刚建立的企业融资。2005～2011年为产业发展壮大的第二阶段，受光伏制造业高额利润的吸引，资本从各个渠道涌入该行业，导致该行业在较短的时间内聚集了大量的资本。2012年后为扩大国内光伏发电应用市场的第三阶段，受欧洲各国光伏发电补贴下调和贸易战的影响，中国光伏制造业失去了市场，在这种情况下，光伏制造业和地方政府一起，推动了中央政府扩大国内市场的各种措施和政策出台。

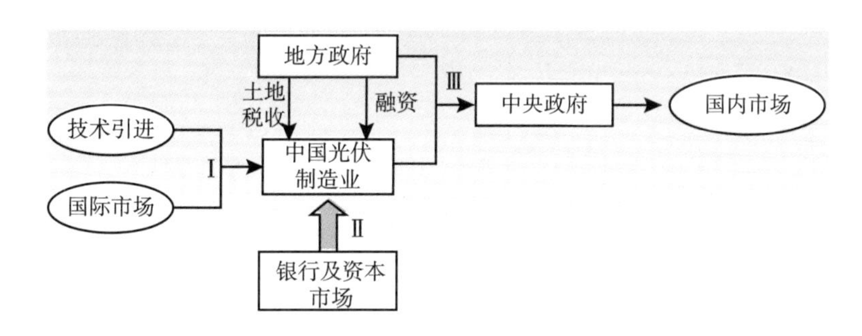

图7－3　光伏发电融资的政策模型

二　案例企业介绍

在本报告中我们选取了三家行业龙头企业作为案例进行研究，重点关注这些企业的融资情况以及政府在企业融资中所发挥的作用。在案例研究的基础上，结合整个行业的发展情况进行分析和研究。

这三家企业都是光伏制造业中的大型企业，主要产品为光伏组件，也都是海外上市企业。在本报告中分别将这三家企业称为A企业、B企业和C企业。这三家企业分别位于不同省份，既包括经济发达地区，也包括经济相对落后地区。本报告中所用到的数据包括四类：①企业公开的数据，如企业年报、募股说明书、债券发行说明书、企业公报等；②研究机构的成果，如研究报告、论文；③媒体报道，尤其是2012年后媒体对该行业的密集报道；④清华大学气候政策研究中心的实地访谈和调研。

（一）A企业案例

1. 企业情况简介

A企业成立于2005年，公司总部位于AL市，注册资金1.1亿美元。A企业的业务范围包括太阳能多晶硅料、铸锭、多晶硅片以及组件的生产和销售，是亚洲最大的多晶硅片生产企业。2007年A企业在美国纽约证券交易所（以下简称“纽交所”）上市，发行价每股27美元，融资金额达到4.69亿美元。2011年底A企业的总负债达到60亿美元，资产负债率达到87.7%；2012年A企业财务状况持续恶化，当年底资产负债率达到102.7%（见表7-1）。

表7-1　2005~2012年A企业的总资产、总负债和净收入

单位：百万美元，%

指　标	2005年	2006年	2007年	2008年	2009年	2010年	2011年	2012年
总资产	32	293	1310	3374	4384	5492	6854	5275
总负债	20	148	617	2598	3507	4472	6009	5420
净收入	0	30	144	70	234	296	609	NA
资产负债率	62.5	50.5	47.1	77.0	80.0	81.4	87.7	102.7

资料来源：A企业2005~2012年年报。

2. 产能和销售量

从产能扩张情况来看，A企业自成立以后就一直处于高速扩张的状态（见表7-2）。从产能利用率（产能利用率=出货量/产能）来看，其组件产能利

用率最高时为32.4%，硅片产能利用率最高时为57.3%，多晶硅产能利用率最高时为61.5%，其生产能力一直处于过剩的状态。

表7-2　2006~2011年A企业的组件、硅片、多晶硅生产能力和销售量

指标	2006年	2007年	2008年	2009年	2010年	2011年
组件生产能力(MW)	0	0	0	500	1500	1700
组件销售量(MW)	0	0	0	33	346	551
硅片生产能力(MW)	215	420	1460	1800	3000	4300
硅片销售量(MW)	45	224	818	898	1718	1541
多晶硅生产能力(MT)	0	0	0	NA	NA	17000
多晶硅生产量(MT)	0	0	0	225	5052	10455

资料来源：A企业2006~2011年年报。

3. 融资情况

从融资总额和增长速度来看，2006年A企业的融资总额为2.03亿美元，2011年融资总额已达44.82亿美元，5年间A企业的融资总额以年均103%的幅度增加（见表7-3）。从融资渠道来看，A企业拥有多样化的融资渠道，涵盖了银行贷款和其他借款、权益、票据和私募。从融资结构来看，以债权融资（银行贷款和其他借款）为主，股权融资和长期债券所占比重较低。债权融资占比最高，2006~2011年占总融资额的比例分别为56%、38%、63%、87%、99%、81%，债权融资中又以短期借款（1年及以下）为主。

表7-3　2006~2011年A企业融资情况

单位：百万美元

融资渠道	2006年	2007年	2008年	2009年	2010年	2011年
银行贷款和其他借款	114	288	1036	2252	2733	3651
权益	0	469	200	336	0	430
票据	0	0	400	0	32	401
私募	89	0	0	0	0	0
总　计	203	757	1636	2588	2765	4482

资料来源：A企业2006~2011年年报。

4. 地方政府的支持行为

A企业的创立和发展都得到了地方政府的大力扶持。A企业创建时，AL市政府提供借款2亿元，占其注册资本金的20%。AL市政府对A企业提供的补贴包括电费补贴、发展硅片工业和环境保护奖励以及购置土地补贴。2006～2012年AL市政府提供的电费补贴为A企业总电费支出的13.6%～30.0%，分别占其生产成本的1.3%、0.9%、0.3%、0.4%、1.8%、3.0%和1.6%。另外，AL市政府还多次给予A企业“发展硅片工业和环境保护奖励”。2006～2012年A企业用于购买土地所有权的费用共计3.025亿美元，同期得到土地购置的补贴为0.906亿美元，政府补贴占该公司总购地费用的29.95%。此外，2006～2010年A企业还享受企业所得税中地方部分的减免，2008年和2009年地税部分的税收返还额为0.163亿美元和0.159亿美元（见表7－4）。

表7－4　2006～2012年地方政府对A企业提供的政府补贴和税收优惠

单位：百万美元

类别	2006年	2007年	2008年	2009年	2010年	2011年	2012年
电费补贴	0.8	3.1	4.7	4.8	35.8	66.2	18.9
发展硅片工业和环境保护奖励	1.3	3.5	19.7	26.9	5.6	33.7	4.2
购置土地补贴	0	0	1.5	67.2	3.8	6.8	11.3
税收返还(税收中的地税部分)	NA	NA	16.3	15.9	NA	NA	NA

资料来源：A企业2006～2012年年报。

5. 再融资困境

目前A企业的再融资非常困难，银行、股市、票据市场融资渠道基本关闭，融资渠道只剩下政府借款和股权融资。退市风波和票据违约使A企业面临严峻的债务危机和信誉危机：2012年11月A企业收到纽交所的退市警告，2013年1月该警告解除；2013年4月A企业宣称无力全额支付4月15日到期的2379.3万美元面值优先级可转换票据本金和利息。从目前的情况来看，A企业的融资渠道只剩下政府借款和股权融资：2012年A企业获得省政府借款20亿元，向AL市政府借款2亿元；另外通过引进两个大股东进行股权融资共计4751万美元（见表7－5）。而这些资金对于债务超过300亿元的A企业来说，远远不够。

表 7－5 再融资困境中地方政府的拯救行为

时间	地方政府的行为
2012 年 1 月	AL 市政府借给 A 企业 2 亿元
2012 年 5 月 2 日	省政府成立“A 企业稳定发展基金”，向 A 企业发放借款 20 亿元
2012 年 7 月 12 日	AL 市八届人大常委会第七次会议上，审议通过了市人民政府关于将 A 企业向某信托有限责任公司偿还信托贷款的缺口资金 7.55 亿元纳入同期年度财政预算的议案（由于舆论压力过大被取消）
2012 年 10 月 22 日	某公司以每股 0.86 美元的价格收购 A 企业近期发行的普通股，相当于 A 企业此次增发前全部发行及流通股本的 19.9%（该公司是一家新设立的公司，其中 40% 股权由 AL 市国有资产经营有限责任公司拥有）

资料来源：蒋卓颖，2012；郭力方，2012。

（二）B 企业案例

1. 企业情况简介

B 企业成立于 2001 年 9 月，由企业创始人联合 BL 市 7 家股东发起成立，公司总部位于 BL 市，主要从事晶体硅太阳电池、组件、光伏系统工程、光伏应用产品的研究、制造、销售和售后服务。B 企业于 2005 年在纽交所上市，发行价每股 15 美元，筹资总额为 4 亿美元。自 2011 年以来，B 企业的形势急转直下。截至 2011 年底，B 企业资产负债率达到 79.0%（见表 7－6）。2013 年 3 月 18 日，B 企业的债权银行联合向 BL 市中级人民法院递交 B 企业破产重整①申请，B 企业的本外币授信余额折合人民币已达到 71 亿元。

2. 产能和销售量

从产能扩张情况来看，B 企业的产能扩张速度极快，以电池产能为例，2004～2011 年年均扩产增幅达到了 79%。从产能利用率来看，B 企业的电池产能利用率各年度变化较大，但电池产能利用率总体维持在较高水平，2010～2011 年电池产能利用率达到 85% 以上（见表 7－7）。

---

① 破产重整是《中华人民共和国企业破产法》新引入的一项制度，是对可能或已经发生破产但又有希望再生的债务人，通过各方利害关系人的协商，并借助法律强制性地调整他们的利益，对债务人进行生产经营上的整顿和债权债务关系上的清理，以期摆脱财务困境，重获经营能力的特殊法律程序。

表 7 - 6　2002 ~ 2011 年 B 企业的总资产、总负债和净收入

单位：百万美元，%

指标	2002 年	2003 年	2004 年	2005 年	2006 年	2007 年	2008 年	2009 年	2010 年	2011 年
总资产	10	17	68	482	1098	1967	3207	3984	5217	4537
总负债	11	16	49	78	427	1051	1973	2371	3337	3585
净收入	-1	1	20	31	105	143	31	86	238	-1018
资产负债率	110.0	94.	72.1	16.2	38.9	53.4	61.5	59.5	64.0	79.0

资料来源：B 企业 2002 ~ 2011 年年报。

表 7 - 7　2003 ~ 2011 年 B 企业的电池生产能力和电池、组件销售量

指标	2003 年	2004 年	2005 年	2006 年	2007 年	2008 年	2009 年	2010 年	2011 年
电池生产能力(MW)	30	60	150	270	540	1000	1000	1800	2400
电池销售量(MW)	4.9	3.6	17.9	38.5	4.5	35.0	6.8	17.0	52.0
组件销售量(MW)	1.5	26	50	121	359	459	675	1522	2015
产能利用率(%)	21.3	49.3	45.3	59.1	67.3	49.4	68.2	85.5	86.1

资料来源：B 企业 2003 ~ 2011 年年报。

3. 融资情况

从融资总额来看，2003 年 B 企业的融资总额为 360 万美元，2011 年融资总额已经达到了 17.067 亿美元，融资额发生显著变化是在 2005 年，同年 B 企业在美国纽交所上市（见表 7 - 8）。从融资规模来看，2008 年后 B 企业融资规模趋于稳定，并逐年缓慢扩大。从融资渠道来看，B 企业的融资渠道涵盖了银行贷款和其他借款、权益、票据和私募。从融资结构来看，以债权融资（银行贷款和其他借款）为主，股权融资和长期债券所占比重较低。债权融资

表 7 - 8　2003 ~ 2011 年 B 企业融资情况

单位：百万美元

融资渠道	2003 年	2004 年	2005 年	2006 年	2007 年	2008 年	2009 年	2010 年	2011 年
银行贷款和其他借款	3.6	34.4	64.5	308.0	342.0	644.0	938.4	1564.1	1706.7
权益	0	0	342.3	0	0	0	287.5	0	0
票据	0	0	0	0	500.0	575.0	50.0	0	0
私募	0	0	80.0	0	0	0	0	0	0
总　计	3.6	34.4	486.8	308.0	842.0	1219.0	1275.9	1564.1	1706.7

资料来源：B 企业 2003 ~ 2011 年年报。

占比最高，在2003年、2004年、2010年和2011年甚至达到100%。从阶段特征来看，2005年以前B企业的融资完全依赖银行贷款和其他借款，2005年上市以后逐步呈现多元化特征，但2010年以后又完全依赖银行贷款和其他借款。

4. 地方政府的支持行为

B企业的创立和发展与BL市政府的大力支持密不可分。2000年BL市政府组织8家国有企业（其中包括BL市政府成立的创业投资公司和风险投资公司）投资入股B企业，实际出资520万美元，占B企业72.2%的股份。2003年B企业寻求外部贷款时，国有企业股东轮流提供贷款担保。2001～2005年，在B企业上市之前，BL市共为B企业争取到11个科研项目，包括国家、省、市三级，其中2001年1个项目、2005年1个项目、2003～2004年9个项目，累计支持资金3918.5万元（中共江苏省委研究室，2006）。B企业上市之前，在BL市政府的协调下，国有股东全部退出。

5. 再融资困境

2012年开始，B企业的融资渠道几乎全部中断，彻底陷入财务困境。从股市和债券市场来看，B企业已失去在股市和债券市场融资的能力：2012年9月4日、2013年4月10日、2013年5月14日，B企业三次收到纽交所的退市警告；2013年3月15日到期的5.41亿美元的可转债违约，9月初B企业终于与海外可转债持有人达成协议，5.41亿元美元可转债最终以债转股的方式结束。

从银行层面来看，银行与B企业已彻底决裂。2013年3月18日，B企业的9家债权银行联合向BL市中级人民法院递交B企业破产重整申请。截至2013年2月底，这9家债权银行对B企业的本外币授信余额折合人民币已达到71亿元。

从地方政府层面来看，地方政府成为B企业破产重整的主持人，试图通过法律手段帮助B企业摆脱财务困境。在地方政府的主持下，2013年5月22日召开了B企业破产重整后的首次债权人会议，申报和确认B企业的债务。破产重整管理者的另一项工作是引进新的接盘方，但截至2013年9月底，B企业已确认的欠款达107亿元，仍难以找到合适的接盘方（王佑，2013）。

（三）C 企业案例

1. 企业情况简介

C 企业成立于 1998 年，注册资金 100 万元，公司总部位于 CL 市。企业最初的资本构成中，企业创始人占 40% 股份，CL 市国家高新区政府成立的创业投资公司占 60% 股份。C 企业采用垂直一体化生产模式，其产品覆盖了硅料、多晶硅锭、硅片、电池、组件制造及光伏系统整合整个光伏产业链。C 企业于 2007 年在纽交所上市，IPO 融资额为 3.19 亿美元。2011 年 C 企业净亏损 5.098 亿美元；2012 年 C 企业出货量超过 2200MW，成为出货量全球第一的企业，然而该年度的净亏损仍达 4.919 亿美元，资产负债率达到 84.5%（见表 7－9）。

表 7－9　2003～2012 年 C 企业的总资产、总负债和净收入

单位：百万美元，%

指标	2003 年	2004 年	2005 年	2006 年	2007 年	2008 年	2009 年	2010 年	2011 年	2012 年
总资产	20	25	86	353	1052	1622	2382	3665	4367	4358
总负债	12	16	69	168	400	722	1182	2108	3246	3682
净收入	0.4	0.7	8.1	3.8	53.3	28.9	－66.3	257.3	－518.9	－512.3
资产负债率	60.1	65.1	80.5	47.6	38.0	44.5	49.6	57.5	74.3	84.5

资料来源：C 企业 2003～2012 年年报。

2. 产能和销售量

从产能扩张速度来看，C 企业也保持了较快的扩张速度，2002 年该企业第一条 3MW 生产线正式投产，2003 年该企业组件产能即达到 30MW，2004～2012 年该企业的产能以年均 66% 的幅度增加（见表 7－10）。2009 年后该企业的产能利用率一直维持在较高水平，均保持在 90% 以上。

表 7－10　2004～2012 年 C 企业的电池、组件生产能力和组件销售量

指标	2004 年	2005 年	2006 年	2007 年	2008 年	2009 年	2010 年	2011 年	2012 年
电池生产能力（MW）	6	10	60	200	400	600	1000	1700	2450
组件生产能力（MW）	50	100	100	200	400	600	1000	1700	2450
组件销售量（MW）	4.7	11.9	51.3	142.5	281.5	525.3	1061.6	1603.8	2297.1
产能利用率（%）	9.4	11.9	51.3	71.3	70.4	87.6	106.2	94.3	93.8

资料来源：C 企业 2004～2012 年年报。

3. 融资情况

从融资总额来看，2003 年 C 企业的融资总额仅为 760 万美元，2012 年其融资总额已达 21.031 亿美元，资金一直非常充裕。在其上市的前一年（2006年），其融资总额发生了数量级的变化。从融资规模来看，9 年间 C 企业的融资总额以年均 133.6% 的幅度增加。从融资结构来看，C 企业有着多元化的融资渠道，包括了银行贷款和其他借款、权益、债券、票据和私募。从融资结构来看，以银行贷款和其他借款为主，权益、票据也是其重要的融资渠道。从融资的阶段变化来看，2003 ~ 2005 年，C 企业融资 100% 依赖银行贷款和其他借款；2006 ~ 2009 年，C 企业融资渠道呈现多元化的特点；2010 年以后，C 企业融资以银行贷款和其他借款为主，票据融资为重要补充手段（见表 7 - 11）。

表 7 - 11　2003 ~ 2012 年 C 企业融资情况

单位：百万美元

融资渠道	2003 年	2004 年	2005 年	2006 年	2007 年	2008 年	2009 年	2010 年	2011 年	2012 年
银行贷款和其他借款	7.6	11.1	42.3	44	172.9	396.8	673.2	1265.8	1855.3	1862.3
权益	0	0	0	0	324.5	0	239.1	0	0	0
债券	0	0	0	85	0	0	0	0	0	0
票据	0	0	0	0	172.5	0	50.0	151.5	222.4	240.8
私募	0	0	0	135	0	0	0	0	0	0
总　计	7.6	11.1	42.3	264.0	669.9	396.8	962.3	1417.3	2077.7	2103.1

资料来源：C 企业 2003 ~ 2012 年年报；李寿双、苏龙飞、朱锐，2011。

4. 地方政府的支持行为

地方政府对 C 企业的成长起到了重要的作用。1998 年 C 企业成立伊始，CL 市国家高新区创业投资公司注资 60 万元入股，使 C 企业成为国有控股企业，从而帮助该企业申请到了国家计委的“3MW 多晶硅太阳能电池产业化示范工程项目”2000 万元的经费支持（当时只有国有企业或国有控股企业才能申请这一科技项目）。2001 年 C 企业计划扩产，CL 市国家高新区帮助引进了新的投资人——一家实力非常雄厚的市属国有企业，并将其股份转让给该国有企业。CL 市国家高新区对 C 企业的支持还包括土地支持，C 企业的一期和二期园区的土地都是免费获得的。2006 年国土资源部颁布了《全国工业用地出让价最低标准（2006）》，加强了对土地使用权交易的规范和管理，并且制定了指导性的地方土地价格，规定地方政府所出售的土地价格不得低于指导价格。尽管国土资源部颁布了这一政策，但是各地纷纷给C企业开出了非常优惠的投资条件，在这种激烈的竞争下，CL市国家高新区只好通过设立专项资金返还C企业的部分购地款。另外，CL市国家高新区在C企业上市前充当了国有股出让的协调人。在C企业上市之前，资金非常紧张，CL市国家高新区还多次借给C企业过桥贷款。此外，CL市政府及高新区政府还多次帮助C企业争取到国家级和省级的科研项目和资金。

5. 再融资困境

2012年C企业的融资情况显著差于2011年和2010年：2012年C企业从融资活动中得到的净现金为20亿元，而2011年和2010年分别为35.5亿元和39.6亿元。但是，C企业的融资情况好于A企业和B企业，这表现为其仍然能从银行和票据市场融到资金，也没有出现类似于A企业和B企业那样的信誉危机。从银行贷款来看，2012年在全行业都难以得到银行贷款的情况下，C企业在3月得到国家开发银行7.357亿元的7年期贷款，在5月得到国家开发银行2.55亿元的8年期贷款。2012年C企业共发行了15亿元（2.4亿美元）的中期票据，其中包括第一期12亿元、固定利率为5.78%的中期票据，以及第二期3亿元、固定利率为6.01%的中期票据。

三　地方政府在光伏企业融资中的作用

改革开放以来，中国选择的是“地区竞争”发展模式，政府间财政关系安排的核心目的是围绕经济增长目标，充分调动各级政府发展本地经济的积极性（张五常，2009）。地方政府是地方管理的主体，即地方公共权力的载体和行使者。在发展地方经济时，地方政府享有较大的自由裁量权，例如地方政府拥有支配和影响经济资源（如资金、土地和产业政策）的权力。

在研究中，我们发现地方政府在光伏制造业的融资活动中起到了重要的作用。在扶持光伏企业时，地方政府不同程度地使用了自由裁量权，为光伏企业提供了土地、政策、资金等各方面的优惠。地方政府对企业的融资活动可以分为直接影响和间接影响，这表现为地方政府既直接作为风险投资者对企业进行

投资，也直接作为企业的借款方；同时也表现为地方政府的影响还渗透到了市场化的融资渠道，如银行信贷、股市融资等。此外，地方政府所发挥的作用具有阶段性特征，在光伏企业的不同发展阶段，其角色也是不同的。

（一）倾斜的资源分配者（1998～2005年）

从对光伏企业的支持上来看，1998～2005年地方政府的工作重心主要在于倾斜性地分配资源，培育和扶持这些新兴的企业。这些倾斜性的资源分配包括土地资源、基础设施、电费补贴以及地方税收的减免。从实施效果来看，尽管这些优惠措施并不是直接的资金支持，但是这些优惠措施减少了企业的支出，并有效地降低了光伏制造企业的生产成本。需要指出的是，这些优惠措施并不能有效地促进企业在技术方面的核心竞争力，也为后来发生的光伏贸易战埋下隐患。

1. 土地优惠

中国的土地所有权归政府所有，地方政府有权出售若干年的土地使用权。为了吸引投资者和培育本地骨干企业，地方政府（尤其是经济发展落后地区的地方政府）往往给予优惠的土地政策。2006年国土资源部颁布了《全国工业用地出让价最低标准（2006）》，加强了对土地使用权交易的规范和管理，并且制定了指导性的地方土地价格，规定地方政府所出售的土地价格不得低于指导价格。在该政策颁布之后，地方政府对企业的土地补贴由明补改为暗补，往往通过各种奖励将购地费用返还给企业。

2005年A企业成立伊始，A企业所在省的省政府一次性特批给A企业土地指标1.5万亩（1000公顷）。根据该企业年报中披露的信息，2006～2012年A企业共花费3.025亿美元用于在多个省市购置土地，同一时期该企业共收到来自AL市政府的购地补贴0.906亿美元，占同期该公司总购地费用的30%（见表7－12）。

表7－12　2006～2012年A企业购地费用支出及购地补贴

指标	2006年	2007年	2008年	2009年	2010年	2011年	2012年
总计购置土地面积(公顷)	0	35.8	414.3	665.6	659.3	982.3	717.5
购地费用支出(百万美元)	5.5	23.5	69.1	24.6	89.4	90.4	0
政府购地补贴(百万美元)	0	0	1.5	67.2	3.8	6.8	11.3

资料来源：A企业2006～2012年年报。

C 企业在每一次扩产扩建的过程中，都在土地方面得到了地方政府的大力支持。2001 年，C 企业由于规模扩大而新建厂房，CL 市国家高新区政府为其提供了 3.33 公顷（50 亩）土地及上面的建筑框架，以资产方式投资，折合人民币 1500 万元。2004 年，CL 市国家高新区政府将 C 企业厂区对面的一个濒临破产的小国有企业清算后，提供给 C 企业并购，使 C 企业增加了 1.4 公顷（21 亩）土地。2006 年和 2008 年，C 企业新建厂区，CL 市为该企业分别提供了 33.3 公顷（500 亩）和 53.3 公顷（800 亩）土地。2006 年的购地情况不详，但是 2008 年的 53.3 公顷土地，先由 C 企业按土地出让价格支付购地款，后由 CL 市国家高新区通过设立可再生能源奖励资金的形式予以返还（见表 7－13）。按照 2008 年 CL 市 4 级工业用地的价格为 368 元/平方米计算（河北省国土资源厅，2010），53.3 公顷的土地的总价应为 1.96 亿元。CL 市国家高新区相关人员解释说，由于 C 企业近年来已成为全国知名的大企业，在许多省市均有投资，各省市均给出了非常优惠的条件。在这种情况下，企业具备了很强的和政府议价的能力。由于担心企业将资产转移到政策更优惠的地区，CL 市也只能继续开出优惠条件，返还企业的购地款。

表 7－13　2001～2008 年 C 企业购地补贴

年份	土地面积(公顷)	政府支持方式
2001	3.33	以资产方式投资
2004	1.4	支持 C 企业通过企业并购获得土地
2006	33.3	NA
2008	53.3	通过科技奖励形式返还土地购置费用

资料来源：清华大学气候政策中心访谈。

2. 电费补贴

电费补贴是少数经济不发达地区政府为吸引投资者而使用的优惠条件。中国的电价政策由国家发展和改革委员会（以下简称“发改委”）统一颁布，地方政府无权干涉电价，因此一些地方政府采取了设置奖励资金的方式补贴企业的能源费用支出。2010 年 5 月，国务院和包括发改委在内的多个部门共同颁布了一系列的政策，其中包括立即终止地方政府提供的优惠电价补贴，严控能

源消费和由此造成的环境污染。

A 企业的硅片和硅料生产享受了由地方政府提供的电费补贴。2006 年 8 月，AL 市经济开发区管委会同意给予 A 企业硅片生产 0.4 元/kWh 的电价，该价格比正常工业电价低 0.15 元/kWh。该协议最初期限为 3 年，在 2009 年 3 月到期后又延长了 3 年。2013 年 3 月，AL 市政府同意给硅片生产继续提供电费补贴。

自 2009 年 9 月起，AL 市经济开发区管委会同意给予 A 企业硅料生产 0.25 元/kWh 的电价，该电价比正常工业电价低 0.25 元/kWh。该协议至 2011 年 6 月 30 日到期，2011 年 7 月 AL 市政府同意给 A 企业硅料生产继续提供补贴。根据计算，2006 ~ 2012 年，政府电费补贴分别占 A 企业产品销售成本的 1.3%、0.9%、0.3%、0.4%、1.8%、3.0%和 1.6%（见表 7 - 14）。

表 7 - 14　2006 ~ 2012 年 A 企业电费补贴占销售成本的比重

单位：百万美元，%

指标	2006 年	2007 年	2008 年	2009 年	2010 年	2011 年	2012 年
政府电费补贴	0.8	3.1	4.7	4.8	35.8	66.2	18.9
产品销售成本	64.0	353.7	1555.1	1211.6	1951.5	2197.5	1215.5
电费补贴占产品销售的比重	1.3	0.9	0.3	0.4	1.8	3.0	1.6

资料来源：A 企业 2006 ~ 2012 年年报。

此外，由地方政府提供的优惠政策还包括提供基础设施、地方税费的减免等。在此我们并不讨论这些优惠政策的合理性，只是指出在中国的市场经济发展过程中，经济发展被当作优先发展的目标，各地的地方政府因此处于激烈的竞争之中，纷纷推出更加优惠的政策来吸引投资者，这是由大的政策环境所决定的。

（二）风险投资者

在对 B 企业、C 企业成长过程的分析中，我们发现当地政府都扮演了风险投资人的角色。B 企业和 C 企业所在的 BL 市和 CL 市政府都投资成立了专门对科技企业进行创业投资的公司。

B 企业成立于2001年，注册资金720万美元。BL市政府组织了两家政府控股的公司和其他六家国有企业联合投资入股（后实际有7家公司投资）。这7家国有企业共投资520万美元，占72.2%的股份。企业创始人个人出资40万美元，以技术入股折合160万美元，两项合计占27.8%的股份（见表7－15）。B企业的国有股东包括BL市创业投资公司①、BL市高新技术风险投资基金管理人、BL市高新技术风险投资股份有限公司。这三家公司都是具有政府背景的风险投资公司。2005年前后，为了满足纽交所上市的要求，地方政府协调这7家国有企业出让了自己的股份，在上市之前退出B企业（何伊凡，2006）。

1998年C企业成立，注册资金100万元。一个政府控股公司——CL市国家高新区发展有限公司②作为天使投资③人，投资60万元入股，占60%的股份；企业创始人投资40万元，占40%的股份（见表7－15）。2001年，随着C企业的逐渐发展，资金需求量越来越大，高新区政府引入一家由CL市控股的国有企业作为大股东，并将CL市国家高新区发展有限公司的股份转让给该国有企业。

表7－15　B企业和C企业的注册资本金构成

单位：%

企业名称	政府背景风险投资公司投资	其他国有企业投资	企业创始人投资
B企业	38.9	33.3	27.8
C企业	60	0	40

政府风险投资的特点之一就是在企业壮大之后或在上市之前退出，这一特点与风险投资很类似，但是与普通风险投资公司不同，政府成立的风险投资公司更加注重对科技企业的种子期的孵化资金投入（即扮演天使投资人的角

① BL市创业投资公司成立于1999年，定位于通过政府引导资金投入，对科技项目进行风险投资，在项目进入成长期之后，通过“股权协议转让、经营团队回购、扶持上市”等方式适时退出，转入新的创业项目。

② CL市国家高新区发展有限公司成立于1994年，职能定位为开发区基础设施开发和扶植企业技术创新的“天使投资机构”。

③ 天使投资是风险投资的一种形式，是指富有的个人出资协助具有专门技术或独特概念的原创项目或小型初创企业，进行一次性的前期投资。

色)。从投资方式来看,政府投资方式包括政府直接控股的公司作为股东、政府直接控股公司联合其他国有背景公司作为股东两种方式。

(三)借款方

在A企业和C企业的案例中,地方政府还扮演了借款方的角色,其中借款方式包括政府直接借款和通过政府控股的公司借款两种方式。

AL市政府在A企业成立时借款给该企业。2005年A企业成立,其注册资金9.09亿元(1.1亿美元)。AL市政府借了2亿元给A企业,占其注册资金的22%。当时AL市所有银行的贷款权限不到2亿元,为凑齐这笔资金,AL市市长亲自带队找到省国际信托投资公司,以AL市财政做担保,依靠信托产品融资1.2亿元。剩下的缺口七拼八凑,AL市从城市经营节约中拿出5000万元,省财政厅以支持AL市财政的名义划拨了剩下的3000万元,再由市财政借款给A企业(北极星太阳能光伏网,2012)。A企业在2007年上市之后偿还了这笔借款,并承认这笔借款的利息不低于银行利率。2012年1月,在A企业深陷危机时,AL市政府又借给A企业2亿元。2012年5月2日,该省省政府成立"A企业稳定发展基金",向A企业发放借款20亿元(见表7-16)。

另外,地方政府也通过政府控股的公司借款给光伏企业。例如,2010年AL市城乡建设投资集团有限公司①共借款给A企业5287.39万元,这些贷款均为期限为2年的信用借款,利率为7.26%,略高于银行利率。2010年HF市高新创业园管理有限公司②共借款给A企业8.6468亿元,这些贷款均为期限为3年的信用借款,利率为6.41%~6.77%,略高于同期A企业从银行得到的长期贷款。

CL市国家高新区政府也在C企业扩建的各个关键时期借款给该企业。2001年C企业建设一期工程,CL市国家高新区借给C企业启动费用100多万元和50亩

① AL市城乡建设投资集团有限公司成立于2008年1月,是AL市政府直属国有独资企业,被AL市委、市政府定位为全市的投资主体、融资平台和建设实体,承担城市公共环境建设和某新城区的开发建设职能,完成市委、市政府确定的城市建设和城市发展的目标任务。

② HF市高新创业园管理有限公司是HF市高新区管委会直属的专业科技企业孵化器和加速器的运营管理机构,为国家级科技企业孵化器。

地，以及50亩地上面的建筑框架（共计约1500万元）。2004年C企业二期工程，CL市国家高新区借给C企业2400万元，并清算一个小企业提供给C企业并购，使C企业增加了21亩土地。2007年C企业上市前，CL市国家高新区政府分别借给C企业两次贷款，一次为3000万元，另一次为4200万元①（见表7－16）。

表7－16　A企业和C企业在不同时期向地方政府借款金额

单位：亿元

类　别	A企业	C企业
启动费用	2	0.15
长期贷款	9.2(2010年)	NA
企业扩产费用	NA	0.24
过桥贷款	NA	0.72
财务困境	22(2012年)	NA

从以上分析可以看出，地方政府作为借款方主要有三个特点：①从借款期限来看，地方政府提供的贷款多为1年期以上的长期信用借款，不需要抵押，在一定程度上弥补了银行贷款多为1年期短期贷款的不足；②从借款方来看，包括政府直接借款和通过政府控股公司借款两种；③地方政府借款的时期多为企业资金周转困难、需要大量周转资金的时期，如企业的启动费用、企业的扩产费用、企业上市前的过桥贷款以及财务困境等。

（四）协调者

从三个案例中可以看出，地方政府在光伏企业上市、争取银行贷款融资、解救企业于财务困境的过程中发挥了重要的协调作用（见表7－17）。

表7－17　地方政府作为协调者发挥的作用

类　别	A企业	B企业	C企业
企业上市协调	NA	√	√
争取银行贷款	√	√	√
财务困境	√	NA	√

① 清华大学气候政策研究中心访谈。

A、B、C 三家案例企业的上市融资计划都得到了当地政府的支持。中国企业在国外证券机构上市的话，国有资本占比过高会很难上市，即使可以上市，股票的定价也很低。上市前后是企业赢利状况很好的时候，在企业成立之时国有资本承担了高风险，给案例企业注入了资本，在此时让国有资本失去控股权或完全退出是不符合市场规则的。而地方政府恰恰在此时发挥了关键的协调作用，让具有政府背景的风险投资企业重新回到孵化企业、改善创新投资环境的定位。

2003 年上半年到 2004 年 3 月，B 企业曾与中国香港、新加坡的证券机构谈上市融资的问题，当时外部投资机构要求国有股东退出，最终没有达成协议。2004 年 8 月，企业创始人开始酝酿国有股的退出，其国有股退出方案得到了 BL 市委书记的肯定。BL 市政府的意见有两条：第一，要满足上市的要求，也就是国有股应该退出；第二，要满足投资各方的利益。至于这两点如何来平衡、退多少、什么时候退，要由企业和股东商量。企业创始人开始逐家拜访各位股东，到 2005 年 3 月，他终于赢得了这场博弈，所有国有股东均同意退出。BL 市创业风险投资公司回报最低，获得了 10 倍收益，最高的获得了 23 倍收益。国有股是否退出完全取决于 BL 市政府对政府风险资金的定位（何伊凡，2006）。

2007 年 C 企业上市之前，国有股东 TW 集团占 51% 的股份，企业创始人占 49% 的股份。从 2005 年底开始，CL 市国资委和某集团就奔走于证监会、发改委、国资委、商务部等部门，希望能在 TW 集团控股情况下实现 C 企业上市，但在奔走了半年之后并无结果。2006 ~ 2007 年是上市的黄金时期，光伏企业扎堆在海外上市。若要实现 C 企业的海外上市计划，必须减少其国有资本。在这种情况下，CL 市国家高新区政府发挥了协调作用，最终 TW 集团同意出让 2% 的股份，其在 C 企业的股份从 51% 下降至 49% 。接着企业创始人就在开曼群岛成立了未来的海外上市主体，在经历了两轮私募后，C 企业搭上了海外上市的末班车（李娜，2012）。

地方政府在为光伏企业争取银行贷款融资方面也发挥了重要的协调作用。2008 年 B 企业因金融危机实施裁员、股价暴跌、资金链紧张，一度传出破产消息，当时的 BL 市委书记亲自带着企业创始人拜访当地四大国有银行，贷款 30

亿元渡过了难关（裘祥德，2011）。2012 年 B 企业陷入财务困境，9 月，BL 市市长带领两个小组——领导小组和工作服务小组来到 B 企业现场办公，召集了相关银行协调确保 B 企业获得金融机构集中授信及贷款支持，也向国家、省有关部门呼吁，尽快制定出台支持光伏产业应对挑战的政策意见（王佑，2012）。

地方政府在 2012 年后企业的财务困境中也发挥了重要的协调作用。在 2012 年 7 月 10 日由 AL 市驻 A 企业帮扶工作组提交的“A 企业公司‘三清’工作情况”报告中，7 月 10 日 A 企业应支付拖欠的 2850 万元基建工程款，通过帮扶组全力协调，已从 AL 市农村商业银行预先贷出 1700 万元。因需支付的欠款额度尚有缺口，目前该笔资金暂未发放，待筹足资金后再统一发放。各基建商对此表示理解，暂未采取过激行为，正等待观望后续进展（蒋卓颖，2012）。可以看出，帮扶组当时最重要的任务就是协调 A 企业与供应商、建设方的关系，延长 A 企业的账期以解 A 企业目前的燃眉之急，其帮扶工作早已渗透到企业核心财务和生产经营领域。

（五）董事会董事

从案例企业 A、B、C 可以看出，地方政府在扶持本地光伏企业成长的过程中，几乎参与了企业融资的所有重大决策，发挥了董事会董事的作用。在企业成立和面临危机（财务困境）的重要关头，政府派出的代表都曾进驻董事会，主持和参与重要事务决策（见表 7－18）。

表 7－18　地方政府向企业董事会派驻董事

时　期	A 企业	B 企业	C 企业
企业成立时期	NA	√	√
财务困境时期	√	NA	√

2001 年 B 企业成立时，原 BL 市经贸委主任 LYR 作为国有股东的代表，出任 B 企业董事长，企业创始人当时任总经理。LYR 参与了企业的整个运作过程。2003 年初，B 企业开始寻求外部贷款，作为公司董事长的 LYR，必须说服当地国有企业股东为 B 企业提供担保，这是一个艰难的过程。最终，4 家企业愿意提供担保，获取担保资金 5000 万元左右。之后，LYR 又动用自己的

政府资源，通过 BL 市劳动局拿到低息贷款资金 5000 多万元（何伊凡，2006）。2004 年，伴随着国有股份的退出，原董事长 LYR 也离开了 B 企业。

2013 年 3 月 18 日，由 8 家中国的银行组成的债权人委员会向 BL 市中级人民法院提交了对 B 企业实施破产重整的申请，法院依据《中华人民共和国企业破产法》裁定，对该公司实施破产重整。由 BL 市新区管委会经发局、财政局、劳动局等有关部门负责人组成的 10 人破产管理人小组进驻 B 企业。管理人代表是 BL 市新区管委会驻星洲工业园办公室主任。B 企业电力任命 2 名新董事，被任命为执行董事、总裁的 ZWP 加入 B 企业电力前，担任 BL 市国联期货有限公司董事长兼国联发展（集团）有限公司财务部经理，另一名是中国光大国际有限公司前执行董事 FRH（B 企业电力独立非执行董事）。

2012 年 10 月，A 企业与 HR 公司签署了股权购买协议，HR 公司同意购买 A 企业发行在外总股本约 19.9% 的股份，交易总额约 2300 万美元。HR 公司约 60% 的股份由北京 HJWY 公司拥有，其余 40% 的股份由 AL 市国有资产经营有限责任公司拥有。根据股权购买协议，HR 公司有权指定新增 3 名董事至 A 企业董事会，并且双方同意 A 企业董事会增加 2 名独立董事。第一位董事为 AL 市国有资产经营有限责任公司董事长、总经理，第二位董事为 HJWY 公司副总裁，第三位董事为 AL 市人民政府的金融顾问，第四位董事为省人大常委、省人大教科文卫委副主任委员，第五位董事为 AL 钢铁集团董事会秘书（新华网，2012）。这些董事会成员不参与公司的经营，但会参与董事会的决策。

四　中央政府在光伏企业融资中的作用

从融资来看，中央政府主要是在 2009 ~ 2010 年通过政策影响，使得以国家开发银行为首的国有商业银行向光伏制造业发放了大量的贷款。从图 7 - 4 可以看出，在 2009 年和 2010 年，债务融资（以银行贷款为主）占整个行业融资金额的 24.2% 和 77.6%。这一时期光伏制造业充裕的银行贷款主要是受到中央政府信贷政策的影响。

中央政府对战略性新兴产业的大力扶持，对光伏制造业获得信贷融资产生了重要的影响，国家开发银行在其中发挥了重要的作用。作为三大政策性银行

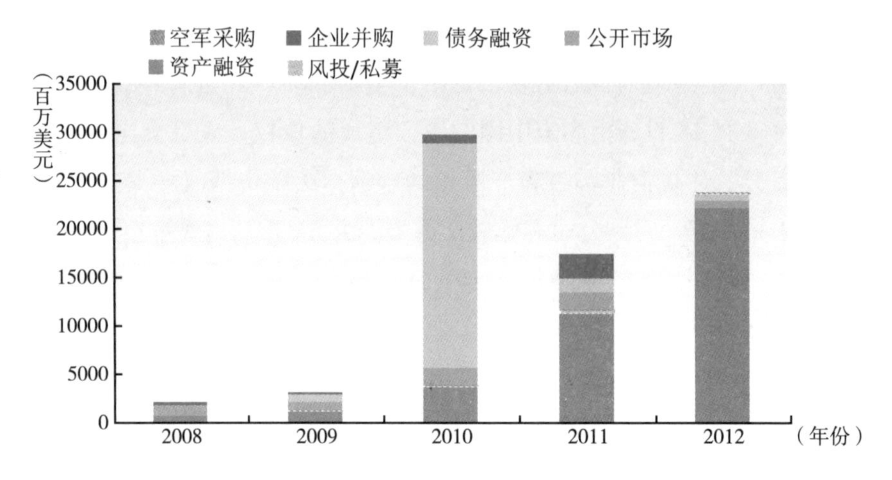

图7－4　2008～2012年中国光伏行业融资情况

资料来源：彭博新能源数据库。

之一，国家开发银行既是该政策的制定者，也是该政策的实施者（见图7－5）。2009年末国家开发银行先后与国家能源局、发改委、工信部等有关部委举行高层会晤并签订规划合作备忘录，并受邀参与《国务院关于加快培育和发展战略性新兴产业的决定》的起草工作（赵君，2012）。2009年，国家开发银行率先出台《太阳能发电开发评审意见》，向光伏制造业发放贷款。国家开发银行年报也显示，从2009年开始，国家开发银行发放环保及节能减排项目贷款开始成倍增长，2008年为988亿元，2009为1751亿元，2010年再度加量至2320亿元。截至2011年末，环保及节能减排贷款余额达6583亿元。国家

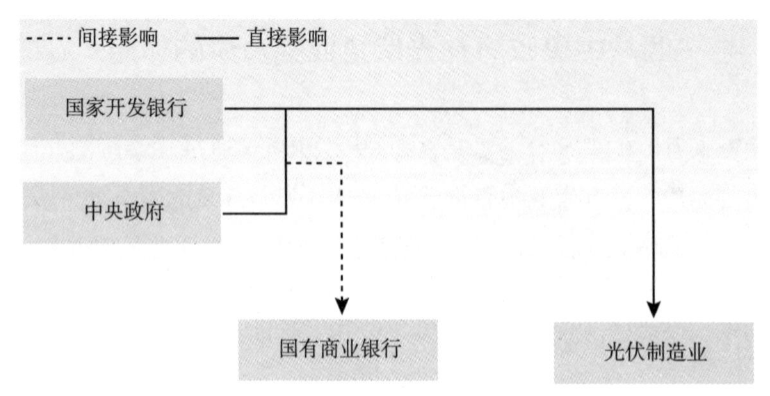

图7－5　中央政策对光伏制造业信贷的影响

开发银行对光伏制造业的大力支持也带动了其他国有控股银行的进入。

我国关于扶持战略性新兴产业的主要事件见表7－19。

表7－19 关于扶持战略性新兴产业的主要事件

时间	政策事件
2009年9月	国务院总理温家宝三次召开战略性新兴产业发展座谈会，听取经济、科技专家的意见和建议
2009年	国家开发银行（以下简称"国开行"）率先制定《太阳能光伏发电项目开发评审指导意见》，国开行给予江苏光伏产业累计100亿元的信贷支持；2009～2010年国开行共给予光伏行业近2500亿元的授信
2010年9月8日	国务院总理温家宝2010年9月8日主持召开国务院常务会议，审议并原则通过《国务院关于加快培育和发展战略性新兴产业的决定》
2010年10月10日	2010年10月10日，国务院发布《国务院关于加快培育和发展战略性新兴产业的决定》（国发〔2010〕32号文件），指出要抓住机遇，根据战略性新兴产业的特征，立足我国国情和科技、产业基础，现阶段重点培育和发展节能环保、新一代信息技术、生物、高端装备制造、新能源、新材料、新能源汽车等产业
2010年	2010年国家开发银行向中国可再生能源制造商发布了价值436亿美元的授信，其中光伏制造业共得到325亿美元的授信
2011年	B企业获得国家开发银行贷款3.25亿美元，中电光伏、超日太阳和汉能控股分别获得1.6亿美元、10亿欧元和300亿元的信贷支持
2012年9月	国家开发银行完成关于进一步加强金融信贷扶持光伏产业健康发展建议，将重点确保"六大六小"12家光伏企业授信额度，其余光伏企业贷款将受到严控
2012年	C企业再度获得国家开发银行1.5亿元和3亿美元的直接融资；国家开发银行与阿特斯签署5年期9300万加元（约合9380万美元）的贷款协议；国家开发银行为兴业太阳能子公司湖南兴业太阳能科技有限公司发放为期10年的4100万元贷款

资料来源：赵君，2012；史进峰，2012；Felicia Jackson，2011；证券时报，2012。

国家开发银行在2012年光伏制造业深陷债务危机之后继续发挥着金融支持作用，并将支持重点转向电站建设。2012年国家发改委密集组织各职能部门研究制定扶持光伏产业发展意见，作为最重要的金融支持部门之一，国家开发银行完成关于进一步加强金融信贷扶持光伏产业健康发展建议，将重点确保"六大六小"12家光伏企业授信额度，其余光伏企业贷款将受到严控。"六大”是指已成规模和品牌实力的龙头，“六小”是指拥有自主知识产权的科技型企业（证券时报，2012）。入围企业此前大多与国家开发银行有过深度合作，且名单会根据企业经营和行业情况进行动态调整。

五　结论

中国政府在光伏企业的融资过程中发挥了重要的作用。地方政府在光伏企业的融资活动中扮演了多重角色，其影响渗透到各主要融资渠道，而中央政府的影响主要是在2009～2010年该行业获得的银行贷款方面。

地方政府所发挥的作用因融资渠道而异（见表7－20）。在银行贷款方面，地方政府主要扮演了协调人的角色；在借款融资方面，地方政府往往充当了重要的借款方；从上市融资渠道来看，地方政府在企业上市融资的过程中发挥了协调人和推动者的作用；从风投/私募渠道来看，地方政府充当了风险投资者的角色；在企业扶持和2012年后企业的融资困境中，一些地方政府实际上发挥了董事会董事的作用。

表7－20　政府在各融资方式中所起的作用

融资活动	地方政府在融资中的作用	中央政府在融资中的作用
银行贷款	协调者	信贷政策指引者
借款	借款方	—
上市融资	协调人、推动者	—
风投/私募	风险投资者	—
融资困境	董事会	—

地方政府所发挥的作用具有阶段性特征。在第Ⅰ阶段的产业孵化期，地方政府对企业融资活动的干预手段是非常直接的。地方政府通过倾斜性的资源分配，直接地帮企业节省了资金，间接地降低了光伏企业的生产成本。而地方政府直接充当风险投资者，成为企业的股东，更是大量分担了企业的风险。在第Ⅱ阶段的产业发展期，地方政府主要采取了间接手段干预企业的融资活动。中

央政府主要通过信贷政策指引间接影响企业的银行融资。在第Ⅲ阶段的产业困境中，地方政府的关注重心从经济发展转变为就业、社会稳定等方面，在企业的市场融资渠道全部断裂的情况下，仍然购买企业的股票，游说银行向企业融资，对企业采取了一系列的救助活动。在这一时期，地方政府运用直接和间接手段帮助企业融资（见图7－6）。

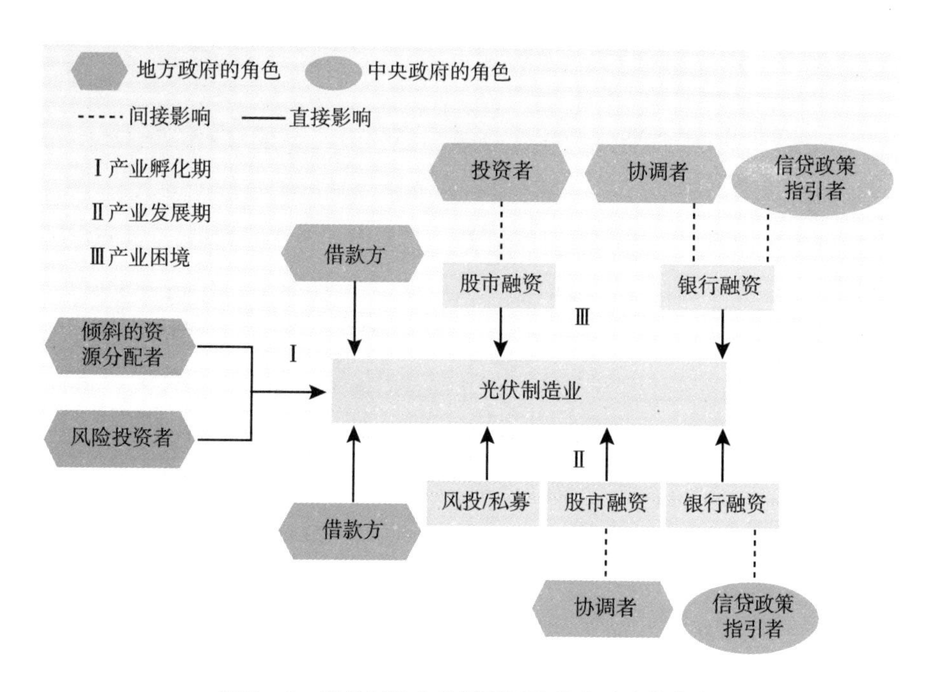

图7－6　光伏制造业发展不同阶段中政府的角色

地方政府通过参与和支持光伏制造业的融资活动，发展出了基于大量资金支持的快速产能扩张模式，将该行业在短短10年间打造成为具有国际先进水平的产业，短期来看这种发展模式非常高效，但是该行业因严重产能过剩而迅速陷入困境，长期来看这种发展模式并不健康，也不可持续。

六　政策启示

本研究主要提出以下政策启示。

第一，地方政府依靠扶持本地制造企业，从而带动当地经济的发展方式不可持续。光伏制造业作为笼罩着“高新技术”光环的制造业，投入大，既能创造高额 GDP，又具有环保节能的概念，符合“经济发展方式转型”的政策要求，因而受到地方政府的追捧。在地区竞争的格局下，这种高度相似的经济发展模式在各地被广泛复制，直接导致了地区和全国性的制度失效，最直接的表现就是全国范围内普遍性的制造业产能过剩。光伏制造业的起落只是这种发展方式的一个缩影，风机制造、汽车制造等行业又何尝不是如此呢？

第二，地方政府应逐渐转变在企业融资过程中“全能政府”的角色，规范其在企业融资活动中的行为。地方政府在光伏企业融资过程中的定位非常混乱，既扮演了天使投资、风险投资的角色，也干预了企业的管理，同时还是市场的监管人，是各方利益相关方的协调人。在 2000 年前后，国内并没有完善的风险投资市场，地方政府先行一步充当风险投资者，具有一定的前瞻性。如今国内的风险投资市场已相当完善，地方政府应逐渐转变对高新技术企业的支持方式、重点和范围，不要干预市场和企业的运行。

第三，地方政府对光伏企业的土地、电费之类的补贴行为应得到规范。这些补贴只能造成个别企业生产成本的降低，不能真正提升企业竞争力，并造成一系列的恶果：①各地为了招商和留住现有企业必须开出更加优惠的条件，加剧了地区之间的竞争；②低成本企业的恶意竞争扰乱了全行业的秩序，在“反倾销、反补贴”税中，“反倾销”税远远高于“反补贴”税，可见恶意竞争最终危及了行业的生存和发展；③在国际贸易中授人以柄。

第四，光伏制造业全行业的宏观政策缺失。据不完全统计，2009 年以来国内已有 14 个省份提出将光伏产业培育成新兴支柱产业，至 2012 年全国 600 多个城市中有 300 多个城市都在发展光伏产业（北极星太阳能光伏网，2012）。根据《中华人民共和国可再生能源法》的第三章“产业指导与技术支持”，政府对行业发展有统筹、指导、协调和调控的作用。但是从实际情况来看，该行业的宏观政策，如产业规划、技术标准等长期缺失。而地方政府的扶持行为已造成市场机制失效，在缺乏产业宏观政策的调控下，行业产能过剩的命运已成定局。

参考文献

1. European PV Industry Association (EPIA), "Global Market Outlook for PV Industry until 2017", 2013.
2. Frankfurt School UNEP Collaborating Centre (REN 21), "Global Trends in Sustainable Energy Investment", Frankfurt, *Bloomberg New Energy Finance*, 2011.
3. Felicia Jackson, "China's Renewable Energy Revolution", *Renewable Energy Focus*, November/December 2011.
4. LDK Solar Co., Ltd., "Form of Prospectus Disclosing Information Facts Events Covered in both Forms", *Filed*, June 1, 2007.
5. LDK Solar Co., Ltd., "Annual Report 2008 and Notice of Annual General Meeting of LDK Solar Co., Ltd.", *Filed*, July 13, 2009.
6. LDK Solar Co., Ltd., "Annual Report 2009 and Notice of Annual General Meeting of LDK Solar Co., Ltd.", *Filed*, August 18, 2010.
7. LDK Solar Co., Ltd., "Annual Report 2010 and Notice of Annual General Meeting of LDK Solar Co., Ltd.", *Filed*, July 22, 2011.
8. LDK Solar Co., Ltd., "Annual Report 2011 and Notice of Annual General Meeting of LDK Solar Co., Ltd.", Filed, August 1, 2012.
9. LDK Solar Co., Ltd., "Annual Report 2012 and Notice of Annual General Meeting of LDK Solar Co., Ltd.", Filed, May, 2013.
10. SEMI, PV Group, CPIA, China PV Industry Development, 2011.
11. Suntech Power Holdings Co., Ltd., "Prospectus", *Filed*, December 13, 2005.
12. Suntech Power Holdings Co., Ltd., "Annual Report 2006 on Form 20-F", 2007.
13. Suntech Power Holdings Co., Ltd., "Annual Report 2007 on Form 20-F", 2008.
14. Suntech Power Holdings Co., Ltd., "Annual Report 2008 on Form 20-F", 2009.
15. Suntech Power Holdings Co., Ltd., "Annual Report 2009 on Form 20-F", 2010.
16. Suntech Power Holdings Co., Ltd., "Annual Report 2010 on Form 20-F", 2011.
17. Yingli Green Energy Holding Co., Ltd., "Preliminary Prospectus", 2007.
18. Yingli Green Energy Holding Co., Ltd., "Annual Report 2007 on Form 20-F", 2008.
19. Yingli Green Energy Holding Co., Ltd., "Annual Report 2008 on Form 20-F", 2009.
20. Yingli Green Energy Holding Co., Ltd., "Annual Report 2009 on Form 20-F", 2010.
21. Yingli Green Energy Holding Co., Ltd., "Annual Report 2010 on Form 20-F", 2011.
22. Yingli Green Energy Holding Co., Ltd., "Annual Report 2011 on Form 20-F", 2012.
23. Yingli Green Energy Holding Co., Ltd., "Annual Report 2012 on Form 20-F", 2013.
24. 史立山：《全国300多城市发展光伏，短视造成困局》，北极星太阳能光伏网，2012年7月12日，http://guangfu.bjx.com.cn/news/20120712/372881.shtml。

25. 《光伏揭秘：赛维 LDK 的“神奇”优待》，北极星太阳能光伏网，2012 年 7 月 19 日，http://guangfu.bjx.com.cn/news/20120719/374319-2.shtml。
26. 范必：《重振光伏产业须靠国内市场》，世纪新能源网，2012 年 10 月 30 日，http://www.ne21.com/news/show-33846.html。
27. 郭力方：《光伏企业现国有化初潮，A 企业获溢价收购》，《中国证券报》2012 年 10 月 23 日，http://gzjj.gog.com.cn/system/2012/10/23/011706277.shtml。
28. 蒋卓颖：《政府表态“三不”》，《21 世纪经济报道》2012 年 7 月 17 日，http://www.21cbh.com/HTML/2012-7-17/zOMzA3XzQ3NjQzOQ.html。
29. 《河北省 11 个省辖市土地级别及基准地价表》，河北省国土资源厅网站，2010 年 6 月 12 日，http://www.hebgt.gov.cn/index.do? id=4805&templet=content&searchText。
30. 何伊凡：《首富，政府造——自主创新的“B 企业模式”》，《中国企业家》2006 年第 6 期。
31. 江西赛维 LDK 太阳能高科技有限公司：《江西赛维 LDK 太阳能高科技有限公司 2011 年度第一期中期票据募集说明书》，2011。
32. 蒋卓颖：《A 企业 99% 现金流依赖政府财政，帮扶小组进驻公司》，《21 世纪经济报道》2012 年 7 月 24 日，http://news.xinhuanet.com/fortune/2012-07/24/c_123460042.html。
33. 李娜：《光伏江湖恩仇录之苗连生与丁强的控股权之战》，SolarF 阳光网，2013 年 7 月 13 日，http://www.china-nengyuan.com/news/27858.html。
34. 李寿双、苏龙飞、朱锐：《红筹博弈：十号文时代的民企境外上市》，中国政法大学出版社，2011。
35. 薛进军、赵忠秀主编《中国低碳经济发展报告（2013）》，社会科学文献出版社，2013。
36. 裘祥德：《B 企业会“破产”吗?》，《中国企业家》2011 年第 11 期。
37. 史进峰：《国开行光伏信贷沉思录》，《21 世纪经济报道》2012 年 12 月 8 日，http://www.21cbh.com/HTML/2012-12-08/2ONTg5XzU3OTY2OA_2.html。
38. 《光伏，用一个错误来弥补另一个错误?》，SolarF 阳光网，2013 年 7 月 2 日，http://www.solarf.net/news/headline/2013-07-01/58235.html。
39. 王斯成、王文静、赵玉文，《中国光伏产业发展报告》，2004。
40. 王佑：《107 亿负债吓退接盘方，尚德破产重整方案或延期出炉》，《第一财经日报》2013 年 9 月 17 日，http://www.yicai.com/news/2013/09/3012916.html。
41. 王佑：《无锡市政府出手相救，尚德企业已获 2 亿贷款》，《第一财经日报》2012 年 9 月 28 日，http://www.yicai.com/news/2012/09/2116800.html。
42. 赵君：《国开行深陷光伏产业公司借贷之忧》，财经网，2012 年 8 月 22 日，http://finance.caijing.com.cn/2012-08-22/112075213.html。
43. 张五常：《中国的经济制度》，中信出版社，2009。
44. 《国开行调整 12 家光伏企业授信名单》，《证券时报》2012 年 10 月 10 日，http://company.stcn.com/content/2012-10/10/content_7081488.htm。

45. 中共江苏省委研究室：《站在世界光伏产业的前沿——BLB 企业太阳能电力有限公司调查》，《新华日报》2006 年 3 月 28 日。
46. 中国可再生能源学会：《中国新能源与可再生能源年鉴 2009》，2010。
47. 《赛维 LDK 董事会“大换血”未来能否“扶”得起?》，新华网，http：//news. xinhuanet. com/fortune/2012 - 11/06/c_ 123917576. htm，2012 - 11 - 06。

BⅣ 案例篇

Case Studies

B.8 工业企业对节能政策的响应

摘 要：

工业企业是我国的耗能大户和节能主体。“十一五”以来，我国政府通过经济激励类政策、命令－控制类政策以及能力建设类政策引导企业的节能行动。地方政府不仅将中央政府的指令细化并执行，还因地制宜地进行各种各样的政策创新，以“工业企业与地方政府合作提高工业能效”的工作方式确保当地的“千家企业”顺利完成节能目标。在能源成本和节能政策的双重影响下，工业企业采取了技术改造和设备更新、淘汰落后产能以及能源管理等措施，显著改善了能源效率，其中技术改造和设备更新以及淘汰落后产能是最有效的节能措施。

“十二五”期间，工业节能主体从大型“千家企业”扩大到能耗水平相对较低的中小型“万家企业”。由于“万家企业”数量众多，较为分散，资源消耗量及污染排放相对较少，因此实施节能降耗措施及环境监管的难度和成本远远高于“千家企业”，地方政府无法再像“十一五”时期推动“千家企业节能行动”那

样投入大量行政力量密切监管和协助“万家企业”的节能情况，需要运用更多市场化手段激励、监督和引导企业的节能行为。针对中小型企业节能管理基础薄弱的情况，“十二五”期间各级政府通过能源管理中心、能源管理师、能源管理体系等政策工具帮助企业提高节能管理水平。目前，“万家企业”已初步建立起以基础数据收集、技术支持系统与管理制度建设为核心的节能管理体系。

随着既有技术节能空间逐步收窄以及成本的上升，淘汰落后产能的潜力不断缩小，工业企业在“十二五”时期还面临着更加严峻的节能技术与资金方面的挑战。然而，目前工业节能政策的重心主要放在提高企业的节能管理水平上，缺乏适当的政策工具应对企业面临的节能技术与资金方面的挑战。未来的节能政策制定必须及时做出调整，鼓励和扶持前沿节能技术的研发和推广，加强经济激励类政策在推动企业节能中的作用，探索更多的市场化融资途径。

关键词：

工业企业　节能政策　“十二五”

节能是一项私益性与公益性兼具的工作。由于节能可以降低企业的运营成本，提升产品的市场竞争力，与企业效益最大化的目标完全一致，因此具有私益性。这意味着即便政府不对企业下达节能目标，企业也有动力开展节能行动。近年来，能源价格的上涨给企业带来更高的成本压力，如化工、水泥、电力等高耗能企业的能源成本占其总成本的70%以上，促使企业投入更多的财力、物力挖掘节能潜力。而由于工业企业的节能工作直接影响中国的低碳事业发展，因此又带有公益性质。本章以位于S省J市的HT发电有限公司（以下简称“HT电厂”）为例，辅之以其他工业企业的调研资料，分析“十一五”以来工业企业采取的主要节能措施、节能政策对企业的影响以及“十二五”时期工业企业面临的新的节能挑战。由于案例中涉及企业具体数据，为避免给企业带来不利影响，本报告特意隐去具体的企业名称及其所在地信息，所引数据均保持实际情况。

一 工业节能总体表现

20 世纪 80 年代以来，节能在中国的能源战略中一直占据重要的地位。尤其是“十一五”时期至今，伴随节能目标责任制这一新的节能政策执行机制的建立，中国政府的节能事业取得了重大进展，这些进展不仅体现在企业节能行动的加强上，也体现在政府在节能领域的大量投资以及各项政府创新上（清华大学气候政策研究中心，2013a）。在工业化、城镇化进程加速，出口居高不下的情况下，中国扭转了“十五”时期单位 GDP 能源强度不降反升的趋势，在“十一五”实现了单位 GDP 能源强度 19.1% 的下降幅度。

进入“十二五”时期，尽管节能技术和管理水平进一步提高，淘汰落后产能任务如期完成，但受高耗能行业产能扩张、经济增速放缓、技术节能潜力收窄等因素的影响，2011 年我国工业能耗年增速与工业能耗弹性系数均有所反弹，工业节能工作总体并未达到预期（见图 8－1）。2011 年，国家制定了单位 GDP 能耗下降 3.5% 和规模以上工业增加值能耗下降 4% 的节能目标，但实际完成情况仅为 2.01% 和 3.49%（见图 8－2）。2012 年后，工业增加值能耗下降幅度提高。2012 年，工业和信息化部提出工业部门节能 5% 的目标。2012 年 1～11 月，全国规模以上工业单位增加值能耗同比下降 7.47%，下降幅度已经超过了 2011 年的降幅（工业和信息化部，2012b）。

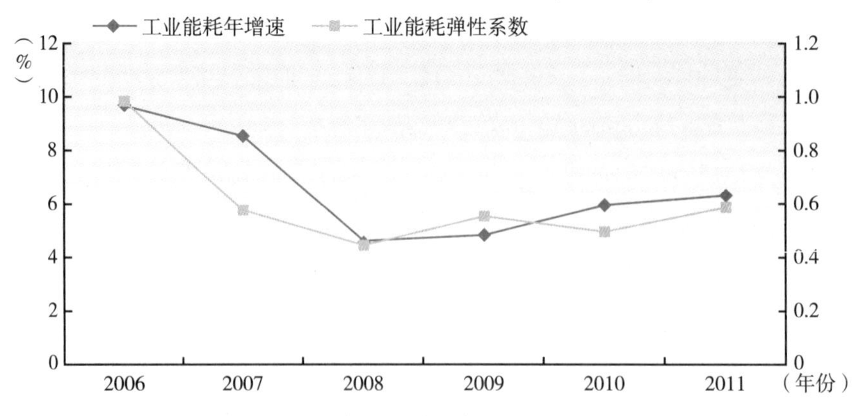

图 8－1 2006～2011 年工业能耗年增速和工业能耗弹性系数

资料来源：国宏美亚（北京）工业节能减排技术促进中心，2013。

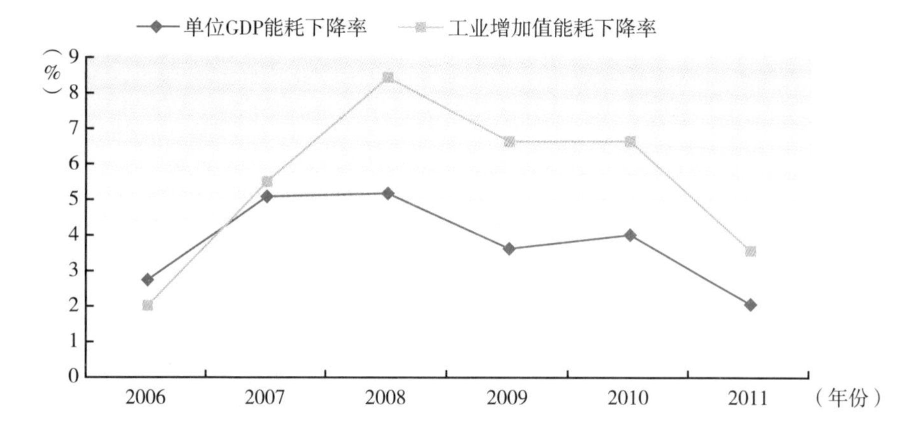

图 8－2　2006～2011 年单位 GDP 能耗下降率和工业增加值能耗下降率

资料来源：国宏美亚（北京）工业节能减排技术促进中心，2013。

（一）节能技术应用

“十一五”以来，重点用能企业的能源利用效率大幅提高。钢铁、建材、石油石化及化工等重点耗能行业先进节能技术或工艺普及率大大提升（见表 8－1）。主要产品单位能耗明显下降，虽然与国际先进水平相比依然存在较大差距，但差距逐年缩小（见表 8－2）。千家企业主要产品单位能耗指标已达到国内同行业先进水平［国宏美亚（北京）工业节能减排技术促进中心，2012］。据初步统计，千家企业单位氧化铝综合能耗、乙烯生产综合能耗、烧碱生产综合能耗等指标下降了 30% 以上，单位原油加工综合能耗、电解铝综合能耗、水泥综合能耗等指标下降了 10% 以上，供电煤耗下降了近 10%，部分企业的指标达到了国际先进水平（新华社，2011）。

“十二五”的开局两年，重点统计企业吨钢、原油加工、乙烯、合成氨、烧碱、纯碱、水泥、孰料、氧化铝、电解铝、铜冶炼等综合能耗持续下降，然而，大部分产品单位能耗下降趋势明显减弱（见图 8－3）。由于并未出现巨大的技术革新，仅依靠原有技术和工艺难以持续大幅提升产品能效，未来挖掘节能空间的成本也将不断提高。而在部分行业，产品生产受气候条件影响，少数产品单位能耗甚至出现波动，如电石综合能耗 2011 年比上年提高 1.05%，铅冶炼综合能耗比上年提高近 6%［国宏美亚（北京）工业节能减排技术促进中心，2013］。

表 8 -1 重点行业先进节能技术或工艺的节能效果与普及率

行业	先进节能技术或工艺	节能效果描述	普及率
钢铁	连续铸锭工艺	生产 1t 连铸坯节能 70kgce	大中型企业连铸比由 2005 年的 97.5% 提升至 2008 年的 99.2%
	干熄焦	吨焦可回收蒸汽 500 ~ 600kg；处理 1t 红焦可节能 40kgce	大中型企业干熄焦处理量占焦炭产量比重从 2005 年的 35% 上升至 2012 年的 90%；截至 2010 年，投产运行的干熄焦装置达到 104 套，比 2005 年多 84 套
	高炉炉顶余压发电技术	最高吨铁回收电量约 50kWh	推广水平由 2005 年的 30% 提升至 2010 年的 55%
	转炉煤气干式除尘	节能 3.7kWh/吨钢	中国钢铁行业共有 49 台转炉干法除尘装备
建材	新型干法水泥生产线	大型新法生产线单位产品热耗比机立窑低 40%	新型干法水泥产量占水泥产量比重从 2005 年的 40% 上升至 2012 年的 92%
	水泥散装	每万吨水泥散装与袋装相比节能 237tce。2009 年水泥行业比 2005 年节约 360 万 tce	散装率由 2005 年的 37% 提升至 2012 年的 54.2%
	水泥窑纯低温余热回收发电技术	吨熟料发电能力 37 ~ 42kWh	2012 年我国共有 700 多条新型干法水泥生产线安装余热发电装置，装机容量 580 万 kW，发电能力 350 亿 kWh
化工	离子膜法烧碱	吨碱耗电比隔膜法少 123kWh	产量比重由 2005 年的 34% 提升至 2010 年的 76%
石油石化	气分装置深度热联合及低温热利用技术	油品加工综合能耗下降约 5%	推广水平由 2005 年的 5% 提升至 2010 年的 25%
电力	脱硫岛烟气余热回收及风机运行优化技术	以 2X1000MW 发电机组为例，采用本技术可以使每台机组供电煤耗下降 2.71g/kWh，年节电 198 万 kWh，年节水 26 万 t	推广水平由 2005 年的不足 1% 提升至 2010 年的 3%

资料来源：国宏美亚（北京）工业节能减排技术促进中心，2012，2013；清华大学气候政策研究中心，2012a；王庆一，2013；工业和信息化部，2010b。

表 8-2　高耗能产品能耗国际比较（2005～2012 年）

指标	单位	中国		国际先进水平		与国际先进水平差距	
		2005 年	2012 年	2005 年	2012 年	2005 年	2012 年
钢可比能耗	kgce/t	732	674	610	610	122	64
电解铝交流电耗	kWh/t	14575	13844	14100	13800	475	44
水泥综合能耗	kgce/t	178	136	127	118	51	18
乙烯综合能耗	kgce/t	1073	895	629	629	444	266
化纤电耗	kWh/t	1396	951	980	900	416	51

资料来源：王庆一，2013。

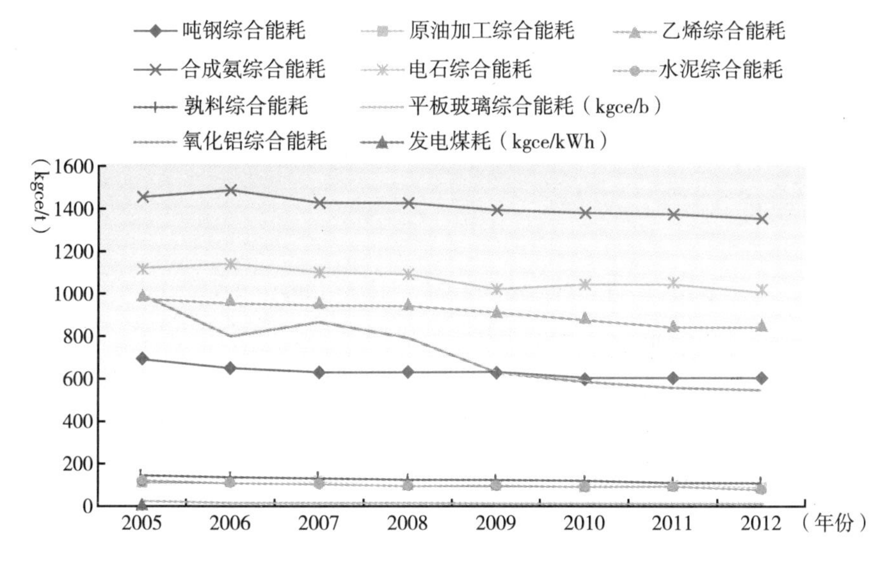

图 8-3　2005～2012 年主要工业产品单位产品能耗

资料来源：国宏美亚（北京）工业节能减排技术促进中心，2012，2013。

（二）淘汰落后产能

工业部门节能除了依靠技术进步之外，在很大程度上还依靠淘汰落后产能。“十一五”期间，国家以目标责任制的方式加强淘汰落后产能的执行力度，并通过规制、激励等政策来保障其实施。以财政激励为例，“十一五”时期中央财政对淘汰落后产能的企业补贴共计 219.1 亿元，各地方政府累计投入 112.44 亿元（清华大学气候政策研究中心，2012a；戴彦德、熊华文、焦健，

2012)。在各类政策措施的保障下，我国淘汰落后产能成效显著，圆满完成了"十一五"淘汰目标，12个行业均超额完成任务。"十二五"期间，国家提高了淘汰落后产能的标准。以2011年为例，共淘汰了18个行业2225家企业的落后产能，其中有17个行业节能目标完成或者超额完成，形成了约0.1亿吨标准煤的节能量。这一政策在2012年和2013年继续得到执行（见表8-3）。2012年淘汰落后产能名单中2761家单位的落后产能基本关停，从各省份的考核情况来看，多数省份已经基本完成淘汰指标。然而，由于大量淘汰产能被"以小换大"，部分高耗能行业产能的迅速扩张使得产业结构调整的节能作用表现得不甚明显，甚至抵消了技术进步带来的部分节能效果。以钢铁行业为例，2006~2012年，全国累计减少粗钢产能7600万吨，但新增的粗钢产能却达到了4.4亿吨（张国栋，2013）。据中国钢铁协会统计，2012年底国内钢铁实际综合产能约9.76亿吨计，按统计粗钢产量7.31亿吨计，产能利用率仅为74.9%（经济参考报，2013）。

表8-3 不同行业节能目标和完成量（2011~2013年）

行业	单位	2011年目标	2011年实际完成量	2012年目标	2013年目标
炼铁	万吨	3122	3192	1000	263
炼钢	万吨	2794	2846	780	781
焦炭	万吨	1975	2006	2070	1405
铁合金	万吨	211	212.7	289	172.5
电石	万吨	152.9	151.9	112	113.3
电解铝	万吨	61.9	63.9	27	27.3
铜冶炼	万吨	42.5	42.5	70	66.5
铅冶炼	万吨	66.1	66.1	115	87.9
锌冶炼	万吨	33.8	33.8	32	14.3
水泥(熟料及磨机)	万吨	15327	15497	21900	7345
平板玻璃	万重量箱	2940	3041	4700	2250
造纸	万吨	819.6	831.1	970	455
酒精	万吨	48.7	48.7	64	30.5
味精	万吨	8.38	8.4	14.3	28.5
柠檬酸	万吨	3.55	3.55	7	7
制革	万标张	487.9	488	950	690
化纤	万吨	34.98	37.25	22	31.4
电力	万千瓦	—	784	2000	2487

资料来源：工业和信息化部，2011，2012c；李雁争，2013；中铝网，2012。

（三）万家企业节能低碳行动

根据国家发改委等12个部门联合印发的《万家企业节能低碳行动实施方案》，“十二五”期间，各地在“十一五”期间“千家企业节能行动”的基础上开展了“万家企业节能低碳行动”，计划实现2.5亿吨标准煤的节能量。“万家企业”主要是指年综合能耗消费量1万吨标准煤以上，以及有关部门指定的年综合能源消费量5000吨标准煤以上的17000家重点用能单位。万家企业的用能量占全国能源消费总量的60%以上，其中工业企业数量占万家企业总数的91.1%。2012年12月25日，国家发改委公布万家企业考核情况，2011～2012年万家企业累计实现节能量1.7亿吨标准煤，完成“十二五”节能量目标的69%，但未完成比例高达9.5%，而“十一五”时期“千家企业节能行动”的未完成比例仅为1.7%（见图8－4）。尽管大部分万家企业的节能指标完成情况良好，但企业之间完成情况差异较大，部分中小型企业由于节能工作基础薄弱，仍面临较大的节能挑战。

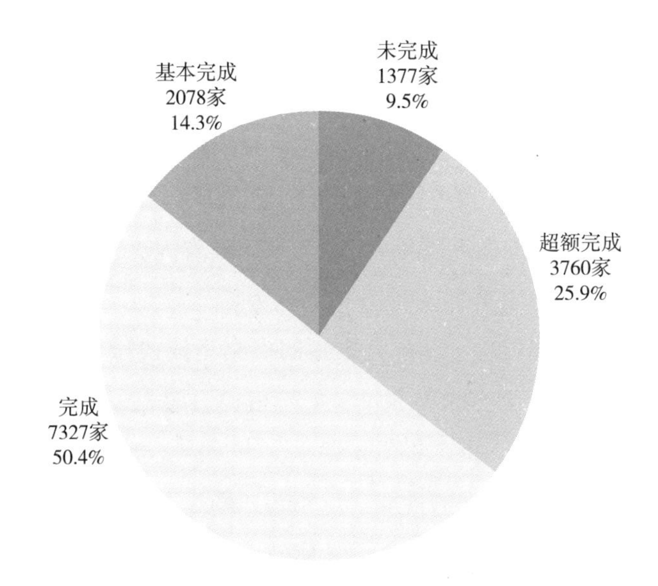

图8－4　2012年万家企业节能目标完成情况

资料来源：国家发改委，2013a。

二　企业的节能措施

工业企业采取的节能措施主要包括技术改造和设备更新、调整产品结构、淘汰落后产能、节能管理等。根据清华大学气候政策研究中心 2012～2013 年在山东省 10 余家工业企业调研的结果，以及清华大学能源环境经济研究所 2012 年在福建省漳州市对 322 家企业节能机制的调研发现，几乎不同类型的企业都认为节能技术改造和设备更新以及淘汰落后产能是最有效的节能措施（清华大学能源环境经济研究所，2014；清华大学气候政策研究中心，2012b，2013c）。案例中的 HT 电厂凭借这两种节能措施以及节能管理制度的改进，顺利完成了“十一五”时期“千家企业节能行动”所规定的节能目标。

HT 电厂始建于 1958 年，是 S 省第一座高温高压火力发电厂，也是 J 市电压支撑点和最大的热源厂，供热面积占 J 市集中采暖面积的 30%左右。HT 电厂先后经过六期工程扩建和增容改造，达到七炉八机，总装机容量 102.5 万千瓦。2005 年，HT 电厂综合能源消耗量达到 131 万吨标准煤，因此被列入“千家企业”名单（“十二五”时期被列入“万家企业”名单）。2006 年，S 省人民政府与 HT 电厂签订节能目标责任书，规定 HT 电厂在“十一五”期间完成节能量 15.71 万吨标准煤（按单位能耗计算）；2007 年比 2005 年节约 6.28 万吨标准煤，主要产品单位能耗指标在 2007 年达到省内先进水平，“十一五”末达到行业领先水平。

“十一五”初期，HT 电厂设备大多是同类型早期或试验产品（见表 8－4），尤其是装机容量小于 50MW 的 1～4 号机组（装机容量分别为 25MW、35MW、35MW 和 50MW），投产年代久远，设计、制造水平低，加之早期运行中设备超出力情况严重，机组的性能指标较差。虽然经历过数次节能降耗的改造提高了机组效率，但相对于近几年设计成熟的产品，效率仍然较低。

2005 年，HT 电厂供电煤耗 385gce/kWh，仅略低于 S 省限额标准（390gce/kWh），高于全国 6000kW 以上机组平均水平（370gce/kWh）（见图 8－5），其中 1～4 号机组供电煤耗高达 456.25gce/kWh，远高于 300MW 机组

表 8-4　HT 电厂发电机组一览

发电机组	总装机容量(MW)*	投产年份	关停时间	型号
1	25	1960	2007 年 11 月(提前关停)	C25-8.82/0.98 抽凝机,国产
2	35	1959	2007 年 11 月(提前关停)	BT-25-5 背压机,进口
3	35	1960	2007 年 11 月(提前关停)	BT-25-6 背压机,进口
4	50	1965	2007 年 11 月(提前关停)	C100-90/535 型抽凝机,国产
5	100~110	1983	2010 年 4 月	N110/C65-8.83/1.0 凝汽式机组,国产
6	100~110	1983	2010 年 4 月	N110/C65-8.83/1.1 凝汽式机组,国产
7	300~330	1987		东方汽轮机厂设计制造的亚临界中间再热双缸双排气 300MW(D06No:1 台)第一台机组,国产
8	300~330	1990		东方汽轮机厂设计制造的亚临界双缸单排汽 300MW 第一台机组,于 1987 年投入生产,国产
9	300~350	2011		超临界热电联产
10	300~350	2011		超临界热电联产

注：＊表示第二个数字为扩容后的总装机容量。

煤耗水平。2005 年厂平均用电率为 6.78%，基本与全国 6000kW 以上火电生产厂用电率持平，其中 1~4 号机组用电率高达 12.07%（见图 8-6）。

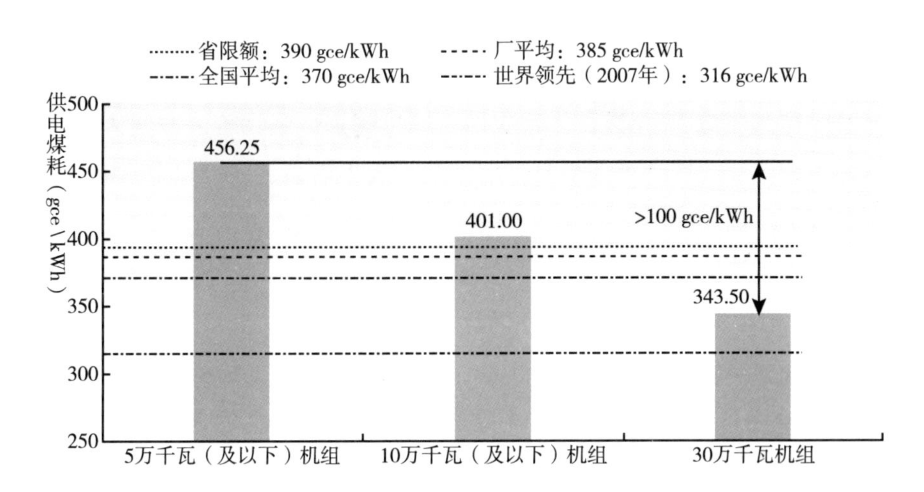

图 8-5　HT 电厂供电煤耗（2005 年）

资料来源：中国电力企业联合会统计信息部，2006。

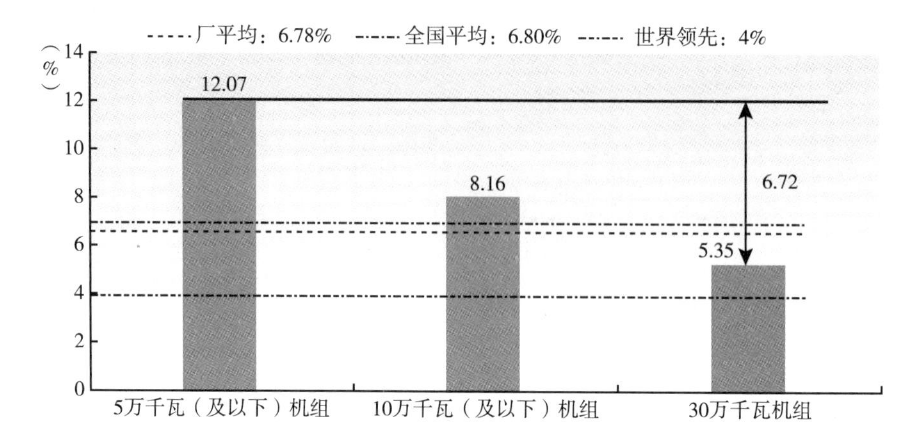

图 8-6　HT 电厂用电率（2005 年）

资料来源：中国电力企业联合会，2008。

签订节能目标责任书后，HT 电厂首先进行了节能管理制度改革，成立以厂长担任组长的节能工作领导小组，定期研究部署企业节能工作，并推动工作落实。设立了节能、统计、燃料管理、分析等能源管理岗位，聘任生产厂长为能源管理负责人，明确工作职责和任务，并提供工作保障。按照“千家企业节能行动”的要求，HT 电厂建立起节能目标责任制，将节能目标分解到车间、班组和岗位，制定考核管理办法，定期对节能目标完成情况进行考评。落实节能考核奖惩制度，将节能目标完成情况纳入员工业绩考核范围，根据节能目标完成情况，落实奖惩措施。根据《能源管理体系要求》（DB37/T1013-2009），HT 电厂于 2010 年建立体系文件，通过管理体系评价，按照体系文件要求实际运行，形成持续改进能源管理体系，效果明显。HT 电厂组织员工参加能源管理师培训考试，截至 2013 年 8 月，已有 10 余人取得节能主管部门认可的能源管理师资格。

尽管 HT 电厂加强了节能管理并进行了小型的技术改造，由于受煤炭资源制约，机组负荷率逐年下降，利用小时又不断减少，发电结构不合理，造成 2007 年全厂煤耗升高，没有达到省内先进水平，按单位能耗计算，仅比 2005 年的综合能源消耗量节约 2.62 万吨标准煤，没有完成 6.28 万吨标准煤的年度节能目标。不仅职工的收入受到很大影响，而且由于执行节能目标“一票否决”制，HT 电厂厂长被取消了五一劳动奖状和奖章的候选资格，对全厂触动很大。

2007年之后，HT电厂依靠“上大压小”和对老机组进行供热改造打了一场节能翻身仗。2003年，HT电厂借J市东部新城区建设之契机，提出建设“上大压小”城市供热工程，计划建设两台350MW超临界热电联产机组，替代原有的能耗水平较高的1～6号机组（见表8－5）。按照国家“上大压小”的政策要求，HT电厂于2007年11月提前关停1～4号机组，节能效果明显。2008年，厂供电煤耗从2007年的379.35gce/kWh下降到351.24gce/kWh，顺利完成2008年的节能目标。HT电厂还先后于2007年和2008年对8号机组（330MW）和7号机组（330MW）进行供热改造。2010年4月，HT电厂关停5～6号机组（2×110MW），“十一五”期间，小机组总关停容量达36.5万千瓦。2011年，9～10号2×350MW超临界热电联产机组正式投产。

表8－5 HT电厂“上大压小”城市供热工程

时间	事件
2003年	以J市东部新城区建设为契机，提出建设“上大压小”城市供热工程
2003年6月	完成项目初步可行性研究
2004年9月	S省发改委同意HT电厂以大代小城市供热工程项目立项，开展可行性研究工作
2005年7月	国家电力规划设计总院对项目可行性研究报告组织审查，并以发电发规〔2005〕382号文件下发了《关于印发HT电厂以大代小城市供热工程可行性研究报告审查会议纪要的通知》，取得了规划、国土、矿产、文物、水利、铁路、航空、军事、银行等相关主管部门的批文，与相关企业签订了中水供应、燃料供应、灰渣利用、脱硫石膏利用、脱硫剂供应等协议
2006年3月	《以大代小城市供热工程可行性研究报告》顺利通过国家电力工程顾问集团总公司组织的收口审查
2006年6月	S省政府印发《S省人民政府关于申报HT电厂以大代小城市供热改造项目的函》（X政字〔2006〕160号），以十一届全运会配套紧急项目正式上报国家发改委
2007年11月	关停1～4号机组（145MW）
2007年12月	通过国家发改委的核准
2009年6月	2×350MW机组开工建设
2010年4月	关停5～6号机组（220MW）
2011年	2×350MW机组投产

通过“上大压小”与供热改造，HT电厂的能效水平不断提高，2011年已达到全国同类机组中的先进水平。厂供电煤耗由2005年的385gce/kWh下降至2012年的311.23gce/kWh，2009年起超越全国平均水平（见图8－7、图8－8）。厂用电率自2005年的6.78%下降到2010年的5.60%，自2008年起超越全国平均水平（见图8－9）。截至2010年，HT电厂共完成节能量25.05万tce，超额59%完成与省政府签订的“十一五”节能目标（见图8－10）。

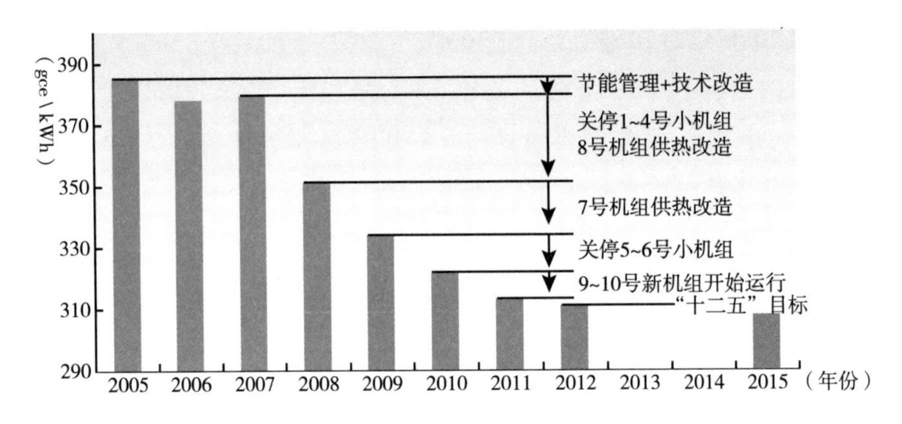

图8－7　HT电厂供电煤耗（2005～2012年）

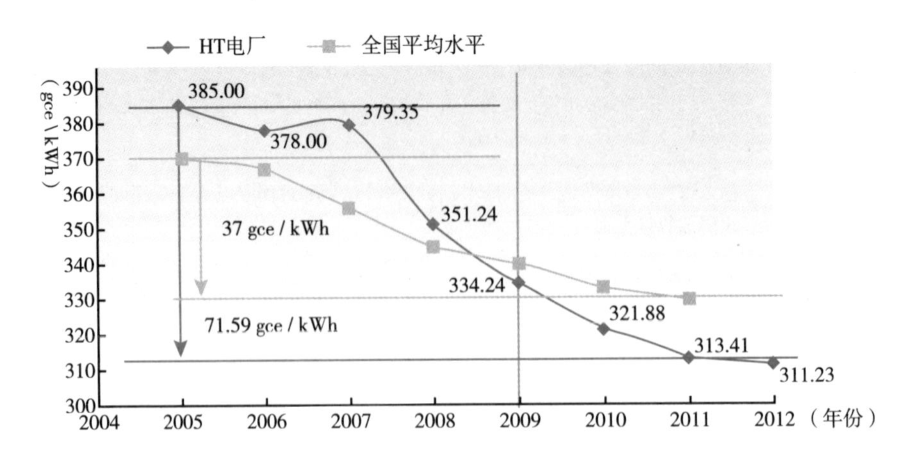

图8－8　HT电厂供电煤耗与全国平均水平比较（2005～2012年）

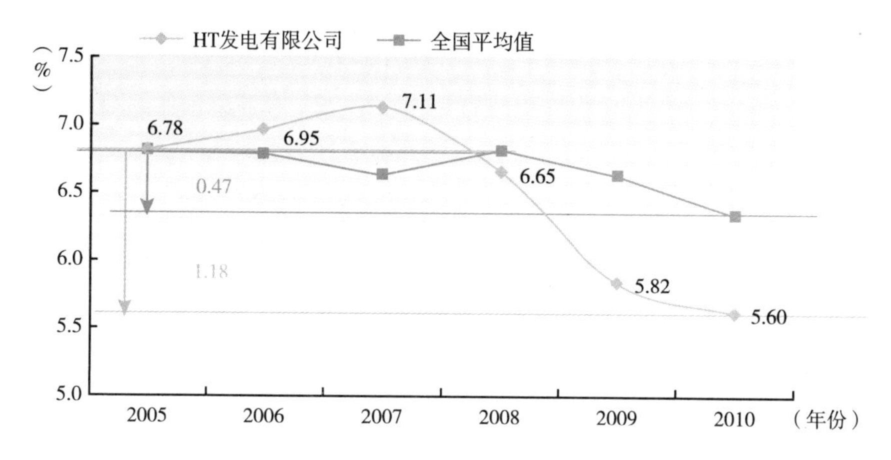

图 8-9　HT 电厂用电率与全国平均水平比较（2005~2010 年）

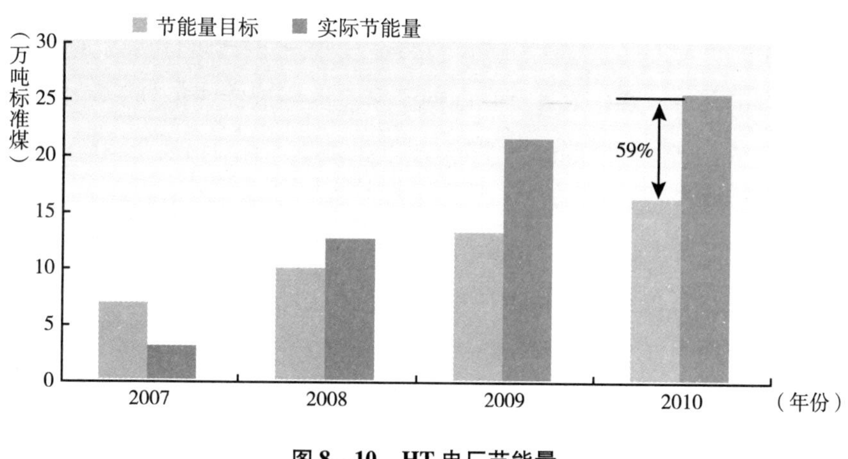

图 8-10　HT 电厂节能量

三　节能政策对企业节能行动的影响

“十一五”期间，中央政府以及地方政府主要通过基于市场机制的经济激励类政策、命令-控制类政策以及能力建设类政策引导企业的节能行动。其中，基于市场机制的经济激励类政策主要包括税收政策、价格政策、财政支持以及投融资政策[①]。命令－控制类政策主要包括节能目标责任制以及市场（投资）准入政策。能力建设类政策主要包括信息引导以及技能培养。清华大学能源环境经济研究所2012年在福建省漳州市对322家各类企业的节能机制的调查显示，大多数企业，尤其是中小型企业普遍认为基于市场机制的经济激励类政策相较于命令－控制类政策能够更加有效地调动企业的节能积极性（清华大学能源环境经济研究所，2014）。而对于能耗较高的重点用能企业，目标责任制则是最为有效的政策，其次为价格政策。

在HT电厂的案例中，S省以及J市政府多部门合作，实施了三类节能政策（经济激励类政策、命令－控制类政策以及能力建设类政策），有效推动了HT电厂的节能行动。地方政府通过信息引导类政策帮助HT电厂了解并采纳能源审计，认识到自身用能问题以及节能潜力，并按照审计报告制定了中长期节能规划（见表8－6）。在2006年前，HT电厂从未开展过能源审计，S省的其他千家企业也是如此。S省经信委委托省内18家能源审计机构（分布在S省各市，每市至少一家）为其所在地的千家企业开展能源审计。尽管“千家企业节能行动”并没有对能源审计提出具体要求，S省经信委于2006年11月发布了“S省能源审计暂行条例”，要求重点耗能企业至少每三年开展一次能源审计。针对能源审计机构良莠不齐的现状，“暂行条例”还制定了明确的行业准入标准，节能服务机构必须得到经信委认证才得以为企业提供能源审计服务。2007年1月，HT电厂配合J市能源技术服务中心开展了第一次能源审计。厂领导通过审计报告加深了对全厂用能情况的了解，认识到了技术

① 税收政策方面，我国“十一五”期间推出多项涉及企业增值税、所得税和进出口税等优惠政策。例如，根据财政部、国家税务总局《关于执行环境保护专用设备企业所得税优惠目录、节能节水专用设备企业所得税优惠目录和安全生产专用设备企业所得税优惠目录有关问题的通知》（财税〔2008〕48号），企业自2008年1月1日起购置并实际使用列入《环境保护专用设备企业所得税优惠目录（2008年版）》和《节能节水专用设备企业所得税优惠目录（2008年版）》范围内的环境保护、节能节水专用设备可以按专用设备投资额的10%抵免当年企业所得税应纳税额；企业当年应纳税额不足抵免的，可以向以后年度结转，但结转期不得超过5个纳税年度。价格政策主要指作为企业重要生产资料的能源产品的管制型政策，例如对高耗能行业中的限制类、淘汰类企业实行差别电价，对能源消耗超过国家和地区规定的单位产品能耗（电耗）限额标准的企业和产品，实行惩罚性电价等政策。财政支持类政策主要包括针对节能项目的财政奖励资金（“以奖代补”）以及对合同能源管理项目的奖励资金。

节能的潜力，并按照审计报告制定了中长期节能规划。更为重要的是，这次能源审计提示HT电厂节能行动刻不容缓，全厂供电煤耗已接近省限额标准，如不及时淘汰落后机组，全厂将面临能源加价处罚。2007年底，S省经信委公布了28家具有审计资质的节能服务机构名单。HT电厂遵照“暂行条例”的要求，于2009年雇佣了28家节能服务机构中的其中一家开展了第二次能源审计。

表8－6　通过能源审计寻找节能潜力

时间	政府行动/政策措施	HT电厂的响应
2006年4月	“千家企业节能行动”强制要求“千家企业”开展能源审计并依照审计报告编制节能规划	不了解能源审计的概念
2006年9月	S省经信委委托18家能源审计机构为省内“千家企业”开展能源审计	
2006年11月	S省经信委发布“S省能源审计暂行条例”，要求重点耗能企业至少每三年开展一次能源审计；制定行业准入标准；审计机构须取得经信委认证	
2007年1月		配合J市能源技术服务中心开展第一次能源审计，发现能源利用中的若干问题
2007年3月		编制节能规划
2007年12月	S省经信委公布28家具有审计资质的节能服务机构名单	
2009年		雇佣一家节能服务机构开展第二次能源审计

S省以及J市政府还通过技能培养类政策帮助HT电厂提升能源管理能力（见表8－7）。例如，针对“千家企业节能行动”对企业填报能源利用状况报告的规定，J市节能监察中队组织了“能源利用状况报告”培训，HT电厂派节能专工参加了培训，从而提高了能源数据处理和填报的技能。在《2010年节能目标完成情况自查报告》中，HT电厂专门提到，当地节能主管部门提供的帮助使其在时间紧迫的情况下按时完成了2009年的《能源利用状况报告》。2008年，J市节能办还创新性地提出了企业能效对标的要求。HT电厂在此基

础上选取了对标电厂，并组织对标团队到对标电厂参观学习。通过与对标电厂的能效对比，HT 电厂发现自身能效水平与行业最佳水平存在较大差距，并向 XA 热工研究院（从事发电厂热能动力科学技术研究与开发的科研机构）咨询了提高能效水平的技术信息。

表 8－7　内部能源管理改革

时间	政府行动/政策措施	HT 电厂的响应
2006 年	“千家企业节能行动”要求企业建立能源管理制度，填报能源利用状况报告	建立节能领导小组；节能工作小组设立节能专工岗位内部节能目标责任制
2007 年	J 市节能监察中队组织了“能源利用状况报告”的培训	派节能专工参加培训，提高了能源数据处理和填报的技能
2008 年	J 市节能办实施政策创新：强制要求企业开展能效对标	选择对标企业，组织团队到对标企业参观学习，找到与行业最佳水平的差距；向 XA 热工院咨询

在 HT 电厂技术改造的过程中，S 省政府以及 J 市有关部门实施命令－控制类以及经济激励类政策，推动 HT 电厂完成了“上大压小”以及供热改造（见表 8－8）。2007 年前，尽管 HT 电厂 1～6 号机组都已经过供热改造，但是由于技术水平落后，热损失较大，又因没有配备高质量的环保设施，所以污染物排放水平较高。依照设计寿命，1～4 号机组应在 1995 年淘汰，5～6 号机组应在 2003 年淘汰。国家经贸委 1999～2002 年颁布的《淘汰落后生产能力、工艺和产品的目录》（共三批）也明确规定，1 号机组应在 1999 年淘汰，1～4 号机组应在 2003 年底前淘汰。然而，这些规定在 2007 年前并没有被当地政府强制执行。关停落后机组的转折点发生在 2007 年 1 月。当时国务院批转《发展改革委、能源办关于加快关停小火电机组若干意见的通知》，更加明确了小火电机组的淘汰范围。国家发改委以目标责任制的方式把淘汰目标分配给各个省和五大集团，其中包括 HT 电厂的母公司。S 省政府以及 J 市政府响应该意见，加强了对淘汰小火电政策执行的力度：J 市环保局加强了对电厂污染物排放的监督检查，S 省电网对 HT 电厂执行全省最低电价，S 省经贸委决定对能效水平超省限额的企业实行能源加价处罚，S 省财政厅为淘汰落后产能的企业提供补贴。在一系列政策压力的驱动下，HT 电厂意识到关停小机组的迫切需

要，与S省发改委、J市人民政府、S省电力公司，以及HT电厂母公司签署《关停拆除小火电机组协议书》，在2007年11月提前关停了1~6号机组，并获得3000万元补贴。在HT电厂“上大压小”的过程中，最大的障碍莫过于融资困难。2006年以来的“煤电倒挂”使得HT电厂资产负债率一度高达100%以上，难以获得银行贷款。经过S省政府与当地建设银行的协商，HT电厂顺利获得该银行贷款，保障了2台350MW机组的最终投产。此外，HT电厂还获得了S省财政厅提供的1300万元供热改造补贴。

表8-8　HT电厂技术改造历程

时间	政府行动/政策措施	企业响应
2007年	中央政府： •《关于加快关停小火电机组若干意见的通知》 • 关停小火电目标责任制 • 加强小火电机组上网电价管理 地方政府： • J市环保局加强对电厂污染物排放的监督检查 • S省电网对HT电厂执行全省最低电价 • S省经贸委决定对能效水平超省限额的企业实行能源加价处罚 • S省财政厅为淘汰落后产能企业提供补贴	• 签署《关停拆除小火电机组协议书》(S省发改委,J市人民政府,S省电力公司,HT电厂母公司) • 提前关停1~6号机组(获3000万元补贴)
2007~2008年	供热改造补贴	2007年11月,8号机组供热改造;2008年,7号机组供热改造(共获1300万元补贴)
2007~2011年	S省政府与建设银行协商,为HT电厂提供贷款	获得银行贷款,9~10号超临界机组2011年正式投产

图8-11总结了S省地方政府的节能政策执行对HT电厂的影响。S省、J市两级政府的多部门共同合作，实施了能力建设、命令-控制、经济激励三类工业节能政策，有效削弱了HT电厂的节能障碍。其中能力建设类政策帮助HT电厂了解并采纳了能源审计这一挖掘企业节能潜力的手段，提升了企业的能源管理能力。命令-控制类政策以及价格政策对HT电厂施加压力，迫使其加快淘汰落后机组的步伐。财政政策以及投融资政策则帮助HT电厂摆脱了融资难的困境。在三类节能政策的共同作用下，HT电厂顺利完成了“十一五”节能目标。

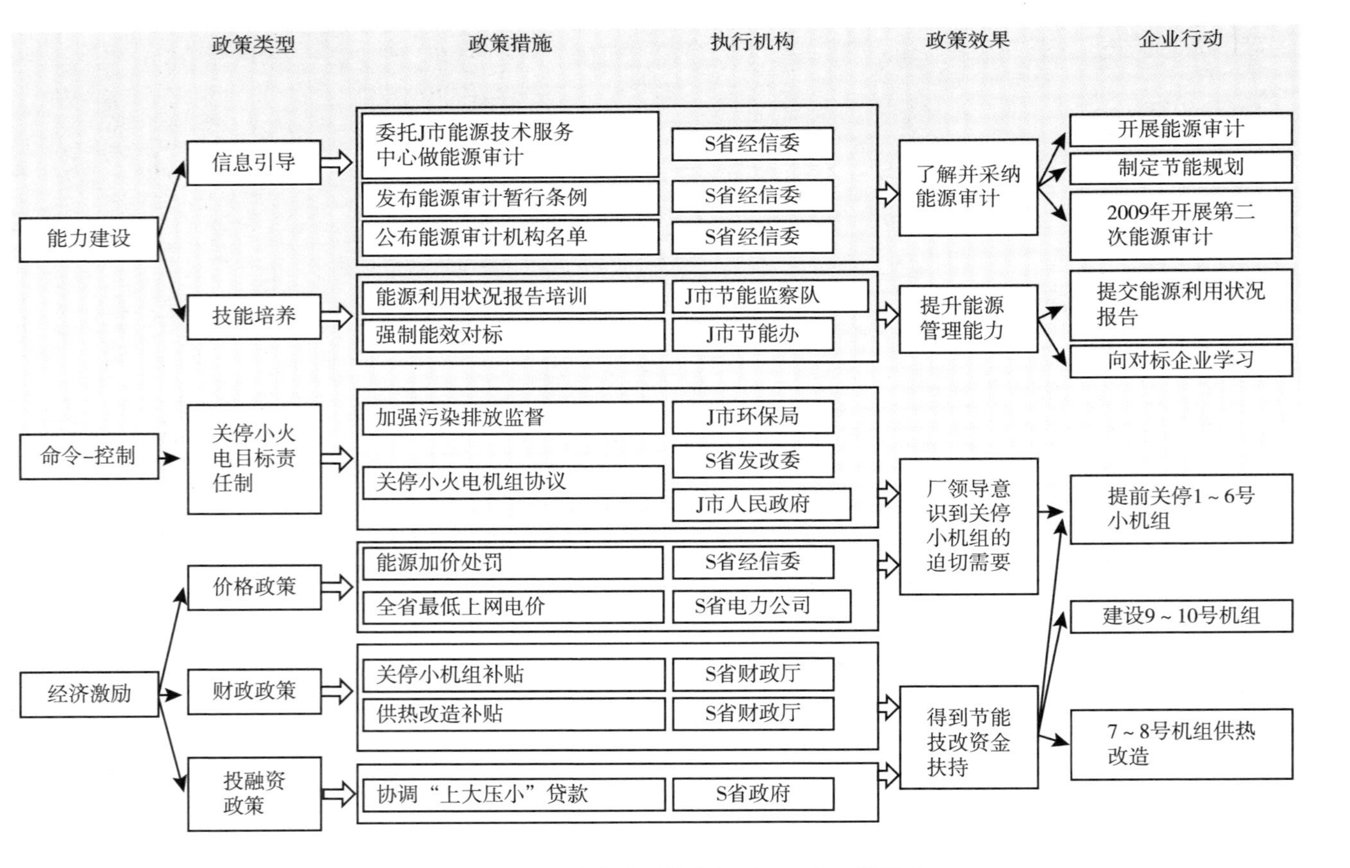

图8－11　地方政府节能政策执行对HT电厂的影响

HT电厂的案例说明，尽管工业企业自身具备节能的动力，但同时也面临着诸多障碍，例如节能管理能力相对薄弱、缺乏淘汰落后生产设备的积极性以及节能项目的融资困难等（Zhao et al.，2014）。因此，提高工业企业节能绩效需要地方政府发挥引导和监督作用，帮助工业企业排除障碍，实现节能目标。“十一五”时期建立的目标责任制制度激发了地方政府在节能工作中的能动性（清华大学气候政策研究中心，2013a）。地方政府不仅将中央政府的指令细化并执行了指令，还因地制宜地进行各种各样的政策创新，以“工业企业与地方政府合作提高工业能效”的工作方式确保了当地的“千家企业”顺利完成节能目标。然而，这种主要针对耗能量巨大的“千家企业”的节能模式在“十二五”时期能否继续发挥积极作用呢？工业企业在“十二五”时期面临哪些新的节能挑战？现有的节能政策能否帮助企业克服这些新的挑战？

四 “十二五”时期工业企业节能面临的挑战

进入“十二五”时期，工业企业面临着全新的节能挑战。与“十一五”时期节能重点集中在年综合能源消费量18万吨标准煤以上的大型“千家企业”不同，“十二五”时期，工业节能的着力点扩大到了能耗水平相对较低、年综合能源消费量1万吨标准煤以上的“万家企业”。由于“万家企业”数量众多，较为分散，资源消耗量及污染排放相对较少，因此实施节能降耗措施及环境监管的难度和成本远远高于“千家企业”（工业和信息化部，2010a）。这意味着地方政府无法再像“十一五”时期推动“千家企业节能行动”那样依靠行政力量密切监管“万家企业”的节能情况和为其提供帮助，而是需要动用更多市场化的手段激励、监督和引导企业的节能行为。

与“千家企业”相比，能耗水平相对较小的“万家企业”还存在一些独特的节能管理方面的障碍，如对节能问题的重视程度不够，节能基础管理较为薄弱，普遍没有设置负责节能减排的专门机构和配备专业人员，节能减排基础数据缺失、情况不清等。针对这些障碍，“万家企业节能低碳行动”把重点放在提高企业的节能管理水平上，主要采用能源管理中心、能源管理师、能源管理体系等政策工具［国宏美亚（北京）工业节能减排技术促进中心，2013］。

工信部于“十一五”末期开始推动企业能源管理（管控）中心[①]的建设，鼓励万家企业“创造条件建立能源管控中心，采用自动化、信息化技术和集约化管理模式，对企业的能源生产、输送、分配、使用各环节进行集中监控管理”（国家发改委，2011）。2009 年，在工信部的主导下，钢铁行业成为首个进行能源管理中心建设的行业[②]，试点工作已在宝钢、唐钢、邯钢、华菱湘钢等企业展开，目前在建和已建的钢铁行业能源管控中心已达 50 余个。据估算，企业能源管控中心的节能贡献率可以达到 5% 以上（工业和信息化部，2012a）。2012 年起，工信部决定在部分省、市开展工业能耗在线监测试点工作，要求纳入监测范围的重点用能企业基本建成能源管控中心。首批试点省市包括：河北省、上海市、浙江省、江苏省无锡市、福建省福州市、江西省新余市、山东省济南市以及广东省东莞市。试点的远期目标是为建立全国工业能耗在线监测系统积累建设经验，并奠定技术、标准和管理基础。此外，已在山东省、北京市等省市开展试点的能源管理师培训工作进一步提升了企业尤其是中小型民营企业的能源管理水平。《万家企业节能低碳行动实施方案》还明确提出在“万家企业”中建立健全能源管理体系。我国的能源管理体系建设始于山东省 2007 年 5 月开展的能源管理体系研究与实践。山东省于 2007 年 10 月编制地方标准《能源管理体系要求》［2009 年修订为《工业企业能源管理体系要求》（DB37/T1013 - 2009）］，并与起草中的国家能源管理体系标准进行衔接。自 2008 年 8 月起，山东省先后在化工、钢铁、造纸、电力、煤炭、机械等行业的 8 家企业进行试点，随后扩大到全省全部 17 个市的 44 家企业，2012 年已在 68 家企业运行，其中 13 家通过了认证机构认证，同时在淄博、德州两市重点用能企业开展能源管理体系示范试点。从试点的经验来看，企业的节能管理水平有了明显改观，产品能耗指标得到不同程度的下降，节能潜力得到进一步挖掘。根据对济钢、济南二机床集团、协庄煤矿、张店钢铁公司 4

① 企业能源管理中心借助完善的数据采集网络获取生产过程中的重要参数和相关能源数据，经过处理、分析并结合对生产工艺过程的评估，实时提供在线能源系统平衡信息和调整决策方案，确保能源系统平衡调整的科学性、及时性和合理性。

② 工信部于 2009 年 7 月发布《钢铁行业能源管理中心建设实施方案》，计划 3 年内（2009 ~ 2011 年）投资 50 亿元，在年生产能力 300 万吨钢以上的钢铁企业中推广建设能源管理中心，形成 600 万吨标准煤的节能能力。

家企业的调查，体系运行后第一年（2009 年）就实现节能量 10.12 万吨标准煤。已经建立能源管理体系的 68 家企业，能源消耗均有较大降低，预计每年可节能 65.71 万吨标准煤，实现经济效益 14.82 亿元（朱辉，2012）。

尽管在这些政策工具的推动下，万家企业的节能管理体系在形式上已经得到建立，但是节能管理水平还有很大的提升空间。根据清华大学气候政策研究中心在位于山东省的多家万家企业的调研（2012b，2013c），万家企业能源管理负责人配备和能源管理岗位的设置还不甚合理，计量、统计能力参差不齐。节能管理制度的建设也同样存在“徒有虚表”的问题。大部分企业的“能源管理机构”并非专职的节能部门，而是挂靠在一个已有部门的“虚设”机构，即“一个中心，两块牌子”。节能管理职能依旧分散在生产、技术质量、计量中心等多个部门，能源管理人员并不是专职人员，而是同时兼任多种职务，部分基层能源管理人员业务不精、素质不高［赵旭东，2011；国宏美亚（北京）工业节能减排技术促进中心，2013；麦肯锡，2013］。国有大型企业，尤其是中央企业的能源管理人员大多素质较高，精通能源管理方面的专业知识；而民营企业总体节能意识较差，能源管理班子也相对薄弱，不少能源管理负责人甚至并不从事与生产相关的工作，对节能工作的认识有待提高。尽管能源管理体系已被公认为是提升企业节能管理能力的金钥匙，但这一体系未来的推广难度还很大（尹洪坤，2012）。正是由于部分能源管理人员的理念与意识不到位，一些企业对能源管理体系仍持怀疑态度，认为建立体系就是为了获得认证①。节能管理本身还受到很多不确定因素的影响，缺少系统的能源绩效评估方法，能源管理体系的实施效果难以验证（国宏美亚工业节能减排技术促进中心，2013）。而能效对标，尤其是竞争性对标的推广也面临着信息收集困难的问题。企业一般将能效信息视为体现企业效益的敏感信息，因此不愿与竞争对手共享（清华大学气候政策研究中心，2013c）。此外，国家对于能源管理体系的支持力度还有待加强。目前能源管理体系的推广主要借助认证机构的力量，认证机构为了完成认证任务，往往会动用多种工作手段，花费大量精力寻求有

① 能源管理体系认证将有利于企业减少信贷和保险机构的风险、吸引投资、产品销售和市场开拓等。

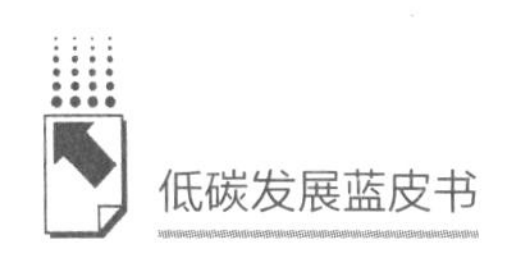

意愿的企业，势必会影响部分机构开展能源管理体系认证工作的积极性。

除能源管理基础薄弱，“十二五”时期的工业企业还面临着更加严峻的节能技术与资金方面的挑战。有别于“十一五”时期有宽裕的技术节能空间和淘汰落后产能的潜力，“十二五”时期既有技术的节能空间逐步收窄、投入明显增长、见效变缓，淘汰落后产能的潜力亦持续缩小。对于部分行业来说，更加严苛的环保标准也将影响节能效果。例如，火力发电机组安装脱硫、脱硝和除尘装置并投运后，需增加发电煤耗 3~4 克标准煤/千瓦时，给电力行业节能带来新的节能压力（国家发改委，2013b）。节能技术和资金方面的挑战在中小企业中尤其突出，主要表现在获取节能减排技术信息的渠道不畅，技术实力弱，融资困难（工业和信息化部，2010a）。

然而，目前工业节能政策的重心主要放在提高企业的节能管理水平上，缺乏适当的政策工具应对企业面临的节能技术与资金方面的挑战。未来的节能政策制定必须及时做出调整，鼓励和扶持前沿节能技术的研发和推广，加强经济激励类政策在推动企业节能中的作用，探索更多的市场化融资途径。在技术方面，为了挖掘更深层次的节能潜力，必须以提高技术创新能力为核心，加快对前沿低碳技术的研发，尤其应从目前受到较多关注的单项节能、局部改造逐步扩展到系统优化与升级。系统性节能往往需要跨行业的技术知识，目前大部分的工业企业以及节能技术服务公司往往只掌握本行业的节能技术，未来的节能政策需要鼓励和促进系统性、跨行业的节能技术研发［中国低碳发展报告（2014）专家咨询会，2014］。此外，根据清华大学气候政策研究中心在山东省 10 余家工业企业的调研（清华大学气候政策研究中心，2013c），尽管工业企业迫切需要最新的节能技术信息，但当前先进节能技术的传播和推广渠道并不通畅，未来需要在技术研究者和使用者之间搭建有效的交流平台，使企业更方便地获得节能技术，也方便企业间的交流。以 HT 电厂为例，完成“十二五”的节能量任务意味着供电煤耗需要下降至 308gce/kWh。随着“上大压小”和供热改造的实施，以及环保要求的进一步提高（仅脱销一项就将提高煤耗 3gce/kWh），HT 电厂未来唯有采纳更加前沿的节能技术才有望达到更严苛的能效标准。HT 电厂目前计划采用高背压供热改造以及热、电、冷三联供技术。然而，由于这些前沿技术不确定性较大，且均属于系统性、跨行业的节

能技术，尚未大规模商业化应用，因此 HT 电厂目前仍在对这些技术进行可行性研究，难以在短期内实施。HT 电厂迫切希望加强与科研机构的交流，了解更多前沿节能技术的进展。

随着节能成本的上升，工业企业在“十二五”时期面临着更残酷的融资环境。针对“十二五”节能成本提高、企业资金短缺的问题，未来的节能政策需要激励和扶持合同能源管理等新的市场化融资机制，仅仅依赖财政补贴恐怕只是杯水车薪。鉴于用能企业缺乏前沿节能技术信息与资金渠道，山东省正在探索在原有的能源管理师在线管理平台的基础上建立更加广阔的节能技术与融资共享平台，一方面帮助能源管理师分享彼此对节能技术与融资的需求以及经验，另一方面在用能企业与节能服务公司等具有资金来源的机构之间架起桥梁（清华大学气候政策研究中心，2013b）。合同能源管理为企业的节能项目提供了全新的融资途径和技术保障。“十二五”期间，国家计划培育 1000 家具有较强实力的节能服务公司（工业和信息化部，2012a），当务之急是提高节能服务公司的专业技术水平以及对合同能源管理项目的融资支持。

参考文献

1. Zhao, X, et al., “Implementation of Energy-saving Policies in China: How Local Governments Assisted Industrial Enterprises in Achieving Energy-saving Targets”, *Energy Policy* 66, 2014.
2. 戴彦德、熊华文、焦健：《中国能效投资进展报告 2010》，中国科学技术出版社，2012。
3. 工业和信息化部：《关于进一步加强中小企业节能减排工作的指导意见》（工信部办〔2010〕173 号），http://www.miit.gov.cn/n11293472/n11293832/n11293907/n11368223/13171591.html，2010-04-14，2010a。
4. 工业和信息化部：《关于印发新型干法水泥窑纯低温余热发电技术推广实施方案的通知》（工信部节〔2010〕25 号），http://www.miit.gov.cn/n11293472/n11293832/n12843926/n13917027/14032907.html，2010-02-08，2010b。
5. 工业和信息化部：《工业和信息化部公告 2011 年工业行业淘汰落后产能企业名单》，http://www.miit.gov.cn/n11293472/n11293832/n11293907/n11368223/13928592.html，2011-07-11。

6. 工业和信息化部：《关于印发工业节能“十二五”规划的通知》（工信部规〔2012〕3号），http：//www. miit. gov. cn/n11293472/n11505629/n11506364/n11513631/n11513880/n11927766/14477450. html，2012－01－04，2012a。

7. 工业和信息化部：《工信部：十一五工业增加值能耗下降26%》，http：//finance. sina. com. cn/china/bwdt/20121227/172514136457. shtml，2012－12－27，2012b。

8. 工业和信息化部：《2011年各地淘汰落后产能目标任务完成情况》，http：//info. glinfo. com/12/1225/15/A1BB5D6ECCE66F0D. html，2012－12－25，2012c。

9. 国宏美亚（北京）工业节能减排技术促进中心：《2011中国工业节能进展报告》，海洋出版社，2012。

10. 国宏美亚（北京）工业节能减排技术促进中心：《2012中国工业节能进展报告》，海洋出版社，2013。

11. 国家发改委：《关于印发万家企业节能低碳行动实施方案的通知》（发改环资〔2011〕2873号），http：//www. ndrc. gov. cn/zcfb/zcfbtz/2011tz/t20111229_453569. htm，2011－11－07。

12. 国家发改委：《中华人民共和国国家发展和改革委员会公告》（2013年第44号），http：//www. ndrc. gov. cn/zcfb/zcfbgg/2013gg/t20140103_574473. htm，2013－12－25，2013a。

13. 国家发改委：《节能减排形势严峻产业发展潜力巨大——2013年上半年节能减排形势分析》，http：//www. sdpc. gov. cn/jjxsfx/t20130710_549549. htm，2013b。

14. 《工信部黑白名单治产能过剩第二批钢铁合规名单11月出》，《经济参考报》，http：//news. xinhuanet. com/fortune/2013－08/06/c_125121110. htm，2013－08－06。

15. 李雁争：《今年淘汰落后产能目标下达味精行业同比增幅近一倍》，http：//www. cnstock. com/08chanye/top/201304/2544737. htm，2013－04－12。

16. 麦肯锡：《麦肯锡能效管理白皮书》，2013。

18. 清华大学能源环境经济研究所：《漳州市企业节能机制调研报告》，2014。

19. 清华大学气候政策研究中心：《中国低碳发展报告（2011～2012）》，社会科学文献出版社，2012a。

19. 清华大学气候政策研究中心：《山东省工业企业节能调研》，2012b。

20. 清华大学气候政策研究中心：《中国低碳发展报告（2013）》，社会科学文献出版社，2013a。

21. 清华大学气候政策研究中心：《访谈山东省节能办资源节约处代兵》，2013－08－13，2013b。

22. 清华大学气候政策研究中心：《山东省工业企业节能调研》，2013c。

23. 王庆一：《中国能源数据2013》，2013。

24. 《我国“千家企业节能行动”累计节能1.5亿吨标准煤》，新华社，http：//www. gov. cn/jrzg/2011－10/02/content_1961989. htm，2011－10－02。

25. 尹洪坤:《山东省德州市能源管理体系政策设计与应用》,第二届能源管理体系国际研讨会,德州,山东,2012-11-19。
26. 张国栋:《中国钢铁亏损怪圈:八年新增产能超淘汰产能六倍》,《第一财经日报》,http://finance.sina.com.cn/money/future/fmnews/20130805/072916343605.shtml,2013-08-05。
27. 赵旭东:《2010山东节能-政策篇》,山东人民出版社,2011。
28. 中国低碳发展报告(2014)专家咨询会:清华大学,北京,2014-01-08。
29. 中国电力企业联合会统计信息部:《2005年全国电力工业发电统计年报》,2006。
30. 中国电力企业联合会:《中国电力工业统计数据分析(2007)》,2008。
31. 中铝网:《2012年电解铝行业淘汰落后产能目标27万吨》,http://news.cnal.com/industry/2012/04-26/1335425023277510.shtml,2012-04-26。
32. 朱辉:《山东省能源管理体系建设与实践》主题演讲,第二届能源管理体系国际研讨会,德州,山东,2012-11-19。

B.9

北京 $PM_{2.5}$ 与冬季采暖热源的关系及治理措施*

摘　要：

为了治理严重灰霾，北京市政府采取了热电联产“煤改气”（使用大型燃气热电联产全面替代大型燃煤热电联产）措施。这个措施对减少灰霾、改善空气质量有多大的作用呢？针对此问题，本文首先研究了 $PM_{2.5}$ 的形成机制与造成严重灰霾的关键因素，再比较冬季采暖各种热源所造成的污染物排放量，通过定量计算比较使用燃气热电联产和燃煤热电联产两种方式供热对 $PM_{2.5}$ 形成的贡献。研究表明：减少 NO_x 排放量是治理 $PM_{2.5}$ 的关键，而热电联产“煤改气”措施并不能显著降低 NO_x 排放量，反而会大幅增加天然气用量，造成用气矛盾，因此不宜作为治理大气污染的有效措施来大范围推广。

关键词：

北京　$PM_{2.5}$　NO_x　冬季采暖　热电联产“煤改气”

一　引言

2012～2013 年冬季，我国多地遭遇了严重的雾霾天气，空气重度污染，部分城市空气污染指数突破可吸入颗粒物浓度上限，尤其是京津冀地区。2013 年 1 月 12 日，北京持续空气六级严重污染，北京的可吸入颗粒物浓度高达 786μg/m³，天津为 500μg/m³，石家庄为 960μg/m³（中国环境监测总站，

* 本文已被《中国能源》接收，并安排于近期发表。

2013），是我国可吸入颗粒物浓度上限（75μg/m^3）十倍以上。2013 年初，黑龙江省的冬季采暖，使多市发生了严重的雾霾，空气质量急剧恶化，$PM_{2.5}$持续“爆表”，哈尔滨部分监测点 $PM_{2.5}$一度高达 1000μg/m^3（中央政府门户网站，2013）。雾霾是雾和霾的组合词，但“雾”和“霾”实际上是有区别的。雾是指大气中因悬浮的水汽凝结、能见度低于 1 公里时的天气现象，而霾是空气中悬浮的大量微粒和气象条件共同作用的结果。近期全国多地出现的“雾霾”现象，从成因上更科学的说法应该是霾，或者是灰霾，本文的研究也是针对空气中悬浮颗粒物造成能见度降低及各种危害的大气现象，因此本文中统一使用“灰霾”来指代。灰霾会对交通运输、农作物生长、生态环境等产生严重影响，还会造成空气质量下降，灰霾中的可吸入颗粒物被吸入人体呼吸道后，会严重威胁人的健康，长期吸入严重者甚至会死亡。

冬季是灰霾天气的频发时期，说明灰霾天气的形成与冬季采暖有着密切的关系。为了治理大气污染，缓解严重灰霾天气造成的严重危害，北京市政府提出了空气治理目标和相应的政策措施，如《大气污染防治行动计划》（简称“国十条”）、《北京市 2013 ~ 2017 年清洁空气行动计划》等，空气质量的治理目标包括，到 2017 年，空气中的细颗粒物（$PM_{2.5}$）年均浓度比 2012 年下降 25% 以上，控制在 60μg/m^3，治理的方法包括削减燃煤，提高电力、天然气等清洁能源的供应力度；推动燃气热电联产替代燃煤热电联产，煤制天然气、燃煤锅炉清洁改造，全面整治小锅炉，削减农村散煤等。热电联产“煤改气”（使用大型燃气热电联产全面替代大型燃煤热电联产）是其中一个重点措施，2013 年计划完成燃煤锅炉“煤改气”改造 2100 蒸吨，实际完成 2407 蒸吨改造，四环内基本取消燃煤锅炉房，将北京城区的四家主力热电厂（华电、国华、石景山、高井）基本都改成了天然气热电联产，“煤改气”任务超额完成 15%（北京市政务门户网站，2013）。计划到 2015 年，北京城五环以内的燃煤设施都全部消失，四大燃气热电中心将取而代之，用气量预计高达 170 亿立方米。“十二五”期间为进行“煤改气”，北京市的基础设施建设资金将达 300 亿元（中国经济周刊，2013），北京天然气总消费量也将大幅增长，但这个措施对减少灰霾、改善空气质量有多大的作用呢？针对此问题，本文首先研究了 $PM_{2.5}$的形成机制与造成严重灰霾的关键因素，再比较冬季采暖各种热源

所造成的污染物排放量，通过定量计算比较使用燃气热电联产供热和燃煤热电联产两种方式供热对$PM_{2.5}$形成的贡献，来说明热电联产“煤改气”到底能否起到减少$PM_{2.5}$生成和缓解大气灰霾的作用，最后给出结论和相应的政策建议。

二　细颗粒物$PM_{2.5}$的成分及形成原因

中国大城市和特大城市的监测数据表明，在一般情况下，空气中粒径小于2.5μm的细颗粒物（$PM_{2.5}$），占到粒径小于10μm的细颗粒物（PM_{10}）的50%～80%，而在空气重度污染、能见度低时，$PM_{2.5}$占了PM_{10}的绝大部分，说明造成严重大气灰霾的主要原因是粒径小于2.5μm的细颗粒物，即$PM_{2.5}$。

北京大学唐孝炎院士的研究表明，大气中的细颗粒物$PM_{2.5}$包括一次生成的细颗粒物和二次生成的细颗粒物（唐孝炎，2013）。一次细颗粒物来源于工业、建筑、交通、电力、其他生产和生活活动以及天然源的排放，例如沙尘、风扬尘、建筑与道路排放的各种尘，各种燃烧过程和工业过程等散发的金属元素、碳黑、元素碳、一次有机物等。二次细颗粒物是由各种人为排放的污染气体被大气氧化剂（O_3，OH等）氧化生成，包括二次有机颗粒物、硫酸盐颗粒物、硝酸盐颗粒物、铵盐颗粒物等，转化过程的示意图见图9－1。在一般情况下，二次$PM_{2.5}$占$PM_{2.5}$总量的50%～80%；在重污染时期，二次$PM_{2.5}$占$PM_{2.5}$总量的比例还会明显增加。可见，二次$PM_{2.5}$是出现严重灰霾天气时的主要污染成分。

下面讨论二次$PM_{2.5}$的生成过程，当空气中出现大量二氧化氮（NO_2）时，有如下反应：NO_2在阳光的作用下发生光化学反应，分解成一氧化氮NO和一个氧原子O［如反应（1）所示］；氧原子O与空气中的氧气（O_2）反应生成臭氧O_3［如反应（2）所示］；臭氧O_3再和反应（1）中的生成物一氧化氮NO反应生成NO_2［如反应（3）所示］，该反应生成的NO_2、O_2又可以分别与反应（1）、（2）中的反应物进行光化学反应。反应（1）、（2）和（3）不断循环使得大气中的O_3浓度保持在正常水平。

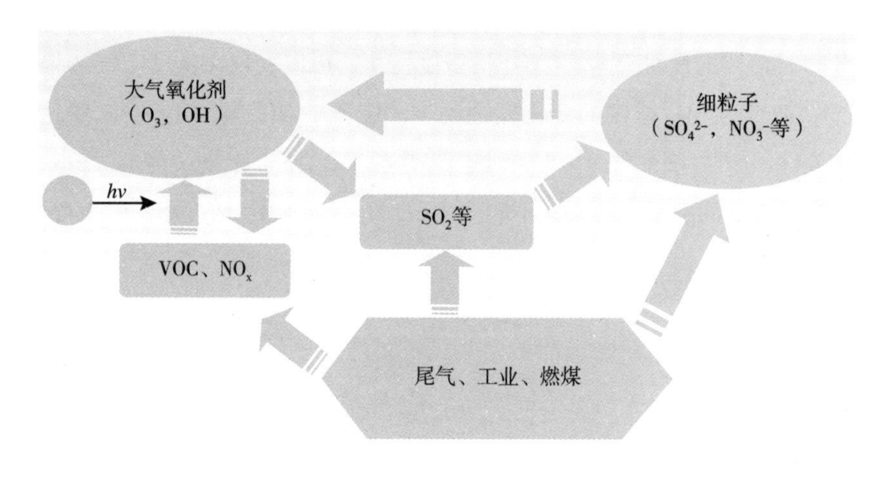

图 9-1　大气中的化学转化过程

$$NO_2 \xrightarrow{hv} NO + O \tag{1}$$

$$O + O_2 \rightarrow O_3 \tag{2}$$

$$O_3 + NO \rightarrow NO_2 + O_2 \tag{3}$$

但是，如果大气中同时还有 VOC，则 VOC 会与大气中存在的 OH 自由基进行链式反应，生成超氧化氢 HO_2［如反应（4）所示］。HO_2 将反应（1）中生成的 NO 氧化成 NO_2 及 OH 自由基［如反应（5）所示］。由于反应（5）的反应速度很快，消耗掉 NO，使 O_3 无法与 NO 按照反应（3）进行还原反应生成 NO_2 和 O_2，致使大气中的 O_3 无法被消耗掉，从而不断积聚，浓度升高。也就是说，大气中的 NO_x 与 VOC 会使 O_3 在大气中积聚，从而使大气氧化性增强。一旦大气氧化性增强，NO_x、VOC、SO_2 等污染气体会被氧化成二次细颗粒物。同时，由于这些二次生成的细颗粒物粒径小，比表面积大，为转化反应提供了大量的反应床，使更多的气体污染物向二次颗粒物的转化不断进行。也就是说 NO_x 与 VOC 导致大气的氧化性显著增强，形成大量二次 $PM_{2.5}$，是造成严重灰霾天气的根本原因。

$$VOC + OH \rightarrow \xrightarrow{\text{链式反应}} \rightarrow HO_2 \tag{4}$$

$$HO_2 + NO \rightarrow NO_2 + OH \tag{5}$$

实际的监测数据也可证实这一点：图9－2至图9－4是北京大学气象站点2013年1月监测的逐时$PM_{2.5}$、NO_x的浓度变化，可以发现在重度空气污染发生时，$PM_{2.5}$浓度与NO_x浓度的变化完全同步，佐证了NO_x与$PM_{2.5}$浓度变化有很强的相关性。图9－2和图9－3同时也说明当$PM_{2.5}$浓度出现尖峰时，SO_2浓度始终稳定在较低的水平，说明并不能认为SO_2是导致$PM_{2.5}$浓度增加的主要原因。

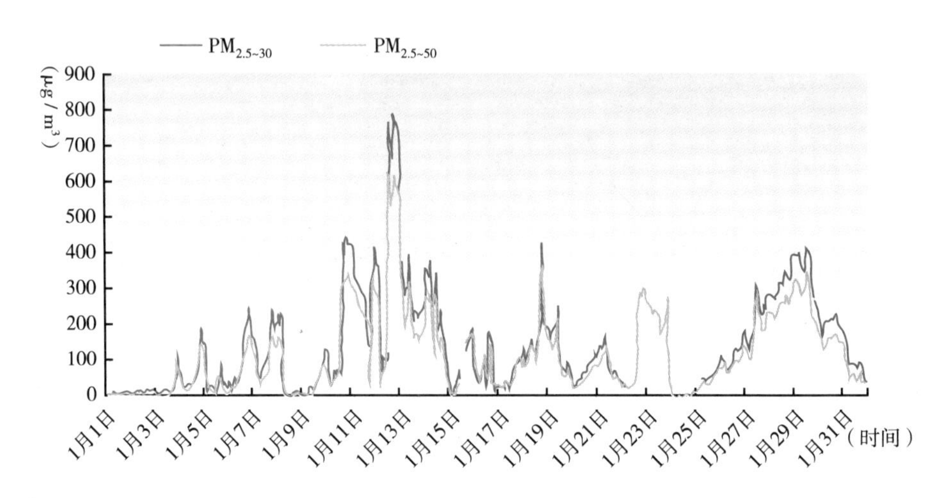

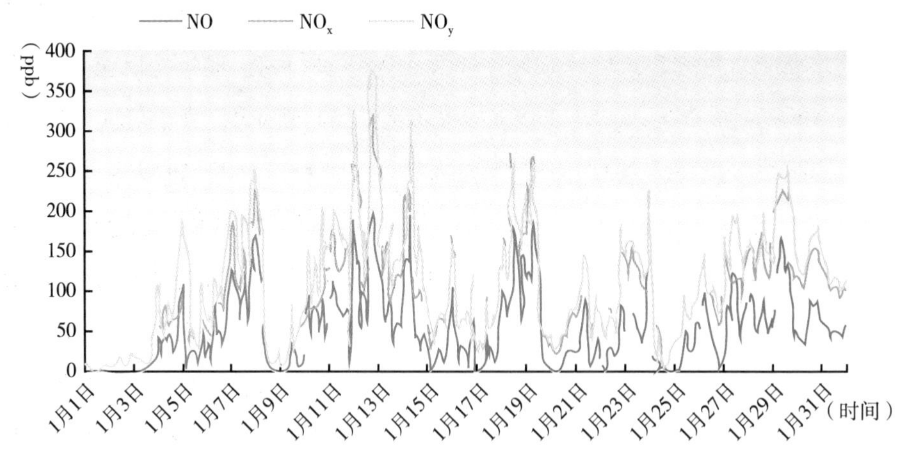

图9－2　北京大学气象站点监测2013年1月$PM_{2.5}$和NO_x的变化过程

综合上述，NO_x与VOC是引发重度灰霾天气的元凶，所以，控制NO_x与VOC的排放量是缓解灰霾天气的重点。NO_x的来源主要是化学燃料的燃烧，

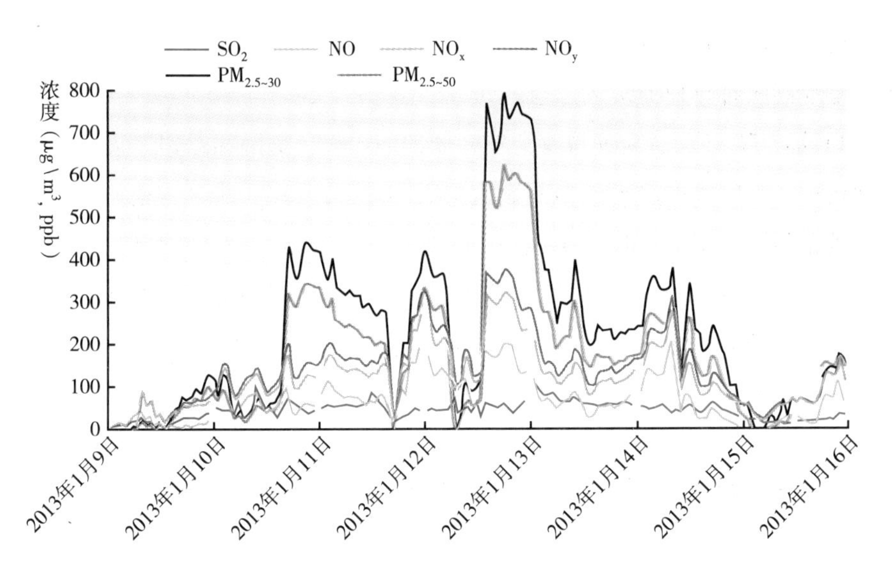

图 9－3　北京大学气象站点 2013 年 1 月中旬空气监测数据

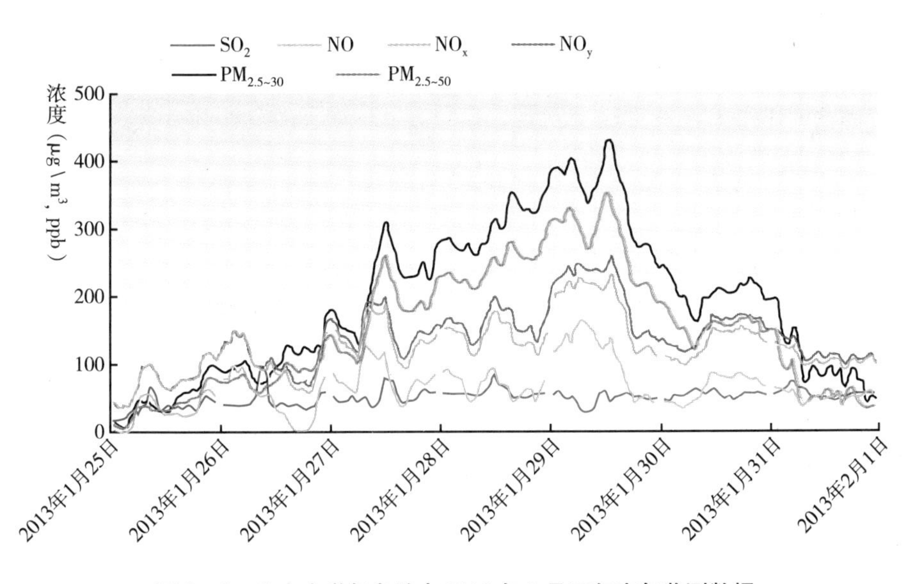

图 9－4　北京大学气象站点 2013 年 1 月下旬空气监测数据

包括煤、天然气的燃烧，以及汽车中汽油的燃烧等，易于集中控制。而 VOC 的来源包括化工业、汽车尾气、洗衣房、民用炊事、秸秆燃烧等，属于面源，远比 NO_x 排放源分散，难以控制。而 NO_x 与 VOC 只要控制其中一种，便可以阻止上述的（4）、（5）反应发生，抵制大气氧化性增强，遏制严重灰霾天气的形成。因此，从实际的空气质量控制和灰霾天气防治来说，最切实可行的措施便是控制各种排放源的 NO_x 排放量。

20 世纪 70 年代，为了减少大气中的细颗粒物，美国和欧盟开展了 NO_x 的治理行动。美国和欧盟不仅仅是确定 NO_x 的排放上限，而且考虑不同地区的环境容量不同，根据二次污染物的目标减少量来确定 NO_x 的排放总量，然后把总量分配到各地区（胡倩等，2007）。1981 年起，日本也开始实施 NO_x 限排措施，以治理氮氧化物引起的大气污染。由此可见，发达国家治理空气污染尤其是治理 $PM_{2.5}$，均采用了减排 NO_x 的政策措施（羊城晚报，2013）。

三　北京市不同供热热源对 $PM_{2.5}$ 形成的贡献比较

从上面的分析可以得出，控制 NO_x 的排放量是缓解北京重度灰霾天气的关键。冬季是灰霾天气的高发期，各类采暖热源是冬季重要的 NO_x 排放源。北京市目前正在推行热电联产“煤改气”，这个措施对治理雾霾、改善空气质量有多大的作用呢？针对这个问题，我们进行了如下的分析和计算。

（一）单位燃料的 NO_x 排放量

表 9－1　不同采暖方式单位燃料 NO_x 的排放强度

燃烧设备	排放强度		备注	数据来源
	kg/tce	mg/m^3 烟气		
大型燃煤锅炉热电联产	2	200	脱硝后	岳光溪院士提供
燃煤循环流化床	<0.5	<50	近年来加设 SNCR	岳光溪院士提供
大型天然气锅炉	0.8	100	脱硝后，NO_x 排放强度相当于 $1.1g/m^3$ 天然气，计算时过量空气系数取 1.1	国家标准
天然气热电联产燃气蒸汽联合循环	1.2	50	脱硝后，NO_x 排放强度相当于 $1.5g/m^3$ 天然气，过量空气系数取 3	国家标准
	0.7	30	脱硝后，NO_x 排放强度相当于 $0.9g/m^3$ 天然气，过量空气系数取 3	北京标准

表9－1列举出不同采暖方式单位燃料（同样热量的燃料）的 NO_x 的排放强度。大型燃煤锅炉热电联产燃烧每吨标准煤的热量排放为2kg NO_x，相当于每立方米烟气排放200mg NO_x。大型天然气锅炉的 NO_x 排放强度是0.8kg/tce，而天然气热电联产因为需要燃气蒸汽联合循环，为了保证较高的发电效率，燃烧温度高，所以 NO_x 排放强度高于天然气锅炉，燃烧每吨标准煤的热量排放为1.2kg NO_x，相当于每立方米烟气排放50mg NO_x。可以看出，在消耗同样热量的燃料时，燃气热电联产 NO_x 的排放量为常规大型燃煤热电联产的60%。

（二）不同供热热源为满足供热所需所排放的 NO_x

表9－1列出的仅是单位热量燃料的 NO_x 排放强度的情况，但是，不同采暖方式提供同样的采暖供热量（或供应同样的供热面积）时消耗的燃料数量是不一样的。由于北京的热电厂主要是为了供热所建，所以如果要知道北京市供热采用不同采暖热源的 NO_x 的排放量，需要比较提供同样的采暖供热量（或供应同样的供热面积）时，不同采暖热源的 NO_x 排放量，即需要“以热定电”。与燃煤热电联产相比，燃气热电联产的热电比小，也就是说为了提供同样的采暖供热量（或供应同样的供热面积），即“以热定电”时，燃气热电联产需要发更多的电，燃烧更多的燃料。

下面，以供热面积为1亿 m^2 为例来定量计算供应同样的供热面积时不同采暖热源方式的采暖期 NO_x 的排放量。计算参数包括：采暖面积为1亿 m^2，设计经验热指标为50W/m^2。锅炉直接供热系统根据热负荷延时曲线确定热负荷，进而算得燃料量；而热电联产的电厂是通过调节抽汽量，改变热电比来调节供热量，所以瞬态消耗的燃料量可以认为基本不变，供热期的总燃料量由瞬态燃料消耗量与供暖时间相乘算得。

第一种是采用燃煤热电联产集中供热系统（见图9－5），通过背式汽轮机的抽汽进行供热。采用这种热源供热时，设计工况下采暖期燃料消耗量为每小时1367吨标准煤，NO_x 瞬态排放量为每小时2.7吨；采暖期燃料消耗总量为394万吨标准煤，NO_x 总排放量为0.8万吨。

第二种是燃气锅炉供热（见图9－6），该系统通过燃烧天然气直接提供热

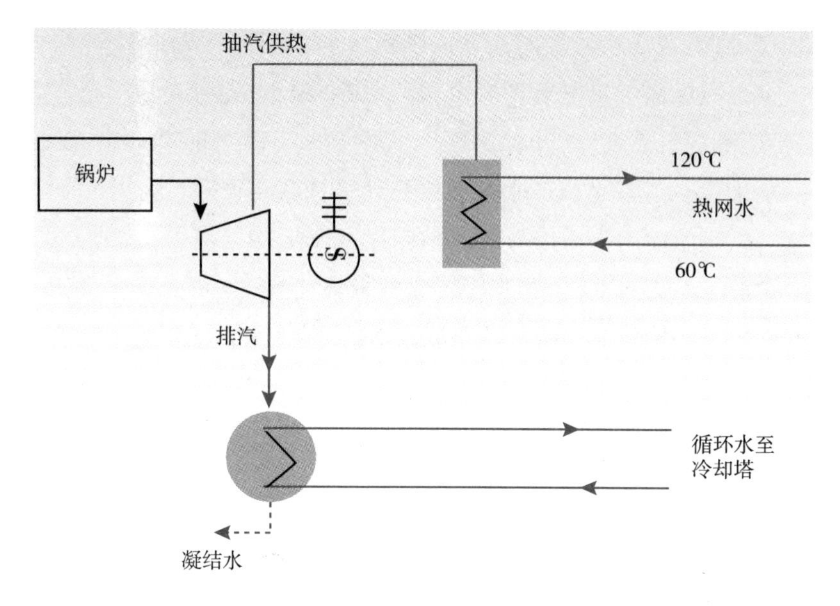

图 9－5　典型燃煤热电联产集中供热系统

量采暖。这种采暖方式在设计工况下，采暖期燃料消耗量为 51.4 万立方米天然气，NO_x 瞬态排放量为每小时 0.6 吨；采暖期燃料消耗总量为 14.8 亿立方米天然气，NO_x 总排放量为 0.2 万吨。

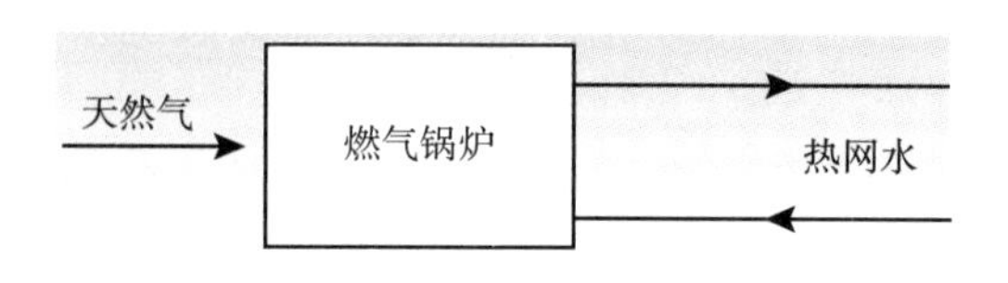

图 9－6　燃气锅炉供热示意

第三种是采用燃气热电联产集中供热系统（见图 9－7），通过燃气蒸汽联合循环进行供热。设计工况下，采暖期燃料消耗量为 154 万立方米天然气，NO_x 瞬态排放量为每小时 2.3 吨；采暖期燃料消耗总量为 44.4 亿立方米天然气，NO_x 总排放量为 0.7 万吨。

将以上三种系统的计算结果汇总至表 9－2 中，可以看到，将燃煤热电联产改为燃气热电联产后，热电厂采暖期 NO_x 的总排放量为 0.7 万吨，仅稍稍少于燃煤热电联产的采暖期 NO_x 总排放量 0.8 万吨。也就是说，相较于燃煤

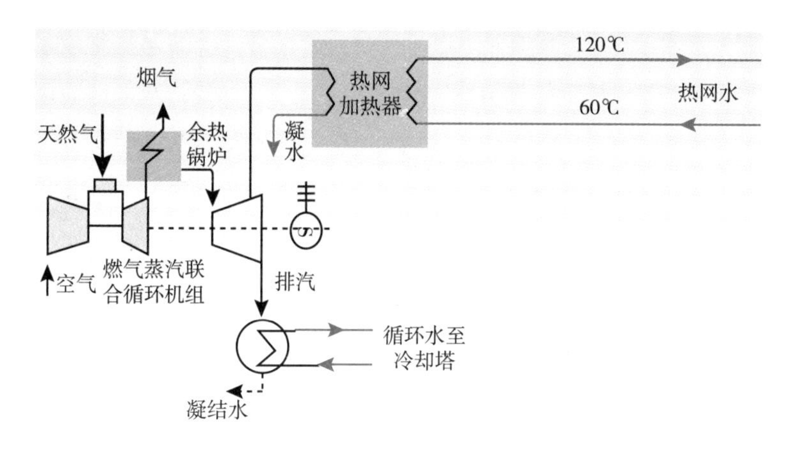

图 9－7 燃气热电联产集中供热系统

热电联产，燃气热电联产并没有显著减少 NO_x 的排放量，对于缓解 $PM_{2.5}$ 造成的灰霾天气的效果并不显著。

表 9－2 不同采暖方式的能耗和排放综合比较

编号	供热方式	瞬态燃料消耗量		采暖期总量		发电功率	发电量指标	采暖期 NO_x 瞬态排放量	采暖期总排放 NO_x 量
		tce/h	万 m^3/h	万 tce	亿 m^3	万 MW	W/m^2	t/h	万吨
1	燃煤热电联产	1367	–	394	–	0.38	38	2.7	0.8
2	燃气锅炉	–	51.4	–	14.8	–	–	0.6	0.2
3	燃气热电联产	–	154	–	44.4	0.70	70	2.3(国标 b)	0.7(国标)

注：供热城市均为北京，供热面积均为 1 亿立方米；“国标”指根据国家火电厂大气污染物排放标准。

（三）燃煤可以做得更好

而实际上，如果采用先进的清洁煤燃烧技术，燃煤热电联产可以做得更好。上海外高桥第三发电厂即采用了我国自主研发的先进的高效清洁燃煤技术，2 台 1000MW 超超临界机组发电效率高约 45%（上海外高桥第三发电厂，2013）。为了实现低污染排放发电，为减少硫化物排放，机组配置了高效率湿法脱硫装置（张建中等，2008），使 SO_2 排放仅为 0.47kg/tce；为减少烟气氮氧化物排放，机组配置了锅炉低 NO_x 同轴燃烧系统、增加煤粉细度的制粉系统、SCR 脱硝系统，使 NO_x 排放仅为 0.37kg/tce，远低于国家目前环保标准 4.5kg/tce，同时还远低于表 9－1 中列举的燃气热电联产单位燃料 NO_x 排放量（1.2kg/tce）。上海外高桥第三发电厂实现了高效、清洁发电，达到国际先进水平（见表 3）。

表 9－3　上海外高桥第三发电厂 2013 年上半年运行情况

参数	单位	数量	备注
发电量	亿千瓦时/半年	57.28	两台机组:#7,#8
煤耗	克/千瓦时	274.65	-
SO_2	kg/tce	0.47	国家环保标准:2kg/tce; #7 经检修,0.17kg/tce
NO_x	kg/tce	0.37	国家环保标准:4.5kg/tce; #8 机组排放量,装有 SCR; 燃气热电联产排放量 1.2kg/tce
颗粒物	kg/tce	0.12	国家环保标准:0.5kg/tce

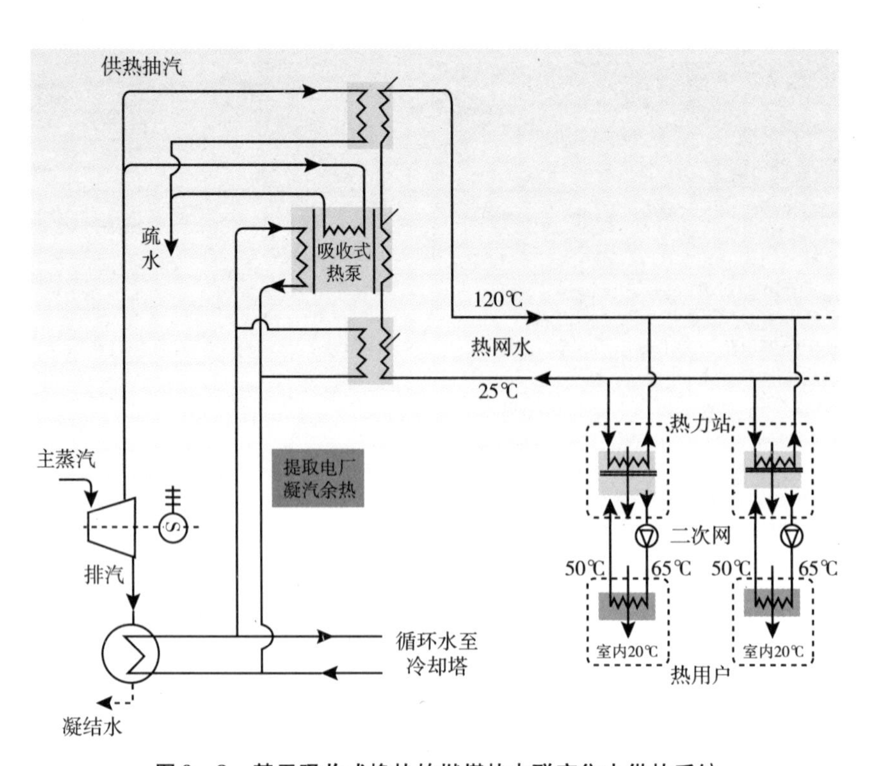

图 9－8　基于吸收式换热的燃煤热电联产集中供热系统

若将上海外高桥燃煤电厂的清洁燃煤技术运用到热电联产中，NO_x 排放量将会大幅度减少。表 9－4 中的供热方式 4 就是基于上海外高桥电厂技术的燃煤热电联产，采暖期燃料消耗总量为 553 万吨标准煤，采暖期 NO_x 总排放量为 0.2 万吨，已低于燃气热电联产。

表 9－4　不同采暖方式的能耗和排放的综合比较

编号	供热方式	瞬态燃料消耗量		采暖期总量		发电功率	发电量指标	采暖期 NO_x 瞬态排放量	采暖期总排放 NO_x 量
		tce/h	万 m^3/h	万 tce	亿 m^3	万 MW	W/m^2	t/h	万吨
1	燃煤热电联产	1367	–	394	–	0.38	38	2.7	0.8
2	燃气锅炉	–	51	–	14.8	–	–	0.6	0.2
3	燃气热电联产	–	154	–	44.4	0.70	70	2.3(国标 b)	0.7(国标)
4	基于上海外高桥技术的燃煤热电联产	1922	–	553	–	0.34	34	0.71	0.2
5	基于上海外高桥、吸收式换热技术的燃煤热电联产	878	–	253	–	0.16	16	0.33	0.09

更进一步，在将上海外高桥的清洁煤燃烧技术用于热电联产的基础上，再加上吸收式换热技术（付林等，2008）（图 9－8 表示了基于吸收式换热的燃煤热电联产集中供热系统），减小整个系统的换热不可逆损失，热网回水温度由传统的 60℃降到 20℃，提高了管网的热输送能力，充分回收电厂乏汽余热，从而还可进一步减少为供热所需的燃料消耗量。从表 9－4 的供热方式 5 中可看到，在设计工况下，采暖期燃料消耗量为每小时 878 吨标准煤，采暖期燃料消耗总量为 253 万吨标准煤，NO_x 瞬态排放量为每小时 0.33 吨；NO_x 总排放量为 0.09 万吨。该系统的 NO_x 排放量远低于燃气热电联产，仅为普通燃煤热电联产的 11%，燃气热电联产（燃气蒸汽联合循环）的 13%，燃气锅炉的 45%。

从以上分析可以看出，在提供同样的供热量的前提下，采用上海外高桥的清洁燃煤技术以及吸收式换热技术的热电联产供热方式，产生的 NO_x 排放量

约为燃气热电联产（燃气蒸汽联合循环）的13%，甚至低于天然气直接燃烧供热。这样一方面能够高效利用我国供应充足的煤炭资源，符合我国的能源结构；一方面能大幅降低 NO_x 排放量，达到更好的减排和改善大气质量的效果，能够切实减少二次 $PM_{2.5}$的生成，缓解严重大气灰霾现象。因此，与其进行热电联产“煤改气”工程，花费巨额的资金，同时大幅增加天然气用量，造成天然气用气矛盾，甚至引起“气荒”（生意社，2013），影响居民用电和能源安全，为什么不利用高效清洁的燃煤技术来达到更好的减排效果呢？

（四）关于发电量的讨论

从表9－4中我们也可以看出，燃气热电联产的 NO_x 排放量之所以比燃煤热电联产要高，一个很重要的原因就是燃气热电联产的热电比小，供应相同的热量，需要生产更多的电，燃气热电联产所产生的电量是基于上海外高桥技术的燃煤热电联产的2倍多，从而需要更多的燃料，也就排放了更多的 NO_x。但是对于北京这样的特大型城市，环境容量已趋饱和，难以承受更多污染物的排放，否则空气质量会继续恶化，因此特大型城市能源利用的核心应是减少污染，而偏远地区的环境容量较充裕，可从远处地区的电厂供电，充分利用人口稀疏地区的环境容量。这与政府提出的政策方向也一致。2013年9月国务院颁布的《大气污染防治行动计划》明确指出，京津冀、长三角、珠三角等区域应逐步提高接受外输电比例。北京市政府颁布的《北京市2013～2017年清洁空气行动计划》也提到要“加快建设外受电力通道”，“增强外调电供应保障能力”。这些措施考虑了大城市环境容量趋饱和的特点，也为大城市的用电安全建设提供了政策保障。

实际上，特大型城市的自备发电能力并不是为了满足用电需求，而是为了保障城市的供电安全，所以，城市的发电量应以满足其供电安全需要为基础。如果考虑城市自备电源主要满足建筑的用电，那么10W/m² 备用电源应该能满足城市供电安全需要。而北京市目前的自备发电能力约7W/m²，已经能够基本满足安全需要。从表9－4供热方式5的计算结果可以看出，若采用上海外高桥清洁燃煤技术的热电联产来供热，供电能力为16W/m²，若采用了清洁燃煤技术的热电联产的供热能力占总供热能力的50%，它也能提供8W/m² 的电

量，高于 7W/m^2，能够满足城市基本安全需要，所以仅从提高供电安全性的角度，就没有必要通过增加燃气热电联产来提高供电量，可以根据安全用电的需求，适量增加清洁煤的热电联厂，增加燃煤热电联产在供热结构中的比例，既提高北京市冬季供热热源的整体效率，也可以满足供电安全的需要。

另外，有一种观点认为由于天然气仅用于供暖，会造成天然气需求量的季节不平衡，管道利用率低，夏季的大部分天然气管道处于闲置状态，所以通过大量建设天然气电厂实现稳定的天然气消费，从而缓解目前天然气仅用于供暖造成的不平衡，提高管道利用率。但是，目前我国天然气利用面临的最主要问题是供应紧张而非输送问题，如果仅为解决管道利用率低的问题而大量进行“煤改气”，会造成严重的天然气供需矛盾，甚至导致“气荒”，使得国家的能源安全面临严峻挑战。

（五）小结

因为大城市的生态环境容量有限，所以在考虑城市能源优化利用时，不能只看能源的利用效率或者单位燃料的排放强度，更应该关注该燃料的燃烧总量以及在城市中心城区（即生态环境容量已经饱和的区域）的排放量。当城市中心城区的生态环境容量饱和时，就应该考虑在城市的外围区域（生态环境还有一定容量的地方）进行能源生产（发电），再将电力输送至城市的中心城区，这既会保证城市的供暖需求，也会保障供电安全。而在大城市的远处地区，人口稀少，VOC 的排放量也较小，环境容量富裕，在这样的情况下，对燃料的排放要求就不那么高，可以通过燃煤电厂来生产电力，把污染从城市的中心区域转移至远处，充分利用城市以外区域的环境容量。

从北京市的整体用能情况来看，通过热电联产“煤改气”工程，将燃煤热电联产改成燃气热电联产供热，投入巨大的资源与能源，也会造成天然气的用气矛盾。为了加强天然气供应保障，《北京市 2013 ~2017 年清洁空气行动计划》中提出要建设“煤制气”项目，如在 2013 年，建成内蒙古的大唐煤制气一期工程以保证北京“煤改气”的需要。“煤制气”效率较低，约为 50%，制造过程中会给环境带来污染，消耗大量水资源［40 亿立方米产能的项目水资源年消耗量为 1600 万吨（张明，2011），单位热值水耗为 0.18t ~0.23t/GJ

（罗佐县等，2013）]。

既然煤制天然气会损失约50%的热量，带来更多污染，占用缺水的煤矿地区的宝贵水资源，而且，把气输送到城市，在城市采用燃气热电联产的形式来供热，会较基于清洁燃煤技术的燃煤热电联产产生更多的NO_x，那么，与其采用“煤制气”制取天然气、再将气输送至市区使用燃气热电联产来供热，何不在城市的远处直接用煤发电、把电输送到城市，而城市采暖则采用基于清洁燃煤技术的燃煤热电联产呢？

四　从我国的能源结构看天然气的合理利用

对于欧美发达国家，例如美国和英国，在其能源结构中天然气的比例分别高达30%和35%，与油的比例差不多（油占的比例分别为37%、34%）（BP，2013）。对于他们，优化能源利用的目标就应该是高效利用天然气，那么燃气热电联产就是一种很好的方式，能够高效地利用天然气，同时提供电力和建筑的供暖需求。但是我国的能源结构是以煤为主，煤的消费量在能源总消费量中占68%，而天然气仅占5%（中国统计年鉴，2012），即使未来考虑深度开发和进口，天然气也不会超过8%。因此对于我国来说，优化能源利用的首要目标是清洁高效地利用煤炭，而非进行大规模的“煤改气”。

在天然气资源丰富的西方发达国家，在使用天然气替代其他能源时，首要考虑的是“节能”。但在天然气匮乏的我国，天然气是稀缺资源，应该充分发挥天然气清洁能源和快速调节的特点，将天然气作为一种调节剂，将其用在单位天然气替换其他燃料能够发挥出最大减排效果的地方。此外，天然气电厂作为调峰电厂可以充分发挥其快速调节的特点。北方风电的“弃风”情况严峻，“弃风”率约为20%（李俊峰等，2012），大量“弃风”的主要原因之一是风电受天气影响明显，而电网的调节能力不足，在我国的北方多为燃煤火电，其惯性较大，无法快启快停以配合风电。而燃气轮机可快启快停，是很好的调峰手段，从而缓解“弃风”现象。但一旦使用天然气热电联产来供热，就需要“以热定电”，这样就彻底丧失了天然气的调峰功能，还会挤压常规燃煤火电的发电运行小时数。目前我国许多大型的高效燃煤电厂均在部分出力的

工况下运行，年运行小时数较低，如全国 60 万千瓦、30 万千瓦机组的年运行小时数分别为 5362 小时、5402 小时（国家电力监管委员会，2011），这是对设备巨大初投资的浪费。而燃气电厂设备初投资成本低、运行成本高，就应该将燃气电厂仅作为调峰的手段，同时还能使得燃煤电厂的年运行小时数增加。

五　结论与建议

本文通过对细颗粒物 $PM_{2.5}$ 的成分及形成原因的分析发现：

大气灰霾主要来自 $PM_{2.5}$，包括工业等活动直接排放的一次细颗粒物和由气体向颗粒物转化的二次细颗粒物。$PM_{2.5}$ 占到 PM_{10} 的 50% ~80%，其中 $PM_{2.5}$ 组分占 $PM_{2.5}$ 50% ~80%，而且在重污染时期，二次颗粒物的组分在 $PM_{2.5}$ 中的比例明显增加。因此，治理二次颗粒物是减少 $PM_{2.5}$ 总量改善大气灰霾状况的关键。

二次颗粒物形成是大气氧化性导致气体污染物被氧化而形成的，而 NO_x 和 VOC 是导致大气氧化性增强，大量生成二次颗粒物，从而造成大气灰霾现象的元凶，所以治理 NO_x 和 VOC 是解决 $PM_{2.5}$ 的重点，而 VOC 污染源分散且不易控制，因此控制城市内的 NO_x 排放是治理大气污染、缓解灰霾现象的关键。

我们通过计算与分析发现，北京市目前推行的热电联产“煤改气”措施，并不能显著降低 NO_x 排放量，起到减排和缓解灰霾状况的作用，反而会大幅增加天然气用量，造成用气矛盾。我国的能源结构是以煤为主，煤的消费量在能源总消费量中占 68%，而天然气仅占 5%。若全面推广“煤改气”，需要从国外大量进口天然气，国家能源安全受到威胁，能源形势将会变得很严峻。

我国煤资源丰富，采用清洁、高效的煤燃烧技术是符合我国能源国情的。我们建议北京等大城市采暖应以采用我国自主研发的高效清洁煤燃烧技术的燃煤热电联产为主，这种能源利用方式可以以燃煤为燃料，通过热电联产产生同样的热量，而 NO_x 的排放量仅约为燃气蒸汽联合循环方式的 13%，甚至低于天然气锅炉供热，是符合我国国情的能源利用方式，不仅能高效、清洁地利用我国丰富的煤资源，而且能大量减少 NO_x 的排放量，从而降低二次颗粒物的数量，减少灰霾天气。

参考文献

1. BP：*BP Statistical Review of World Energy June* 2013，http：//www. bp. com/en/global/corporate/about – bp/energy – economics/statistical – review – of – world – energy – 2013. html，2013。
2. 北京市政府：《北京市 2013 – 2017 年加快压减燃煤和清洁能源建设工作方案》，http：//zhengwu. beijing. gov. cn/ghxx/qtgh/t1321733. htm，2013 – 8 – 12。
3. 北京市质量技术监督局、北京市环境保护局：《固定式燃气轮机大气污染物排放标准 . 北京市地方标准 DB11/847 – 2011》，北京市政府，2011。
4. 陈仁杰：《上海外高桥第三发电厂工程设计特点》，《电力勘测设计》2010 年第 6 期。
5. 付林、江亿、张世刚：《基于 Co – ah 循环的热电联产集中供热方法》，《清华大学学报》（自然科学版）2008 年第 48 期。
6. 国家电力监管委员会：《2011 年度发电机组并网运行情况监管报告》，2011。
7. 国家环境保护部：《火电厂大气污染物排放标准：中华人民共和国国家标准 GB 13223 – 2011》，中国环境科学出版社，2011。
8. 国家环境保护部：《环境空气质量标准：中华人民共和国国家标准 GB 3095 – 2012》，中国环境科学出版社，2012。
9. 胡倩、张世秋、吴丹：《美国和欧洲氮氧化物控制政策对中国的借鉴意义》，《环境保护》2007 年第 10 期。
10. 李俊峰等：《2012 中国风电发展报告》，中国环境科学出版社，2012。
11. 罗佐县、张礼貌：《我国煤制气产业发展进入新阶段》，《中国石化》2013 年第 1 期。
12. 能源局网站：《北京城六区“煤改气”今年超额完成 15%》，http：//news. xinhuanet. com/politics/2013 – 10/31/c_ 125629878. htm，2013 – 10 – 31。
13. 上海外高桥第三发电厂：《上海外高桥第三发电厂 2013 年 1 ~ 6 月报告》，2013。
14. 生意社：《“煤改气”遇气荒尴尬》，http：//finance. sina. com. cn/money/future/futuresnyzx/20131111/085717282334. shtml，2013 – 11 – 11。
15. 唐孝炎：《清华大学建筑节能周论坛唐孝炎院士发言》（未公开发表），2013 年 3 月 28 日。

16. 《世纪之殇：日本史上的大气污染》，《羊城晚报》，http：//www. ycwb. com/epaper/ycwb/html/2013 -03/30/content_ 1556700. htm，2013 -3 -30。

17. 岳光溪：《岳光溪院士提供数据》（未公开发表），2013。

18. 张建中、陈成生：《外高桥第三发电厂 2 × 1000MW 超超临界机组工程建设中的重大技术创新和项目优化》，《电力建设》2008 年第 29 期。

19. 张明：《煤制天然气示范对我国能源结构调整的意义及启示》，《中国石油和化工》2011 年第 8 期。

20. 中国环保网：《中国环境监测总站网站数据》，http：//www. chinaenvironment. com/index. aspx，1999 -2013。

21. 《北京投资 300 亿建天然气供暖　燃煤电厂将消失》，《中国经济周刊》，http：//finance. qq. com/a/20101026/000025. htm，2010 -10 -26。

22. 中华人民共和国国家统计局：《中国统计年鉴 2012》，中国统计出版社，2012。

23. 中华人民共和国中央人民政府网：《雾霾笼罩东三省省会城市　部分中小学临时停课》，http：//www. gov. cn/jrzg/2013 - 10/21/content_ 2511454. htm，2013 - 10 -21。

B.10

横琴新区低碳发展规划原理与框架

摘　要：

2012年横琴新区与清华大学气候政策研究中心共同启动《横琴新区低碳发展规划（2010～2020）》（以下简称《规划》）编制工作，在充分解读和评价横琴已有各类规划的愿景和实现路径的基础上，借鉴国内外低碳发展经验，从产业、能源、建筑、交通、生态等方面全方位构建综合性、系统性、可对接的横琴低碳发展体系。《规划》明确提出横琴低碳发展目标，即单位GDP能耗和单位GDP二氧化碳排放量进入国内最低行列。《规划》构筑以“六大支柱和三大重点”为核心的横琴新区低碳城市品牌建设，六大支柱体系，即高效、清洁的低碳能源体系；科技、创意的低碳产业体系；低耗、宜居的低碳建筑体系；智慧、畅达的低碳交通体系；无废、再生的城市矿藏体系；汇碳、和谐的城市生态体系。三大重点产业即低碳产业创新园区建设、低碳博览会展中心建设和低碳金融交易中心建设。依据《规划》，横琴新区将全面打造“宜居、宜业、宜学、宜商、宜游”的低碳城市品牌，为可持续发展奠定基础。

关键词：

横琴新区　低碳发展规划　框架

2012年，广东省人民政府制定的《广东省低碳试点工作实施方案》获得了国家发展与改革委员会的批准，该方案将横琴新区列为广东省首批低碳试点县（区）。广东省决心将横琴新区打造成示范基地，带动全省的低碳发展。为贯彻上述精神和省市有关精神，横琴新区决定启动《横琴新区低碳发展规划

（2010～2020）》的编制工作。

在省市领导的高度重视和关心支持下，横琴新区与清华大学气候政策研究中心开展合作，迅速启动《横琴新区低碳发展规划（2010～2020）》的编制工作。目前，规划已编制完成并向社会公布。

规划按照“因地制宜、突出特色；统筹兼顾、明确重点；一次规划、分步实施”的原则进行编制。主要有以下特点：

联合研究、发挥各自优势。《规划》采取政府与院校机构联合研究、共同编制的方式，由横琴新区管委会与清华大学气候政策中心共同组成研究编制项目组，管委会及相关部门主要领导与清华大学及中国国际经济交流中心研究人员共同组成研究团队。在基础资料、数据、方法、模式、案例等方面开展合作研究，发挥各自优势，持续探讨、互相启发，形成初步方案。在此基础上广泛征求国内外专家和相关政府部门的意见，在吸取意见建议的基础上，认真修改形成评审稿。

联系实际、充分协调衔接。《规划》的编制，严格遵守《中华人民共和国城乡规划法》等法律法规，贯彻落实《中国应对气候变化政策与行动白皮书》、省发改委《关于开展低碳城市和低碳县（区）试点工作的通知》要求，严格执行《国家环境保护模范城考核标准》等标准，在《横琴总体发展规划》《横琴“生态岛”建设总体规划》等基础上，充分结合了《横琴新区2010～2020年区域能源规划》《横琴基础设施发展专项规划》的成果，借鉴了纽约、哥本哈根、澳门、厦门等城市的先进经验，充分把握横琴发展次序，使规划的主要目标、重点任务等具有较强的现实针对性。

突出特色、打造全国典范。横琴新区与全国各地低碳试点相比较具有自身的独特性。首先，横琴是一个刚刚起步、正在开发建设中的新区。随着人口的增长和经济活动的大规模展开，其能源消耗和碳排放在一个时期内将不可避免地快速上升。即使以强度指标来衡量，要保持低建设期强度在全世界范围内也缺乏先例。《规划》从各项规划入手，采用高标准、新技术、先进的全过程管理，力争使能源强度和碳排放强度控制在较低水平，成为全国典范。其次，横琴优美的景观、得天独厚自然环境为吸引人才、资金、技术和管理资源提供了不可多得的优良条件，更是横琴绿色发展和低碳发展的资源基础。最后，中央

政府对横琴发展与创新寄予厚望，给予了支持和优惠政策，广东省政府和珠海市对横琴新区的帮助更是其他试点无法比拟的。这些独特优势和特色是横琴新区打造具有先进性和示范性全国典范的重要依托。

目标合理、措施总体可行。《规划》在充分对标世界、全国、广东和港澳的基础上，根据横琴近年来基础设施高标准建设、产业发展以高质量现代服务业项目为主的实际，考虑到横琴森林、湿地、海洋碳汇能力强大，能源多联供、风能利用等清洁能源利用方式基础扎实的现实情况，明确了横琴低碳发展“双最低”目标（单位 GDP 能源消耗量标准煤 0. 128 ~0. 142 吨，进入国内最低行列；单位 GDP 二氧化碳排放量 0. 22 ~0. 24 吨，进入国内最低行列），具有标准的先进性和技术的可行性。《规划》在此总目标下，根据横琴特点，研究确定横琴能源转换、建筑、产业、交通等方面的能源消耗结构为 3∶6∶4∶2，并结合废弃物管理、生态碳汇两方面，认真梳理出《规划》的六大重点领域，提出横琴低碳城市品牌建设、低碳示范基地建设、低碳创新园规划等战略举措并提出了实施措施，具有较强的可操作性。

方法科学、切合横琴实际。《规划》并未单线度安排横琴未来低碳发展态势，而是按照基线情景（比照国内相似地区惯性发展）、规划情景（落实横琴各项生态规划较好发展）、低碳情景（落实低碳规划最优发展）“三个情景”，勾勒出横琴低碳发展的三种不同发展趋势，具有横向和纵向对比的科学性。规划情景将比基线情景少排放 118 万吨二氧化碳，少排放比率为 42. 2%；低碳情景将比基线情景少排放 150 万吨二氧化碳，少排放比率达 53. 6%，非常明确地表明《规划》的实施，将使横琴二氧化碳少排放比率提高 11. 4 个百分点。《规划》把横琴定位为国家级低碳示范基地，构建了低碳能源体系、绿色产业体系、低碳建筑体系、智能化交通体系、城市矿藏体系和生态碳汇体系“六大体系”。它们相互联系、互为支撑，并统一于将横琴建设成为全国低碳发展示范基地的总目标，形成一个有机联系的整体。

任务分解，分步有序实施。《规划》不仅注重横琴的“双最低”低碳发展的规划目标，而且认识到规划实施是一个动态的过程。围绕“双最低”目标，分别确定了六大体系和三大重点的实施策略和具体措施；并从总体任务、六大体系和三大重点等维度进行了细化和分解，形成了横琴低碳发展包括数十项任

务的任务实施分解表。这些规划内容的形成将大大有利于政府部门在推进和实施横琴新区低碳试点工作中明确具体任务和时间节点、落实责任单位和责任人，使《规划》具有较强的实施性。

一　横琴低碳规划的背景与意义

（一）背景与意义

横琴新区是我国继上海浦东和天津滨海之后的第三个国家级综合体制创新示范区，也是全国首批低碳发展试点区。在我国加快转变经济发展方式、积极应对全球气候变化及国际政治经济严峻挑战的宏观背景下，横琴新区明确低碳目标、积极探索低碳发展战略、创新低碳发展路径，对于全国低碳发展具有独特的示范作用。

2012 年，广东省人民政府制定的《广东省低碳试点工作实施方案》获得了国家发展与改革委员会的批准，该方案将横琴新区列为低碳发展的试点市（区），广东省决心将横琴新区打造成示范基地，带动全省的低碳发展。《横琴新区低碳发展规划（2010～2020）》既是广东省低碳试点建设的重要内容，也是横琴新区低碳发展的战略方案和行动指南。

横琴新区走低碳发展之路的重要意义主要表现在以下方面。

第一，低碳发展是推进生态文明建设、应对全球气候变化、培育和保障持久经济竞争力的战略选择。低碳发展是生态文明建设的核心内容，是减缓全球气候变化的重要手段，代表未来经济的发展方向，对于培育和保障区域和国家的持久经济竞争力具有重要的战略意义。

第二，低碳发展是创新经济发展方式的关键途径。横琴新区享有得天独厚的自然环境、不可多得的区位优势，以及强而有力的政策支持。横琴新区处于大有可为的重要战略期，增强加快转变经济发展方式的自觉性和主动性，横琴新区就能够创造全新的经济社会发展模式。

第三，低碳发展是促进粤港澳合作机制创新的重要动力。独特的区位与政策优势决定了横琴新区发展必须面向未来、定位高端，采用以经济竞争力和社会满意度赢得尊重和追随的绿色发展新模式，而这一模式的基础正是体制和机制的创新。

第四，低碳发展是横琴新区创建全新发展模式的独特机遇。横琴新区是广东省首批低碳示范城市（县、区）中唯一一个无传统工业基础、蓄势待发的区域，在全国各地的试点省市中也因别具一格而被寄予厚望，其探索和创新的意义重大。

（二）规划范围和期限

规划范围主要为横琴新区所在的横琴岛，横琴岛土地总面积为106.46平方公里。此外，本规划部分内容会涉及横琴岛近岸海域面积，横琴岛近岸海域面积总面积为123.4平方公里。

规划期限是2010~2020年，近期为2015年，远期为2020年，以2010年为本规划的基准年。

（三）规划基础

横琴新区开发时间较短、经济结构相对简单，本规划建立在新区管理委员会制定的一系列发展规划的基础上，包括《横琴总体发展规划》《横琴新区城市总体规划（2009~2020）》等综合性规划，以及《横琴新区2011~2020年区域能源规划》《横琴产业发展专项规划》等20余项专项性规划。本规划从低碳发展的视角审视、分析、评估现有规划，并在此基础上设计低碳发展的内容和措施。

（四）规划依据

横琴新区低碳发展规划以国家相关法律、法规、政策以及各类规划为依据，并严格遵循有关规范。

第一，遵守和执行国家法律与法规。遵守和执行《中华人民共和国城乡规划法》《中华人民共和国土地管理法》《中华人民共和国建筑法》《中华人民共和国节约能源法》《中华人民共和国可再生能源法》《中华人民共和国环境保护法》《中华人民共和国海洋环境保护法》《中华人民共和国固体废物污

染环境防治法》《中华人民共和国海岛保护法》等近20部法律；遵守和执行《中华人民共和国河道管理条例》《民用建筑节能条例》《公共机构节能条例》《建设项目环境保护管理条例》《近岸海域环境功能区管理办法》等多个法规条例。

第二，遵守和落实省市法律与法规。遵守和落实《广东省节约能源条例》《广东省环境保护条例》《广东省饮用水源水质保护条例》《广东省珠江三角洲水质保护条例》《广东省固体废弃物污染环境防治条例》《广东省城市垃圾管理条例》等多个省级法规条例；遵守和落实《珠海市环境保护条例》《珠海市城乡规划条例》《珠海市饮用水源水质保护条例》《珠海市建筑节能办法》《珠海经济区横琴新区条例》等多个地市级法规条例。

第三，遵守国家和省市政策，接受国家和省市地方的各类规划的指导。遵守和接受《中华人民共和国国民经济和社会发展第十二个五年规划纲要》《全国生态环境保护纲要》《中国能源状况与政策白皮书》《中国应对气候变化政策与行动白皮书》《珠江三角洲环境保护规划纲要（2004～2020）》《关于印发广东省低碳试点工作实施方案的通知》《关于印发2012年广东国家低碳省试点工作要点的通知》《关于开展低碳城市和低碳县（区）试点工作的通知》《粤港合作框架协议》《粤澳合作框架协议》《珠海生态市建设规划》《珠海市循环经济发展规划（2008～2020）》《珠海市低碳试点城市实施方案》等国家和省市各类政策和规划60多部，并与《2012年珠海市低碳试点工作计划》和珠海市创建低碳试点城市相结合，打造横琴新区低碳岛。

第四，严格执行各类标准规范。严格执行《国家生态示范区考核标准》《国家环境保护模范城市考核标准》《中国生态城市可持续发展指标体系》《城市环境卫生设施规划规范》《城市生活垃圾分类及其评价标准》《大气污染物综合排放标准》《广东省绿色社区考评标准（试行）》《珠海市“绿色社区”考评标准》等30部各类标准规范。

（五）国内外经验借鉴

第一，明确低碳发展品牌。世界大城市气候变化领导联盟（C40）各城市市长亲自参与，抱团打造城市低碳品牌，引领城市的发展和升级。纽约和伦敦把低碳城市品牌作为未来发展的牵引力；低碳澳门、低碳保定是我国践行低碳品牌的先驱。树立低碳社会理念，以低碳技术和服务为发展方案，奠定核心竞争力，以低碳城市品牌，引领未来社会前进的方向。

第二，明确低碳发展目标体系。构建碳排放目标体系，锁定占排放总量90%以上的交通、建筑和工业三大领域，探索低碳发展模式。根据发展阶段和特点不同，国外案例是以追求碳排放总量减少为目标，国内则是以碳排放强度降低为目标；国外案例强调城市建筑、交通、废弃物管理为低碳发展的重点，国内低碳发展规划着重产业发展的低碳化和绿色化。

第三，突出重点发展领域。重点突破，找到低碳发展的抓手，国外案例重点在于完善基础设施，国内则在于改善能源结构和产业结构。

以人为本，创建舒适、高效的居住、文化和工作空间，倡导和完善慢行交通系统，着眼于生活核心的“家庭内”到“出行、目的地”及整个“生活圈”，在全社会实现能源利用的优化。

立足于新能源和可再生能源产业、新能源综合应用和循环经济模式，实现低碳化的绿色跨越式发展。

第四，分阶段有序实施。重点建设组织实施机构和引导机制。成立专门的综合性实施机构，谋划低碳发展的长远规划，分阶段、分目标组织实施。建立低碳发展基金，激励社会投资，明确资助和激励的低碳发展领域和项目。

二　规划原则与方法

（一）指导思想

第一，实践科学发展观、创造具有全球竞争力的经济发展新模式。横琴新区应以低碳、绿色、创意、包容和可持续为标志，创造经济发展的新模式。

第二，依托粤港澳，打造面向未来引领全国的低碳创新示范基地。应充分利用粤港澳地区的各种优势，将横琴新区建设成代表未来发展方向和世界最高水准的低碳经济和绿色生活的示范区。

第三，顶层设计、规划先行，努力避免“锁定效应”。横琴新区的开发建设必须坚持“谋定而后动”的指导思想。在建设之初，面向未来、进行长远的战略性顶层设计，这是避免“锁定效应”的关键。

第四，弹性设计、应时顺势，为未来发展预留改进空间。低碳发展的规划设计必须具有足够的弹性，一方面，能够充分捕捉发展的时机和机遇，顺应时势；另一方面，要为未来预留充分的改进空间，而非一朝定案，再难改进。

第五，全球视野，区域统筹，用以指导地方行动。横琴新区的地理区位和历史使命决定了新区建设必须具备全球视野。同时，因地、因时制宜，既有广阔的视野又有扎实的基础，才能走出体现中国特色和地区特征的低碳发展之路。

（二）规划原则

第一，环境、经济、社会统筹兼顾协调发展的原则。横琴低碳发展不仅仅是达到单纯的低碳目标，而是追求环境友好、经济发达、社会文明的多目标兼顾的系统性方案，应按照党的十八大提出的“两个一百年”奋斗目标要求，推进绿色发展、循环发展和低碳发展。

第二，先进性与现实性相统一的原则。横琴新区的低碳发展模式既需要引进全球先进理念、设计和模式，同时又必须照顾到当前发展阶段和现实基础，结合新区发展特点，注重规划的可行性、代表性和可复制性，先行先试，为全国乃至全球积累低碳发展经验。

第三，长远规划与分步实施相结合的原则。横琴新区低碳发展要考虑当前，兼顾长远，分步实施，对于有较大难度的项目，实行分期分批的原则，积累条件和经验，不断优化，阶梯式推进和完善。

第四，地区优势与外部资源相结合的原则。横琴新区低碳规划要发挥新区自然优势和独特的政策优势，充分结合珠三角及港澳经济社会资源，立足粤港澳独特区位、资源和政策优势，吸引外部资源。

第五，规划继承与创新相结合的原则。横琴新区管理委员会已经在科学和民主决策的基础上相继制定了一系列发展规划，本规划将以这些规划为基础，充分吸收现有规划的先进经验和理念。同时，本规划将从低碳视角审视已有的规划，力求在继承中创新，在吸收中优化。

（三）现有规划的低碳评估

与中国大部分地区相比，横琴新区单位地区生产总值的能源消耗量与碳排放量较低。2010 年，横琴新区人均 GDP 达到 6.67 万元①，不仅远远超过了全国平均水平，也高于广东省平均水平。从单位 GDP 能耗来看，2010 年横琴新区的万元 GDP 能耗仅为 0.406 吨标准煤/万元，远低于全国、广东、深圳、珠海的平均水平，高于香港和澳门（见图 10－1）。以单位 GDP 碳排放量来衡量，横琴新区的碳排放较低，处于现阶段中国低碳发展的前列。

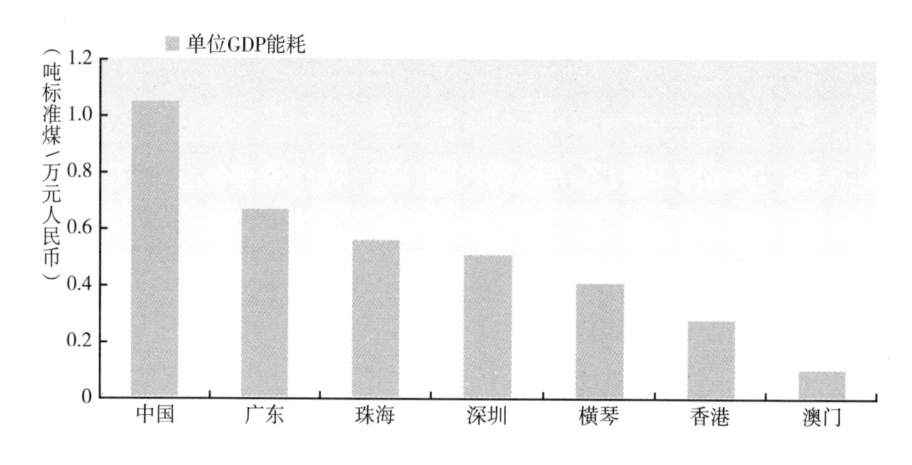

图 10－1　2010 年各类地区的单位 GDP 能耗比较

从人均能源消耗来看，2010 年横琴新区人均能源消耗量约为 2.7 吨标准煤，高于全国平均水平（2.4 吨）和广东平均水平（2.35 吨），与澳门基本持平，但显著低于珠海、深圳以及香港（见图 10－2）。因此，以人均碳排放量来衡量，横琴新区的碳排放相对偏高，低碳发展仍面临巨大挑战。

香港、澳门的发展历程对本规划具有重要的警示和借鉴意义。2010 年，香港人均 GDP 达 3 万美元（24.7 万港元），与横琴新区 2020 年的经济发展规划目标（人均 GDP 为 20 万元）基本相当，而澳门人均 GDP 则高达 3.9 万美元（41.0 万澳元）。从能源强度来看，香港万元 GDP 能耗约为 0.277 吨标准煤/万

---

① 根据《横琴新区主要经济指标完成情况》，2010 年横琴新区的本地生产总值为 4.62 亿元；根据相关统计资料，2010 年横琴新区人口为 0.693 万人。

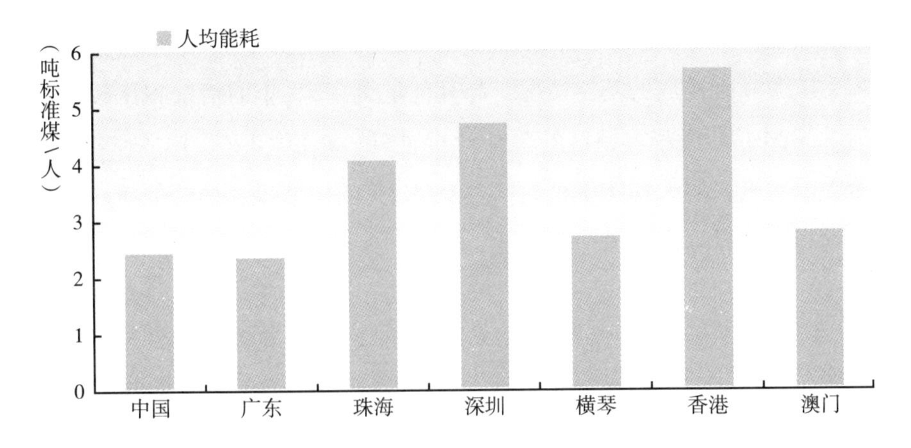

图 10－2　2010 年各类地区的人均能源消耗比较

元人民币，澳门万元 GDP 能耗约为 0.104 吨标准煤/万元人民币，均远低于国内其他地区。但是从人均能源消耗来看，香港已经达到 5.65 吨标准煤，远远高于全国和世界平均水平；澳门达到了 2.78 吨标准煤，也略高于全国人均 2.42 吨标准煤和世界人均 2.57 吨标准煤的水平。根据香港和澳门的发展历程，人均收入达到 20 万元人民币之后，能源消耗量和碳排放量仍会进一步增长，使低碳发展面临挑战。横琴新区不能简单重复模仿香港、澳门的发展道路。横琴新区未来将走一条什么样的发展道路（图 10－3）？这是横琴新区低碳规划所要回答的一个核心问题。

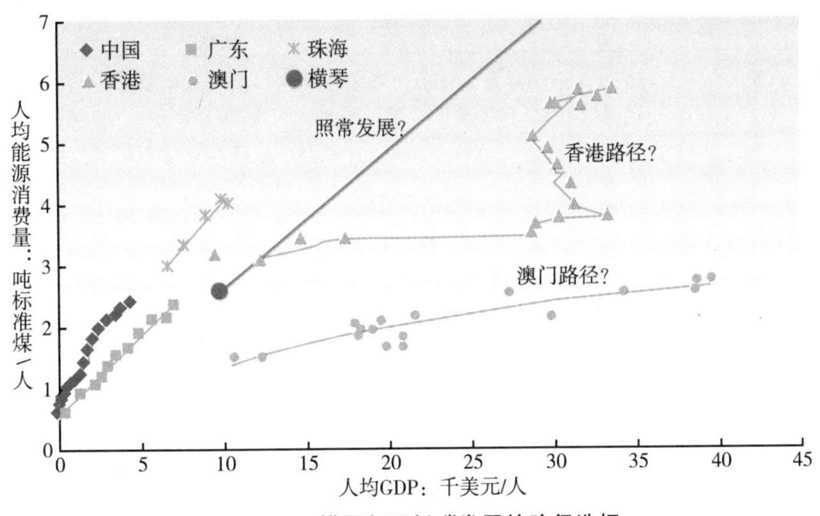

图 10－3　横琴新区低碳发展的路径选择

《横琴新区生态岛建设总体规划》等现有规划刻画了2020年横琴新区经济发展、能源和碳排放的基本情况，与其他地区2020年的情景相比较（见表10-1）。2020年尽管横琴新区的单位GDP能耗、单位GDP碳排放在各类地区中处于较低水平，但人均能源消耗将达到3.36吨标准煤，尽管低于广东和香港，但远高于世界以及中国平均水平。

表10-1　2020年各类地区的经济、能源与碳排放情景比较

	世界	中国	广东	香港(2010)	澳门(2010)	横琴
人口(人)	78亿	14.4亿	1.05亿	709万	56.8万	28万
总能耗(万吨标准煤)	210万	40.7万-43.5万	5.7万	3955	151	94.0
总排放(吨二氧化碳)	344亿	84亿-88亿	9亿	8377万	253万	161.56万
GDP(亿美元)	111.2万	9.56万	1.69万	2245	280	82.35
人均GDP(美元)	1.4万	0.66万	1.60万	3.2万	5.1万	4.12万
人均能耗(吨标准煤/人)	2.7	2.9	5.43	5.6	2.78	3.36
人均碳排放(吨CO_2/人)	4.4	5.97	8.57	11.86	4.66	5.77
单位GDP能耗(吨标准煤/万元人民币)	0.29	0.65	0.498	0.28	0.104	0.168
单位GDP碳排放(吨CO_2/万元人民币)	0.476	1.32	0.78	0.59	0.174	0.289

资料来源：中国工程院：《中国能源中长期（2030-2050）发展战略研究》，科学出版社，2011；横琴：《横琴总体发展规划》《横琴新区生态岛建设总体规划》；广东：《广东经验：跨越“中等收入陷阱”》《广东省低碳试点工作实施方案》；香港：IEA；澳门：IEA；世界：IEA，WEO2011。

作为一个全新建设的低碳发展示范区，横琴新区的现有建设将给未来的温室气体减排带来非常深刻的“锁定效应”，将来进一步减排的空间并不大。如果人均能源消耗长期高于全国平均水平，在未来中国可能实施能源消费总量控制的背景下，将很难发挥横琴新区在中国低碳发展方面的引领和示范作用。横琴新区必须在现有基础上进一步减少能源消费和碳排放。

（四）碳排放规划与核算的范围

本规划主要考虑能源燃烧相关的 CO_2 以及土地利用变化所吸收的 CO_2。

城市碳排放核算的范围可以分成 3 类：（1）范围 A：城市地域范围内的 CO_2 排放，电力等使用过程中不产生 CO_2 的能源不被包括在内；（2）范围 B：在范围 A 基础上，考虑外购的电力、热水、冷气等二次能源的间接温室气体排放；（3）范围 C：在范围 B 基础上，进一步考虑外购的原料全生命周期内的隐含碳。本规划的碳排放边界为范围 B，但同时考虑范围 C 内隐含碳的最低化。

本规划参考《2006 年 IPCC 国家温室气体清单指南》中的部门法来测算横琴新区的 CO_2 排放量。

（五）规划情景设置

本规划采用情景分析方法来分析横琴新区未来的能源消费和碳排放。规划设置三类情景，用以确定横琴新区的低碳发展目标。这三类情景分别为：

1. 基线情景

由于横琴新区尚处在开发初期，其制造业、建筑、交通等重点用能部门参照同类地区，特别是珠海市目前的能源效率和能源供应方式现状。设置基线情景有助于与同类地地区进行横向比较。

2. 规划情景

根据横琴总体发展规划、绿色建筑规划、产业规划、生态岛规划、交通规划等已有规划，确定横琴新区各部门的总体规模和能源效率。根据横琴新区能源规划等确定能源供应方式。

3. 低碳情景

对横琴新区现有规划进行优化和整合，结合先进的低碳技术和低碳生活理念，确定横琴新区未来的能源需求和低碳能源供应体系。

同时，本规划构建了一个碳排放优化模型作为情景分析的基础。模型框架如图 10－4 所示。

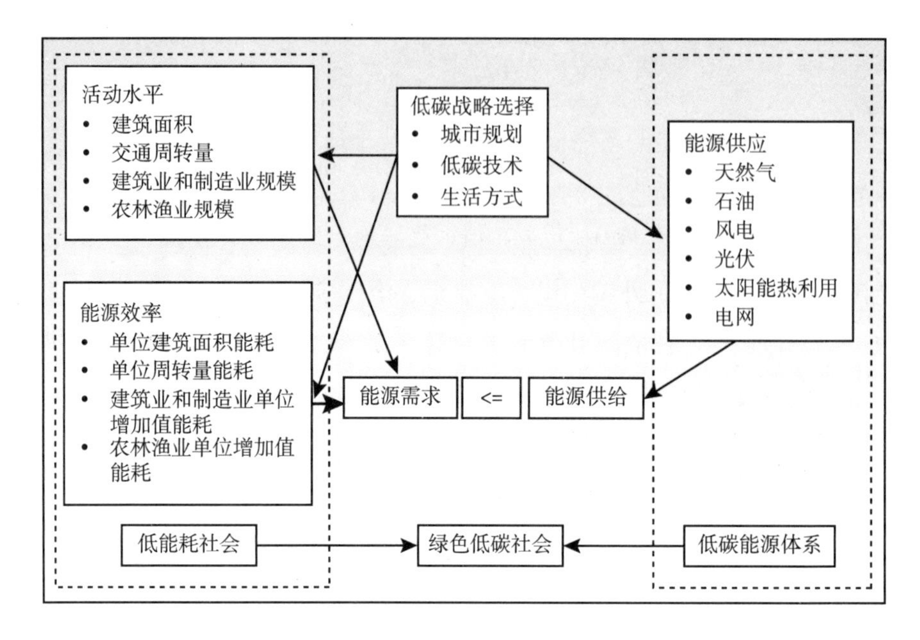

图 10-4 低碳规划的模型框架

三 规划目标与内容

（一）规划目标

横琴新区低碳发展的基本目标是：2020 年单位 GDP 能源消耗量、单位 GDP 的 CO_2 排放量处于全国城市最低水平。人均能源消耗量、人均 CO_2 排放量不超过全国乃至世界平均水平。2050 年人均能源消耗量、人均 CO_2 排放量、单位 GDP 能源消耗量、单位 GDP 的 CO_2 排放量处于全国城市最低水平，全区实现 CO_2 近零排放。

横琴新区低碳发展的总体目标是：打造低碳城市品牌，将横琴新区建设成为代表中国未来发展方向的全国低碳发展示范基地：（1）成为全国领先的低碳经济区；（2）成为全国低碳创新的先导；（3）成为全国低碳生活的楷模。

按照横琴低碳发展基本目标要求，基于对能源转换、建筑、工业、交通等领域减排的可行性评估（见图 10-5），得到 2020 年横琴总的能源消耗为 75.6

万吨标准煤，届时人均能源消耗阈值为2.7吨标准煤，处于世界平均水平。根据横琴新区低碳发展实际，将该目标进行分解，通过能源转换、建筑、工业、交通等各领域的具体低碳实施策略来实现（见图10－6）。根据横琴总体发展规划推算，2015年GDP是144亿元（2010年价），2020年GDP是560亿元，相应2015

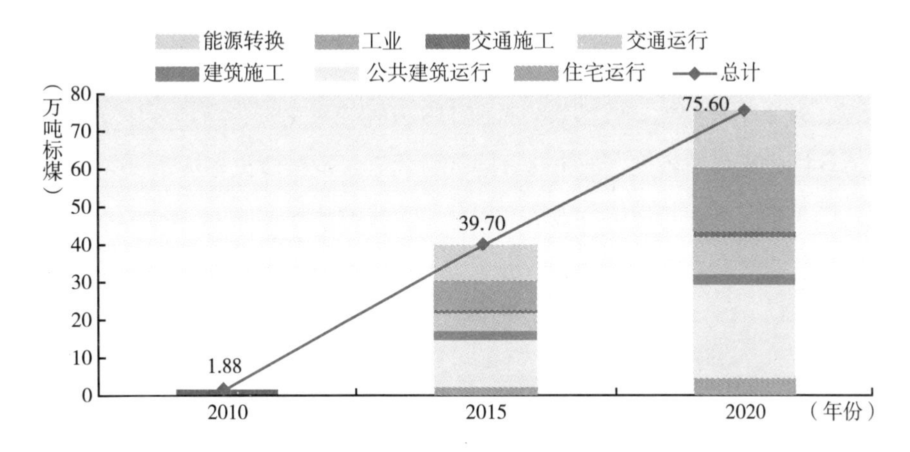

图10－5　总体目标下横琴新区各领域能源消耗

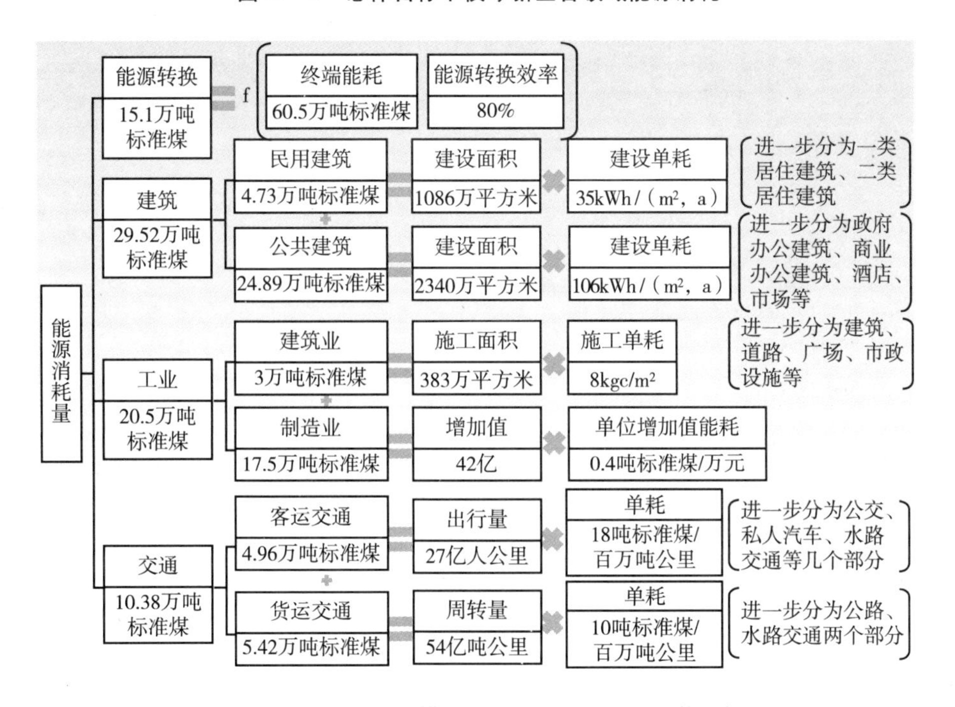

图10－6　规划期末横琴新区能源消耗总量结构分解

年 GDP 能源强度阈值为 0.276 吨标准煤/万元，2020 年 GDP 能源强度阈值为 0.135 吨标准煤/万元，远低于全国和世界平均水平。考虑到实施过程中的不确定性，将阈值上下 5% 的波动范围确定为目标空间，即 2020 年横琴人均能源消耗为 2.57 ~2.84 吨标准煤，万元 GDP 能耗为 0.128 ~0.142 吨标准煤。

其他具体发展目标如表 10 -2 所示；规划期内主要指标变化如图 10 -7 至图 10 -12 所示；横琴新区发展的基线情景、规划情景与低碳情景的比较如图 10 -13 所示，规划情景将比基线情景少排放 118 万吨二氧化碳，少排放比率 42.2%；低碳情景将比基线情景少排放 150 万吨二氧化碳，少排放比率达 53.6%，《横琴碳规》的贯彻实施，将使横琴新区二氧化碳少排放比率提高 11.4 个百分点。

表 10 -2　横琴新区低碳发展目标

低碳发展指标			2010 年	2015 年	2020 年
总体目标		单位 GDP 的 CO_2 排放量(吨)		0.46 ~0.51	0.22 ~0.24
		单位 GDP 能耗(吨标准煤)	0.406	0.26 ~0.29	0.128 ~0.142
		人均能耗(吨标准煤/人)	2.71	3.14 ~3.48	2.57 ~2.84
		人均碳排放(吨 CO_2/人)	4.99	5.54 ~6.12	4.41 ~4.87
常规指标	能源	非化石能源占能源消费比重(%)		1.76	1.72
		单位能源碳排放(吨 CO_2/吨标准煤)		0.4	1.72
	工业	单位工业增加值能耗(吨标准煤/万元)		0.4	0.2 ~0.3
	建筑	单位建筑面积使用能耗(kWh/平方米·年)	/	/	74.9
		人均建筑能耗(吨标准煤/人·年)	/	/	1.13
		绿色建筑占全部新建建筑比重(%)	/	50	100
	交通	公交分担率(%)		/	>70
		慢行交通分担率(%)		/	30
		人均自行车拥有量(辆)		/	1.5
		人均小汽车拥有量(辆)		<1.25	<0.7
	废弃物管理	垃圾回收率(%)		90	100
		垃圾资源化率(%)		80	89.5
		人均生活垃圾产生量(吨/人)		/	3.95
	碳汇	森林覆盖率(%)	29.5	31.9	35.7
		城市绿地率(%)	-	50	50
		湿地覆盖率(%)	1.5	5.1	11.0

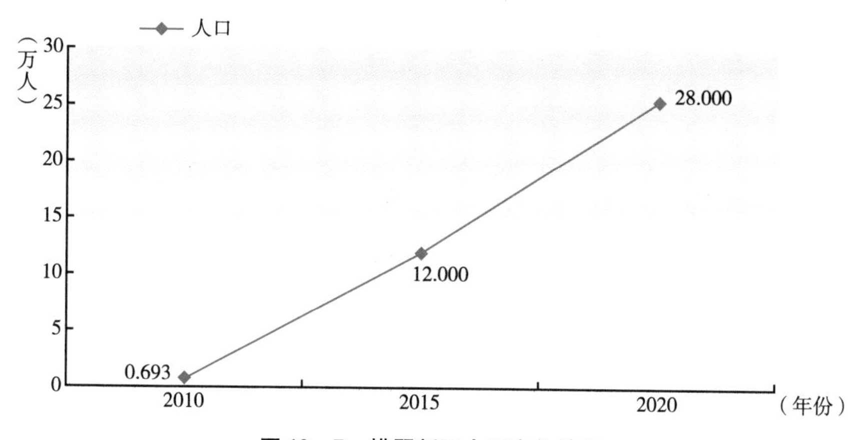

图 10－7　横琴新区人口变化情况

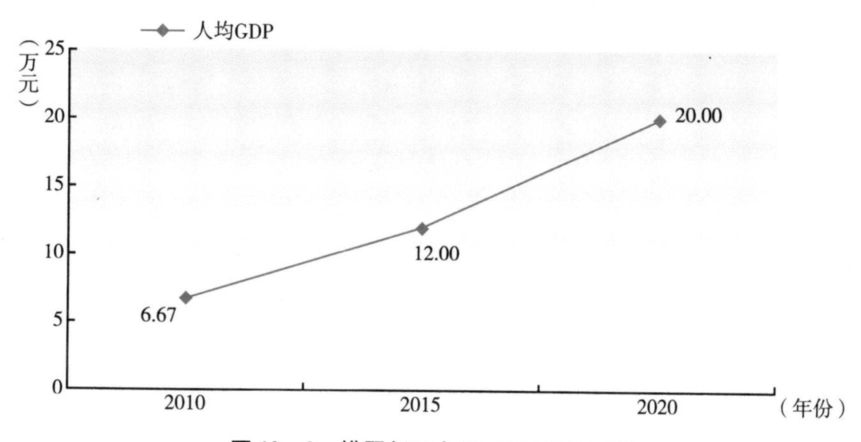

图 10－8　横琴新区人均 GDP 变化情况

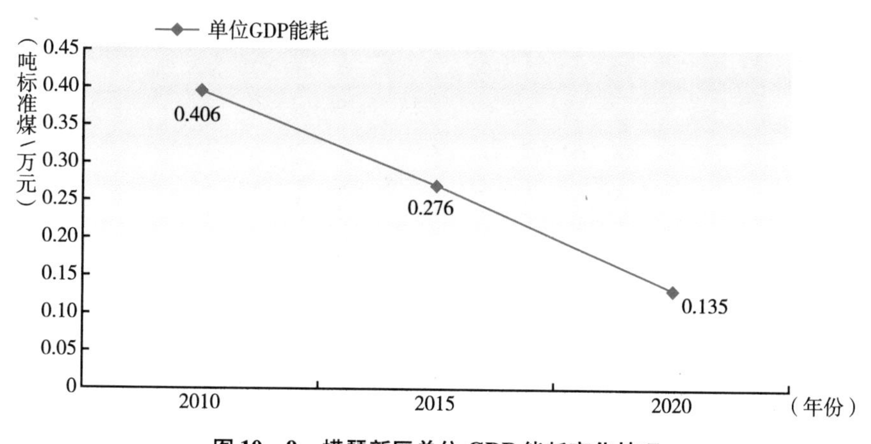

图 10－9　横琴新区单位 GDP 能耗变化情况

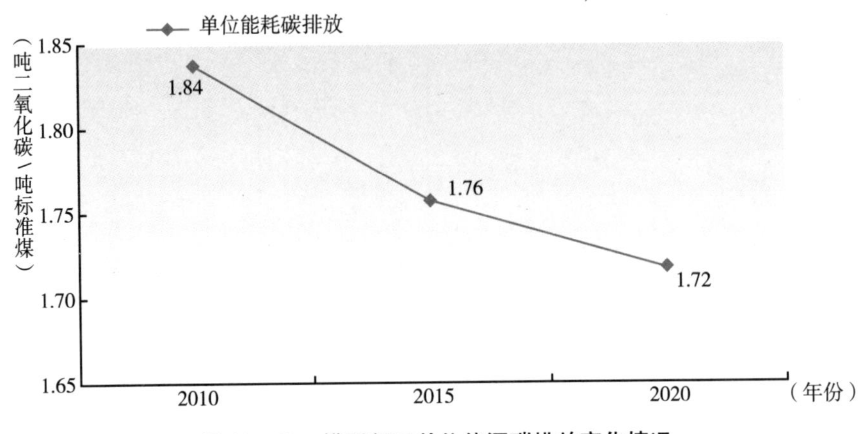

图 10－10　横琴新区单位能源碳排放变化情况

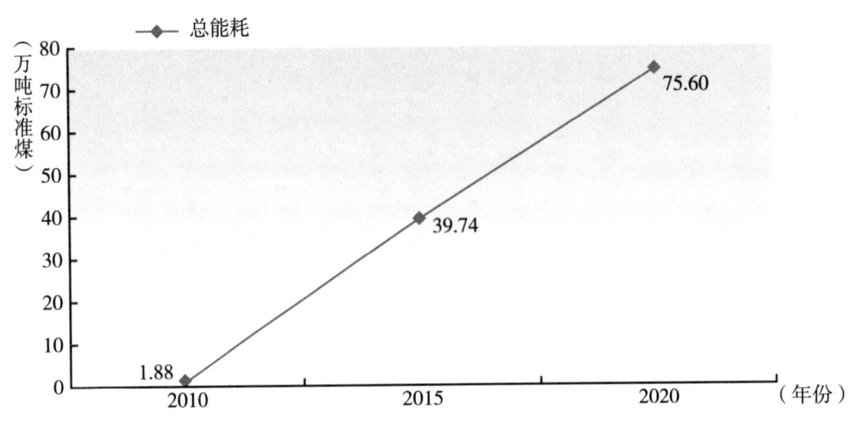

图 10－11　横琴新区能源消费变化情况

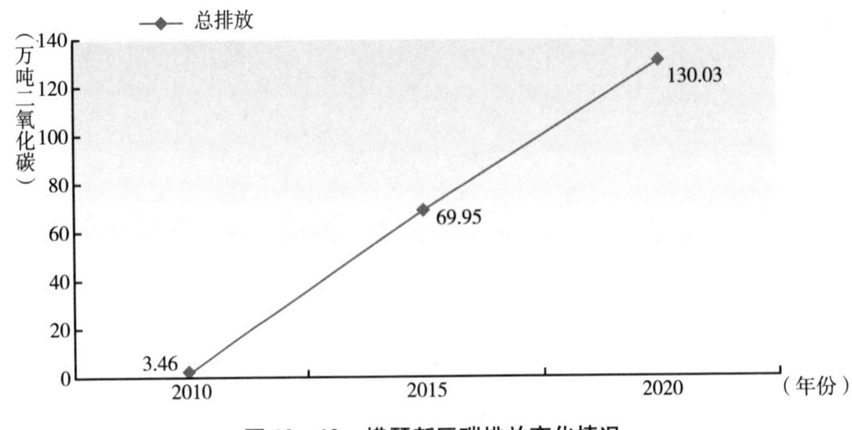

图 10－12　横琴新区碳排放变化情况

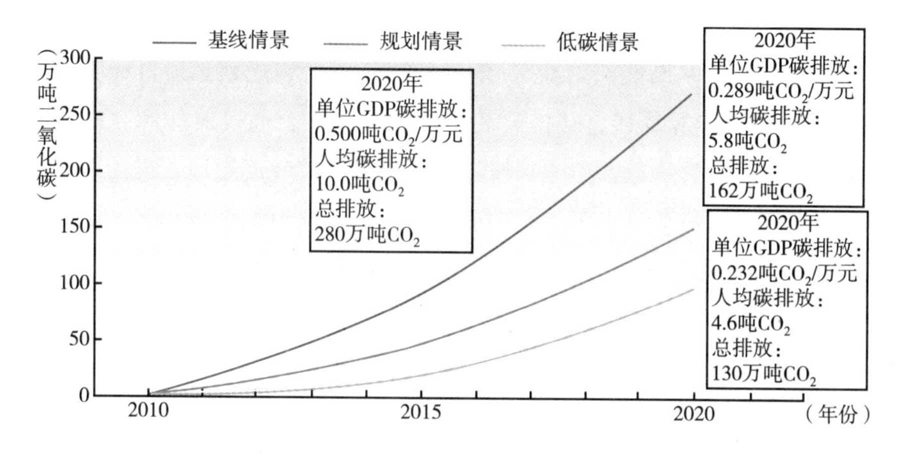

图 10－13　横琴新区三种情景的排放比较

（二）规划内容

为了实现低碳发展的总体目标，横琴新区应全面建设“六大支柱领域”，着力推进“三大战略重点”，具体如下：

——建设低碳能源体系、低碳建筑体系、绿色产业体系、低碳交通体系、废弃物资源循环利用的城市矿藏体系以及生态碳汇体系六大支柱领域；

——重点抓住低碳创新园区建设、低碳博览交易中心建设和碳金融中心建设三大战略重点。

四　战略构想与实现途径

（一）总体构想

虽然横琴新区现阶段和未来规划的单位 GDP 碳排放量低，处于全国前列，但是人均碳排放量高却不容乐观。依据图 10－3 所描述的香港发展路径，人均 GDP 超过 20 万元人民币时，香港陷入了人均能源消耗大幅上升的困境，澳门的情形虽然较好，但也处于人均能源消耗不断增长的路径，港澳的发展路径是“高收入－高能耗困境”的集中表现。

依据横琴新区的总体规划，到 2020 年人均 GDP 将达到 20 万元。为避免香港等地“高收入 – 高能耗困境”，横琴新区低碳发展规划必须目标明确，即在保持单位 GDP 能源消耗、碳排放低水平的情况下，通过对能源、产业、建筑、交通、废弃物管理以及生态系统管理等进行低碳发展规划，最大限度降低人均能源消耗、碳排放的水平，实现低碳横琴的战略目标。

横琴新区低碳发展规划的制定，一方面，评估各种法规政策效果，为进一步制定和完善相关法规政策提供规划支撑；另一方面，通过情景分析，明确低碳发展所需要的经济投入和支持力度，并据此制定相应的激励政策。

战略愿景：

（1）横琴新区成为全国领先的低碳经济区：在区域开发完成后，横琴新区人均和地均碳排放达到全国最低水平，而以经济产出为测度指标的碳生产力达到全国最高水平。

（2）横琴新区成为全国低碳创新的先导：成为全国低碳技术研发、低碳设计开发、低碳产业孵化、低碳金融创新以及低碳产品博览、交易和推广的重要基地。

（3）横琴新区成为全国低碳生活的楷模：生态文明观念牢固、低碳生活模式领先、低碳服务和基础设施完善，低碳成为横琴居民生活的新风尚。

战略目标：

横琴新区应建设成为代表中国未来发展方向的全国低碳发展示范基地。实施低碳城市品牌战略，打造低碳城市名片，以低碳发展为核心，带动横琴新区环境经济社会全面协调可持续发展，探索中国特色的绿色发展模式，为粤港澳地区经济繁荣、社会和谐和科学发展发挥示范作用。

战略重点：

（1）建设高端先进、绿色清洁的低碳创新园区。横琴低碳创新园区全面实施创新驱动战略，建设成为国际重要的低碳产业聚集区，形成三大基地：核心低碳技术研发基地、创新性低碳产业孵化基地、低碳原型产品研制基地。

（2）建设汇聚精粹、集合功能的横琴低碳博览会展中心。横琴新区低碳博览会展中心将以低碳创新园区为依托，建设成为低碳产品、技术、设计、最佳实践、创新模式以及整体解决方案等内容的展示、博览、交流和体验中心，以低碳为核心理念和品牌的多元化、多功能、综合性、超大型博览会展中心，以及低碳发展人才的聚会、联谊和交流中心。

（3）建设内联外合、专业化、国际化的低碳金融交易中心。在低碳发展的定位下，横琴新区有条件建设成为碳金融中心：①低碳项目投融资业务将成为横琴金融发展的重要内容；②横琴新区具有发展碳交易的独特的政策优势和区位优势，为国内其他碳交易试点城市所不具备的；③围绕全球重要的碳排放权交易基地和低碳金融服务集群地建设，形成国内外碳交易服务和低碳投融资中心。

（二）低碳城市品牌战略

以低碳为标志的城市品牌建设将抓住横琴新区绿色发展实质，统领横琴低碳发展内容，凸显横琴创新发展内涵，标明经济发展转型方向。

战略目标：以低碳发展为核心理念，以创建低碳绿色产业体系为基础，以低碳经济确立核心竞争力，以低碳生活方式和优美宜居、健康和谐的生态环境强化新区生活的品位和吸引力，全面打造“宜居、宜业、宜学、宜商、宜游”的低碳城市品牌，最终实现回报高稳的投资环境、创意活跃的工作环境、优美舒适的生活环境和健康高尚有品位的生活方式，铸就区域发展的吸引力、竞争力和持续性。

战略定位：以“创新、先导、楷模”精神为指导的“中国低碳发展示范基地”。

核心价值：以低碳为标志的城市建设核心理念，体现城市开放度最高、体制支持度最大、政策创新空间最广阔的发展环境和独特优势；体现横琴城市建设活力无限，蓄力深广，蕴藏无限潜力和机遇；体现横琴智能高端的城市服务项目以及健康舒适的生活工作环境。

战略重点：着力打造六大支柱领域和三大战略重点，构筑以“6+3”为核心的横琴新区低碳城市品牌建设重点。

“6+3”模式中的“6”是指横琴新区低碳城市品牌建设在六大领域中展开，其目标是形成横琴低碳发展的六大支柱体系：高效、清洁的低碳能源体系；科技、创意的低碳产业体系；低耗、宜居的低碳建筑体系；智慧、畅达的低碳交通体系；无废、再生的城市矿藏体系；汇碳、和谐的城市生态体系。

“6+3”模式中的“3”是横琴新区低碳城市品牌建设具体落实在三大战

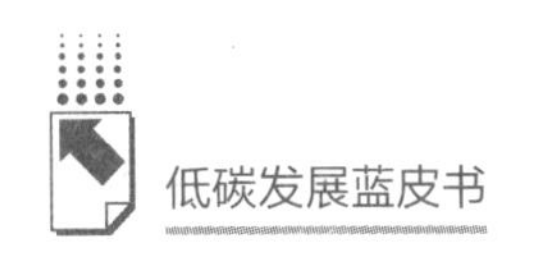

略重点上：低碳产业创新园区建设；低碳博览会展中心建设；低碳金融交易中心建设。

横琴低碳城市品牌建设是新区“生态岛、开放岛、活力岛、智能岛”的建设理念的凝聚与体现。建成后的横琴低碳示范区将以其吸引力、创造力、凝聚力和竞争力来体现新区的活力。

（三）低碳发展示范基地

战略目标：引领未来低碳发展趋势，建设理念先进、定位高远、规划合理、设计精细、管理缜密，代表未来发展方向和世界最高水准的低碳经济和绿色生活的示范基地；成为横琴新区城市竞争力，珠三角科学发展新探索，港澳地区创新合作机制切入点和我国展示低碳发展形象的窗口。近期内率先成为首批国家低碳发展宏观战略案例研究区。

建设重点：全面实施低碳城市品牌战略，在能源、产业、建筑、交通、城市矿藏以及生态碳汇六方面高起点、高标准建设低碳体系，面向未来、突出特色，重点推进低碳创新园区、低碳博览交易中心和碳金融中心建设。

示范内容：横琴全岛为低碳发展示范基地，在低碳产业与技术、低碳生活与服务、生态与保护等全领域成为新区低碳建设和发展的蓝本，涵盖低碳经济示范基地、低碳生活示范基地、体验基地和低碳生态系统示范基地。低碳经济示范基地主要在能源供给、工业制造、文化创意以及相关生产性服务业等领域，示范低碳产业层面的技术进步与发展方向。低碳生活示范和体验基地，主要展示横琴新区建筑、交通以及城市生态系统等相关领域的最新低碳技术应用及创新。低碳生态系统示范基地，以大小横琴山、岛上的湿地以及近海自然生态系统为核心，并覆盖全岛，是低碳城市与自然环境和谐共处的经典展示。

参考文献

1. Http：//www. eia. gov. W. M. M. Braungart：《中国 21 世纪议程管理中心、中美可持续发展中心译，从摇篮到摇篮：循环经济之探索》，同济大学出版社，2005。

2. 广东省人民政府：《广东省国民经济和社会发展第十二个五年规划纲要》，2011。
3. 国际能源署（IEA）：《世界能源展望2011》，2011。
4. 国家发展改革委：《可再生能源中长期发展规划》，2007。
5. 国务院新闻办公室：《中国应对气候变化政策与行动白皮书》，2008。
6. 横琴新区管理委员会：《横琴总体发展规划》（未公开发表），2009。
7. 横琴新区管理委员会：《横琴新区城市总体规划（2009～2020）》（未公开发表），2009。
8. 横琴新区管理委员会：《横琴产业专项规划》（未公开发表），2010。
9. 横琴新区管理委员会：《横琴新区控制性详细规划》（未公开发表），2010。
10. 横琴新区管理委员会：《横琴新区节能降耗实施方案》（未公开发表），2010。
11. 横琴新区管理委员会：《横琴新区生态岛建设总体规划》（未公开发表），2012。
12. 横琴新区管理委员会：《横琴新区2011～2020年区域能源规划》（未公开发表），2012。
13. 横琴新区管理委员会：《横琴新区建筑节能设计指引》（未公开发表），2012。
14. 横琴新区管理委员会：《横琴生态岛建设生态功能区划及污染物控制规划报告》（未公开发表），2012。
15. 冷发光等：《国内外建筑垃圾资源化现状及发展趋势》，《环境卫生工程》2009第17卷第1期。
16. 李惠民、董文娟、朱岩：《晶硅光伏组件出口对中国碳排放的影响》，《中国人口资源与环境》2012年第22期。
17. 李扬、裴长洪：《广东经验：跨越“中等收入陷阱”》，社会科学文献出版社，2012。
18. 联合国环境规划署：《2011绿色经济报告》，2011。
19. 马忠海：《中国几种主要能源温室气体排放系数的比较评价研究》，中国原子能科学院博士论文，2002。
20. 齐晔主编《中国低碳发展报告（2011～2012）》，社会科学文献出版社，2012。
21. 齐晔主编《中国低碳发展报告（2013）》，社会科学文献出版社，2013。
22. 清华大学建筑节能研究中心：《中国建筑节能年度发展报告2010》，中国建筑工业出版社，2010。
23. 任俊、孟庆林、刘娅、杨树荣：《广州住宅空调能耗分析与研究》，《墙体革新与建筑节能》2003年第4期。
24. 夏德建：《基于情景分析的发电侧碳排放生命周期计量研究》，重庆大学硕士学位论文，2010。
25. 张良、郑大勇：《借鉴国际低碳交通经验　良性发展我国低碳交通》，《汽车工业研究》2011年第7期。
26. 张正敏主编《中国风力发电经济激励政策研究》，中国环境科学出版社，2002。
27. 中国工程院：《中国能源中长期（2030～2050）发展战略研究》，科学出版社，

2011。
28. 周晓娟:《“从摇篮到摇篮”——低碳循环发展理论在社区规划中的应用及启示》,《上海城市规划》2011 年第 3 期。
29. 珠海市人民政府:《珠海市循环经济发展规划（2008～2020)》, 2009。
30. 珠海市人民政府:《珠海市可再生能源建筑应用专项规划（2009～2015)》, 2009。
31. 珠海市人民政府:《珠海市国民经济和社会发展第十二个五年规划纲要》, 2011。
32. 珠海市人民政府:《珠海市“十二五”节能专项规划》, 2012。

BV 指标篇

Indicators

B.11 低碳发展指标

一 能源消费和二氧化碳排放总量

表 11-1 能源消费总量及其构成

年份	电热当量计算法	发电煤耗计算法						
	能源消费总量（万吨标准煤）	能源消费总量（万吨标准煤）	占能源消费总量的比重(%)					
			煤炭	石油	天然气	水电、核电、其他能发电	其中	
							水电	核电
1990	95384	98703	76.2	16.6	2.1	5.1	5.1	-
1995	123471	131176	74.6	17.5	1.8	6.1	5.7	0.4
2005	225781	235997	70.8	19.8	2.6	6.8	5.9	0.8
2006	247562	258676	71.1	19.3	2.9	6.7	5.9	0.7
2007	268413	280508	71.1	18.8	3.3	6.8	5.9	0.8
2008	277515	291448	70.3	18.3	3.7	7.7	6.7	0.8
2009	292028	306647	70.4	17.9	3.9	7.8	6.5	0.8
2010	307987	324939	68.0	19.0	4.4	8.6	7.1	0.7
2011	331173	348002	68.4	18.6	5.0	8.0	6.4	0.8
2012	341094	361732	66.6	18.8	5.2	9.4	7.6	0.8

资料来源：《中国能源统计年鉴 2013》。

表 11－2　能源相关的二氧化碳排放量

单位：百万吨二氧化碳

年份	IEA[①]（部门法）	EIA[②]	CDIAC[③]	WRI[④]	本研究[⑤]
2000	3310	3272	3107	3286	3133
2005	5430	5464	5257	5447	5126
2006	5645	5936	5797	5997	5645
2007	6072	6326	6112	6432	6076
2008	6549	6685	6339	6919	6214
2009	6793	7573	6658	7223	6511
2010	7253	7997	7439		6825
2011	7955	8715	8012		7361
2012			8520		7469

注：①IEA，CO_2 Emissions from Fuel Combustion Highlights（2013Edition），IEA. ②EIA，Total Carbon Dioxide Emissions from the Consumption of Energy，http：//www. eia. gov/cfapps/ipdbproject/iedindex3. cfm? tid = 90&pid = 44&aid = 8&cid = regions&syid = 2000&eyid = 2011&unit = MMTCD. ③CDIAC，Preliminary 2011 and 2012 Global & National Estimates，http：//cdiac. ornl. gov/trends/emis/meth_ reg. html. ④Climate Analysis Indicators Tool（CAIT）2. 0. 2013，Washington，DC：World Resources Institute，Available online at：http：//cait. wri. org. ⑤根据各种能源的排放系数，分部门进行核算汇总。本研究采用的各种能源的排放系数如下：煤，2. 71tCO_2/tce；焦炭，3. 15tCO_2/tce；焦炉煤气，1. 28tCO_2/tce；其他煤气，1. 28tCO_2/tce；原油，2. 13tCO_2/tce；汽油，2. 02tCO_2/tce；煤油，2. 09tCO_2/tce；柴油，2. 16tCO_2/tce；燃料油，2. 27tCO_2/tce；液化石油气，1. 83tCO_2/tce；炼厂干气，1. 69tCO_2/tce；其他石油制品，2. 13tCO_2/tce；热力，3. 22 tCO_2/tce；天然气，1. 65tCO_2/tce。《中国能源统计年鉴 2011》新增能源类型：高炉煤气、转炉煤气，1. 28tCO_2/tce；石脑油、润滑油、石蜡、溶剂油、石油沥青、石油焦，2. 13tCO_2/tce；液化天然气，2. 13tCO_2/tce。单位电力碳排放根据当年的能源结构进行计算。

表 11－3　2010 年世界各地温室气体排放情况

单位：百万吨二氧化碳当量，吨二氧化碳当量/人

地区	温室气体排放总量	二氧化碳	其中		甲烷[③]	氧化亚氮[③]	其他温室气体[③]	人均二氧化碳排放量	人均温室气体排放总量
			能源燃烧[①]	水泥生产[②]					
中国	9694	8107	7217	890	925	416	246	6. 06	7. 24
美国	6530	5378	5369	9	642	345	165	17. 34	21. 06
欧盟 27 国	4010	3152	3057	95	403	381	74	7. 67	9. 76

续表

地区	温室气体排放总量	二氧化碳	其中		甲烷③	氧化亚氮③	其他温室气体③	人均二氧化碳排放量	人均温室气体排放总量
			能源燃烧①	水泥生产②					
OECD 国家	15569	12676	12440	236	1562	942	389	10. 29	12. 64
非 OECD 国家	26949	18140	16737	1403	5632	2691	486	3. 24	4. 82
世界	43617	31915	30276	1639	7194	3633	875	4. 68	6. 39

注：①IEA，CO_2 Emissions from Fuel Combustion 2012 - Highlights（Pre - Release）.，IEA，2012，http：//www. iea. org/publications/freepublications/publication/name，4010，en. html. ② CDIAC，Record High 2010 Global Carbon Dioxide Emissions from Fossil - Fuel Combustion and Cement Manufacture Posted on CDIAC Site，2012 - 09 - 26，http：//cdiac. ornl. gov/trends/emis/prelim_ 2009_ 2010_ estimates. html. ③USEPA，DRAFT：Global Anthropogenic Non - CO_2 Greenhouse Gas Emissions：1990 - 2030，2011，August，http：//www. epa. gov/climatechange/EPAactivities/economics/nonco2projections. html. 甲烷和氧化亚氮是包括一切人为排放源的排放量；其他温室气体包括破坏大气臭氧层的 ODS 物质和工业源排放的氢氟碳化物 HFCs，全氟化碳 PFCs，六氟化硫 SF_6。

表 11 -4　森林碳汇

时期	森林覆盖率①（%）	森林面积①（万 hm^2）	森林蓄积量①（亿 m^3）	森林植被碳吸收速率 $MtCO_2/a$		人工林面积①（万 hm^2）	人工林蓄积量①（亿 m^3）	人工林植被碳吸收速率 $MtCO_2/a$	
				李克让等②	Fang et al. ③			李克让等②	Fang et al. ③
1973 ~ 1976	12. 7	12186	86. 6	—	16. 3	1139	1. 6	—	44
1977 ~ 1981	12. 0	11528	90. 3	-112	-44. 0	1273	2. 7	35. 3	139
1984 ~ 1988	13. 0	12465	91. 4	33	36. 7	1874	5. 3	78. 3	66
1989 ~ 1993	13. 9	13370	101. 4	260	132. 0	2137	7. 1	58. 3	81
1994 ~ 1998	16. 6	15894	112. 7	398	88. 0	2914	10. 1	120	
1999 ~ 2003	18. 2	17491	124. 6	623		3229	15. 0	140	
2004 ~ 2009	20. 4	19545	133. 6	* 420		6169	19. 6	* 177	

注：①历次森林普查数据。②李克让、黄玫、陶波等：《中国陆地生态系统过程即对全球变化响应与适应的模拟研究》，气象出版社，2009。③Fang J. Y.，Chen A. P.，Peng C. H.，et al.，2001，Changes in Forest Biomass Carbon Storage in China between 1949 and 1998，*Science*，292：2320 - 2322. 2004 ~ 2009 年森林植被、人工林植被碳吸收速率根据森林蓄积量和森林碳储量与蓄积量的关系估算结果。

表 11－5　分部门能源消费总量

单位：万吨标准煤

部门指标 \ 年份	2005	2006	2007	2008	2009	2010	2011	2012
1 能源工业用能和加工、转换、储运损失	78992	87106	95206	95816	100443	107726	112688	114262
1.1 能源工业用能	22892	23572	25087	25536	26835	27288	28595	28490
1.2 加工、转换、储运损失	56100	63534	70119	70280	73608	80438	84093	85772
其中:火力发电损失	46823	53836	60069	58541	60527	65563	74464	74151
供热损失	2907	2799	2734	3364	3355	3580	3933	4368
2 终端能源消费	146790	160457	173207	181699	191594	200260	218485	226841
2.1 农业	3592	3707	3590	3514	3682	3868	4054	4085
2.2 制造业	96287	105683	114298	120735	127362	131279	143578	146448
2.3 交通运输	23049	25272	27376	28847	29917	33059	36043	39526
2.4 建筑	23862	25795	27943	28603	30623	32054	34810	36782
一次能源消费总计	225782	247563	268413	277515	292027	307986	331173	341093

注：中国能源平衡表中终端能源消费分为 7 个部门，本表将这些部门合并为 4 个，即农业部门、制造业部门、交通部门和建筑部门。具体方法为：①根据分行业终端能源消费量，将煤炭开采和洗选业，石油和天然气开采业，石油化工、炼焦及核燃料加工业，电力、热力的生产和供应业，燃气生产和供应业五个行业归到能源工业。②根据中国能源平衡表，将农、林、牧、渔、水利业归为农业部门；将除能源工业外的其他工业和建筑业归为制造业部门；将交通运输、仓储及邮电通信业归为交通部门，其他行业归为建筑部门。③在各部门中，将能源工业、制造业部门、建筑部门内除生活消费外，汽油消费的 95%、柴油消费的 35% 划分到交通部门；将建筑部门内居民消费的全部汽油、95% 的柴油划分到交通部门；将农业消费的全部汽油及 25% 的柴油划分到交通部门；此外，将交通部门内 15% 的电力消费划分到建筑部门。“交通运输”一栏的能源消耗量不包括外轮、机在中国加油量和中国轮、机在外国加油量。④能源消费量采用电热当量法计算。

表 11－6　分部门终端二氧化碳排放量

单位：百万吨二氧化碳

部门 \ 年份	2005	2006	2007	2008	2009	2010	2011	2012
能源工业	702	731	773	770	805	819	877	852
农业	124	129	128	123	127	130	137	134
制造业	3178	3540	3820	935	4114	4335	4679	4692
交通运输	509	558	604	632	654	697	784	866
建筑(包含采暖)	1014	1119	1227	1267	1373	1446		
建筑(不包含采暖)	825	908	989	1000	1071	1107	1217	1258

注：根据分行业各能源品种的终端能耗，结合不同能源品种的碳排放因子计算得出。由于部门之间具有一定的交叉，各部门碳排放量之和不等于当年全国碳排放总量。

表 11－7　能源工业分行业终端能源消费量

单位：万吨标准煤

行业名称＼年份	2005	2006	2007	2008	2009	2010	2011	2012
煤炭开采和洗选业	5009	5074	5591	5975	6064	5905	6195	6631
石油和天然气开采业	2459	2505	2588	3141	2823	2992	2788	2749
石油加工、炼焦及核燃料加工业	9496	9574	10462	10273	11364	11651	12554	12519
电力、热力的生产和供应业	5530	6008	6009	5738	6265	6431	6776	6306
燃气生产和供应业	398	412	437	410	319	308	281	285
合　计	22892	23573	25087	25537	26835	27287	28594	28490

注：根据《中国能源统计年鉴 2009》《中国能源统计年鉴 2010》《中国能源统计年鉴 2011》《中国能源统计年鉴 2012》中“工业分行业终端能源消费量（标准量）”的相关数据计算得出。已将各行业汽油消费的 95%、柴油消费的 35% 划分到交通部门。

表 11－8　能源工业分行业二氧化碳排放量

单位：百万吨二氧化碳

行业名称＼年份	2005	2006	2007	2008	2009	2010	2011	2012
煤炭开采和洗选业	160	162	176	185	188	184	194	205
石油和天然气开采业	71	68	68	77	70	73	71	69
石油加工、炼焦及核燃料加工业	225	228	249	241	266	273	289	284
电力、热力的生产和供应业	236	264	270	256	270	279	314	284
燃气生产和供应业	9	10	11	10	9	10	10	10
合　计	701	732	774	769	803	819	878	852

注：根据分行业各能源品种的终端能耗，结合不同能源品种的碳排放因子计算得出。

表 11－9　制造业部门分行业能源消费量

单位：万吨标准煤

行业名称＼年份	2005	2006	2007	2008	2009	2010	2011	2012
钢铁	33076	37184	41443	43406	47494	47269	52238	53153
有色金属	3886	4512	5360	5736	5950	6456	6985	7387
化工	17580	19496	21313	22026	21882	22773	27230	12519
纺织	3510	3903	4185	4112	4020	4012	3934	3941
造纸	2494	2621	2533	2824	2928	2817	2837	2639
食品、饮料、烟草	1896	2012	2029	2113	2162	2055	2138	2119
其他工业	34836	36806	37892	41311	43300	45897	48216	60346
合　计	97278	106534	114755	121528	127736	131289	143578	142104

注：根据《中国能源统计年鉴》中“工业分行业终端能源消费量（标准量）电热当量法”计算得出。其中，钢铁对应于“黑色金属冶炼及压延加工业”；有色金属对应于“有色金属冶炼及压延业”；化工对应于“化学原料及化学制品业”；纺织对应于“纺织业”和“纺织服装、鞋、帽制造业”；造纸对应于“造纸及纸制品业”；“食品、饮料、烟草”对应于“食品制造业”“饮料制造业”“烟草制品业”；其他工业包含建材工业。

表 11－10　制造业部门分行业二氧化碳排放量

单位：百万吨二氧化碳

行业名称 \ 年份	2005	2006	2007	2008	2009	2010	2011	2012
钢铁	1033	1172	1281	1315	1427	1500	1646	1659
有色金属	168	201	245	247	251	278	303	309
化工	540	599	654	659	657	679	793	284
纺织	136	158	169	162	158	159	162	161
造纸	87	92	89	95	98	96	99	91
食品、饮料、烟草	61	66	68	70	71	68	72	70
其他工业	1153	1252	1314	1386	1453	1556	1604	2118
制造业部门合计	3178	3540	3820	3934	4115	4336	4679	4692

注：根据分行业各能源品种的终端能耗，结合不同能源品种的碳排放因子计算得出。

表 11－11　不同建筑类型的能源消费量

单位：万吨标准煤

建筑分类 \ 年份	2005	2006	2007	2008	2009	2010	2011
北方城镇集中采暖	9571	10659	11827	13054	14594	16330	16646
城镇住宅除集中采暖外	11813	13129	14827	14980	15622	16360	15350
农村住宅	9475	10188	11083	11585	12436		
公共建筑除集中采暖外	11613	12912	13896	14576	16225	17690	19650
合　　计	42472	46888	51633	54195	58877		

资料来源：清华大学建筑节能研究中心：《中国建筑节能年度发展研究报告》，中国建筑工业出版社，2007～2013。

表 11－12　不同建筑类型的二氧化碳排放量

单位：百万吨二氧化碳

建筑分类 \ 年份	2005	2006	2007	2008	2009	2010	2011
北方城镇集中采暖	256	284	315	34	388	419	428
城镇住宅除集中采暖外	254	283	318	313	325	336	431
农村住宅	235	251	271	277	296	309	333
公共建筑除集中采暖外	269	300	324	329	364	383	453
合　　计	1014	1118	1228	1266	1373	1447	1645

注：根据分行业各能源品种的终端能耗，结合不同能源品种的碳排放因子计算得出。

二　能源和二氧化碳排放效率

表 11－13　中国单位 GDP 能耗和二氧化碳排放强度

年份	2005 年不变价的 GDP① 亿元	能源消耗总量② 万吨标准煤	能源相关的二氧化碳排放总量③ 百万吨二氧化碳	2005 年不变价的万元 GDP 能耗④ 吨标准煤/万元	2005 年不变价的万元 GDP 碳耗⑤ 吨二氧化碳/万元
2005	184937	235997	5126	1.28	2.77
2006	208381	258676	5645	1.24	2.71
2007	237893	280508	6076	1.18	2.55
2008	260813	291448	6214	1.12	2.38
2009	284845	306647	6511	1.08	2.29
2010	314603	324939	6825	1.03	2.17
2011	343861	348002	7361	1.01	2.14
2012	370682	361760	7588	0.98	2.05
年份	2010 年不变价的 GDP 亿元	能源消耗总量 万吨标准煤	能源相关的二氧化碳排放总量 百万吨二氧化碳	2010 年不变价的万元 GDP 能耗 吨标准煤/万元	2010 年不变价的万元 GDP 碳耗 吨二氧化碳/万元
2010	401513	324939	6825	0.809	1.70
2011	438854	348002	7361	0.79	1.68
2012	473085	361760	7469	0.76	1.58

注：①根据《中国统计年鉴 2011》中的相关数据计算得出。②《中国统计年鉴 2013》中发电煤耗法计算的历年能源消耗。③表 13－2 本研究计算结果。④能源消耗总量/2005 年不变价的 GDP，能源消耗总量/2010 年不变价的 GDP。⑤能源相关的二氧化碳排放量/2005 年不变价的 GDP，能源相关的二氧化碳排放量/2010 年不变价的 GDP。

表 11－14　高耗能产品能耗

指标＼年份	2000	2005	2010	2011	2012
煤炭开采和洗选					
综合能耗/kgce/t	38.2	32.0	32.7	32.5	31.8
电耗/kWh/t	29.0	25.1	24.0	24.0	23.4
石油和天然气开采电耗/kWh/toe	172	171	121	127	121
火力发电煤耗/gce/kWh	363	343	312	308	305
火电厂供电煤耗/gce/kWh	392	370	333	329	325
钢综合能耗/kgce/t					

续表

指标 \ 年份	2000	2005	2010	2011	2012
全行业	1475	1020	950	942	940
大中型企业	906	760	701	695	694
钢可比能耗/kgce/t	784	732	681	675	674
电解铝交流电耗/kWh/t	15418	14575	13979	13913	13844
铜冶炼综合能耗/kgce/t	1227	780	500	497	451
水泥综合能耗/kgce/t	183	178	143	138	136
砖瓦综合能耗 kgce/万块标准砖	860	580	600	600	600
建筑陶瓷综合能耗/kgce/m^2	8.6	6.8	5.7	5.5	5.4
平板玻璃综合能耗/kgce/重量箱	25	22.7	16.9	16.5	16.2
原油加工综合能耗/kgce/t	118	114	100	97	93
乙烯综合能耗/kgce/t	1125	1073	950	895	893
合成氨综合能耗/kgce/t	1699	1700	1587	1568	1552
烧碱综合能耗/kgce/t	1439	1297	1006	1060	986
电石电耗/kWh/t	3475	3450	3340	3450	3360
化纤电耗/kWh/t	2276	1396	967	951	878

注：①综合能耗中电耗均按发电煤耗折算标准煤；②火电厂发电煤耗和供电煤耗为6MW以上机组；③钢可比能耗为大中型企业；④水泥综合能耗按熟料热耗和水泥综合电耗计算，电耗按发电煤耗折算标准煤；⑤烧碱综合能耗是隔膜法和离子膜法的加权平均值。

资料来源：王庆一：《中国可持续能源项目参考资料——2013 能源数据》，2013。

表 11－15　高耗能工业节能技术进步

指标 \ 年份	2000	2005	2010	2011	2012	节能效果
煤炭						
原煤洗选比重/%	24.3	31.9	50.9	52.0	56.0	可节煤10%以上，2012年少排 SO_2 9.5Mt，CO_2 396Mt
年产千万吨级煤矿数/座	1	10	50	54	58	神东矿区2012年19个矿井产煤2.32亿吨，生产效率世界领先
电力						
300MW及以上机组占火电装机容量比重/%	42.7	47.0	72.7	72.9	73.6	小于100MW机组供电煤耗380～500gce/kWh，大于300MW机组290～340 gce/kWh
百万千瓦超超临界机组运行台数	0	1	33	39	59	平均供电煤耗290gce/kWh，比全国火电平均值少35 gce/kWh
钢铁						

续表

指标 \ 年份	2000	2005	2010	2011	2012	节能效果
高炉喷煤量/kg/t 生铁	118	124	149	148	150	喷1吨煤代焦，工序能耗减少90kgce/t
干熄焦普及率/%	6	35	80	85	90	处理100万吨红焦可节能10万吨标准煤
TRT 普及率/%	50	81	100	100	100	吨铁发电量可达30kWh
电解铝						
大型预焙槽占产量比重/%	52	80	90	95	95	160kA以上大型预焙槽比自焙槽节电9%
炼油						
千万吨级炼油厂数/座	4	8	20	20	21	促使炼油能耗从2000年的118 kgce/t降至2012年的93kgce/t
化工						
离子膜法占烧碱产量比重/%	24.9	34.0	76.0	81.1	85.1	吨碱电耗比隔膜法少123kWh
联碱法占纯碱产量比重/%	37	41	45	47	48	吨碱能耗比氨碱法少32%
建材						
新型干法占水泥产量比重/%	12	40	80	89	92	大型新干法生产线热耗比机立窑低40%
水泥散装率/%	28	39	48.1	51.8	54.2	1亿吨水泥散装与袋装相比，可节省纸袋耗用木材330万立方米，避免纸袋破损4.5%，节能237万吨标准煤
浮法工艺占平板玻璃产量比重/%	57	70	86	88	85	浮法工艺综合能耗比垂直引上工艺低16%
新型墙体材料占墙材产量比重/%	28	44	55	61	63	生产新型墙体材料的能耗比实心黏土砖低40%

注：干熄焦普及率是钢铁行业干熄焦处理量占焦炭产量比重；TRT普及率是1000立方米以上高炉安装TRT的比例。

资料来源：王庆一：《中国可持续能源项目参考资料——2013能源数据》，2013。

表11-16　电力行业主要能耗指标

指标 \ 年份		2005	2006	2007	2008	2009	2010	2011	2012
供电煤耗	gce/kWh	370	367	356	345	340	333	329	325
发电煤耗	gce/kWh	343	342	332	322	320	312	308	305
厂用电率	%	5.87	5.93	5.83	5.90	5.76	5.43	5.39	5.10
线路损失率	%	7.21	7.04	6.97	6.79	6.72	6.53	6.52	6.74

资料来源：《中国能源统计年鉴2012》《电力行业2010年发展情况综述》《全国电力工业统计快报（2011年）》《2012年电力统计基本数据一览表》等。

表 11－17　火力发电度电碳排放

指标	单位	2005 年	2006 年	2007 年	2008 年	2009 年	2010 年	2011 年	2012 年
火力发电碳排放总量①	$MtCO_2$	1917.1	2212.5	2491.4	2477.0	2584.1	2811.6	3188.6	3195.7
火电发电量②	TWh	2047.3	2369.6	2722.9	2790.0	2982.8	3331.9	3833.7	3892.8
火力发电度电排放③	gCO_2/kWh	936.4	933.7	915.0	887.8	866.3	843.8	831.7	820.9

注：①根据《中国能源统计年鉴 2013》中火电能源消耗乘以排放系数得出；②《中国能源统计年鉴 2013》；③火电碳排放总量/火力发电量。

表 11－18　2005～2012 年发电量

单位：TWh

指标＼年份	2005	2006	2007	2008	2009	2010	2011	2012
火电	2047.3	2369.6	2722.9	2790.1	2982.8	3331.9	3833.7	3892.8
核电	53.1	54.8	62.1	68.4	70.1	73.9	86.4	97.4
水电	397	435.8	485.3	585.2	615.6	722.2	698.9	872.1
风电及其他	1.3	2.7	5.6	13.1	46.1	44.6	94.0	125.3
总发电量	2500.3	2865.7	3281.6	3466.9	3714.7	4207.2	4713.0	4987.6

资料来源：《中国能源统计年鉴 2013》。

表 11－19　2005～2012 年电源结构

单位：%

指标＼年份	2005	2006	2007	2008	2009	2010	2011	2012
火电	81.88	82.69	82.97	80.48	80.30	79.20	81.34	78.05
核电	2.12	1.91	1.89	1.97	1.89	1.76	1.83	1.95
水电	15.88	15.21	14.79	16.88	16.57	17.17	14.83	17.49
风电及其他	0.05	0.09	0.17	0.38	1.24	1.88	1.99	2.51

资料来源：《中国能源统计年鉴 2013》。

表 11－20　制造业部门内分行业单位工业增加值终端能耗

单位：吨标准煤/万元

行业名称＼年份	2005	2006	2007	2008	2009	2010	2011	2012
钢铁	6.34	6.17	5.89	5.78	5.83	5.43	5.26	4.85
有色金属	3.58	3.42	3.68	3.48	3.19	3.25	2.09	1.96
化工	4.93	4.85	4.53	4.32	3.83	3.48	3.08	2.93
纺织	1.18	1.21	1.14	1.04	0.95	0.87	0.71	0.66

续表

年份 行业名称	2005	2006	2007	2008	2009	2010	2011	2012
造纸	2.91	2.79	2.36	2.37	2.23	1.88	1.53	1.32
食品、饮料、烟草	0.54	0.53	0.47	0.44	0.41	0.35	0.29	0.26
制造业部门平均	2.10	2.02	1.89	1.79	1.70	1.55	1.18	1.08

注：工业增加值为2005年不变价。能源消耗采用《中国能源统计年鉴》中工业分行业终端能源消费量发电煤耗法，未扣除汽油、柴油等用于交通运输的使用量。

表11-21　制造业部门内分行业单位工业增加值终端能源消费碳排放强度

单位：吨二氧化碳/万元

年份 行业名称	2005	2006	2007	2008	2009	2010	2011	2012
钢铁	16.72	16.30	15.17	14.78	14.87	14.43	13.86	12.75
有色金属	8.13	7.80	8.34	7.71	7.08	7.14	4.60	4.13
化工	11.48	11.31	10.54	9.92	8.80	8.11	7.16	2.29
纺织	2.74	2.81	2.68	2.37	2.15	1.99	1.67	1.48
造纸	7.05	6.79	5.75	5.65	5.34	4.66	3.81	3.22
食品、饮料、烟草	1.31	1.28	1.14	1.05	0.97	0.85	0.72	0.62
工业部门平均	4.48	4.30	3.98	3.71	3.50	3.86	2.82	2.53

注：工业增加值为2005年不变价。未扣除汽油、柴油等用于交通运输的排放量。

表11-22　制造业部门内分行业增加值（2005年不变价）

单位：亿元

年份 行业名称	2005	2006	2007	2008	2009	2010	2011	2012
钢铁	5776.9	6687.2	8162.5	8831.9	9706.2	10832.2	11882.9	13011.7
有色金属	1929.7	3053.1	4057.7	4556.9	5140.1	5818.6	6610.0	7482.5
化工	4391.9	5154.3	6652.1	7317.3	8385.7	9685.4	11109.2	12409.0
纺织	4660.1	5534.1	6505.9	7230.0	7876.9	8876.9	9826.8	10856.9
造纸	1146.4	1323.6	1579.6	1775.5	1965.5	2283.9	2612.7	2842.7
食品	4393.0	5046.6	6039.2	6923.9	7734.4	8790.1	10177.7	11298.9
其他工业	44718.2	54172.8	66008.9	75340.2	85674.6	100764.7	115411.9	127594.6
合　计	67016.2	80971.7	99006.9	111975.7	126483.4	147051.8	167631.2	185496.3

注：2005~2007年数据来自《中国统计年鉴》，2008~2012年数据根据历年工业分行业增加值速度计算得出。。

表 11－23　制造业部门内的行业增加值结构（2005 年不变价）

单位：%

行业名称＼年份	2005	2006	2007	2008	2009	2010	2011	2012
钢铁	8.62	8.26	8.24	7.89	7.67	7.37	7.09	7.01
有色金属	2.88	3.77	4.10	4.07	4.06	3.96	3.94	4.03
化工	6.55	6.37	6.72	6.53	6.63	6.59	6.63	6.69
纺织	6.95	6.83	6.57	6.46	6.23	6.04	5.86	5.85
造纸	1.71	1.63	1.60	1.59	1.55	1.55	1.56	1.53
食品	6.56	6.23	6.10	6.18	6.11	5.98	6.07	6.09
其他工业	66.73	66.90	66.67	67.28	67.74	68.52	68.85	68.79

注：2005～2007 年数据来自《中国统计年鉴》，2008～2012 年数据根据历年工业分行业增加值速度计算得出。

表 11－24　不同建筑类型的能源消耗

用能分类	建筑面积（亿 m^2）		商品能耗（万 tce）		单位面积商品能耗（kgtce/m^2）	
	2010 年	2011 年	2010 年	2011 年	2010 年	2011 年
北方城镇采暖	98	102	16330	16646	16.6	16.4
城镇住宅（除北方采暖）	144	151	16360	15350	11.4	10.2
公共建筑（除北方采暖）	79	80	17370	17056	22.1	21.4
农村住宅	230	238	17690	19650	7.7	8.3
合　计	453	469	67750	68702	14.5	14.7

资料来源：清华大学建筑节能研究中心：《中国建筑节能年度发展研究报告》，中国建筑工业出版社，2012～2013。

表 11－25　不同建筑类型的建筑面积

单位：亿平方米

建筑类型＼年份	2005	2006	2007	2008	2009	2010	2011
城镇住宅	107.7	112.9	118.1	123.3	136.0	144.0	151
公建	56.8	61.6	66.4	71.3	74.1	78.6	80
农村建筑	221.4	226.4	230.6	235.9	239.5	230	238

表 11－26　不同建筑类型占总建筑面积的百分比

单位：%

建筑类型＼年份	2005	2006	2007	2008	2009	2010	2011
城镇住宅	27.91	28.16	28.45	28.64	30.25	31.82	32.20
公建	14.72	15.37	16.00	16.56	16.48	17.37	17.06
农村建筑	57.37	56.47	55.55	54.80	53.27	50.82	50.75

表 11－27　不同运输方式的客运、货运量

指标 \ 年份		2005	2006	2007	2008	2009	2010	2011	2012
客运量（万人）	铁路	115583	125656	135670	146193	152451	167609	186226	189337
	公路	1697381	1860487	2050680	2682114	2779081	3052738	3286220	3557010
	水运	20227	22047	22835	20334	22314	22392	24556	25752
	民航	13827	15968	18576	19251	23052	26769	29317	31936
货运量（万吨）	铁路	269296	288224	314237	330354	333348	364271	393263	390438
	公路	1341778	1466347	1639432	1916759	2127834	2448052	2820100	3188475
	水运	219648	248703	281199	294510	318996	378949	425968	458705
	民航	307	349	402	408	446	563	558	545
	管道	31037	33436	40552	43906	44598	49972	57073	61238

资料来源：《中国统计年鉴 2012》《中国统计摘要 2013》。

表 11－28　不同运输方式的旅客、货物周转量

指标 \ 年份		2005	2006	2007	2008	2009	2010	2011	2012
旅客周转量（亿人公里）	铁路	6062	6622	7216	7779	7879	8762	9612	9812
	公路	9292	10131	11507	12476	13511	15021	16760	18468
	水运	68	74	78	59	69	72	75	77
	民航	2045	2371	2792	2883	3375	4039	4537	5026
货物周转量（亿吨公里）	铁路	20726	21954	23797	25106	25239	27644	29466	29187
	公路	8693	9754	11355	32868	37189	43390	51375	59535
	水运	49672	55486	64285	50263	57557	68428	75424	81708
	民航	79	94	116	120	126	179	174	164
	管道	1088	1551	1866	1944	2022	2197	2885	3177

资料来源：《中国统计年鉴 2012》《中国统计摘要 2013》。

表 11－29　交通运输结构

单位：%

指标 \ 年份		2005	2006	2007	2008	2009	2010	2011	2012
客运量结构	铁路	6.26	6.21	6.09	5.10	5.12	5.13	5.28	4.98
	公路	91.90	91.91	92.05	93.52	93.35	93.37	93.19	93.51
	水运	1.10	1.09	1.03	0.71	0.75	0.68	0.70	0.68
	民航	0.75	0.79	0.83	0.67	0.77	0.82	0.83	0.84
旅客周转量结构	铁路	34.71	34.49	33.42	33.53	31.73	31.41	31.02	29.39
	公路	53.20	52.77	53.29	53.78	54.41	53.85	54.09	55.32
	水运	0.39	0.39	0.36	0.25	0.28	0.26	0.24	0.23
	民航	11.71	12.35	12.93	12.43	13.59	14.48	14.64	15.06

续表

指标 \ 年份		2005	2006	2007	2008	2009	2010	2011	2012
货运量结构	铁路	14.46	14.15	13.81	12.78	11.80	11.24	10.64	9.52
	公路	72.06	71.98	72.04	74.12	75.32	75.52	76.28	77.78
	水运	11.80	12.21	12.36	11.39	11.29	11.69	11.52	11.19
	民航	0.02	0.02	0.02	0.02	0.02	0.02	0.02	0.01
	管道	1.67	1.64	1.78	1.70	1.58	1.54	1.54	1.49
货物周转量结构	铁路	25.82	24.71	23.46	22.76	20.67	19.49	18.49	16.80
	公路	10.83	10.98	11.20	29.80	30.45	30.59	32.25	34.26
	水运	61.89	62.46	63.39	45.57	47.13	48.24	47.34	47.02
	民航	0.10	0.11	0.11	0.11	0.10	0.13	0.11	0.09
	管道	1.36	1.75	1.84	1.76	1.66	1.55	1.81	1.83

资料来源：《中国统计年鉴2012》《中国统计摘要2013》。

三　能源消费结构

表 11－30　制造业部门能源消费结构

单位：%

能源类型 \ 年份	2005	2006	2007	2008	2009	2010	2011	2012
固体燃料	62.86	61.07	57.59	58.42	58.83	56.68	55.40	54.41
液体燃料	8.23	8.26	8.15	7.66	7.27	9.87	10.57	10.39
气体燃料	6.86	7.41	9.65	9.74	9.75	6.40	6.98	7.21
热力	4.36	4.41	4.41	4.15	4.05	4.55	4.40	4.66
电力	17.68	18.85	20.20	20.04	20.10	22.51	22.65	23.34

注：制造业能源消费结构根据《中国能源统计年鉴2011》中“工业分行业终端能源消费量（标准量）电热当量法”计算，已将制造业内部汽油消费的95%、柴油消费的35%划分到交通部门。固体燃料包括：煤合计、焦炭；液体燃料包括：油品合计；气体燃料包括：焦炉煤气、高炉煤气、转炉煤气、其他煤气、天然气、液化天然气。

表 11 - 31　建筑部门能源消费结构

单位：%

能源类型＼年份	2005	2006	2007	2008	2009	2010	2011	2012
固体燃料	42.30	39.13	35.20	33.09	32.40	30.64	29.75	27.80
液体燃料	15.27	15.26	15.65	14.20	13.74	13.52	13.96	13.62
气体燃料	8.12	9.28	11.02	12.18	11.95	13.21	12.53	12.86
热力	8.34	8.58	8.31	8.68	8.63	8.35	8.15	8.56
电力	25.97	27.75	29.82	31.85	33.28	34.28	35.62	37.16

注：建筑部门能源消费结构根据《中国能源统计年鉴》中“工业分行业终端能源消费量（标准量）电热当量法”计算，已扣除相应比例的汽油、柴油划分到交通部门。

表 11 - 32　交通运输部门能源消费结构

单位：%

能源类型＼年份	2005	2006	2007	2008	2009	2010	2011	2012
煤	2.71	2.31	1.97	1.76	1.67	1.41	1.27	1.17
汽油	30.75	30.29	29.44	31.11	30.10	27.66	29.97	30.13
煤油	6.08	5.88	6.07	5.99	6.46	7.40	6.72	6.65
柴油	48.40	48.63	48.80	49.95	49.53	50.65	48.64	49.15
燃料油	7.82	8.37	9.18	5.66	5.97	5.95	5.33	5.00
液化石油气	0.35	0.36	0.34	0.32	0.31	0.32	0.29	0.28
天然气	1.78	2.00	1.96	2.91	3.62	3.33	3.97	3.93
电力	1.95	1.93	2.03	2.07	2.15	2.41	2.46	2.85
其他	0.16	0.23	0.21	0.22	0.17	0.87	1.34	0.84

注：交通运输部门能源消费结构根据《中国能源统计年鉴 2011》中“工业分行业终端能源消费量（标准量）电热当量法”计算，已将能源工业、农业、制造业、建筑部门内部汽油和柴油消费，按相应比例划分到交通部门。

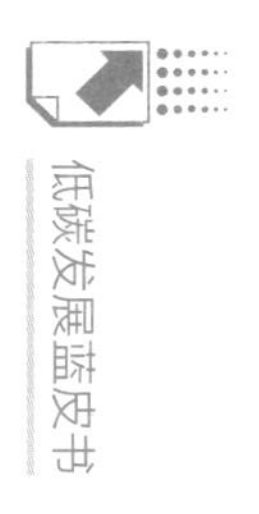

表 11－33　能源消费结构

年份	电热当量计算法							发电煤耗计算法						
	能源消费总量（万吨标准煤）	占能源消费总量的比重(%)						能源消费总量（万吨标准煤）	占能源消费总量的比重(%)					
		煤炭	石油	天然气	水电、核电、其他能发电				煤炭	石油	天然气	水电、核电、其他能发电		
						水电	核电						水电	核电
1990	95384	79.0	17.2	2.1	1.7	1.7	—	98703	76.2	16.6	2.1	5.1	5.1	—
1995	123471	77.0	18.6	1.9	2.5	2.4	0.1	131176	74.6	17.5	1.8	6.1	5.7	0.4
2000	139445	72.4	23.1	2.3	2.1	2.0	0.1	145531	69.2	22.2	2.2	6.4	5.9	0.4
2001	142972	71.9	23.0	2.6	2.6	2.4	0.2	150406	68.3	21.8	2.4	7.5	7.1	0.4
2002	151789	71.5	23.4	2.6	2.6	2.4	0.2	159431	68.0	22.3	2.4	7.3	6.8	0.5
2003	176074	73.1	22.1	2.6	2.3	2.0	0.3	183792	69.8	21.2	2.5	6.5	5.7	0.8
2004	204219	72.8	22.2	2.6	2.5	2.2	0.3	213456	69.5	21.3	2.5	6.7	5.9	0.8
2005	225781	74.1	20.7	2.8	2.5	2.2	0.3	235997	70.8	19.8	2.6	6.8	5.9	0.8
2006	247562	74.3	20.2	3.0	2.5	2.2	0.3	258676	71.1	19.3	2.9	6.7	5.9	0.7
2007	268413	74.3	19.7	3.5	2.6	2.2	0.3	280508	71.1	18.8	3.3	6.8	5.9	0.8
2008	277515	74.9	19.2	2.9	3.0	2.6	0.3	291448	70.3	18.3	3.7	7.7	6.7	0.8
2009	292028	74.0	18.8	4.1	3.1	2.6	0.3	306647	70.4	17.9	3.9	7.8	6.5	0.8
2010	307987	71.9	20.0	4.6	3.5	2.9	0.3	324939	68.0	19.0	4.4	8.6	7.1	0.7
2011	331173	72.0	19.5	5.2	3.3	2.6	0.3	348002	68.4	18.6	5.0	8.0	6.4	0.8
2012	341094	70.6	19.9	5.6	3.9	3.1	0.4	371732	66.6	18.8	5.2	9.4	7.6	0.8

资料来源：《中国能源统计年鉴 2013》。

表 11－34　单位能源碳排放

指标	单位	2005 年	2006 年	2007 年	2008 年	2009 年	2010 年	2011 年	2012 年
能源消费总量	万吨标准煤	235997	258676	280508	291448	306647	324939	348002	361760
能源相关的碳排放	百万吨二氧化碳	5126	5645	6076	6214	6511	6825	7361	7469
单位能源碳排放	吨二氧化碳/吨标准煤	2.17	2.18	2.17	2.13	2.12	2.10	2.12	2.06

资料来源：根据《中国能源统计年鉴 2013》中相关数据计算得出。

表 11－35　2005～2012 年电力行业装机容量

单位：万千瓦

指标＼年份	2005	2006	2007	2008	2009	2010	2011	2012
火力发电装机容量	39137	48382	55607	60285	65108	70967	76834	81968
水电装机容量	11738	12857	14526	17260	19629	21605	23298	24947
风电装机容量	127	256	587	1202	2581	4473	4623	6142
核电装机容量	657	757	900	900	908	1082	1257	1257
光伏	7	8	10	15	30	86	212	341

资料来源：《中国能源统计年鉴 2013》。

四　国际比较

表 11－36　火电厂发电煤耗国际比较

单位：克标准煤/kWh

国家＼年份	1990	1995	2000	2005	2006	2007	2008	2009	2010	2011	2012
中国 1	392	379	363	343	342	332	322	320	312	308	305
日本 2	317	315	303	301	299	300	297	294	294	295	295

注：1. 6MW 以上机组；2. 九大电力公司平均。
资料来源：《中国能源统计年鉴 2013》。

表 11－37　火电厂供电煤耗国际比较

单位：克标准煤/kWh

国家＼年份	1990	1995	2000	2005	2006	2007	2008	2009	2010	2011	2012
中国	427	412	392	370	367	356	345	340	333	329	325
日本	332	331	316	314	312	312	310	307	306	306	306
意大利	326	319	315	288	283	280	376	378	275		
韩国	332	323	311	302	300	301	301	300	303		

资料来源：《中国能源统计年鉴 2013》。

表 11－38　钢可比能耗国际比较

单位：千克标准煤/吨

国家＼年份	1990	1995	2000	2005	2006	2007	2008	2009	2010	2011	2012
中国	997	976	784	732	729	718	709	697	681	675	674
日本	629	656	646	640	627	610		612			

注：大中型钢铁企业平均值、综合能耗中的电耗均按发电煤耗折算标准得出。
资料来源：《中国能源统计年鉴 2013》。

表 11－39　电解铝交流电耗国际比较

单位：kWh/吨

年份	1990	1995	2000	2005	2008	2009	2010	2011	2012
中国	17100	16620	15418	14575	14323	14171	13979	13913	13844
国际先进水平	14400	14400	14400	14100	14100	13830	13830	13830	12900

资料来源：《中国能源统计年鉴 2013》。

表 11－40　水泥综合能耗国际比较

单位：千克标准煤/吨

国家＼年份	1990	1995	2000	2005	2006	2007	2008	2009	2010	2011	2012
中国	201	199	183	178	172	168	161	148	143	138	136
日本	123	124	126	127	126	118			119		

注：综合能耗中的电耗均按发电煤耗折算标准煤。
资料来源：《中国能源统计年鉴 2013》。

表 11－41　乙烯综合能耗国际比较

单位：千克标准煤/吨

年份	1990	2000	2005	2006	2007	2008	2009	2010	2011	2012
中国	1580	1125	1073	1013	1026	1010	976	950	895	893
国际先进水平	897	714	629	629	629	629	629	629	629	629

注：综合能耗中的电耗均按发电煤耗折算标准煤。中国主要用石油脑油做原料，国际先进水平是中东地区平均值，主要用乙烷做原料。

资料来源：《中国能源统计年鉴 2013》。

表 11－42　合成氨综合能耗国际比较

单位：千克标准煤/吨

年份/国家	1990	1995	2000	2005	2008	2009	2010	2011	2012
中国	2035	1849	1699	1650	1661	1591	1587	1568	1552
美国	1000	1000	1000	990	990	990	990	990	990

注：中国数据为大、中、小装置平均值，2010 年煤占合成氨原料的 79%。美国数据为以天然气为原料的大型装置的平均值，2010 年天然气占合成氨原料的 98%。

资料来源：《中国能源统计年鉴 2013》。

表 11－43　纸和纸板综合能耗国际比较

单位：千克标准煤/吨

年份/国家	1990	2000	2005	2006	2007	2008	2009	2010	2011	2012
中国	1550	1540	1380	1290	1255	1153	1090	1080	1170	1120
日本	744	678	640	627	610		580	581	583	

注：产品能耗为自制浆企业平均值。

资料来源：《中国能源统计年鉴 2012》《中国能源统计年鉴 2013》。

BⅥ 附录

Appendices

B.12

附录一 名词解释

名　词	含义解释
风险投资(VC)	根据美国全美风险投资协会的定义,风险投资是由职业金融家投入到新兴的、迅速发展的、具有巨大竞争潜力的企业中的一种权益资本
私募股权投资(PE)	指投资于非上市股权,或者上市公司非公开交易股权的一种投资方式。从投资方式看,私募股权投资是指通过私募形式对私有企业,即非上市企业进行的权益性投资,在交易实施过程中附带考虑了将来的退出机制,即通过上市、并购或管理层回购等方式,出售持股获利
信托投资	指金融信托投资机构用自有资金及组织的资金进行的投资。信托投资的方式可分为两种。一种是参与经营的方式,称为股权式投资,即由信托投资机构委派代表参与对投资企业的领导和经营管理,并以投资比例作为分取利润或承担亏损责任的依据。另一种方式是合作方式,称为契约式投资,即仅作资金投入,不参与经营管理。这种方式的投资,信托投资机构投资后按商定的固定比例,在一定年限内分取投资收益,到期后或继续投资,或出让股权并收回所投资金
项目融资	项目融资以项目本身良好的经营状况和项目建成、投入使用后的现金流量作为偿还债务的资金来源。它将项目的资产而不是业主的其他资产作为借入资金的抵押的一种融资方式
融资租赁	融资租赁是一种由出租方融资,为承租方提供设备,承租方只需要按期交纳一定的租金,并在合同期后可以灵活处理残值的现代投融资业务,是一种具有融资和融物双重功能的合作

续表

名　　词	含义解释
资本金	指项目投资中企业的自有资金部分，此部分资金由企业筹集，其来源可能为企业的利润，或企业从股市、债券市场等渠道筹集到的资金
政策性银行	政策性银行是指由政府发起、出资成立，为贯彻和配合政府特定经济政策和意图而进行融资和信用活动的机构
基准利率	基准利率是金融市场上具有普遍参照作用的利率，其他利率水平或金融资产价格均可根据这一基准利率水平来确定。在中国，以中国人民银行对国家专业银行和其他金融机构规定的存贷款利率为基准利率
授信额度	银行向客户提供的一种灵活便捷、可循环使用的授信产品，只要授信余额不超过对应的业务品种指标，无论累计发放金额和发放次数为多少，均可快速向客户提供短期授信
特许权招标	在没有出台统一的上网电价之前，由政府组织，以单个发电项目进行招标的形式来确定上网电价的行为

B.13

附录二　单位对照表

单位符号	含　义
MJ	10^6J(兆焦)
GJ	10^9J(吉焦)
tce	吨标准煤
gce	克标准煤
kgce	千克标准煤
GW	10^9W(吉瓦)
MW	10^6W(兆瓦)
kWh	千瓦时
TWh	10^9 千瓦时

B.14

附录三　英文缩略词对照表

英文缩略词	含　义
GDP	Gross Domestic Production
API	Air Pollution Index
AQI	Air Quality Index
WHO	World Health Organization
LNG	Liquefied Natural Gas
EIA	US Energy Information Administration
LMDI	Logarithmic Mean Divisia Index
ERDA	Energy Research and Development Administration
GRI	Gas Research Institute
NGPL	Natural Gas Pipeline Company of America
FERC	Federal Energy Regulatory Commission
NGPA	Natural Gas Policy Act
REN21	Renewable Energy Policy Network for the 21st Century
UNEP	United Nations Environment Programme
EPIA	European Photovoltaic Industry Association
SEMI	Semiconductor Equipment and Materials International Inc.
CPIA	China PV Industry Association
BOT	Build-operate-transfer
HKEx	Hongkong Exchanges and Clearing Limited
CDM	Carbon Development Mechanism
EB	Executive Board
IPO	Initial Public Offerings

B.15
图表索引

中国皮书网

www.pishu.cn

发布皮书研创资讯，传播皮书精彩内容

引领皮书出版潮流，打造皮书服务平台

栏目设置：

- □ 资讯：皮书动态、皮书观点、皮书数据、 皮书报道、皮书新书发布会、电子期刊
- □ 标准：皮书评价、皮书研究、皮书规范、皮书专家、编撰团队
- □ 服务：最新皮书、皮书书目、重点推荐、在线购书
- □ 链接：皮书数据库、皮书博客、皮书微博、出版社首页、在线书城
- □ 搜索：资讯、图书、研究动态
- □ 互动：皮书论坛

中国皮书网依托皮书系列“权威、前沿、原创”的优质内容资源，通过文字、图片、音频、视频等多种元素，在皮书研创者、使用者之间搭建了一个成果展示、资源共享的互动平台。

自2005年12月正式上线以来，中国皮书网的IP访问量、PV浏览量与日俱增，受到海内外研究者、公务人员、商务人士以及专业读者的广泛关注。

2008年、2011年中国皮书网均在全国新闻出版业网站荣誉评选中获得“最具商业价值网站”称号。

2012年，中国皮书网在全国新闻出版业网站系列荣誉评选中获得“出版业网站百强”称号。

社会科学文献出版社

皮书系列

“皮书”起源于十七、十八世纪的英国，主要指官方或社会组织正式发表的重要文件或报告，多以“白皮书”命名。在中国，“皮书”这一概念被社会广泛接受，并被成功运作、发展成为一种全新的出版形态，则源于中国社会科学院社会科学文献出版社。

皮书是对中国与世界发展状况和热点问题进行年度监测，以专业的角度、专家的视野和实证研究方法，针对某一领域或区域现状与发展态势展开分析和预测，具备权威性、前沿性、原创性、实证性、时效性等特点的连续性公开出版物，由一系列权威研究报告组成。皮书系列是社会科学文献出版社编辑出版的蓝皮书、绿皮书、黄皮书等的统称。

皮书系列的作者以中国社会科学院、著名高校、地方社会科学院的研究人员为主，多为国内一流研究机构的权威专家学者，他们的看法和观点代表了学界对中国与世界的现实和未来最高水平的解读与分析。

自 20 世纪 90 年代末推出以《经济蓝皮书》为开端的皮书系列以来，社会科学文献出版社至今已累计出版皮书千余部，内容涵盖经济、社会、政法、文化传媒、行业、地方发展、国际形势等领域。皮书系列已成为社会科学文献出版社的著名图书品牌和中国社会科学院的知名学术品牌。

皮书系列在数字出版和国际出版方面成就斐然。皮书数据库被评为“2008~2009 年度数字出版知名品牌”;《经济蓝皮书》《社会蓝皮书》等十几种皮书每年还由国外知名学术出版机构出版英文版、俄文版、韩文版和日文版，面向全球发行。

2011 年，皮书系列正式列入“十二五”国家重点出版规划项目；2012 年，部分重点皮书列入中国社会科学院承担的国家哲学社会科学创新工程项目；2014 年，35 种院外皮书使用“中国社会科学院创新工程学术出版项目”标识。